高等院校信息技术系列教材

密码学及安全应用

（第2版）

唐四薪　唐琼　李浪　编著

清華大学出版社
北京

内容简介

本书按照密码学的知识结构及密码学的各种安全应用，全面介绍密码学的基本原理、算法和最新的应用。全书共11章，内容包括信息安全基础、密码学基础、数字签名、密钥管理与密钥分配、认证技术、数字证书和PKI、网络安全协议、电子支付安全、云计算与移动电子商务安全、物联网安全和信息安全管理。

本书可作为高等院校计算机科学与技术、电子商务、信息安全、网络工程、信息管理与信息系统等专业本科生的教材，也可供从事密码学教学、科研和管理工作的相关人员参考。

图书在版编目(CIP)数据

密码学及安全应用/唐四薪，唐琼，李浪编著. —2版. —北京：清华大学出版社，2022.8(2024.8重印)
高等院校信息技术系列教材
ISBN 978-7-302-61110-3

Ⅰ. ①密…　Ⅱ. ①唐…　②唐…　③李…　Ⅲ. ①密码学—高等学校—教材　Ⅳ. ①TN918.1

中国版本图书馆CIP数据核字(2022)第111961号

责任编辑：张　民　战晓雷
封面设计：常雪影
责任校对：韩天竹
责任印制：沈　露

出版发行：清华大学出版社
网　　址：https：//www. tup. com. cn，https：//www. wqxuetang. com
地　　址：北京清华大学学研大厦A座　　**邮　　编**：100084
社 总 机：010-83470000　　**邮　　购**：010-62786544
投稿与读者服务：010-62776969，c-service@tup.tsinghua.edu.cn
质量反馈：010-62772015，zhiliang@tup.tsinghua.edu.cn
课件下载：https：//www. tup. com. cn，010-83470236
印 装 者：三河市龙大印装有限公司
经　　销：全国新华书店
开　　本：185mm×260mm　　**印　　张**：19.25　　**字　　数**：446千字
版　　次：2016年4月第1版　2022年10月第2版　　**印　　次**：2024年8月第3次印刷
定　　价：59.90元

产品编号：093983-01

前言 Foreword

密码学是一门古老的学科，随着 Internet 和电子商务的出现与普及，密码学正逐渐走入人们生活的方方面面，担负起为信息安全保驾护航的任务。

为了培养掌握密码学理论及技术的专门人才，很多高等院校的计算机科学与技术、电子商务信息安全、网络工程、信息管理与信息系统等专业都开设了密码学方面的课程。然而，密码学原理只有与具体的应用技术结合才能产生实用价值，密码学教学在讲授基本原理的同时，还应侧重于讲授密码学在电子商务、物联网、云计算等领域的应用，以提高学生的实际应用能力和学习相关课程的兴趣。

同时，学习密码学的不同应用还能使学生了解密码学的发展趋势。例如，由于计算和存储能力的差别，密码学在电子商务安全和物联网安全中的应用是显著不同的。在电子商务安全中，公钥密码算法被大量使用，以实现身份认证、签名等需求；而在物联网安全协议中，即使是身份认证，也一般采用对称密码和散列函数实现，特别是轻量级分组加密算法。因此，密码算法具有向重量级和轻量级两个相反方向发展的趋势。

本书自 2016 年第 1 版出版以来，受到了很多读者的喜爱。第 2 版在保留第 1 版基本内容的前提下，增加了云计算安全等新内容，同时删去了一些过时的内容。本书力求体现以下特色：

(1) 新颖性。本书介绍了一些具有代表性且具有很强应用前景的技术，如散列链、前向安全数字签名、盲签名、电子现金、量子密码等，并介绍了典型密码技术的应用，包括网络安全协议、电子支付安全、物联网安全、云计算等领域。

(2) 全面性。密码学的用途早已不再局限于加密和解密方面，还包括数字签名、身份认证、数字证书和 PKI 等。本书对密码学的各种用途作了全面介绍。

(3) 实用性。本书对密码学原理的介绍力求做到详细、通俗易懂且符合认知逻辑，在讲述有关密码学的基本理论之前，介绍相关的数论知识，并在每个知识点后都给出例题，以方便教师授课和学生自学。

本书的知识结构可分为基础、原理、应用和管理四部分，具体组成如下：第1章为信息安全基础，第2～6章为密码学原理，第7～10章为密码学的各种具体应用，第11章为信息安全管理。

本书的理论教学以54课时为宜。作为教材，本书注重教材立体化建设。本书每章后都提供了题型丰富的习题，并为教师提供如下配套资料：PPT课件、习题答案、教学大纲等。教师可登录清华大学出版社网站免费下载。

本书由唐四薪、唐琼、李浪编著，唐四薪编写了第3～11章，唐琼编写了第1章，李浪编写了第2章。参加编写的还有唐金娟等。

本书是湖南省普通高等学校教学改革研究项目（HNJG-2020-0687）“应用型本科院校程序设计类课程体系的重构与教学改革研究”的成果。

本书在编写过程中参考了大量专家学者的图书和论文资料，编者谨在此向有关作者表示感谢。

限于编者水平和教学经验，加之本书中的部分内容比较前沿，书中错误和不妥之处在所难免，敬请广大读者和同行批评指正。

作 者

2022年6月

目录 Contents

第1章 chapter 1

信息安全基础

在 Internet 环境下，信息的传输依赖于十分脆弱的公共信道，信息的泄密不易被发现，但造成的危害可能是巨大的。所以，保护信息的安全是对各种网络应用的必然要求。信息安全保障需要依赖各种安全机制实现，而许多安全机制则依赖于密码技术。密码技术为保护信息安全提供了行之有效的手段，它以很小的代价就能为信息提供足够的安全保护。利用计算机可以使密码算法的加密、解密过程变得简单快捷，而且对用户透明。

使用密码技术不仅可以保障信息的机密性，而且可以保护信息的完整性和真实性，防止信息被篡改、伪造和假冒。因此，密码学是信息安全的技术基础，其应用贯穿于网络信息安全的整个过程，在解决信息的机密性保护、完整性保护、可鉴别性和信息抗抵赖性等方面发挥着重要的作用，并已渗透到信息安全工程的各个领域和大部分安全机制的实现中。

1.1 信息安全概况

安全的基本含义可以理解为：客观上不存在威胁，主观上不存在恐惧。

信息作为一种资源，它的普遍性、共享性、增值性、可处理性和多效用性使其对于人类具有特别重要的意义。信息安全的实质就是保护信息系统或信息网络中的信息资源免受各种类型的威胁、干扰和破坏，即保证信息的安全性。

信息安全是指信息系统（包括硬件、软件、数据、人、物理环境及基础设施）受到保护，不因偶然的或者恶意的原因而遭到破坏、更改、泄露，系统能够连续、可靠、正常地运行，信息服务不被中断，最终实现业务连续性。信息安全主要包括 5 方面，即保证信息的机密性、真实性、完整性、可用性和寄生系统的安全性。

信息安全可分为狭义与广义两个层次，狭义的信息安全是指以密码学为基础的计算机安全技术领域；广义的信息安全是一门综合性学科，安全不再是单纯的技术问题，而是将管理、技术、法律等问题相结合的产物。

1.1.1 信息安全对电子商务发展的影响

信息安全的重要性在电子商务发展中体现得最为明显。电子商务已经逐渐成为人们进行商务活动的新模式，作为一种新的经济形式正改变着社会生活的方方面面，也为人们带来了无限商机。但安全问题一直是电子商务发展的制约因素，这表现在：一些个人和商业机构对是否采用电子商务仍持观望态度，因为他们担心自己的银行卡会被盗用，或担心自己的客户信息会被窃取。

中国互联网络信息中心（CNNIC）2021年2月发布的《第47次中国互联网络发展状况统计报告》显示，中国网民规模已达到9.89亿，网购用户规模达到7.10亿，这意味着有超过半数的国人在进行网络购物。从这个意义上讲，互联网、电子商务与人们的生活越来越密切，并已经渗透到各行各业。

相对于传统商务，电子商务对管理水平、信息传输技术等都提出了更高的要求，其中安全体系的构建尤为重要，电子商务迫切需要有效的安全保障机制和措施。总体来看，在运用电子商务模式进行交易的过程中，信息安全问题成为电子商务最核心的问题，也是电子商务得以顺利推行的保障。信息安全的重要性表现在以下两方面。

第一，安全问题是实施电子商务的关键因素。

人类传统的交易是面对面进行的，可以当面识别对方身份，当面清点钱物，因而比较容易保障交易双方的信任关系和交易过程的安全性。而电子商务活动中的交易行为是通过网络进行的，买卖双方互不见面，因而缺乏传统交易中的信任感和安全感。

Internet具有的开放性是电子商务方便快捷、广为接受的基础，而开放性本身又会使网上交易面临种种危险。例如，在开放的网络上处理交易，如何保证传输数据的安全成为电子商务能否普及的最重要的因素之一。

第二，信息安全涉及国家经济安全。

从宏观上看，电子商务在我国各行各业逐步普及，应用不断深入，电子商务安全对国家和社会的影响也在不断加深，这主要表现在两方面。一是不安全的电子商务会危及国家经济安全。随着电子商务活动的普及，越来越多的资金流在网络中流动，极大地诱惑不法分子犯罪。以网络为基础构建的银行、证券等金融系统成为现代社会运行的核心，一旦这些系统遭受攻击或者破坏并出现故障，便直接危及国家经济安全。例如，采用网络攻击手段进行商业欺诈和勒索，窃取、篡改和盗用信息，销售假货，等等，各种类型的网络经济犯罪活动正急剧增加，这会对我国经济发展和金融秩序造成严重危害。二是不安全的电子商务会影响社会稳定，银行、保险、税务、证券、民航、医疗等行业都开始实施电子商务，这些行业一旦出现比较严重的信息安全问题，则有可能会严重影响人民生活，进而影响社会稳定。因此，信息安全建设工作必须贯穿电子商务建设的整个过程。

根据调查显示，目前电子商务安全存在的主要问题包括计算机网络安全、商品的品质、商家的诚信、货款的支付、商品的递送、买卖纠纷的处理、网站售后服务7方面。这7方面的问题可以归结为两大类：计算机网络安全问题和电子交易安全问题。

1.1.2 威胁网络信息安全的案例

针对网络信息安全的威胁主要有以下5类。

1. 利用网络进行盗窃

在电子商务交易中，人们需要通过网上银行和第三方支付平台进行网上支付。目前，对网上银行或第三方支付平台账户的保护措施一般是设置密码或安装数字证书等，但这些保护措施常会由于人们的疏忽或犯罪分子精心设计的圈套而被破解，使得账户里的资金被盗。目前，网络盗窃犯罪主要有两种方式：

(1) 利用网络向受害人计算机植入木马，通过各种方式引诱用户访问含有木马的网站或安装木马程序，以便盗取账号、密码，再盗窃账户里的资金。例如，2006—2009年，李某将“网银大盗”和“灰鸽子”两种木马病毒放在租用的服务器上，通过这两种木马窃取网民的网银存款，他用这种手段先后窃取了40余万元。

(2) 利用钓鱼网站诱骗用户输入账号、密码信息，从而盗取用户资金。网络钓鱼是指犯罪分子通过伪造的网站或网页盗取用户的银行账号、证券账号、密码信息和其他个人资料，然后以转账、网上购物或制作假卡等方式获取利益。例如，2008年8月，有钓鱼网站假冒淘宝网，骗取用户的网上银行账号、密码，从而盗取用户银行资金。

2. 利用网络进行诈骗

网络诈骗犯罪本质就是伪造身份，骗取对方信任。目前，网络诈骗的主要手段有两种：

(1) 在购物网站上发布各类虚假信息，实施诈骗。这类诈骗活动又分为两种。

一种是商家欺骗客户。例如商家在交易平台上开设商铺，发布超低价商品信息，欺骗客户将货款直接转到其银行账户下(即不通过支付平台支付的场外交易)，商家收到货款后，不发货或者货物明显与质量不符。

另一种是客户欺骗商家。例如，客户向商家购买商品，通过聊天工具给商家发送伪造的支付凭证，诱使商家发货，这样的案子有很多。2016年8月，一个犯罪团伙利用非法获取的数万条高考考生信息实施诈骗，山东女孩徐玉玉因学费被骗导致心脏骤停，最终抢救无效死亡。

(2) 在互联网上开设虚假网站行骗。

犯罪分子开设虚假网站，发布虚假供货信息或高额回报的集资信息，得手后往往“网间蒸发”，人去网空。在这类诈骗案件中，犯罪分子利用在互联网上开设网站手续简便、快捷和隐蔽的特点，肆意诈骗。

例如，2007年，“美国科技基金网”打着专门从事高收益投资项目的幌子，诱骗投资者投入8800元人民币，该网站虚假承诺从第二天起每天返利440元人民币，一共返利50天，如果发展了“下线”还可获得下线投资额的10%作为奖励。该网站最初几个星期还可以兑现返利，但3个月后突然消失，在这期间，受害者达1400余人，被骗金额达880多万。

3. 侵犯消费者的隐私

消费者的隐私包括消费者的电话号码、银行账号、购物记录、姓名、住址、身份证号码等。不法分子通过在网上发布在线调查、抽奖、注册或者免费赠送礼品等活动信息，要求用户输入个人资料，以窃取消费者的身份证号、银行卡密码等敏感信息。另一种方法是不法分子通过侵入一些大型网站获取其数据库中保存的用户信息。不法分子窃取了消费者的隐私信息后，可能利用这些信息向消费者发送垃圾信息，根据隐私信息破解用户的账号、密码，甚至以将隐私信息公开来威胁用户或网站，实施敲诈勒索。例如，2016年

12月，雅虎公司宣布其超过10亿个用户账户被黑客窃取，相关信息包括姓名、邮箱密码、生日、邮箱密保问题及答案等内容。

4. 窃取企业或政府部门的机密

企业的商业机密是指不为公众知悉，能为企业带来经济利益，具有实用性并已被企业采取保密措施的技术或经营信息。一些企业为了经营管理方便，将一些商业机密信息存储于计算机系统中。黑客通过网络攻击侵入这些计算机系统并获得商业机密信息的行为时有发生，黑客可以将获取的商业机密信息出售，或者对企业进行敲诈。例如，2015年5月，美国国税局宣布其系统遭受攻击，约71万人的纳税记录被泄露，同时约39万个纳税人账户被冒名访问。

5. 对信息系统的单纯性攻击行为

单纯性攻击行为可造成信息系统无法访问或访问速度很慢。例如，2010年年初，黑客攻破百度网站的域名服务器，替换了百度网站的域名解析记录，使用户无法访问百度网站。此次攻击持续时间长达数小时，造成的损失无法估量。

能造成阻断用户访问效果的攻击手段除了域名劫持之外，更普遍的是分布式拒绝服务攻击（Distributed Denial of Service，DDoS）。黑客利用木马程序控制成千上万台计算机，同时向攻击目标发起连接请求，这些请求在瞬间超过了服务器能够处理的极限，导致其他用户无法访问这些网站。例如，2007年，知名网站鞭牛士遭受DDoS攻击，该攻击持续16小时，造成网站不能被正常访问。

1.1.3 网络信息安全的组成

网络安全从其本质上来说就是网络上的信息安全。信息系统是通过计算机和网络实现的，需要利用网络的各种基础设施和标准，因此构成信息安全系统结构的底层是计算机网络服务层。网络服务层是各种网络应用系统的基础，它能提供信息传输功能、用户接入方式和安全通信服务，并保证网络运行安全。

所谓网络信息安全是指保障承载信息系统的计算机设备、系统软件平台和网络环境能够无故障运行，并且不受外部入侵和破坏。

一般来说，网络信息安全主要包括系统实体安全、系统运行安全和系统软件安全，如图1.1所示。其特点是针对计算机网络本身可能存在的安全问题，实施强大的网络安全监控方案，以保证计算机网络自身的安全性。

1. 系统实体安全

所谓系统实体安全（又称物理安全），是指保护计算机设备、设施（含网络）以及其他媒体免遭自然灾害、人为破坏和环境威胁的措施或过程。系统实体安全是整个信息系统安全的前提，它由环境安全、设备安全和媒体安全3部分组成。

(1) 环境安全。是指保护信息系统免受水、火、有害气体、地震、雷击、高温、潮湿和静电等灾害的危害。这要求在建设机房和架设线路时全面考虑有可能对系统造成破坏的各种因素，并设计可行的防范措施。

(2) 设备安全。是指对信息系统的设备进行安全保护，主要包括设备防盗、设备防

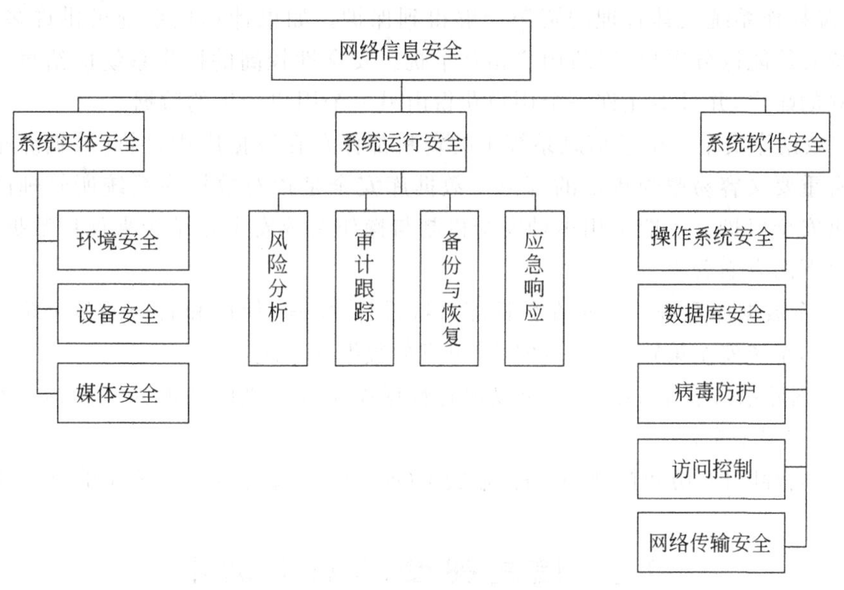

图 1.1 网络信息安全的组成要素

毁、抗电磁干扰、电源保护、防电磁泄漏及防止线路截获等方面。其中,设备防盗可通过加强门禁管理、安装监控报警装置实现;设备防毁包括防止设备跌落、防止鼠害和防止人为破坏等;电源保护一般通过加装不间断电源(UPS)实现。

(3) 媒体安全。是指对被存储信息和媒体本身的保护,控制敏感信息的记录、再生和销毁的过程。例如,防止保存重要信息的光盘或磁带发霉、损坏或被盗;防止重要数据被非法复制;对不再需要的媒体数据要进行销毁,防止媒体数据删除或丢弃后被他人恢复而泄露机密信息。

2. 系统运行安全

系统运行安全是指为了保障信息系统功能的安全实现,提供一套安全措施以保护信息处理过程的安全。系统运行安全具体由 4 部分组成。

(1) 风险分析。旨在发现系统潜在的安全隐患。在系统运行过程中测试、跟踪、记录其活动,发现系统运行期间的安全漏洞;在系统运行结束后进行分析,提供相应的系统脆弱性分析报告。

(2) 审计跟踪。对系统进行人工或自动的审计跟踪,保存审计记录并维护详尽的审计日志。

(3) 备份与恢复。提供对系统设备和系统数据的备份与恢复。

(4) 应急响应。是指在紧急事件或安全事故发生时,按照一定的策略保证信息系统继续运行或紧急恢复。

3. 系统软件安全

与硬件安全相比,信息系统的软件安全显得更为重要,因为信息系统面临的主要威胁是来自网上的黑客针对信息系统的软件进行的攻击。系统软件安全包括如下几部分:

(1) 操作系统安全。通过建立用户授权访问机制、审计等措施,控制系统资源的访问权限，保障操作系统及其管理的资源能够得到保护。如果计算机系统可供许多人使用，操作系统必须能区分用户，以防用户相互干扰。安全性较高的操作系统应给每一个用户分配独立的账户，并且不允许一个用户获得由另一个用户产生的数据。

(2) 数据库安全。由于信息系统中的资料都保存在数据库中，因此数据库是信息系统中非常重要又容易遭受攻击的部分。数据库安全是指对数据库系统所管理的数据和资源提供安全保护。一般采用多种安全机制与操作系统安全相结合来保护数据库安全，这可从以下两方面着手：

① 安全数据库系统。是指在数据库系统设计、实现、使用和管理的各个阶段都遵循一套完整的系统安全策略，以形成安全、可靠的数据库系统。

② 数据库系统安全部件。是指以现有数据库系统提供的功能为基础构建安全部件（模块），以增强安全性。

此外，病毒防护、访问控制、网络传输安全（如加密）也是系统软件安全的重要组成部分。

1.2 信息安全的基本需求

信息主要是通过 Internet 进行传输的，因此 Internet 面临的安全威胁也同样是信息面临的安全威胁。

信息安全的威胁和要素

1.2.1 信息面临的安全威胁

在 Internet 发展的初期，其各种协议的设计都以连通和数据传输为目的，并没有将安全性放在重要的位置来考虑。开放性是 Internet 迅速发展的原因，而这种开放性决定了基于 Internet 的网络信息系统在安全方面存在先天不足。

例如，Internet 上的信息是以数据包的形式传送的，这些数据包好比是一封封信，它们按照目的地址发往某个地方。如果不知道目的地址具体对应哪台主机，就只发送到其所在的局域网，再由局域网将该数据包广播发送（通常采用以太网或令牌网技术的局域网都是广播式的局域网），这样局域网中的所有主机都能收到这个数据包。在一般情况下，如果其他主机发现这个数据包不是发送给它的，就会拒绝接收。但是，对于别有用心的人来说，他可能会设置其主机能接收所有的数据包，无论是不是发给他的，并查看这些数据包中的内容，甚至对其中的内容进行篡改再转发出去。

如果把 Internet 的运转看成信息的流动，则在正常情况下信息从信息源流向信息目的，这种正常的信息流动应该如图 1.2(a)所示。而攻击者可以破坏这种正常的信息流动，攻击者对网络信息传输的安全威胁可归纳为 4 种类型：中断、截获、篡改和伪造，如图 1.2(b)～(e)所示。

1. 中断

中断(interruption)是指发送方无法发送信息，或者发送的信息无法到达接收方。例如，攻击者对发送方进行拒绝服务攻击，或者切断其线路连接，使其无法提供服务，破坏其可用性。

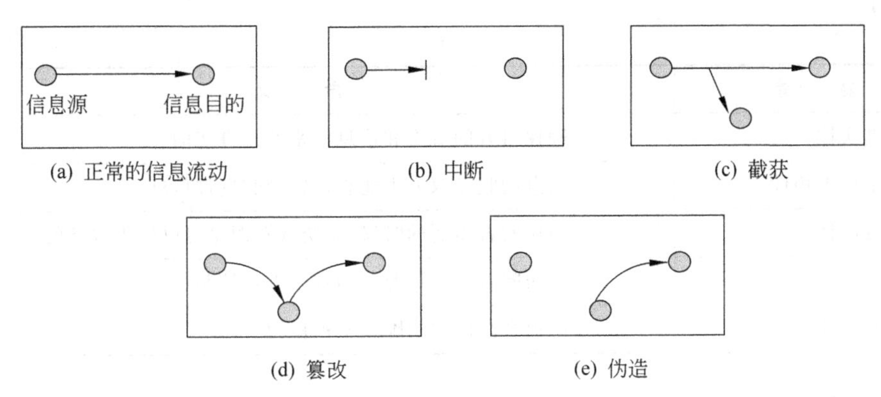

(a) 正常的信息流动　(b) 中断　(c) 截获　(d) 篡改　(e) 伪造

图 1.2　正常的信息流动和网络信息传输面临的安全威胁

2. 截获

截获(interception)是指攻击者在网络上窃听他人的通信内容,破坏信息的机密性。这是一种被动攻击。

3. 篡改

篡改(modification)是指攻击者故意修改线路上传输的报文,破坏消息的完整性。

4. 伪造

伪造(fabrication)是指攻击者生成虚假信息在网络上传输,这是对报文真实性或身份认证机制的攻击。伪造分为两种情况:一是伪造消息(如伪造电子邮件,骗取用户汇款或骗取用户在伪造者的网站上输入账号、密码等);二是伪造身份,如发送一条消息声称自己是某人,由此可见,伪造身份是通过伪造认证消息实现的。

除了上述 4 种网络信息传输面临的安全威胁外,电子商务活动还会面临另一种安全威胁——抵赖。

5. 抵赖

当一方发现情况对自己不利或者受利益驱动时,就有可能否认自己的行为,这称为抵赖(repudiation)或否认。抵赖包括发送方的抵赖和接收方的抵赖两种情况。例如,发送方发了某个订货请求后声称自己没发过,或接收方收到某个订货请求后声称自己没收到过。

1.2.2 信息安全要素

为了防御信息系统面临的各种安全威胁,一个安全的信息系统应该实现的信息安全要素如表 1.1 所示。

表 1.1　信息安全要素

要　素	含　义
机密性	信息不被泄露给非授权用户
完整性	信息未被修改

续表

要　素	含　义
真实性	确保对方的身份和信息的来源是真实的
不可抵赖性	信息的收发双方不能否认曾经收发过信息
可用性	当访问者需要的时候,系统或资源是可以提供服务的
可控性	对访问者访问资源时的权限进行控制
匿名性	确保合法用户的隐私不被侵犯

1. 机密性

在信息系统中产生、传递的信息可能涉及商业机密或个人隐私,因此这些信息均有保密的要求。这种信息安全需求称为机密性需求。机密性要求做到只有发送方和接收方才能访问信息内容,而不允许非授权用户访问信息内容。机密性一般是通过密码技术对传输的信息进行加密来实现的。1.2.1 节中介绍的截获就是对信息系统机密性的攻击。

2. 完整性

完整性是指保证只有被授权的各方才能够修改计算机中存储的或网络上传输的信息,修改包括对信息的写、改变状态、时延或重放。信息系统应防止对敏感信息未授权的生成、修改和删除,同时防止敏感信息在传输过程中的丢失或重复,并保证信息传递次序的统一。

如果信息内容在发送方发出之后,尚未到达接收方时就发生了改变,就表明信息失去了完整性。失去完整性可分为两种情况。第一种情况的例子是:假设 A 发出的信息内容是"将 100 元转给 D",而 B(银行方)收到的信息却变成了"将 1000 元转给 C",则表明该信息已经失去了完整性,这种情况通常是信息被第三方篡改了。第二种情况可能是数据传输线路不可靠,使数据在传输过程中发生了不可预知的改变,但这种改变一般是可以察觉的。

提示:凡是接收方收到的信息和发送方发出的信息不一致,就可认为信息的完整性已遭到了破坏;反之则不一定成立。例如,信息被重放时,虽然接收方收到的信息和发送方发出的信息相同,但信息的完整性也已经被破坏了。

3. 真实性

真实性是指确保对方的身份和信息的来源是真实的。在电子商务中,由于交易双方无法见面,经常会发生攻击者伪造网站、伪造电子邮件地址、给用户发送假冒的支付请求等行为。例如,用户 C 冒充用户 A 发送一个转账请求给银行 B,请求银行将资金从 A 的账户转到 C 的账户。银行将资金从 A 的账户转到 C 的账户,以为这是用户 A 要求的。这就是针对真实性的攻击。为了防止这类攻击,必须检验对方身份的真实性并鉴别接收到的信息来源的真实性。

真实性需要可靠的认证机制来保障。认证包括两方面:对信息本身的认证和对实体的认证。对信息本身的认证用于确认信息是否来自发送方声称的某个实体,而不是由其他人伪造的。对实体的认证可以确定通信双方的真实身份。

2005年,黑客伪造中国工商银行、中国银行等金融机构的网页,采用诱骗用户输入账号和密码信息的方式盗取用户账号信息,并从中获取利益。这种欺骗性的网站被人们形象地称为钓鱼网站。它是针对真实性进行的攻击。

提示:信息的完整性与信息的真实性是有区别的。打个比方,如果将一束玫瑰花看作一条信息,那么发送者寄出一束绽放的玫瑰花后,接收方收到的是一束凋谢的玫瑰花,或收到的是半束玫瑰花,这是玫瑰花的完整性遭到破坏,但真实性并未被破坏;而如果接收方收到的是一束百合花,那么就是玫瑰花的真实性遭到破坏(当然完整性也已被破坏)。

4. 不可抵赖性

有时发送方发出某个信息后,又想否认发过这个信息;或者接收方收到某个信息后,却否认已收到这个信息。例如,用户A通过Internet向商家B要求购买某种商品,B按A的请求发货之后,A声称没有发过这个购买请求,拒绝向商家支付。不可抵赖性可防止这类抵赖现象。

电子商务系统应有效防止商业欺诈行为的发生,保证商业行为的不可抵赖性,保证交易双方对已开始的交易无法抵赖。即交易一旦达成,发送方就不能否认已发送的信息,接收方也不能否认或篡改其收到的信息。

由于抵赖通常是发生在交易中的行为,因此有文献认为,不可抵赖性是电子商务安全比网络安全多出来的一种安全需求。

5. 可用性

可用性是指保证信息和信息系统能随时为合法用户提供服务,而不会出现由于非授权者干扰而对授权者拒绝服务的情况发生。例如,由于非法用户C的故意操作,使合法用户A无法与服务器B联系,从而破坏了可用性原则。

在电子商务活动中,消费者准备在网站上购买商品,需要了解商品价格、性能、质量等信息,决定购买后,要提交订购信息,提供与支付相关的信息,这些环节都要求信息系统能够随时提供稳定的信息服务,这就是对信息系统可用性的要求。

对于淘宝、京东这类大型电子商务网站,只要受到攻击或发生故障而停止服务哪怕几秒钟,就会有上千万次交易无法进行,从而给企业带来巨大的经济损失。

信息系统除了以上5种最主要的安全需求外,还有可控性、匿名性、即时性等安全要素。其中,即时性是指服务可被授权实体访问并在规定的时间内完成服务的特性。

6. 可控性

可控性又称访问控制或访问权限控制,是一种比较常见的安全机制,这种机制按照事先设定的规则确定主体对客体的访问模式是否合法。例如,信息系统可以设置普通用户对其中的信息只有读取的权限,而设置某个高级用户对信息具有读取、修改的权限。访问控制只是一种手段,其目的还是为了保障系统中信息的机密性、完整性、真实性和可用性等安全要素。

7. 匿名性

电子商务系统应确保交易的匿名性,防止交易过程被跟踪,保证交易过程中不把用户的个人信息泄露给未知的或不可信的个体,确保合法用户的隐私不被侵犯。

1.2.3 信息安全的特点

信息安全具有系统性、相对性、有代价性和动态性这4个特点。

1. 系统性

系统性包含两层含义：其一，信息安全的解决方案需要各种安全产品、技术手段、管理措施有机地结合起来，而不能通过几项独立的安全产品或技术手段解决安全问题；其二，信息安全不仅是技术问题，同时也是管理问题，而且它还与社会道德、法律法规、行业规范以及人们的行为模式等紧密联系在一起，需要综合考虑各方面的因素来解决。

2. 相对性

任何安全都是相对的，没有绝对的安全。同样，对于信息安全来说，不能也不必追求一个永远绝对攻不破的信息系统，安全与管理是联系在一起的。希望信息系统永远不受攻击、不出任何安全问题是不可能的。

3. 有代价性

任何信息系统都应考虑到安全的代价和成本问题。如果只注重速度和便捷性，就必定要以牺牲安全为代价；如果一味注重安全，便捷性就会大打折扣。例如，如果不涉及支付问题，对安全的要求就可以低一些；如果涉及支付问题，对安全的要求就要高一些。安全是有成本和代价的。管理者应该权衡这两方面因素，安全技术的研发者也要考虑到这些因素。

4. 动态性

网络技术的攻防是此消彼长的。尤其是安全技术，它的敏感性、竞争性和对抗性都是很强的，这就需要不断检查、评估和调整相应的安全策略。没有一劳永逸的安全，也没有一蹴而就的安全。

1.3 信息安全体系结构

信息安全体系结构是通过制订安全策略并在安全策略的指导下构建的一个完整的综合保障体系，其目标是规避信息系统运行中的信息传输风险、信用风险、管理风险和法律风险，以保障信息服务的顺利进行，满足开展信息系统服务所需的机密性、完整性、真实性、可用性、可控性、不可抵赖性和合法性等安全需求。

要确保信息系统的安全，除了采取各种技术手段外，还必须加强对有关人员的安全意识和安全技术培训，建立完善的信息安全管理制度，并严格按照各种管理制度和法律法规运作信息系统。

1.3.1 信息安全体系结构层次模型

信息系统是建立在网络技术基础上的，因此信息系统的安全架构必然包括网络安全基础设施。但信息系统并非孤立地依赖于网络技术，在信息系统的运行过程中，还需要社会环境、管理环境和法律环境提供相应的保障。因此,信息系统安全是一个涵盖技术因素、管理因素等在内的综合体系结构。

一个完整的信息安全体系结构应由安全基础设施层、网络安全服务层、加密技术层、安全认证层、安全协议层(可能还包括交易协议层)和应用系统层及安全管理7部分组成,如图1.3所示。在这些层次中,上层以下层为基础,下层为上层提供技术支持,各层相互关联,构成一个统一的整体。

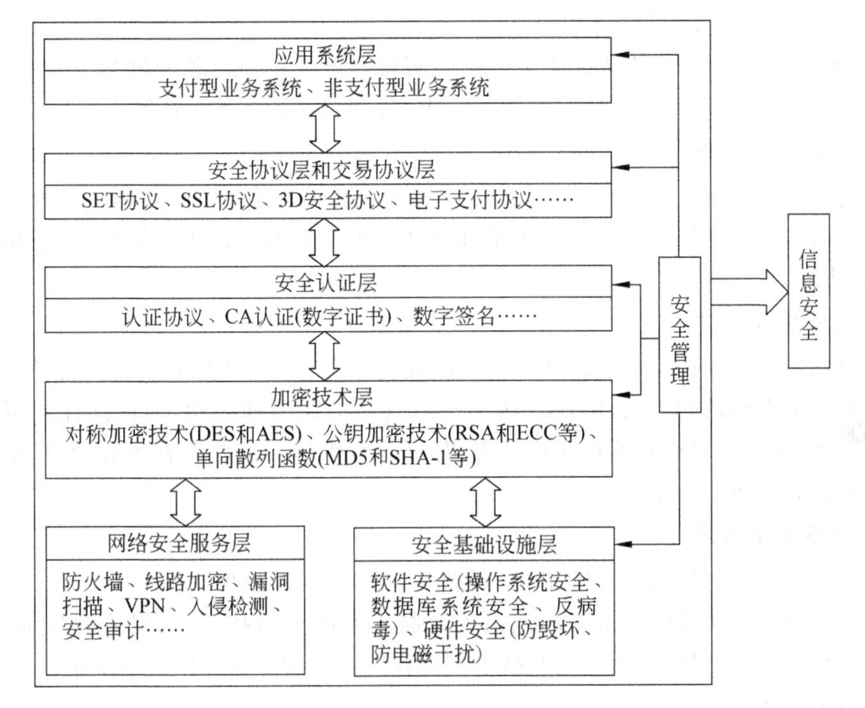

图1.3 信息安全体系结构

1.3.2 信息安全技术

为了保障信息安全的基本需求,需要各种信息安全技术,这些技术可分为与密码学相关的技术和与网络安全相关的技术等,包括加密技术、认证技术、公钥基础设施、访问控制技术、网络安全技术、网络安全协议等。

1. 加密技术

加密技术是信息安全采取的最基本安全措施,也是其他很多安全技术的实现基础。加密技术分为对称加密技术和公钥加密技术。

利用对称加密技术可对通信双方传输的信息进行加密,这样,如果信息不幸被攻击者截获,只要攻击者没有获取密钥,攻击者就无法解读信息,也无法修改加密之前明文的内容,对信息的机密性和完整性可提供一定的保证。

利用公钥加密技术,可解决对称密码体制遇到的很多难题。公钥加密技术常用来完成对称密钥的分发和数字签名这些特殊的功能。

2. 认证技术

在网上交易过程中，由于交易双方不能见面，为了保证不被欺骗，需要保证交易双方的身份信息和交易信息都是真实的。认证技术就是用来认证对方的身份是真实的或收到的信息是真实的(没有被伪造或篡改过)，为信息安全的真实性需求提供保障。

认证系统有两种认证模式：

(1) 当事人自由约定认证体系。当事人可以约定采取何种认证方式对对方的身份进行认证，不需要第三方的参与。

(2) 依赖可信第三方的认证体系。由可信第三方提供通信各方的身份证明，被认证方将可信第三方提供的身份证明(如数字证书)提交给认证方进行认证。

3. 公钥基础设施

公钥基础设施提供了一个框架，在这一框架下能实施各种安全服务，是目前比较成熟和完善的信息安全解决方案。公钥基础设施的核心功能是提供认证服务，包括数字签名、身份认证、时间戳和不可抵赖服务等。

4. 访问控制技术

访问控制是建立在身份认证基础之上的安全服务，它的目的是控制和管理合法用户访问资源的范围和访问方式，防止合法用户对资源的误用和滥用，因而能保证资源受控地、合理地使用。访问控制不仅保护了资源的安全，维护了资源所有者的利益，更重要的是建立了良好的访问秩序。

5. 网络安全技术

网络安全是一个复杂的系统工程，需要从系统的观点出发，在多个环节综合运用一系列网络安全技术和措施。常见的网络安全技术有防火墙技术、入侵检测技术、虚拟专用网技术和病毒防护技术，使用这些技术可以在一定程度上保证网络的安全。

6. 网络安全协议

网络安全协议也称安全密码，是以密码学为基础的网络信息交换协议。网络安全协议由买方、卖方、第三方(如银行、认证机构等)及它们之间约定的电子交易条款组成。网络安全协议提供电子交易所需的安全服务，如身份认证、交易信息加密及散列运算，实现电子商务安全的机密性、完整性和不可抵赖性。

1.3.3 信息安全管理架构

从宏观上看，信息安全以安全策略为核心，涉及人、过程和技术 3 种因素，包括保护、检测、响应和恢复 4 个环节。信息安全管理架构如图 1.4 所示。

1. 安全策略

安全策略(security policy)是实施信息系统安全措施及安全管理的指导思想，是指在系统内所有与安全活动相关的一套规则，这些规则由系统中的安全权力机构建立，并由安全控制机构描述和实施。它为安全管理提供管理方向和支持手段。

安全策略是一个很广的概念，它有以下几个不同的等级：

(1) 安全策略目标。是某个机构对保护特定资源应当达到的目标的描述。

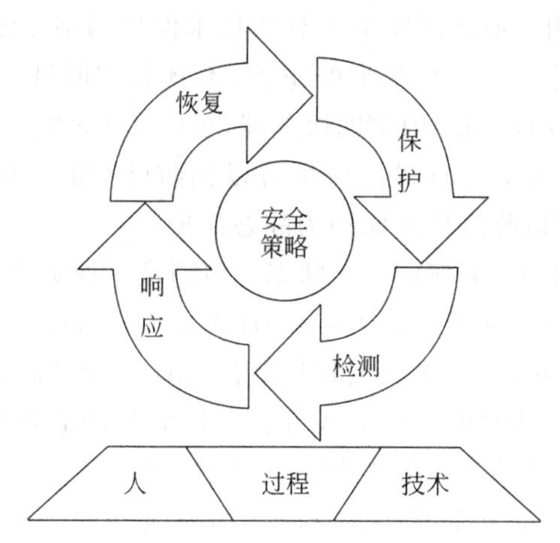

图 1.4 信息安全管理架构

(2) 机构安全策略。是一套法律、规章及实际操作方法,用于规范某个机构如何管理、保护和分配资源,以达到安全策略的既定目标。

(3) 系统安全策略。是对某个系统的安全如何实现以达到此机构的安全要求制订的策略。

2. 信息安全涉及的 3 种因素

对信息安全起决定性影响的 3 种因素是人、过程和技术。

(1) 人。信息安全实施的主体是人,因此人是最重要的因素。人作为一种实体在信息系统的运行过程中存在,其必然对信息系统的安全产生重要影响。源于人这种因素的安全问题的例子如下:对企业不满的员工对信息系统的恶意破坏,员工无意间泄露系统的密码。可以通过安全培训、员工的严格筛选、严格的管理措施、安全监察来降低人为因素带来的安全隐患。

(2) 过程。信息系统的运行包括操作过程和交易过程,如用户登录、数据库备份、转账操作等。对这些过程应该有严格的制度,以规范各种操作行为,从制度上避免各种不规范行为(如误操作、故意不按规章操作)的发生,杜绝安全隐患。

(3) 技术。技术因素对信息系统安全的影响最为直接。不恰当的系统设计、不正确的参数配置等都会成为信息系统安全最直接的隐患。因此,在信息系统运行中,必须重视从技术上保障系统的安全可靠。

在这 3 种因素中,人和过程的因素是与管理相关的,因此,这 3 种因素又可以分为管理和技术两个层面。对于安全问题,人们常说"三分靠技术,七分靠管理"。因此,在日常的信息系统运转过程中,既要重视技术的因素,也要重视人和过程的因素。一个系统的整体安全性取决于最薄弱的环节,系统往往在最薄弱的环节被攻破,这就是所谓的木桶原理。因此,在安全管理中,一定不要放过任何一个薄弱的环节。

3. 信息安全的 4 个环节

信息安全以安全策略为核心,由保护(protect)、检测(detect)、响应(react)和恢复(restore)4 个环节组成,简称为 PDRR。这 4 个环节构成一个动态的信息安全周期。

(1) 保护。是指采用一些网络安全工具和技术保护网络系统、数据和用户。这种保护可称为静态保护，它通常是一些基本的防护，不具有实时性。例如，在安全策略中规定：禁止某个IP地址的用户访问内部网服务器，可以在IIS的网站安全设置中加入一条这样的规则，它就会持续有效。这样的保护可以预防已知的一些安全威胁，而且通常这些威胁不会发生变化，所以称这样的保护为静态保护。

(2) 检测。是指实时监控系统的安全状态。检测是一种实时保护的策略，主要满足动态安全的需求。因为网络上的攻击行为不是一成不变的，通过检测可以发现尚未识别的或新的攻击，制定新的安全策略。将检测与保护结合起来，才能够满足动态安全保护的需要。

在PDRR模型中，检测的重要性表现在：①检测是静态保护转化为动态保护的关键；②检测是动态响应的依据；③检测是落实/强制执行安全策略的有力工具。

(3) 响应。是指当攻击发生时能够及时作出响应，如发出报警，或者自动阻断连接等，防止攻击进一步发生，将安全事件的影响降到最低。在实际中，即使采用各种设备和技术将网络防护得相当安全，攻击或非法入侵也是不可避免的，所以当攻击发生时，应该有一种机制对此作出响应，这样还可以让管理员及时了解什么时候网络遭受了攻击，攻击的行为和结果怎样，应采取什么样的措施修补安全策略，防止此类攻击再次发生。

(4) 恢复。当入侵发生后，往往对系统造成一定的损害，例如，网站不能正常工作，系统数据被破坏，等等。这时，必须有一套机制能够尽快恢复系统的正常工作，这对电子商务系统的运行至关重要。恢复是最终措施，既然攻击已经发生了，系统也遭到了破坏，那么只有让系统以最快的速度恢复运行才是最重要的，否则损失将更加严重。

保护、检测、响应、恢复4个环节不是孤立的，而是相互转换的，如图1.5所示。构建信息安全保障体系必须从安全的各方面进行综合考虑，只有将技术、管理、策略、过程等方面紧密结合，信息安全保障体系才能真正成为指导安全方案设计和建设的有力依据。

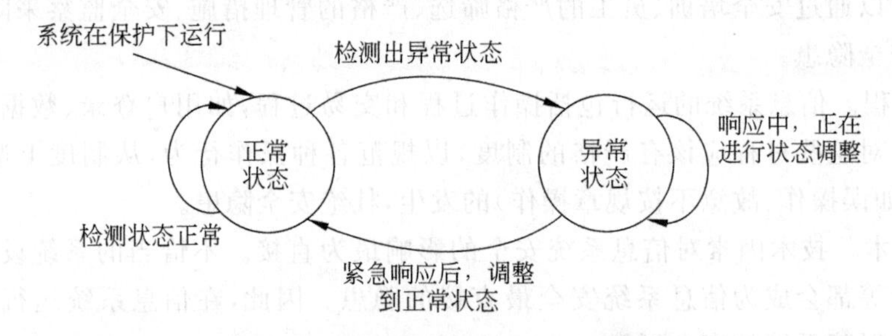

图1.5 信息系统安全的两态转换模型

1.3.4 信息安全的现状及问题产生的原因

为了对现阶段信息安全的态势有清晰的认识，形成关于信息安全的正确观念，需要研究信息安全的现状。

1. 信息安全的现状

目前，信息安全在我国已经受到极大的重视，国家有关部门发布的信息系统等级保护条例、网站备案制度等都在制度层面为信息系统的安全提供了很大程度的保障。但是，由于许多单位信息安全管理的经验不足，仍存在以下一些问题。

1）脆弱的互联网网站

信息安全本是互联网应用开发的基本目标之一，然而遗憾的是，几乎所有的网站在开始建设及发展过程中，其考虑的因素都集中在网站的便利性、实用性上，而恰恰忽略了最不该忽略的安全性。这实际上给网站的发展埋下了深深的隐患，就像一颗定时炸弹，随时都有可能被各种黑客引爆。因为这些网站留下了太多的技术、管理和基础设施方面的漏洞，给黑客太多的可乘之机。一旦出现安全事故，就会使网站的用户对网站不再信任，进而转向其他网站。

随着我国政府上网、企业上网工程的实施，国内一大批政府网站和企业网站应运而生，它们当中有很大一部分根本就没有一套完整的安全体系作为保障，缺乏安全管理、安全维护、安全运行的机制，也没有专门的网络安全人员进行专业管理和维护。对于这样不设防的网站，稍懂黑客技术的不法分子就能进行攻击和破坏。

2）矛盾的安全意识

很多人都有一种矛盾的安全意识：如果花费大量的人力和物力来保障一个公司的网络安全，要是不出问题，似乎这些投入的人力和物力就白白浪费了；要是出了问题，岂不是“赔了夫人又折兵”？这种看似有理的观点实际上忽略了网络安全的一个重要特性，即网络安全是一种以“防患于未然”为目标的安全防范，事实上所有的网络安全措施和机制都不能保证绝对的安全，而只能提高安全的程度，降低发生安全事故的概率。

3）层出不穷的攻击手段

随着互联网的发展，联网的范围不断扩大，这也给黑客带来了更大的活动空间。有人说：“一切的方便来源于互联，但一切的麻烦也来源于互联。”随着网络技术的发展、网络带宽的增加和软件中的新安全漏洞的出现，危害网络安全的攻击手段不断推陈出新，而且一旦攻击成功，被侵害者的损失也将更加严重。

2. 信息安全问题产生的原因

我国网络信息系统面临的威胁和安全问题十分严峻，形势不容乐观，要确保信息系统的安全还任重道远。具体而言，有如下问题需重点关注。

1）缺少信息安全基础设施

信息安全基础设施为信息安全提供支撑作用，为整个信息系统提供服务环境，为实施其他的信息安全技术提供决策支持。信息安全基础设施要具有让人信任的品质，主要包括安全的网络基础设施、系统安全基础设施和交易安全基础设施。

2）缺乏自主的信息安全技术

我国信息安全技术也比较落后。信息安全技术主要是指保证信息系统运行中的资金安全和交易信息安全、商业机密保护等的技术，这些技术落后不利于建立我国消费者可以信任的信息环境。

在信息安全技术中，对称加密算法、公钥加密算法和以此为基础的数字签名和认证技术提供的认证服务都是信息安全的核心技术。我国至今还没有自主研发的较为成熟的密码算法，很多密码算法存在依赖国外的现象，而这些国外的算法或软件可能设置了后门，对国家安全不利。

3）信息安全体系结构不完整

在我国，信息安全过去大都不重视安全保护环节，当出现安全事故时才担当着“救火队”的角色，头痛医头，脚痛医脚。这种治标不治本的做法使问题总是层出不穷。近年来，人们已经开始着手从体系结构上解决问题，力图建立一个完整的信息安全体系，应当说在理论上已取得了明显进展，但在实际运用时还需要更大的努力。

4）安全管理体制不健全

目前我国并没有一个完整的、具有指导意义的规范性法律法规体系限定信息中的不安全行为，而且也未形成有效的信息安全管理责任制，没有根据信息的发展制定相应的安全策略，对于信息过程中的各种安全责任也没有加以明确。从信息安全标准体系的建设来看，目前我国的安全标准和协议还不完整。没有制定具有安全保护意义的信息产品采购政策，没有针对信息安全制定相应的应急管理办法或应急事件处理政策等。

习　题

1. 关于信息安全，下列说法中错误的是（　　）。
   A. 信息安全包括实体安全、软件安全和运行安全
   B. 信息安全是制约电子商务发展的重要因素
   C. 电子商务安全与网络安全的区别在于前者有不可抵赖性的要求
   D. 决定信息安全级别最重要的因素是技术
2. 在网上交易中，如果在订单的传输过程中订货数量发生了变化，则破坏了安全需求中的（　　）。
   A. 可用性　　B. 机密性　　C. 完整性　　D. 不可抵赖性
3. （　　）原则保证只有发送方和接收方才能访问消息内容。
   A. 机密性　　B. 完整性　　C. 身份认证　　D. 访问控制
4. 信息安全涉及的3种因素不包括（　　）。
   A. 人　　B. 过程　　C. 设备　　D. 技术
5. 在PDRR模型中，（　　）是静态防护转化为动态的关键，是动态响应的依据。
   A. 保护　　B. 检测　　C. 响应　　D. 恢复
6. 在电子商务交易中，消费者面临的威胁不包括（　　）。
   A. 虚假订单　　B. 付款后不能收到商品
   C. 客户资料机密性丧失　　D. 非授权访问
7. ________攻击与机密性相关，________攻击与认证相关，________攻击与完整性相关，________攻击与可用性相关。（供选择的答案：篡改、截获、伪造、中断）
8. 如果信息系统无法访问了，则破坏了信息安全的________需求。
9. 信息安全的目标是保证信息的真实性、机密性、完整性、________和________。
10. 为什么说人是信息安全中最重要的因素？
11. 信息安全应从哪几方面综合考虑？

第2章 chapter 2

密码学基础

密码学是一门古老的学科,大概自人类社会有了战争便产生了密码。在古代,由于密码学长期仅用于军事、政治和外交等领域的保密通信,因此与人们的日常生活没有多大关系。然而,随着计算机网络融入人们的生活和工作中,出现了诸如电子商务、电子政务、网络金融、证券交易这些对信息安全要求很高的网络应用,使得密码学成为受到人们广泛关注的学科。

密码学的应用从以军事需要为主扩展到人们进行一般通信的需要。所谓密码学,就是用基于数学方法的程序和保密的密钥对信息进行编码,把信息变成一段杂乱无章、难以理解的字符串,也就是把明文转变成密文。

2.1 密码学概述

密码学主要是研究如何对通信安全进行保密的学科,它包括两个分支:密码编码学和密码分析学。**密码编码学**主要研究对信息进行变换,以保护信息在信道的传递过程中不被敌手窃取、解读和利用的方法,即加密的过程;**密码分析学**与密码编码学相反,它主要研究如何分析和破译密码,即解密的过程。对这两者的研究既相互对立又相互促进。

2.1.1 密码学的基本概念

1. 密码系统

一个密码系统由明文空间、密文空间、密码方案和密钥空间组成。

2. 明文和明文空间

未经过加密的原始信息称为明文,明文是知道原始信息使用的语言的任何人都能够理解的信息。可能出现的明文的全体构成的集合称为明文空间。一般情况下,明文用小写的 m(message,消息)或 p(plain text,明文)表示,明文空间用大写的 M 或 P 表示。对于计算机来说,明文是信源编码符号,可以是文本文件、图像、数字化存储的语音流或视频流。可以简单地认为明文是有意义的字符流或比特流。

3. 密文和密文空间

密文是经过伪装后的明文。可能出现的密文的全体构成的集合称为密文空间。一般情况下，密文用小写的 c（cipher，密码）表示，密文空间用大写的 C 表示。密文也可以被认为是字符流或比特流。

4. 密码方案

密码方案确切地描述了加密变换和解密变换的具体规则。这种描述一般包括两部分：一是对明文进行加密时使用的规则（称为**加密算法**），通过加密算法对明文实施的变换过程称为加密变换，简称加密（encryption），记为函数 $E(m)$，这里 m 为明文；二是对密文进行还原时使用的规则（称为**解密算法**），通过解密算法对密文实施的变换过程称为解密变换，简称解密（decryption），记为函数 $D(c)$，这里 c 为密文。

5. 密钥与密钥空间

加密和解密算法的操作在称为密钥的元素控制下进行。密钥的全体称为密钥空间。一般情况下，密钥用 k（key）表示，密钥空间用大写的 K 表示。在密码方案设计中，各密钥符号一般是相互独立的、等概率出现的，也就是说，密钥一般是随机序列。

一个密码系统又可描述成一个保密通信系统，其基本模型如图 2.1 所示。

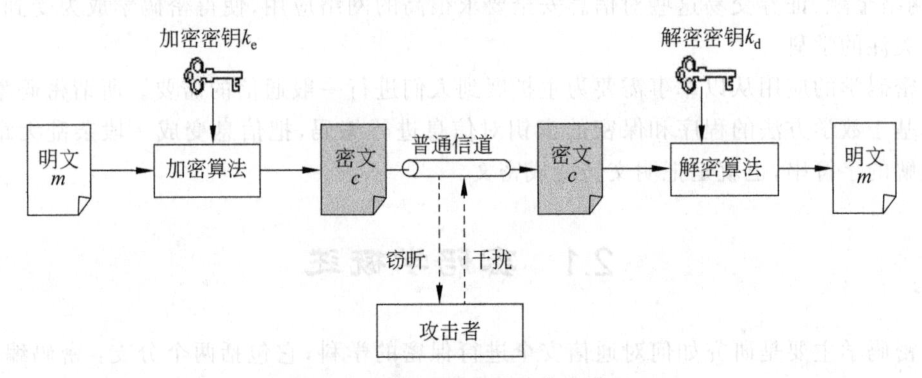

图 2.1 保密通信系统的基本模型

有了密钥的概念后，加密的过程可更准确地表示为 $c=E_{k_e}(m)$，解密的过程可更准确地表示为 $m=D_{k_d}(c)$，其中，$m\in M, c\in C$。

从数学的角度来看，一个密码系统是一组映射，它在密钥控制下将明文空间中的每一个元素映射到密文空间中的某个元素。这组映射由加密算法确定，明文空间的元素到密文空间的元素可以是一对一的映射（单表替换密码），也可以是多对多的映射（多表替换密码），还可以是多对一的映射（如单向散列函数等），而具体使用哪一个映射由密钥决定。

6. 攻击者

在密码系统所处的保密通信系统环境中，除了预定的接收者外，还有攻击者（或称非授权者），它们通过各种方式窃听或干扰信息，此时称之为密码分析者（cryptanalyst）。例如，攻击者可采用搭线窃听等方式直接获得未经加密的明文，或者获得加密后的密文并分析得知明文，这种对密码系统的攻击手段称为**被动攻击**（passive attack）；攻击者还可以采用删除、更改、增添、重放、伪造等手段主动向系统注入假信息，这种攻击手段称为**主动攻击**（active attack）。被动攻击和主动攻击如表 2.1 所示。

表 2.1 被动攻击和主动攻击

类 型	形 式	威 胁	特 点
被动攻击	窃听、流量分析[①]	机密性	不破坏原始信息,难于发现
主动攻击	篡改、伪造、重放	完整性、真实性	易于发现但难于防范
	拒绝服务	可用性	

① 流量分析是指攻击者通过分析网络中某一路径的信息流量和流向就可以判断某事件的发生,进而可采取其他攻击行为。

可见,被动攻击将破坏明文信息的机密性;主动攻击将破坏明文信息的完整性,即接收方收到的信息与发送方所发出的信息不一致。为保证信息机密性,可使用密码算法对信息进行加密;为保证信息完整性,可采用单向散列函数对信息生成散列码,以验证信息的完整性。

2.1.2 密码体制的分类

密码体制(cryptosystem 或 cipher system)是指完成加密和解密的算法。通常,信息的加密和解密过程是通过"密码体制+密钥"来控制的。密码体制必须易于使用,特别是应适合计算机运算。密码体制的分类方法有很多,常见的分类方法有以下几种。

1. 按照密码的发展历史分类

按照密码的发展历史,密码体制可分为古典密码和近现代密码。

2. 按照需要保密的内容分类

按照密码体制的密码算法是否需要保密,密码体制可分为受限制的算法(算法的机密性基于保持算法的秘密)和基于密钥的算法(算法的机密性仅仅基于对密钥的保密)。

1883 年,Kerchoffs 第一次明确提出了编码的原则,即加密算法应建立在算法的公开不影响明文和密钥的安全的基础上,即加密和解密算法都可以公开,只要保证密钥的机密性就可实现安全,简言之,"一切秘密存在于密钥之中"。这一原则已得到普遍承认,成为判定密码算法强度的标准,实际上也成为划分古典密码和近现代密码的标准。

Kerchoffs 原则对密码学的发展具有重大意义,因为只有算法实现通用化,才能使得大规模的保密通信变得容易。如果加密算法需要保密,那么每个组织都只能使用不同的加密算法,信息只能在该组织内进行保密通信,其他组织即使知道密钥,也无法对该组织加密的信息进行解密,因此保密通信无法在大范围内进行。

3. 按照加密/解密密钥是否相同分类

按照加密算法和解密算法所使用的密钥是否相同,密码体制可分为对称密码体制和公钥密码体制。

(1) 对称密钥密码体制(symmetric key cryptosystem)也称为单钥密码体制或秘密密钥密码体制。其特点是加密密钥和解密密钥相同或实质上等同(即可以由其中任意一个密钥很容易推知另一个密钥)。常见的对称密码体制算法有 DES、IDEA 和 AES 等。对称密码体制的优点是加解密速度快。使用对称密码体制时,如果能够加密,就意味着必然能够解密；反之亦然。

(2) 公钥密码体制(public key cryptosystem)也称为非对称密码体制。它的特点是加密密钥和解密密钥不同，并且从一个密钥推导出另一个密钥在计算上是不可行的。公钥密码体制的优点是公钥可以公开，这符合 Internet 开放性的要求，密钥分配和管理相对简单，并且可以实现数字签名和抗抵赖服务。由于公钥密码体制一般基于某个数学难题来实现，因此它的主要缺点是加解密速度慢，而且不便于利用计算机硬件实现。

4. 按照对明文的处理方式分类

按照密码体制对明文的加密方式，密码体制可分为分组密码体制和流密码体制。

(1) 分组密码体制将明文切分成固定长度的分组，用同一密钥和算法逐组进行加密。它具有良好的扩散特性，对插入和修改也具有免疫性。

(2) 流密码体制又称为序列密码体制，它每次加密一位或一字节的明文。它的特点是加密速度较快，错误扩散较小，但它不利于防止信息的插入和修改。

5. 按照是否能进行可逆的加解密变换分类

按照密码体制能否进行可逆的加解密变换，密码体制又可分为单向函数密码体制和双向变换密码体制。

(1) 单向函数密码体制是一类特殊的密码体制，其性质是可以很容易地把明文转换成密文，但再把密文转换成正确的明文却是不可行的。例如，通过单向散列函数可以将一篇 10 万字的文章转换成 128b 的摘要，显然在这个转换过程中存在大量的信息损失，因此不可能再将摘要转换回原始的明文。单向散列函数只适用于某些特殊的、不需要解密的应用场合，如用户的口令存储或信息的完整性保护与鉴别等。

(2) 双向变换密码体制是指能够进行可逆的加解密变换的密码体制，绝大多数加密算法都属于这一类，它要求使用的密码算法能够进行可逆的双向加解密变换。

2.1.3 密码学的发展历程

密码学是一门古老的学科，自人类社会出现战争便产生了密码技术，以后逐渐形成一门独立的学科。密码学的发展历史大致可以分为 3 个阶段。

1. 古典密码学

从古代到 1949 年以前，是密码学发展的第一阶段——古典密码学阶段。古典密码学通过某种方式的文字置换进行，这种置换一般是通过某种手工或机械变换方式实现的，同时简单地使用数学运算。虽然在古代加密方法中已体现了密码学的若干要素，但它还不能算是一门严格意义上的学科。密码技术专家常常是凭直觉和经验进行密码设计和分析，而不是通过推理和证明。

2. 近代密码学

1949—1975 年是密码学发展的第二阶段。1949 年，香农发表了题为《保密通信的信息理论》的著名论文，首次将信息论引入密码学，从而把密码学置于坚实的数学基础之上，奠定了密码学的理论基础。该论文利用统计的观点对信息源、密钥源、接收和截获的密文进行了数学描述和定量分析，提出了通用的密钥密码体制模型。

3. 现代密码学

1976年,美国密码学家Diffie和Hellman在一篇题为《密码学的新方向》的论文中提出了一个崭新的思想,不仅加密算法可以公开,而且加密使用的密钥也可以公开,但这并不意味着保密程度的降低,这就是著名的公钥密码体制。公钥密码体制解决了在Internet上如何将密钥安全地送到接收方等对称密码体制不可逾越的难题。1978年,Rivest、Shamir和Adleman实现了RSA公钥密码体制。

2.1.4 密码分析与密码系统的安全性

密码分析研究如何分析和破译密码。密码分析者虽然不知道密码系统使用的密钥,但他可能会从截获的密文中通过密码分析推导出原来的明文。对于一个密码体制,如果能够根据密文确定明文或密钥,或者能够根据明文和相应的密文确定密钥,则称这个密码系统为可破译的;否则,称其为不可破译的。

一个密码系统的安全性取决于以下两方面的因素。

(1) 该密码系统使用的密码算法的保密强度。密码算法的保密强度取决于密码设计的水平、破译技术的水平以及攻击者对于加密系统知识的了解程度。密码系统使用的密码算法的保密强度为该系统的安全性提供了技术保障。

(2) 密码算法以外的不安全因素。即使密码算法能够达到实际上的不可破译,攻击者也可能不对密码算法进行破译,而是通过其他技术手段或非技术手段窃取密钥来攻破一个密码系统。在很多时候,窃取密钥比破解密码算法的代价要小得多,可以说,密钥的安全是整个密码系统安全的核心。

因此,密码算法的保密强度并不等价于密码系统整体上的安全性。一个密码系统必须同时完善技术与管理,才能保证整个系统的安全。

1. 密码分析的方法

密码分析者破译密码的方法主要有穷举攻击、统计分析攻击和数学分析攻击。

(1) 穷举攻击(exhaustive attack)又称为蛮力(brute force)攻击或暴力破解,是指密码分析者采用遍历全部密钥空间的方式对所获密文进行解密,直到获得正确的明文。抵抗穷举攻击的对策是增大密钥空间的密钥量,或增加密钥长度,或在明文、密文中增加随机冗余信息等。

(2) 统计分析攻击(statistical analysis attack)是指密码分析者通过分析密文和明文的统计规律破译密码。抵抗统计分析攻击的对策是设法使明文的统计特性不带入密文,密文不带有明文的痕迹,而呈现出极大的随机性。能够对抗统计分析攻击已成为现代密码学的基本要求。

(3) 数学分析攻击(mathematical analysis attack)是指密码分析者针对加解密算法的数学基础和某些密码学特性,通过数学求解的方法破译密码。抵抗这种攻击的对策是选用具有坚实数学基础和足够复杂的加解密算法。

2. 密码分析攻击的类型

在假设密码分析者已经知道所用加密算法的前提下,根据密码分析者对明文、密文等数据资源的掌握程度，可以将针对密码系统的密码分析攻击类型分为以下4种。

(1) 唯密文攻击(ciphertext-only attack)。分析者仅能根据截获的一个或一些密文进行攻击，目标是得到明文或密钥，这是对密码分析者最不利的情况。

(2) 已知明文攻击(plaintext-known attack)。密码分析者除了有截获的密文外，还有一些已知的明文-密文对。密码分析者的目标是推出用来加密的密钥或某种算法，这种算法可以对用该密钥加密的任何新的消息进行解密(加密后的计算机程序很容易受到这类攻击)。

(3) 选择明文攻击(chosen-plaintext attack)。密码分析者不仅可得到一些明文-密文对，还可以任意选择希望被加密的明文，并获得相应的密文。这时密码分析者能够选择特定的明文数据块进行加密，并比较明文和对应的密文，以分析和发现与密钥相关的更多信息。计算机文件系统和数据库特别容易受到这类攻击。

(4) 选择密文攻击(chosen-ciphtext attack)。密码分析者可以选择一些密文，并得到相应的明文。密码分析者的目标是推出密钥。这种密码分析多用于攻击公钥密码体制。

这4种攻击的强度按序递增，唯密文攻击是最弱的攻击类型，选择密文攻击则是最强的攻击类型。在实际中，攻击者可能输入一段明文，然后观察相应的密文。因此，现代加密算法的目标是：即使攻击者知道加密算法，并且使用选择明文攻击方式进行攻击，也很难破解算法。

3. 密码系统安全性的概念

一个密码系统达到无条件安全(unconditionally secure)是指即使接收到无限多的密文也无法确定其密钥。可以证明，只有采用一次一密的加密方法才能达到无条件安全，但这在实际中是不可行的。

一个密码系统达到计算上安全(computationally secure)是指该密码系统满足以下要求：破解密文的花费远远大于加密信息的价值或破解密文的时间远远超出该信息的有效时间。一般认为，密码系统只要可达到计算上安全就是安全的。

一个密码系统达到可证明安全(provable secure)是指该密码系统的安全性问题可转化成研究人员公认的某个数学困难问题。

2.2 对称密码体制

对称密码体制即加密密钥与解密密钥相同的密码体制，这种密码体制只要知道加密算法(或解密算法)，就可以反推解密算法(或加密算法)。在1976年公钥密码算法提出以前，所有的加密算法都属于对称密码体制。对称密码体制可分为分组密码体制和流密码体制。本节介绍古典密码、分组密码和流密码。

2.2.1 古典密码

古典密码是现代密码学的基础，它包含密码处理的基本功能单元，分析古典密码有助于更好地理解、设计和分析近现代密码体制。历史上经典的加密方法都属于对称密码体制，它们采用的加密思想可分为**替代和置换**两种。

(1) 替代(substitution)是将明文中的每个元素映射为另一个元素(可以看成查表运算)，明文元素被其他元素所替代而形成密文。

(2) 置换(permutation)又称为换位，是改变明文中各元素的排列位置，但明文元素本身的取值或内容不变。可以证明置换是替代的一种特殊形式。

近现代密码技术常将替代和置换两种技术结合起来使用，使得密码更难破解。

例如，对于明文“dog”，使用替代技术加密得到的密文可能是“eph”，使用置换技术加密得到的密文可能是“ogd”。

讨论：下面的密码算法采用的加密思想各是什么？明文、密文、密钥及加密算法各是什么？

- scytale 密码。古希腊的斯巴达人使用一种叫作 scytale 的棍子传递加密信息。在 scytale 上，斯巴达人以螺旋形缠绕上一条羊皮纸带(图 2.2)。发信人在缠好的羊皮纸带上横向写下相关的信息，然后将羊皮纸带取下，这样羊皮纸带上就是一些毫无意义的字母顺序。如果要将这个信息解码，收信人只要将羊皮纸带再次缠绕在相同直径的 scytale 上，就可以读出信息的内容了。
- 棋盘密码。将 26 个英文字母写在 5×5 的表格中(其中 i 和 j 视为同一个字母)，每个字母对应的密文由行号和列号对应的数字组成，如图 2.3 所示。例如，h 对应的密文是 23，e 对应的密文是 15。

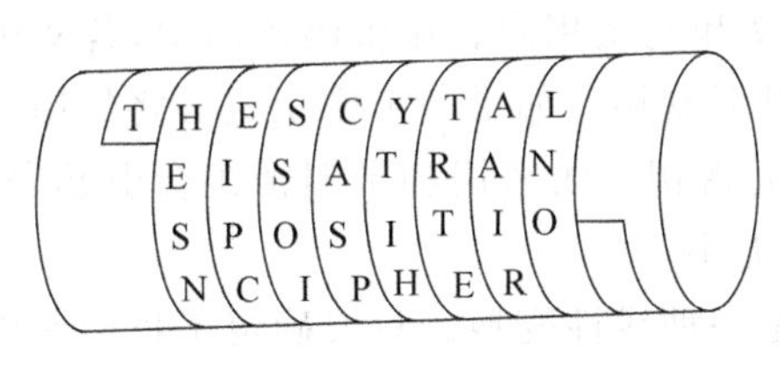

图 2.2 scytale 密码

	1	2	3	4	5
1	a	b	c	d	e
2	f	g	h	ij	k
3	l	m	n	o	p
4	q	r	s	t	u
5	v	w	x	y	z

图 2.3 棋盘密码

下面介绍几种有代表性的古典密码及其加密运算思想，以及对它们的一些破译方法。读者应重点领悟替代和置换、单表替代密码和多表替代密码的含义。

1. 移位密码

移位密码是最简单的一种密码体制，是古罗马的恺撒大帝在高卢战争中发明的加密方法，因此又被称为恺撒密码。移位密码将英文字母向后移动 k 位。假如 $k=3$，则密文字母与明文有如下的对应关系：

明文 y o u t h

密文 b r x w k

移位密码的明文空间 M、密文空间 C 和密钥空间 K 相同，且都满足 $M=C=K=\{0,1,2,\cdots,25\}=Z_{26}$(提示：$Z_{26}$表示模 26 的余数的集合)，即把 26 个英文字母与整数 0，

1,2,…,25 对应起来，如表 2.2 所示。

表 2.2 英文字母和数字映射表

字母	数字	字母	数字	字母	数字
a	0	j	9	s	18
b	1	k	10	t	19
c	2	l	11	u	20
d	3	m	12	v	21
e	4	n	13	w	22
f	5	o	14	x	23
g	6	p	15	y	24
h	7	q	16	z	25
i	8	r	17		

移位密码的加密变换和解密变换的函数表达式如下：

$$E_k(m)=(m+k)\bmod 26 \quad m\in M,k\in K$$
$$D_k(c)=(c-k)\bmod 26 \quad c\in C,k\in K$$

解密后再把数字转换成对应的英文字母即可。

对于这种密码，若攻击者知道采用的是移位密码体制，则很容易利用穷举法将密文解密，按照移位密码的解密规则，最多尝试 25 次，就能找到密文对应的明文信息。

若采用的密钥是 $k=0$，则加密后的密文和明文相同。在密码体制中，若密钥 k 使得加密变换和解密变换一致，这样的密钥就是弱密钥。如果一个密钥能够将使用另一个密钥加密的密文解密，则称后一个密钥为半弱密钥。弱密钥和半弱密钥会引起安全问题，在好的密码系统中它们占的比例应该尽可能小。

移位密码的弱点是可预测，它实际上是一种线性变换。只要确定了将密文中的一个字母替换成相距 k 位的字母，就可以用同样的方法替换密文中的所有其他字母。这样，密码分析者最多只要进行 25 次攻击，就一定能取得成功。

提示：对于移位密码，加密时需将明文字母和密钥转换成数字，再对数字进行运算，最后再将运算结果数字转换成密文字母。这需要 3 个步骤，有些麻烦。恺撒发明了转轮，他把拉丁字母写在内外两个圆盘对应的位置。然后转动内盘，移动一个角度，再把内盘的字母用外盘的字母代替，就把明文变成了密文。

转轮的发明在古典密码学中具有重要意义，因为很多对称密码体制都能用转轮或更复杂的转轮机进行运算。在计算机发明以前，转轮机是进行密码运算的主要工具，它在两次世界大战的情报加密中得到了广泛应用。

2. 一般单表替代密码

一般单表替代密码是通过建立一张明文-密文对照表实现加密的方法。这样，明文中的每个字母不是移动相同的位数，而是根据明文-密文对照表进行替换，因此在明文中，每个A可以替换成B～Z中的任意字母，B也可以替换成A或C～Z中的任意字母，等等。它与移位密码的关键区别是B的替换与A的替换没有任何关系。一般单表替代密码首先要建立一张明文-密文对照表，表2.3就是一个示例。

表2.3 明文-密文对照表的示例

明文字母	密文字母	明文字母	密文字母
a	q	n	f
b	w	o	g
c	e	p	h
d	r	q	j
e	t	r	k
f	y	s	l
g	u	t	z
h	i	u	x
i	o	v	c
j	p	w	v
k	a	x	b
l	s	y	n
m	d	z	m

在进行加密或解密运算时，直接查表进行替代就可以了。例如：

$$E_k(\text{dog})=\text{rgu}$$

$$D_k(\text{htghst})=\text{people}$$

一般单表替代密码的特点是：字母之间的替换是一种非线性关系，在数学上，可以使用26个字母的任意替换关系，从而得到26！（26×25×…×2×1）种可能，密码分析者采用穷举攻击在计算上是不可行的。假设他1μs试一个密钥，遍历全部密钥需要10^{13}年。

一般单表替代密码的缺点是密钥为一张明文-密文对照表，因此密钥不便于记忆。而且一般单表替代密码仍然是容易破解的，因为它不能抵抗统计分析。一旦密文足够长，密码分析者就可以利用语言的统计特性进行分析。在英文中，每个字母的出现频率在大规模的文本中是基本固定的。语言分析结果表明，26个英文字母的出现频率如表2.4所示。

表2.4 26个英文字母的出现频率

字母	出现频率	字母	出现频率	字母	出现频率	字母	出现频率
a	0.0856	d	0.0378	g	0.0199	j	0.0013
b	0.0139	e	0.1304	h	0.0528	k	0.0042
c	0.0279	f	0.0289	i	0.0627	l	0.0339

续表

字母	出现频率	字母	出现频率	字母	出现频率	字母	出现频率
m	0.0249	q	0.0012	u	0.0249	y	0.0199
n	0.0707	r	0.0677	v	0.0092	z	0.0008
o	0.0797	s	0.0607	w	0.0149		
p	0.0199	t	0.1045	x	0.0017		

字母和字母组合的统计数据对于破译一般单表替代密码是非常有用的，因为它们可以提供有关密钥的很多信息。例如，因为字母 e 比其他字母的出现频率高很多，如果密文中有一个字母的出现频率比其他字母都高，就可以猜测这个字母对应的明文字母为 e；又如，英文中“the”的出现频率相当高，如果密文中总是频繁出现 3 个固定组合的密文字母，就可以猜测这 3 个字母对应的明文为“the”。进一步比较密文和明文的各种统计数据及其分布，便可确定密钥，从而破译一般单表替代密码。

3. 仿射密码

针对一般单表替代密码的密钥不便记忆的问题，又衍生出各种形式的单表替代密码，仿射密码便是一种，它可以看成对移位密码的改进，因此也是一种线性变换。

仿射密码的明文空间和密文空间与移位密码相同，但密钥空间为 $K=\{(k_1,k_2)\mid k_1,k_2\in Z_{26},\gcd(k_1,26)=1\}$。

对任意 $m\in M, c\in C, k=(k_1,k_2)\in K$，定义加密变换为

$$E_k(m)=(k_1m+k_2)\bmod 26$$

相应的解密变换为

$$D_k(c)=k_1^{-1}(c-k_2)\bmod 26$$

其中，$k_1 k_1^{-1}=1 \bmod 26$。很明显，当 $k_1=1$ 时即为移位密码，而当 $k_2=0$ 时则称为乘法密码。

注意：k_1 必须和 26 互素。如果不互素，例如取 $k_1=2$，则明文 $m=m_i$ 和 $m=m_i+13$ 两个字母都将被映射成同一个密文字母(例如 1 和 14 都将被映射成同一个字母)。

例 2.1 设明文消息为 china，密钥 $k=(k_1,k_2)=(9,2)$，试用仿射密码对其进行加密，然后再进行解密。

解：加密变换为

$$E_k(m)=(k_1m+k_2)\bmod 26=(9m+2)\bmod 26$$

查表 2.2 可知明文消息“china”对应的数字依次为 2,7,8,13,0，用仿射密码对明文字母对应的数字依次进行加密运算即得到密文对应的数字，再查表 2.2 即得到密文为“unwpc”。

解密时，利用扩展的欧几里得算法求 k_1 的乘法逆元，可计算出 $k_1^{-1}=3$。再进行解密变换：

$$D_k(c)=k_1^{-1}(c-k_2)\bmod 26=3\times(c-2)\bmod 26=(3c-6)\bmod 26$$

由于仿射密码的 k_1 必须和 26 互素，并且还要去掉 1，k_1 的密钥空间实际只有 11 个

密钥，而 k_2 的密钥空间有 25 个密钥，因此仿射密码的密钥空间的大小是 $11\times25=275$，在抵抗穷举攻击方面比移位密码要好些。

4. 密钥短语密码

密钥短语密码选用一个英文短语或单词串作为密钥，先去掉其中重复的字母，得到一个无重复字母的字符串，然后再将英文字母表中的其他字母依次写于该字符串后，就可构造出一个字母替代表。例如，密钥为 university 时，先去掉重复字母 i，成为 universty，再制作字母替代表，如表 2.5 所示。

表 2.5　密钥为 university 时的字母替代表

明文字母	密文字母	明文字母	密文字母	明文字母	密文字母
a	u	j	a	s	l
b	n	k	b	t	m
c	i	l	c	u	o
d	v	m	d	v	p
e	e	n	f	w	q
f	r	o	g	x	w
g	s	p	h	y	x
h	t	q	j	z	z
i	y	r	k		

以上几种密码都属于单表替代密码。单表替代密码的特点是明文字母和密文字母是一对一的映射关系。这个特点使得密文中单个字母出现的频率分布与明文中的相同，因此任何单表替代密码都不能抵抗统计分析。

本质上，单表替代密码可表述成如下函数形式：

$$E_f(x_0,x_1,x_2,\cdots)=(f(x_0),f(x_1),f(x_2),\cdots)$$

例如，对于移位密码，它的加密函数是 $f(x)=(x+k)\bmod 26$；对于仿射密码，它的加密函数是 $f(x)=(k_1x+k_2)\bmod 26$。两者均是线性函数。而对于一般单表替代密码和密钥短语密码，虽然它们的加密函数不好用公式表示，但它们仍然是一个函数，因为函数的定义是对于每个自变量 x 的值都有唯一的 y 的值与之对应。

下面介绍的维吉尼亚密码和希尔密码都是多表替代密码，它们和单表替代密码有明显的区别。

多表替代密码使用从明文字母到密文字母的多个映射来隐藏单字母出现的频率分布，每个映射是单表替代密码中的一对一映射(即处理明文时使用不同的单字母代替)。多表替代密码将明文字母串划分为长度相同的单元，称为明文分组。对明文成组地进行替代，即使用了多张字母替代表。这样，同一个明文字母将对应不同的密文字母，改变了单表替代密码中明文和密文的一一对应关系，这使得对密码进行统计分析的难度大大增加。多表替代密码的函数表达式如下：

$$E_f(x_0,x_1,x_2,\cdots)=(f_0(x_0),f_1(x_1),f_2(x_2),\cdots)$$

5. 维吉尼亚密码

维吉尼亚(Vigenere)密码是一种典型的多表替代密码,该密码体制有一个参数 n,表示采用 n 位的字符串(例如一个英文单词)作为密钥。在加解密时,同样把英文字母映射成 0～25 的数字再进行运算,并按 n 个字母一组进行变换。明文空间、密文空间和密钥空间都是长度为 n 的英文字母串的集合。其加密变换定义如下:

设密钥 $k=k_1k_2\cdots k_n$,明文 $M=m_1m_2\cdots m_n$,则加密变换为

$$E_k(m_1,m_2,\cdots,m_n)=((m_1+k_1)\bmod 26,(m_2+k_2)\bmod 26,\cdots,(m_n+k_n)\bmod 26)$$

例 2.2 设明文为"killthem",密钥为"gun",试用维吉尼亚密码对明文进行加密。

解:明文对应的数字为:

10 8 11 11 19 7 4 12

密钥对应的数字为

6 20 13 6 20 13 6 20

相加取余变换后为

16 2 24 17 13 20 10 6

对应的密文为

h c y r n v w g

因此明文加密后得到的密文是"hcyrnvwg",注意,同一明文字母"l"被替代为不同的密文字母(分别是 y 和 r)。读者可自行验证解密过程。

可以看出,维吉尼亚密码的密钥空间大小为 26^n,所以,即使 n 的值很小,使用穷举法时要搜索的空间也非常大。而且由于一个字母可以被替代成不同的密文字母,隐藏了字母的统计特性,因此也无法直接用统计频率的方法破解。所以说多表替代密码的安全性比单表替代密码大大提高了。

破解维吉尼亚密码的基本思想是将它分解成多个单表替代密码的组合。例如,使用了 5 个字母的单词作为密钥就可看成 5 组单表替代密码的组合。将第 1,6,11,…个字母组成的字符串看成第一个单表替代密码,将第 2,7,12,…个字母组成的字符串看成第二个单表替代密码,然后再对它们分别使用统计分析就可以破解了,而破解的关键就在于要找出维吉尼亚密码的密钥长度,这是将它正确划分成几组单表替代密码的基础。确定密钥长度常采用 Kasiski 测试法和重合指数法。

Kasiski 测试法的基本思想是:若密钥长度为 n,则当两个相同的明文片段在明文序列中间隔的字符数是 n 的整数倍时,将加密成相同的密文片段。因此,如果发现两个相同的密文段,对应的明文段虽然不一定相同,但相同的可能性很大。找出密文中一对对相同的密文段(长度至少为 3)之间的距离,则密钥长度 n 就可能是这些距离的最大公因子。

提示:包括维吉尼亚密码在内的所有古典密码都不能抵抗选择明文攻击。假设攻击者可构造一条特殊的明文 $m=aaaaaaaaaa\cdots$,然后用维吉尼亚密码加密,则通过密文可

很容易地分析出密钥 k 的长度，进而分析出密钥。可见，古典密码都无法用于现代保密通信中。

6. 希尔密码

希尔(Hill)密码是一种特殊的多表替代密码，它利用矩阵变换对信息实现加密。它的数学定义是：设 m 是一个正整数，令 $M=E=(Z_{26})^m$，密钥 $\boldsymbol{k}_{m\times m}=\{$定义在 Z_{26} 上的 $m\times m$ 矩阵$\}$，其中 $\boldsymbol{k}$ 的行列式值必须和 26 互质，否则不存在 $\boldsymbol{k}$ 的逆矩阵 $\boldsymbol{k}^{-1}$。

对任意的密钥 $\boldsymbol{k}_{m\times m}$，定义加密变换为

$$E_k(x)=\boldsymbol{k}_{m\times m}\cdot x \bmod 26$$

解密变换为

$$D_k(y)=\boldsymbol{k}_{m\times m}^{-1}\cdot y \bmod 26$$

例 2.3 设明文为“hill”，密钥为“bdbe”，试用希尔密码对明文进行加密和解密。

解：明文对应的数字为 7、8、11、11，密文对应的数字为 1、3、1、4。

将它们分别写成矩阵的形式：

$$\boldsymbol{m}=\begin{bmatrix}7 & 11\\ 8 & 11\end{bmatrix},\quad \boldsymbol{k}\begin{bmatrix}1 & 1\\ 3 & 4\end{bmatrix}$$

用密钥 $\boldsymbol{k}$ 左乘 $\boldsymbol{m}$，得

$$\boldsymbol{c}=\boldsymbol{k}\times\boldsymbol{m}=\begin{bmatrix}1 & 1\\ 3 & 4\end{bmatrix}\times\begin{bmatrix}7 & 11\\ 8 & 11\end{bmatrix}=\begin{bmatrix}15 & 22\\ 53 & 77\end{bmatrix}$$

再将矩阵中的值对 26 取模，得

$$\begin{bmatrix}15 & 22\\ 53 & 77\end{bmatrix}\bmod 26=\begin{bmatrix}15 & 22\\ 1 & 25\end{bmatrix}$$

这就是密文对应的数字了。将密文对应的数字写成一行：15、1、22、25，那么这些数字对应的密文为“pbwz”。

解密过程如下。

首先求得 $\boldsymbol{k}$ 的逆矩阵：

$$\boldsymbol{k}^{-1}=\begin{bmatrix}4 & -1\\ -3 & 1\end{bmatrix}$$

求逆矩阵的方法可参考线性代数的教材。则

$$\boldsymbol{m}=\boldsymbol{k}^{-1}\times\boldsymbol{c}=\begin{bmatrix}4 & -1\\ -3 & 1\end{bmatrix}\times\begin{bmatrix}15 & 22\\ 1 & 25\end{bmatrix}=\begin{bmatrix}59 & 53\\ -44 & -41\end{bmatrix}$$

再将矩阵中的值对 26 取模，得

$$\begin{bmatrix}59 & 53\\ -44 & -41\end{bmatrix}\bmod 26=\begin{bmatrix}7 & 11\\ 8 & 11\end{bmatrix}$$

此时已解密得到明文对应的数字。如果明文长度大于密钥长度，则将明文按照密钥的长度进行分组，每一组分别与密钥进行矩阵运算。

希尔密码可以较好地抵抗统计分析攻击，但很容易被已知明文攻击破解，特别是在已知密钥矩阵行数的情况下。

7. 置换密码

置换密码是指变换明文中各元素的相对位置(即将各元素换位)但保持其内容不变的加密方法,即通过对明文元素的重新排列达到隐藏明文原始内容表达的含义的加密方法。最简单的置换密码是直接把明文内容倒过来排列作为密文。置换密码的一个显著特点是它的明文空间和密文空间完全相同。

置换密码依赖的加密工具一般是矩阵或栅栏。常见的置换密码有列置换密码、螺旋置换密码和栅栏密码等。列置换密码是将明文信息按照行的顺序排列成一个 $m \times n$ 的矩阵,然后按照列的顺序(由密钥给定)输出密文。

例 2.4 设明文为"attack begins at two",密钥为"CIPHER",试利用列置换密码进行加密。

解:密钥"CIPHER"在 26 个字母中出现的顺序为(1 4 5 3 2 6),以这个顺序作为密文列的排列顺序。密钥有 6 位,因此矩阵有 6 列。该方法要求填满矩阵,如果明文字母不够,可添加"x"或"q"。具体加密过程如下:

1	4	5	3	2	6
a	t	t	a	c	k
b	g	e	i	n	s
a	t	t	w	o	x

则密文就是按列的顺序进行重新排列,密文为"aba cno aiw tet tgt ksx"。

解密时,根据密文长度 18 和密钥长度 6 确定行数为 3。将密文按一列 3 个字母写出,再按(1 4 5 3 2 6)进行列置换,就得到了明文。

必须指出,置换密码在实质上是希尔密码的特例。例如,置换密码加密变换 $E_k(\text{dog})=\text{ogd}$ 可用如下希尔密码实现:

$$E_k(\boldsymbol{x})=\boldsymbol{k}_{m\times m}\cdot\boldsymbol{x}=\begin{bmatrix}0&1&0\\0&0&1\\1&0&0\end{bmatrix}\times\begin{bmatrix}\text{d}\\\text{o}\\\text{g}\end{bmatrix}=\begin{bmatrix}\text{o}\\\text{g}\\\text{d}\end{bmatrix}$$

显然置换密码只是重新排列了原来的字母,无法隐藏语言的统计特性,不能抵抗统计分析,因此,置换密码很难单独构成保密的密码。但是,作为密码编码的一个环节,这种密码技术常与替代密码共同工作,是现代密码学中常用的编码方案。

8. 古典密码体制总结

通过以上几种古典密码的介绍可以看出,尽管古典密码体制没有涉及非常高深或复杂的理论,但已充分体现出现代密码学的两大基本思想——替代和置换,而且将数学的方法引入密码学的分析和研究中。古典密码体制如图 2.4 所示。

2.2.2 分组密码的设计

分组密码(block cipher)体制是目前应用较广泛的一种密码体制。分组密码在对明文进行加密时,首先需要将明文分组,各组的长度都相同,然后对每组明文分别加密,得

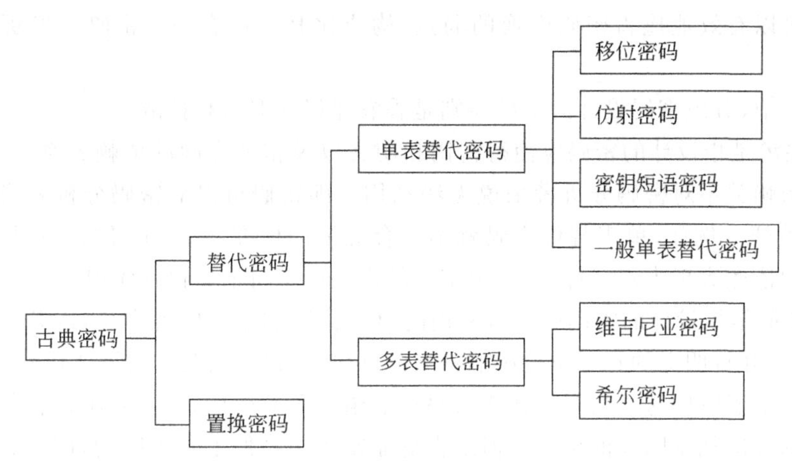

图 2.4 古典密码体制

到等长的密文。分组密码具有速度快、易于标准化和便于软硬件实现等特点，通常是信息与网络安全中实现数据加密和认证的核心机制，在计算机通信和网络安全中有最广泛的应用。

1. 分组密码的设计要求

分组密码设计依据的思想是一定的数学规则下的复杂函数可以通过简单函数迭代若干次得到。分组密码利用简单函数和非线性函数等运算得到比较复杂的变换。一般情况下对分组密码算法的要求如下：

(1) 明文分组长度和密钥长度要足够大。因为当明文分组长度为 n 位时，至多需要 2^n 个明文-密文对就可彻底破解密码；同理，当密钥长度为 n 位时，至多只需要试验 2^n 个密钥就可破解该密文。因此，从安全角度考虑，明文分组长度和密钥长度都应足够大。当明文分组长度 n 较小时，分组密码类似于某些古典密码，如维吉尼亚密码、希尔密码和置换密码，它仍然有效地保留着明文中的统计信息，这种统计信息给攻击者留下了可乘之机，攻击者可以有效地穷举明文空间，得到密码变换本身。

(2) 密钥空间足够大。分组密码的密钥所确定的密码变换只是所有置换中极小的一部分。如果这一部分足够小，攻击者可以有效地通过穷举密钥确定所有的置换，到达一定时间，攻击者就可以对密文进行解密，以得到有意义的明文。

(3) 密码变换必须足够复杂。使攻击者除了穷举攻击外，找不到其他简洁的数学破译方法。

2. 分组密码的设计方法和原则

为了便于实现和分析分组密码，在实际中经常采用以下两个方法达到上面的要求：

(1) 将大的明文分组再分成几个小段，分别完成各个小段的加密置换，最后进行并行操作。这样做是为了使分组长度足够大，以保证密码算法的强度。

(2) 采用乘积密码技术。乘积密码就是以某种方式连续执行两个或多个密码变换。例如，设有两个子密码变换 E_1 和 E_2，则先以 E_1 对明文进行加密，然后再以 E_2 对所得结果进行加密，其中 E_1 的密文空间与 E_2 的明文空间相同。如果这种技术使用得当的话，乘积密码可以有效地掩盖密码变换的弱点，构成比其中任意一个密码变换更强的秘密系统。

在实际中，分组密码设计的指导原则是香农建议的混淆和扩散。

(1) 混淆是指设计的密码应使得密钥和明文以及密文之间的依赖关系相当复杂，以至于这种依赖关系对密码分析者来说无法利用。即密码可以对密码分析者隐藏一些明文的局部特征。例如，单表替代密码就不符合混淆的标准，像双字母"ee"这样的局部特征在密文中依然表现为双字母，并且单字母的出现频率将依然得到体现。

(2) 扩散是指设计的密码应使得密钥的每一位影响密文的许多位，以防止对密钥进行逐段破译；并且明文的每一位也影响密文的许多位，以隐藏明文的统计特性。

像维吉尼亚密码这样的多表替代密码在混淆上是有效的，因为它不是在每一时刻都采用同样的方法加密同样的字符。但维吉尼亚密码在扩散上是失败的，因为它没有做任何换位，该弱点加上周期性替代无法抵抗 Freidman 攻击。通过扩散可以使明文的不同部分都不停留在原来的位置上。

3. 分组密码的工作模式

对于安全的分组密码算法来说，采用适当的工作模式可隐藏明文的统计特性、数据的格式等，以提高整体的安全性。美国在《联邦信息处理标准》(FIPS)中定义了 5 种工作模式：电子密码本(ECB)、密码分组链接(CBC)、计数器模式(CTR)、输出反馈(OFB)和密码反馈(CFB)。任何分组密码算法都可以根据不同的应用使用这 5 种工作模式之一。

ECB 模式是最简单的分组密码工作模式，它直接利用加密算法分别对每个明文分组进行加密。其特点如下：

(1) 每个分组用同一个密钥加密，同样的明文分组将产生同样的密文分组，因此安全性有限。

(2) 错误传播率小，单个密文分组中有一个或多个比特错误只会影响该分组的解密。

CBC 模式是使用最普遍的分组密码工作模式。它将第一个明文分组与初始向量(Initial Vector，IV)进行异或运算，而将后面的明文分组分别与前一密文分组做异或运算，再使用相同的密钥对所有异或后的分组进行加密。其特点如下：

(1) 每个明文分组的加密结果不仅与密钥有关，还与前一密文分组有关。因此，同样的明文分组将产生不同的密文分组，安全性大大提高。

(2) 错误传播有限，由于 CBC 模式引入了反馈，当某个密文分组出现错误后，会影响该分组与后一密文分组的解密，但其他分组不受影响。

CTR、OFB、CFB 模式均可将分组密码转换为流密码，其特点是利用分组密码算法作为一个密钥流生成器。

DES 算法

2.2.3 数据加密标准(DES)

数据加密标准(Data Encryption Standard，DES)也称为数据加密算法(Data Encryption Algorithm，DEA)，是由 IBM 公司研制，经过美国政府加密标准筛选后，于 1977 年被美国定为联邦数据加密标准。

DES的积极意义在于它是第一个标准化的密码系统。在DES之前，保密通信双方使用的密码算法都是由双方秘密约定的，算法不能公开，因此不符合Kerchoffs原则。在使用DES标准化密码系统之后，可以在更广的范围内满足保密通信的需要。

DES是一种分组密码算法，它将明文从一端输入，将密文从另一端输出。由于DES采用的是对称密钥，因此加密和解密使用相同的算法和密钥，并且加密和解密算法是公开的，系统的安全性完全依赖于密钥的保密性。

1. DES的加密过程

DES的加密过程如下：

(1) 明文初始置换。首先对明文分组进行初始置换，以打乱原来的次序。DES有一个明文初始置换表，初始置换就是按照这个表将明文的第58位移到第1位，将第50位移动到第2位，将第42位移动到第3位……明文分组 $m_1, m_2, \cdots, m_{64}$ 经过初始置换后变成了 $m_{58}, m_{50}, \cdots, m_8, m_{57}, m_{49}, \cdots, m_7$。至于为什么要这么换位，那是算法设计者经过充分验证后得出的最有效的加密方法，并且设计细节是保密的，我们可以不必深究。

(2) 密钥初始置换。密钥的初始值为64位，DES算法规定其中的第8、16、24、32、40、48、56、64位为奇偶校验位，用于检测传输过程中数据是否发生了改变。因此先把这8位去掉，密钥由64位变成56位。DES还有一个密钥初始置换表，密钥初始置换就是按照这个表将密钥的第57位移动到第1位，将第49位移动到第2位……这样密钥分组 $d_1, d_2, \cdots, d_{64}$ 经过初始置换后变成了 $d_{57}, d_{49}, \cdots, d_{36}, d_{63}, \cdots, d_4$。

(3) 生成16个48位的子密钥。首先将56位的密钥切分成左右两部分，每部分28位，分别记为 C_0、D_0。然后，分别将 C_0、D_0 左移一位，得到 C_1、D_1；将 C_1、D_1 左移一位，得到 C_2、D_2；将 C_2、D_2 左移两位，得到 C_3、D_3……从而得到 $C_1D_1 \sim C_{16}D_{16}$。将移动后的 C_nD_n 重新合并，得到16个56位的密钥，再将这16个56位的密钥按照一个缩小换位表缩小成48位的密钥，最终得到16个48位的子密钥 $k_1 \sim k_{16}$。

(4) 明文扩展置换。将初始置换后的明文也切分成左右两部分，每部分32位，记为 L_0、R_0。然后，根据一个扩展置换表(有时也称为E盒，如表2.6所示)，将 R_0 由32位扩展到48位，而 L_0 则保持不变。接着根据 L_0 和 R_0 及下面的公式分别求 $L_1 \sim L_{16}$ 和 $R_1 \sim R_{16}$。

$$L_i = R_{i-1}, \quad i = 1, 2, \cdots, 16$$

$$R_i = L_{i-1} \oplus f(R_{i-1}, K_i)$$

表2.6　E盒(输入32位，输出48位)

32	**1**	**2**	**3**	**4**	**5**	**4**	**5**	**6**	**7**	**8**	**9**	**8**	**9**	**10**	**11**
12	13	12	13	14	15	16	17	16	17	18	19	20	21	20	21
22	23	24	25	24	25	26	27	28	29	28	29	30	31	32	1

(5) S盒替代。可见 L_1 就等于 R_0，而为了求 R_1，首先将 R_0 和密钥 k_1 进行异或运算后得到48位的字符串，把这48位数分成8个6位数，1～6位为 $B[1]$，7～12位为 $B[2]$，…，43～48位为 $B[8]$。将这8个6位数分别输入到8个S盒(S1～S8盒)里。S盒再取出 $b_1 \sim b_6$ 中的 b_1 和 b_6 作为行号，$b_2 \sim b_5$ 组成的二进制数作为列号。在S盒中选取

行号和列号对应的数字，将该数字转换为4位二进制数作为输出。例如，若S1盒的输入$B[1]$为101100，则：它的首尾两位为10，对应的行号是2；中间四位是0110，对应的列号是6。查如表2.7所示的S1盒，可发现第2行第6列的数字是2，则4位输出是0010。注意，S盒的行号和列号都是从0开始的。

表2.7 S1盒

行号	列号															
	0	1	2	3	4	5	6	7	8	9	10	11	12	13	14	15
0	14	4	13	1	2	15	11	8	3	10	6	12	5	9	0	7
1	0	15	7	4	14	2	13	1	10	6	12	11	9	5	3	8
2	4	1	14	8	13	6	2	11	15	12	9	7	3	10	5	0
3	15	12	8	2	4	9	1	7	5	11	3	14	10	0	6	13

（6）P盒置换。将8个S盒输出的32位数进行P盒置换，该置换把每个输入位移动到输出位，例如，把第21位移动到第4位，把第4位移动到第31位。最后，将P盒置换的结果再与L_0进行异或运算。所得结果即为R_1。

（7）末置换。在对明文左右部分L_0、R_0进行完依赖于密钥的16轮处理后，得到R_{16}和L_{16}，应注意，在DES的最后一轮，左半部分和右半部分并未交换，而是将其合并为$R_{16}L_{16}$，形成一个分组作为末置换的输入，依据DES的末置换表将输入打乱顺序，例如将第40位移动到第1位，将第8位移动到第2位……

（8）DES的解密。DES的解密算法和加密算法相同，只不过第一次迭代时用子密钥k_{16}，第2次用k_{15}……第16次用k_1，也就是仍然按照加密的过程进行以上步骤的运算，只不过把子密钥的顺序倒过来而已。

2. DES加密的特点

从DES的加密过程中不难发现，DES综合运用了许多次置换和替代技术，从而达到了混淆和扩散的特点。另外，它将大的明文分组再分成左右两部分，形成两个小的分组，分别完成各个小段的加密置换，并且采用了乘积密码技术，将R_0加密后的结果R_1再作为L_2的输入进行加密。

自从DES问世以来，有人对它进行了各种各样的研究分析，并未发现其算法上的破绽。在过去相当长的一段时间里，找不到比穷举搜索更有效的方法攻击DES，而在过去是没有能力对56位的密钥进行穷举搜索的，因而在过去DES是安全的。但现在由于计算机技术的发展，56位的密钥已经无法抵抗穷举搜索攻击了。为此，人们利用两个密钥进行3次DES加密，这称为三重DES，它的密钥相当于有112位，目前三重DES依然是安全的。但DES已逐渐被更为安全的AES算法取代，AES的密钥长度至少有128位。

3. DES算法的变形

为了提高DES算法的安全性，可以将DES算法在多密钥下多重使用，如双重DES、三重DES等DES算法的变形。

双重 DES 使用两个密钥对明文进行两次 DES 加密。双重 DES 有两个密钥——k_1和k_2。首先对明文用k_1进行 DES 加密，得到密文后，再对该密文用另一密钥k_2加密，得到最终密文。

而三重 DES 仍然使用两个密钥——k_1和k_2。它首先用密钥k_1加密明文块，得到$E_{k_1}(P)$；然后用密钥k_2解密上面的密文，得到$D_{k_2}(E_{k_1}(P))$，由于是用另一个密钥进行解密，实际上相当于又加密了一次；最后用密钥k_1再次加密第 2 步的输出，得到$E_{k_1}(D_{k_2}(E_{k_1}(P)))$，整个过程如图 2.5 所示。

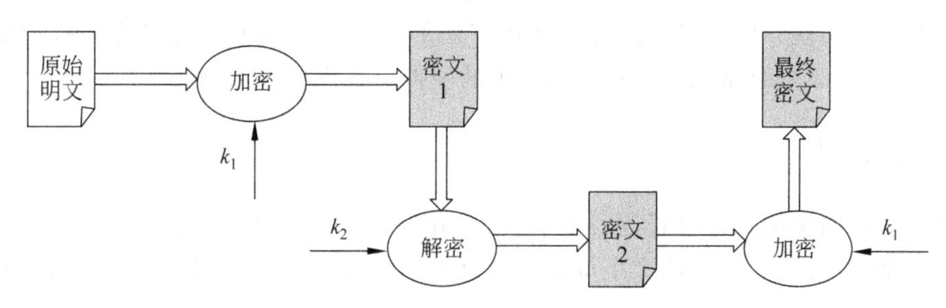

图 2.5 利用两个密钥的三重 DES

为什么三重 DES 只使用两个密钥而不是 3 个呢？这是因为两个密钥的总长度已经达到 112 位，已经足够抵抗穷举搜索攻击了；如果使用 3 个密钥，则势必增加不必要的数据传输。在进行加密时，采用加密-解密-加密而不是 3 次加密的原因是为了与普通 DES 系统兼容，如果三重 DES 使用的两个密钥相同，则三重 DES 就相当于普通 DES 算法，因此，当支持三重 DES 算法的应用程序与仅支持普通 DES 算法的应用程序进行通信时，可设置$k_1=k_2$。

2.2.4 其他分组密码体制

1. AES

AES(Advanced Encryption Standard，高级加密标准)是美国国家标准与技术研究院(NIST)旨在取代 DES 的加密标准。2001 年，NIST 选中了 Rijmen 设计的 Rijndael 密码算法作为 AES 标准。AES 是一个非保密的(公开技术细节)、可免费使用的分组密码算法。它的设计策略是宽轨迹策略，以抵抗差分分析和线性分析。AES 限定了明文分组长度为 128 位，而密钥长度可以为 128 位、192 位、256 位，相应的迭代轮数为 10 轮、12 轮和 14 轮。由于 AES 的最小密钥长度达到 128 位，因此其最小密钥空间达到 2^{128}，能有效地抵抗穷举搜索攻击。

2. IDEA

IDEA(International Data Encryption Algorithm，国际数据加密算法)是最强大的数据加密标准之一，由来学嘉在 1990 年提出。尽管 IDEA 很强大，但并不像 DES 和 AES 那么普及，主要原因是 IDEA 受专利保护，要先获得许可证之后才能在商业应用程序中使用。IDEA 的明文分组长度是 64 位，密钥长度是 128 位，同一算法既可用于加密也可用于解密，该算法的整体设计非常有规律，很适合利用大规模集成电路实现。

3. 轻量级分组密码算法

近年来，由于物联网的出现和应用，物联网的安全问题逐渐被人们重视，但是物联网中的传感器节点、电子标签等微型计算设备的运算和存储能力都非常弱，不能使用资源消耗较大的传统密码算法。在这种情况下，适应物联网资源约束条件的很多轻量级分组密码算法近年来被提出。

轻量级分组密码算法要求做到较小的明文分组长度和密钥长度。当明文分组长度为 n 位时，至少需要 2^n 个明文-密文对才可破解密码。轻量级分组密码算法的要求可以用软件与硬件实现。由于轻量级分组密码算法的设计当初主要是为了克服资源受限的问题，因此轻量级分组密码算法在资源受限的硬件上实现更具有价值。

2.2.5 流密码

流密码将明文消息按字符逐位加密，它采用密钥流生成器，从种子密钥生成一串密钥流字符来加密信息，每个明文字母被密钥流中不同的密钥字符加密。流密码体制模型如图 2.6 所示。

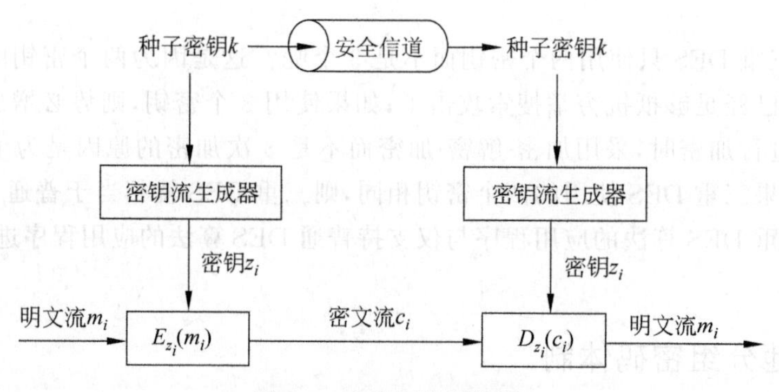

图 2.6 流密码体制模型

1949 年，香农证明了只有“一次一密”的密码体制才是绝对安全的。所谓“一次一密”是指每个明文字母每次都用一个真正随机产生的密钥字母加密，即每个密钥字母的出现无任何规律。这给流密码技术的研究以强大的支持，流密码设计的思想就是模拟一次一密的密码体制，或者说“一次一密”的密码体制是流密码的雏形。如果流密码使用的是真正随机产生的、与明文流长度相同或更长的密钥流，那么此时的流密码就是“一次一密”的密码体制，是无法破解的。

但是，在实际应用中的密钥流都是用有限存储和有限复杂逻辑的电路产生的，此时的密钥流生成器只具有有限多个状态，这样，密钥流生成器迟早要回到初始状态而使其状态呈现出一定长度的周期，因此它的输出也只能是周期序列。因而，实际的流密码是不可能实现“一次一密”密码体制的。

但是，如果密钥流生成器产生的密钥流周期足够长，并且其随机性又足够好，就可以近似地实现理想的“一次一密”的密码体制。

因此，流密码的强度完全依赖于密钥流生成器生成序列的随机性和不可预测性，其核心问题是密钥流生成器的设计。保持收发两端密钥精确同步是实现可靠解密的关键。

1. 同步流密码

同步流密码是指密钥流的产生独立于明文流和密文流的流密码。如图 2.7 所示,同步流密码各符号之间是真正独立的,因此,一个字符传输错误只影响一个字符,不会影响后继的字符。

下面通过对维吉尼亚密码进行改进定义一个同步流密码。设一个维吉尼亚密码算法的密钥 k=cipher,则密钥长度 $d=6$,将该密钥作为流密码的种子密钥,密钥流生成器产生密钥流的规则为:第一次用该密钥加密明文,以后每次将该密钥每位循环右移一位。

设种子密钥 k=cipher(2,8,15,7,4,17),则在种子密钥控制下产生的密钥流 z_i=(2,8,15,7,4,17,8,15,7,4,17,2,15,7,4,17,2,8,7,4,17,2,8,15,…)

将明文序列的每位与密钥流序列的相应位进行相加取余(mod 26)运算即得到密文。

可以看出,这不是一个完善的流密码,因为密钥流并不是随机序列,而且还会发生周期性的变化,但与普通的维吉尼亚密码相比,其密钥流周期是原来的 d 倍,因此破解难度增大。

同步要求:在同步流密码中,消息的发送者和接收者必须同步才能做到正确地加密和解密,即双方使用相同的密钥,并用其对同一位置进行操作。一旦密文字符在传输过程中被插入或删除而破坏了这种同步性,那么解密工作将失败。因此,最好对接收到的密文的完整性先进行校验。

2. 自同步流密码

与同步流密码相反,自同步流密码(也称异步流密码)密钥流的产生与已经产生的一定数量的密文有关。通常第 i 个密钥字符的产生不仅与主密钥有关,而且与前面已经产生的若干密文字符有关,如图 2.8 所示。自同步流密码是一种有记忆变换的流密码。

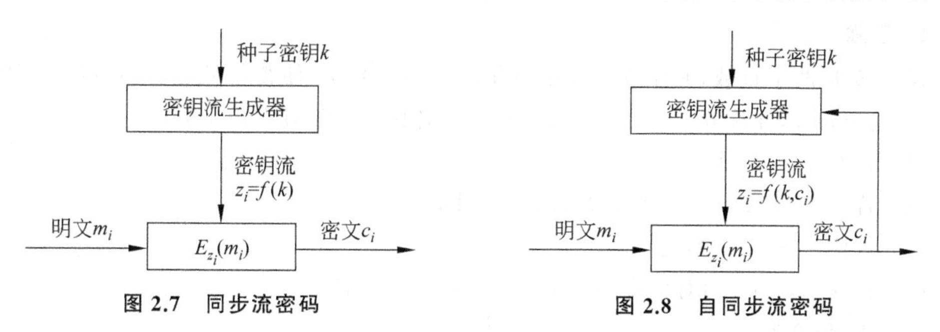

图 2.7 同步流密码 **图 2.8 自同步流密码**

对维吉尼亚密码稍作改进就能得到一个自同步流密码。设维吉尼亚密码的密钥为 cipher,将该密钥作为流密码的种子密钥。密钥流生成器产生密钥流的规则为:首先用该密钥加密明文,该密钥用完后就使用密文作为密钥流,再用密钥流加密明文。此时密文流不仅与密钥有关,还与密文有关,因此属于自同步流密码。例如:

明文　t h i s i s a n e x s a m p l e

密钥　c i p h e r

密文　v p x z m j v c b w e j h r m a

密钥流　c i p h e r v p x z m j v c b w

解密时根据种子密钥可以把先收到的密文恢复成明文,然后再使用已收到的密文作为密钥流将接下来收到的密文解密。

对于自同步流密码,某一个字符的传输错误将影响到后面的字符的解密。例如,如果明文"thisis"传输错误,则密钥流也会跟着发生改变,也就是说,自同步流密码具有错误传播现象。

3. 常见的几种流密码体制

由于流密码长度灵活可变,且具有运算速度快、密文传输中没有差错或错误传播有限等优点,使基于伪随机序列的流密码(例如通过线性反馈移位寄存器制造伪随机序列)成为当今最通用的密码系统。目前常见的二进制流密码体制有RC4、SEAL和A5。

RC4是一个可变密钥长度、面向字节操作的流密码。RC4在Internet通信和无线通信领域都有广泛应用。例如,它在SSL协议中与DES算法一起用来加密传输的数据,并且是无线局域网标准IEEE 802.11中WEP协议的一部分。RC4密码的密钥长度可变,其长度可以为8～2048位,为安全起见,至少应使用128位的密钥。

SEAL(Software-optimized Encryption ALgorithm)是IBM公司设计的适合用软件实现的流密码体制,它不是传统意义的基于线性反馈移位寄存器的流密码,而是一个基于伪随机函数(Pseudo Random Function,PRF)簇的流密码。

2.3　密码学的数学基础

2.3.1　数论的基本概念

1. 整除

设a、b是两个整数,其中$b \neq 0$,如果存在另一整数m使得等式$a = mb$成立,则称b整除a,记为$b|a$,并称b是a的因子,a为b的倍数。整除具有以下性质:

(1) 若$b|a$,$c|b$,则$c|a$。

(2) 若$a|1$,则$a=\pm 1$;若$a|b$且$b|a$,则$a=\pm b$。

(3) 对任一$b(b\neq 0)$,有$b|0$。

(4) 若$b|g$,$b|h$,则对任意整数m、n有$b|(mg+nh)$。

2. 素数和合数

一个大于1且只能被1和它本身整除的整数称为**素数**(或质数),否则称为**合数**。例如,2、3、5、7、11就是素数。可以看出,除2之外的所有素数必定都是奇数。

对于素数,有以下定理。

定理2.1　任一正整数a都能分解成素数乘积的形式,并且此表示是唯一的。

$$a = p_1^{\alpha_1} p_2^{\alpha_2} \cdots p_t^{\alpha_t}$$

其中,$p_1 < p_2 < \cdots < p_t$是素数,$\alpha_i > 0(i=1,2,\cdots,t)$。例如,$91=7\times 13$,$11011=7\times 11^2 \times 13$。这一性质称为整数分解的唯一性定理。

定理 2.2 若 p 是素数，$p|ab$，则 $p|a$ 或 $p|b$。

如果整数 a 能整除整数 $a_1,a_2,\cdots,a_n$，则称 a 为这几个整数的公因子。这几个整数可能有多个公因子，其中最大的公因子叫**最大公因子**(Greatest Common Divisor,GCD)，记作 $\gcd(a_1,a_2,\cdots,a_n)$或$(a_1,a_2,\cdots,a_n)$；如果这几个整数的最大公因子是 1，则称这几个整数互为素数，简称**互素**，记为 $\gcd(a_1,a_2,\cdots,a_n)=1$。

在互素的正整数中，不一定有素数。例如 $\gcd(25,36)=1$，但 25 和 36 都不是素数而是合数。

定理 2.3 若 p 是素数，a 是任意整数，则有 $p|a$ 或 $\gcd(p,a)=1$，即素数与任意数之间只可能是整除或互素的关系。

定理 2.4 设 a、b、c 是任意不全为 0 的整数，且 $a=qb+c$，其中 q 是整数，则有

$$\gcd(a,b)=\gcd(b,c)$$

或写成

$$\gcd(a,b)=\gcd(b,a \bmod b)$$

即被除数和除数的最大公因子与除数和余数的最大公因子相同。例如：

$$\gcd(18,12)=\gcd(12,6)=\gcd(6,0)=6$$

$$\gcd(11,10)=\gcd(10,1)=\gcd(1,0)=1$$

该定理是欧几里得算法(辗转相除法)求最大公因子的理论基础。

定理 2.5 任给整数 $a>b>0$，则存在两个整数 m、n，使得

$$ma+nb=\gcd(a,b)$$

例如，若 $a=3,b=2$，则 $\gcd(a,b)=1$，存在 $m=1,n=-1$，使得 $ma+nb=\gcd(a,b)$。

证明：因为 $\gcd(a,b)|a$，$\gcd(a,b)|b$，根据整除的性质有 $\gcd(a,b)|ma+nb$，因此存在两个整数 m、n，使得 $ma+nb=\gcd(a,b)$。

由定理 2.5，显然有推论：a 和 b 的公因子是 $\gcd(a,b)$的因子。

对于合数，有以下定理。

定理 2.6 若 a 是合数，则 a 必有一个因子 d 满足 $1<d\leqslant a^{1/2}$。

定理 2.7 若 a 是合数，则 a 必有一个素因子小于或等于 $a^{1/2}$。

这两个定理为公元前 3 世纪希腊数学家厄拉多塞内斯(Eratosthenes)提出的构造素数表方法奠定了理论基础，后人称它为厄拉多塞内斯筛法。

3. 模运算与同余

设 n 是一个正整数，a 是整数，如果用 n 除 a，得商为 q，余数为 r，即 $a=qn+r$，$0\leqslant r<n$，则余数 r 可以用 $a \bmod n$ 表示，即 $r=a \bmod n$，其中，mod 为模运算符。商 q 可表示为 $q=\lfloor a/n \rfloor$，其中，$\lfloor x \rfloor$表示小于或等于 x 的最大整数。

如果 $a \bmod n=b \bmod n$，则称两整数 a 和 b 模 n 同余，记为

$$a\equiv b(\bmod n)$$

其中≡是同余运算符，注意它和=的区别：

- 如果 $a<n$，此时 $a\equiv b(\bmod n)$又可写成 $a=b \bmod n$。

• 对于≡运算符，若 $a \equiv b \pmod{n}$，则有：$a-b \equiv 0 \pmod{n}$，$a-c \equiv b-c \pmod{n}$；而对于=运算符，若 $a \equiv b \pmod{n}$，仅有 $a-b=0 \bmod n$，例如 a、b、n 分别取11、8、3。

同余有以下性质：

(1) $a \equiv b \pmod{n}$ 成立的充要条件是 $n \mid (a-b)$，即 $a \equiv b \pmod{n} \Leftrightarrow n \mid (a-b)$。

(2) 自反性：如 $a \equiv a \pmod{n}$。

(3) 对称性：若 $a \equiv b \pmod{m}$，则 $b \equiv a \pmod{m}$。

(4) 传递性：若 $a \equiv b \pmod{m}$，$b \equiv c \pmod{m}$，则 $a \equiv c \pmod{m}$。

可见，同余关系是等价关系（在关系运算中，如果一个关系具有自反性、对称性和传递性，则称它为等价关系）。

定理 2.8 若 $a \equiv b \pmod{m}$，$c \equiv d \pmod{m}$，则有

(1) $ax+cy \equiv bx+dy \pmod{m}$，其中 x 和 y 为任意整数。

(2) $ac \equiv bd \pmod{m}$。

(3) $an \equiv bn \pmod{m}$，其中 $n>0$。例如，$2 \equiv 5 \pmod{3}$，则 $2\times 2 \equiv 5\times 2 \pmod{3}$。

(4) $a^n \equiv b^n \pmod{m}$，其中 $n>0$。例如，$2 \equiv 5 \pmod{3}$，则 $2^2 \equiv 5^2 \pmod{3}$。

(5) $f(a) \equiv f(b) \pmod{m}$，其中 $f(x)$ 为任意的整系数多项式。

模运算 $a \bmod n$ 将整数映射到非负整数的集合 $\mathbf{Z}_n=\{0,1,\cdots,n-1\}$，称 $\mathbf{Z}_n$ 为模 n 的**同余类集合**。其上的模运算有以下性质：

(1) $((a \bmod n)+(b \bmod n)) \bmod n=(a+b) \bmod n$。

(2) $((a \bmod n)-(b \bmod n)) \bmod n=(a-b) \bmod n$。

(3) $((a \bmod n)(b \bmod n)) \bmod n=ab \bmod n$。

即同余类可看成特殊的“数”，可以相加、相减和相乘，但不能相除。利用上面的性质(3)还可将大数的模运算分解成两个较小数的模运算，这是对大数求模的一种常用方法。

例 2.5 证明：$17 \mid 19^{1000}-1$。

证明：因为 $19^{1000} \equiv (2+17)^{1000} \pmod{17}$，所以 $19^{1000}=2^{1000} \bmod 17$，而 $2^{1000}=2^{4\times 250}=16^{250}$，所以 $19^{1000} \equiv 16^{250} \pmod{17} \equiv (-1)^{250} \pmod{17}$，即 $19^{1000}=1 \bmod 17$。

另外，设 m 是一个正整数，有

(1) 若 $an \equiv bn \pmod{m}$，$\gcd(m,n)=1$，则 $a \equiv b \pmod{m}$

(2) 若 $ac \equiv bc \pmod{m}$，$d=\gcd(c,m)$，则 $a/d \equiv b/d \pmod{m}$。例如，$42 \equiv 7 \pmod{5}$，$\gcd(7,5)=1$，所以 $6 \equiv 1 \pmod{5}$。

(3) 若 $ac \equiv bd \pmod{m}$，$a \equiv b \pmod{m}$，$\gcd(a,m)=1$，则 $c \equiv d \pmod{m}$。

(4) 存在 c，使得 $ac \equiv 1 \pmod{m}$，当且仅当 $\gcd(a,m)=1$。

(5) $a \equiv b \pmod{m}$，如果 d 是 m 的因子，则 $a \equiv b \pmod{d}$。

4. 逆变换

对每一个 a，存在一个 b，使得 $a+b=0 \bmod n$，则称 b 为 a 对模 n 的加法逆元，例如，$(5+3) \bmod 4=0$，就称5是3对模4的**加法逆元**。

若 $m \geqslant 1$，$\gcd(a,m)=1$，则存在 c 使得 $ca \equiv 1 \pmod{m}$，把满足这样条件的 c 称为 a 对模 m 的**乘法逆元**，记作 $a^{-1} \pmod{m}$。若 $a \in \mathbf{Z}_m$，则 a 对模 m 的逆记作 a^{-1}。例如，

$5 \times 3 \bmod 7=1$，就称 5 是 3 对模 7 的乘法逆元。并非每一个数在模 n 运算时都有乘法逆元，求乘法逆元要用到 2.3.3 节介绍的扩展的欧几里得算法。

5. 欧拉函数

设 n 是一个正整数，求小于 n 且与 n 互素的正整数的个数的函数称为 n 的**欧拉函数**，记为 $\phi(n)$。例如，小于 6 且与 6 互素的数只有 1 和 5，因此 $\phi(6)=2$。

欧拉函数的性质如下：

(1) 若 n 是素数，则 $\phi(n)=n-1$。

(2) 若 $n=pq$，p、q 是素数且 $p \neq q$，则 $\phi(n)=(p-1)(q-1)$。

(3) 若 $n=p_1^{a_1} p_2^{a_2} \cdots p_s^{a_s}$，其中 $p_1, p_2, \cdots, p_s$ 为素数，$a_1, a_2, \cdots, a_s$ 为正整数，则有

$$\phi(n)=n\left(1-\frac{1}{p_1}\right)\left(1-\frac{1}{p_2}\right)\cdots\left(1-\frac{1}{p_s}\right)$$

例如，$\phi(6)=(3-1)\times(2-1)=2$，$\phi(7)=7-1=6$，$\phi(8)=8\times(1-1/2)=4$，$\phi(20)=20\times(1-1/5)\times(1-1/2)=8$，$\phi(49)=49\times(1-1/7)=42$。

2.3.2 欧拉定理与费马定理

数论的四大定理是欧拉定理、费马定理、威尔逊定理和中国剩余定理，它们在密码学中都有重要应用。本节主要阐述欧拉定理和费马定理。

1. 欧拉定理

欧拉定理：若 a 和 n 都是正整数，且 $\gcd(a,n)=1$，则有 $a^{\phi(n)} \bmod n=1$。

欧拉定理的应用：求解 $3^{102} \bmod 11$。

因为 $\gcd(3,11)=1$，所以 $3^{10} \bmod 11=1$（因为 $\phi(11)=10$），所以 $3^{10\times 10} \bmod 11=1^{10}=1$，$3^{100+2} \bmod 11=3^2 \bmod 11=9$。

例 2.6 求 7^{803} 的后 3 位数字。

解：显然，求 7^{803} 的后 3 位数字就是求 $7^{803} \bmod 1000$ 的结果。因为 $\phi(1000)=1000\times(1-1/2)\times(1-1/5)=400$，而 $7^{803}=(7^{400})^2\times 7^3 \equiv 7^3 \pmod{1000} \equiv 343 \pmod{1000}$，所以后 3 位数字是 343。

可见，在本例中，可以将指数从 803 改成 3，因为 $803 \equiv 3(\bmod\ \phi(1000))$。

推论：若 a 与 n 互素，则 a 与 $a^{\phi(n)-1}$ 互为乘法逆元。

利用该推论可求一些简单数的乘法逆元，例如：

$2^{-1} \bmod 15=2^{\phi(15)-1} \bmod 15=2^{8-1} \bmod 15=2^7 \bmod 15=2^3\times 2^4 \bmod 15=2^3 \bmod 15=8$

$4^{-1} \bmod 15=4^7 \bmod 15=(4^2)^3\times 4 \bmod 15=16^3\times 4 \bmod 15=4$

推论：若 a 和 n 都是正整数，且 $\gcd(a,n)=1$，则有 $a^{k\phi(n)} \equiv 1 \pmod n$，因此有 $a^{k\phi(n)+1} \equiv a \pmod n$。

2. 费马定理

费马定理：设 a 和 p 都为正整数，且 p 是素数，若 $\gcd(a,p)=1$，则 $a^{p-1} \equiv 1 \pmod p$。

费马定理也可写成：设 p 是素数，a 是任意正整数，则 $a^p \equiv a \pmod p$。

费马定理的应用：计算 $7^{560} \bmod 31$。

因为 7^{30} mod 31＝1，所以 $7^{30\times18}$ mod 31＝1，7^{560} mod 31＝7^{20}＝$7^5\times7^5\times7^5\times7^5$＝5 mod 31，由此可见，$7^{560}\equiv7^{20}$(mod 31)。

因此有推论：$a^k\equiv a^{k \bmod (p-1)}$(mod p)。

由费马定理，要计算某个数的 k 次方模 p，可以首先计算 k mod($p-1$)。例如，53≡3(mod 10)，即可推出 $7^{53}\equiv7^3$(mod 11)。

注意：①当 n 为素数时，欧拉定理即转化为费马定理（又叫作费马小定理）。②通过费马定理可发现 a^{p-2} 与 a 互为乘法逆元。

3. 威尔逊定理

威尔逊定理：若 p 为素数，则 p 可整除 $(p-1)!+1$。

该定理给出了判定自然数为素数的充要条件。

4. 中国剩余定理

已知某个数关于一些两两互素的数的同余类集，就可重构这个数。例如，某个数模 3 余 2、模 5 余 3、模 7 余 2，使用中国剩余定理就可求出该数是 23。中国剩余定理的思想在密钥分割中很有用。例如，假设密钥是 23，就可以将这个密钥分解成模数-余数对的集合，如{(3,2)，(5,3)，(7,2)}，它们分别相当于密钥的一部分。

2.3.3 欧几里得算法

欧几里得算法是数论中的一项基本技术。基本的欧几里得算法可求两个正整数的最大公因子，这时也叫辗转相除法；而扩展的欧几里得算法可用来求其中一个数关于另一个数模 n 的乘法逆元。

1. 求最大公因子

对欧几里得算法的具体描述如下。

对于整数 a、b($a>b$)，如果要求 gcd(a,b)，则步骤如下：

(1) 计算 a mod b 得余数 c。

(2) 若 c 不为 0，将 b 作为 a，将 c 作为 b，进行上面的模运算。

(3) 重复步骤(1)和(2)。如果 $c=0$，则退出，返回 b，即所求的 gcd(a,b)。

例 2.7 求 gcd(1970,1066)。

解：

1970＝1×1066＋904，　　gcd(1066,904)
1066＝1×904＋162，　　gcd(904,162)
904＝5×162＋94，　　gcd(162,94)
162＝1×94＋68，　　gcd(94,68)
94＝1×68＋26，　　gcd(68,26)
68＝2×26＋16，　　gcd(26,16)
26＝1×16＋10，　　gcd(16,10)
16＝1×10＋6，　　gcd(10,6)
10＝1×6＋4，　　gcd(6,4)
6＝1×4＋2，　　gcd(4,2)

$4=2\times2+0,\quad\quad\quad\quad c=0$，返回 $b=2$

因此 $\gcd(1970,1066)=2$。

2. 求乘法逆元

在仿射密码中已经遇到需要求乘法逆元的情况了，按照2.3.1节中的定理2.5，任给整数 $n>a>0$，则存在两个整数 x、y（可为负数）使得

$$xa+yn=\gcd(a,n)$$

当 $\gcd(a,n)=1$ 时，即有 $xa+yn=1$。

因此，$xa-1=-yn$，则 $(xa-1)\bmod n=0$，即 $xa \bmod n=1$。

即存在一个 x，使得 $ax\equiv1(\bmod n)$。而显然 x 就是 a 的乘法逆元。

求乘法逆元可通过扩展的欧几里得算法实现，对该算法的描述如下：

(1) 定义变量 X_1、X_2、X_3、Y_1、Y_2、Y_3 和 Q，然后给它们赋初值，令 (X_1,X_2,X_3) 等于 $(1,0,n)$，(Y_1,Y_2,Y_3) 等于 $(0,1,a)$，Q 值为空。将它们写到表格的第一行。

(2) 令 $Q=\lfloor X_3/Y_3\rfloor$，根据得到的 Q 计算 $(X_1-QY_1,X_2-QY_2,X_3-QY_3)$，将计算结果暂存到 T_1、T_2、T_3。

(3) 重新赋值。将 (Y_1,Y_2,Y_3) 的值赋给 (X_1,X_2,X_3)，将 (T_1,T_2,T_3) 的值赋给 (Y_1,Y_2,Y_3)。

(4) 重复第(2)、(3)步，直到 Y_3 等于1或0。如果 $Y_3=1$，最大公因子为 Y_3 的值，乘法逆元为 Y_2 的值；如果 $Y_3=0$，则表示无乘法逆元，最大公因子为 X_3 的值。

例 2.8 用扩展的欧几里得算法计算 $37^{-1} \bmod 98$。

解：先求 $\gcd(37,98)$，扩展的欧几里得算法运行过程如表2.8所示。

表 2.8 求 gcd(37,98)时扩展的欧几里得算法运行过程

循环次数	Q	X_1	X_2	X_3	Y_1	Y_2	Y_3
0(赋初值)		1	0	98	0	1	37
1	2	0	1	37	1	−2	24
2	1	1	−2	24	−1	3	13
3	1	−1	3	13	2	−5	11
4	1	2	−5	11	−3	8	2
5	5	−3	8	2	17	−45	1

解得 $Y_3=1$，有乘法逆元，值为 Y_2 的值 -45，为方便记为最小非负数，因为 $-45\equiv 53(\bmod 98)$，故一般说37模98的乘法逆元为53。即 $a^{-1} \bmod n=53$，也就是 $53a \bmod n=1$。

顺便指出，该算法还可以求出 $xa+yn=1$ 中 x 和 y 的值，其中，$x=Y_2$，$y=Y_1$，在这里即

$$(-45)\times37+17\times98=1$$

3. 一次同余式及其求解

一次同余式的求解也可以通过求乘法逆元的方法实现。

定义：设 $m\in\mathbf{Z}^+$，$a,b\in\mathbf{Z}$，$a\neq 0$，把 $ax+b\equiv 0(\bmod\ m)$ 称为模数 m 的**一次同余式**。

如果 $x_0\in\mathbf{Z}$ 满足 $ax_0+b\equiv 0(\bmod\ m)$，则称 $x=x_0 \bmod m$ 是一次同余式的解。

例如，一次同余式 $2x+1\equiv 0(\bmod\ 3)$ 有解，$x_0=1$；一次同余式 $2x+1\equiv 0(\bmod\ 4)$ 无解；一次同余式 $2x+1\equiv 0(\bmod\ 5)$ 有解，$x_0=2$。

定理 2.9 设 $m\in\mathbf{Z}^+$，$a,b\in\mathbf{Z}$，$a\neq 0$，$\gcd(a,m)=d$，则一次同余式 $ax\equiv b(\bmod\ m)$ 有解的充要条件是 $d|b$。在 $d|b$ 的条件下，同余式有 d 个解。

显然，对于一次同余式 $ax\equiv b(\bmod\ m)$，如果 $b=1$，则 a 的乘法逆元就是一次同余式的解；若 $b\neq 1$，则首先仍然求 a 的乘法逆元，然后再把该乘法逆元放大 $b \bmod m$ 倍。

例如，求解 $5x\equiv 323(\bmod\ 12)$，首先求 $b \bmod m$，得到 $5x\equiv 11(\bmod\ 12)$。然后通过求乘法逆元的方法求 $5x'\equiv 1(\bmod\ 12)$，得 $x'=5$。最后将两边同时乘以 11，得 $5x'\times 11\equiv 11(\bmod\ 12)$，所以 $x=x'\times 11(\bmod\ 12)=55 \bmod 12=7$。

例 2.9 求 $41^2\times 51^{-1}\equiv m(\bmod\ 55)$。

解：因为 51 不能整除 41^2，两边同时乘以 51 得 $51m\equiv 41^2(\bmod\ 55)$，所以 $51m\equiv 31(\bmod\ 55)$。

再求 $51m'\equiv 1(\bmod\ 55)$，得 $m'=41$。

将两边同时乘以 31，得 $m=m'\times 31(\bmod\ 55)=6$。

以上是通过求乘法逆元的方法求一次同余式的解，另一种方法是用下面的定理求解。

定理 2.10 设 $m\in\mathbf{Z}^+$，$a,b\in\mathbf{Z}$，$a\neq 0$，$\gcd(a,m)=1$，则一次同余式 $ax\equiv b(\bmod\ m)$ 恰有一个解：

$$x\equiv ba^{\phi(m)-1}(\bmod\ m)$$

例如，$3x\equiv 10(\bmod\ 29)$，则 $x=10\times 3^{28-1} \bmod 29=13$。

以上是 $\gcd(a,m)=1$ 时求一次同余式解的情况。如果 $\gcd(a,m)\neq 1$，可以将两边同时除以公因子，得到一个新的一次同余式，再来求解。

例 2.10 求解一次同余式 $12x\equiv 21(\bmod\ 39)$。

解：$\gcd(12,39)=3$，可知同余式有 3 个解。两边同时除以 3，得到新的一次同余式：$4x'\equiv 7(\bmod\ 13)$，根据前面的方法得到 $x'=5$。则原同余式的解就是 $x=5,18,31$（即 $5+13n$ 的形式，$1\leqslant n<d$）。

2.3.4 离散对数

1. 阶和本原根

根据 2.3.2 节介绍的欧拉定理，如果 $\gcd(a,n)=1$，则 $a^{\phi(n)}\equiv 1(\bmod\ n)$。现在考虑如下的一般形式：

$$a^m\equiv 1(\bmod\ n)$$

如果 a 与 n 互素，则至少会有一个整数 m[例如 $m=\phi(n)$]满足这一方程。称满足方程的最小正整数 m 为模 n 下 a 的**阶**。

例如，$a=7$，$n=19$，则易求出 $7^1\equiv 7(\bmod\ 19)$，$7^2\equiv 11(\bmod\ 19)$，$7^3\equiv 1(\bmod\ 19)$，即 7 在模 19 下的阶为 3。

由于 $7^{3+j}=7^3\times 7^j\equiv 7^j \pmod{19}$，所以，$7^4\equiv 7 \pmod{19}$，$7^5\equiv 7^2 \pmod{19}$，…，即从 $7^4 \bmod 19$ 开始所求的幂出现循环，循环周期为 3，即循环周期等于元素的阶。

定理 2.11 设 a 的阶为 m，则 $a^k\equiv 1 \pmod n$ 的充要条件是 k 为 m 的倍数。

推论：a 的阶 m 整除 $\phi(n)$。

如果 a 的阶 m 等于 $\phi(n)$，则称 a 为 n 的**本原根**。如果 a 是 n 的本原根，则 $a, a^2, \cdots, a^{\phi(n)}$ 在模 n 下互不相同且都与 n 互素。特别地，如果 a 是素数 p 的本原根，则 $a, a^2, \cdots, a^{p-1}$ 在模 p 下都不相同。

例如，$n=9$，则 $\phi(n)=6$，考虑 2 在模 9 下的幂：$2^1 \bmod 9=2$，$2^2 \bmod 9=4$，$2^3 \bmod 9=8$，$2^4 \bmod 9=7$，$2^5 \bmod 9=5$，$2^6 \bmod 9=1$。即 2 的阶为 6，等于 $\phi(9)$，所以 2 为 9 的本原根。

又如，$n=19$，$a=3$ 在模 19 下的幂分别为 3,9,8,5,15,7,2,6,18,16,10,11,14,4,12,17,13,1。即 3 的阶为 18，等于 $\phi(19)$，所以 3 为 19 的本原根。

本原根不唯一。可验证，19 的本原根除 3 以外还有 2,10,13,14,15。

注意，并非所有的整数都有本原根，只有以下形式的整数才有本原根：$2, 4, p^\alpha, 2p^\alpha$，其中 p 为奇素数。

2. 离散对数

设 p 为一个素数，a 是 p 的本原根，则在模 p 下 $a, a^2, \cdots, a^{p-1}$ 会产生 $1\sim(p-1)$ 的所有值，而且每个值仅出现一次。例如，$p=19$，$a=3$，计算 $b\equiv a^k \pmod p$ 的结果如下：

$$3^1\equiv 3,\quad 3^2\equiv 9,\quad 3^3\equiv 8,\quad 3^4\equiv 5,\quad 3^5\equiv 15,\quad 3^6\equiv 7,$$
$$3^7\equiv 2,\quad 3^8\equiv 6,\quad 3^9\equiv 18,\quad 3^{10}\equiv 16,\quad 3^{11}\equiv 10,\quad 3^{12}\equiv 11,$$
$$3^{13}\equiv 14,\quad 3^{14}\equiv 4,\quad 3^{15}\equiv 12,\quad 3^{16}\equiv 17,\quad 3^{17}\equiv 13,\quad 3^{18}\equiv 1$$

因此，对于任意 $b\in\{1,2,\cdots,p-1\}$，都有且仅有唯一的正整数 k 与 b 对应，使得 $b\equiv a^k \pmod p$，也就是说 b 和 k 之间是一一对应的关系。称 k 为模 p 下以 a 为底 b 的**离散对数**，记为 $k\equiv \log_a b \pmod p$。离散对数的这一特点保证了任意一个明文(密文)字符都有且仅有唯一的密文(明文)字符与之对应。

当 a、k、p 已知时，有能够比较容易地求出 b 的值的快速算法；但是，如果已知 b、a 和 p，要求 k 的值，对于小心选择的 p 将至少需要 $p^{1/2}$ 次以上的运算，如果 p 足够大，求解离散对数问题是相当困难的，这就是著名的离散对数难题。

由于离散对数问题具有较好的单向性，所以它在公钥密码学中得到广泛应用。像 ElGamal、Diffie-Hellman、DSA 等密码算法都是建立在离散对数问题之上的。

2.3.5 群和有限域

在 AES、椭圆曲线等许多密码算法中，都涉及群和有限域的概念。

1. 群的概念

给定一个非空集合 $G=\{a,b,\cdots\}$ 和该集合上的抽象运算 $*$，如果满足以下 4 个条件，则称代数系统 $<G,*>$ 为**群**。

(1) 封闭性：对任意 $a,b\in G$，总是有 $a*b\in G$。

(2) 结合律：对任意 $a,b,c\in G$，总是有 $(a*b)*c=a*(b*c)$。

(3) 存在单位元：对任意 $a\in G$，存在 $e\in G$，使 $a*e=e*a=a$。

(4) 存在逆元：对任意 $a\in G$，存在 a 的逆元 $a^{-1}\in G$，使 $a*a^{-1}=a^{-1}*a=e$。

若群满足交换律，即对任意 $a,b\in G$，有 $a*b=b*a$，则称群 G 为交换群，又称为阿贝尔(Abel)群。

密码算法之所以要用到群的概念，主要是因为，群的封闭性保证明文和密文在同一个集合内，群存在逆元保证密码算法可进行可逆的双向加解密变换。

例 2.11 证明 $G=\{0,1,2,\cdots,n-1\}$，关于模 n 的加法运算是一个交换群。

证明：依次检验集合 G 是否满足群和交换群的各项条件。

(1) 封闭性：若 $a\in G,b\in G$，则 $(a+b) \bmod n$ 也肯定在 G 中。

(2) 结合律：显然 $((a+b)+c) \bmod n=(a+(b+c)) \bmod n$。

(3) 存在单位元：$e=0$。

(4) 存在逆元：$a^{-1}=n-a$，使 $a+a^{-1}=a^{-1}+a=0$。

(5) 交换律：显然 $(a+b) \bmod n=(b+a) \bmod n$。

例 2.12 证明 $G=\{1,2,\cdots,p-1\}$，p 是一个素数，则模 p 的乘法运算是一个交换群。

证明：

(1) 封闭性：若 $a\in G,b\in G$，则 $ab \bmod p$ 也肯定在 G 中。

(2) 结合律：显然 $(ab)c \bmod p=a(bc) \bmod p$。

(3) 存在单位元：$e=1$。

(4) 存在逆元：使 $a\times a^{-1}=a^{-1}\times a=1$。例如，7 mod 11 在集合中的逆元为 8。

(5) 交换律：显然 $(a\times b) \bmod p=(b\times a) \bmod p$。

群具有以下性质：

(1) 群中的单位元 e 是唯一的。

(2) 群中每一个元素的逆元是唯一的。

(3) 消去律成立。即，对任意 $a,b,c\in G$，如果 $ab=ac$，则 $b=c$；如果 $ba=ca$，则 $b=c$。

2. 域和有限域的概念

F 是至少含有两个元素的集合，对 F 定义了两种运算：加法(+)和乘法(×)，如果满足以下 3 个条件，则称代数系统 $<F,+,\times>$ 为域。

(1) F 中的元素对于加法+构成交换群，记其单位元为 0。

(2) F 中的非零元素对于乘法×构成交换群，记其单位元为 1。

(3) 乘法在加法上满足分配律。即，对任意 $a,b,c\in F$，有 $a(b+c)=ab+ac$，$(a+b)c=ac+bc$。

若 F 中的元素个数有限，则称 F 为**有限域**，也称为伽罗瓦域(Galois field)。有限域中的元素个数称为该有限域的阶。有限域一般用 $GF(q)$ 或 F_q 表示，其中 q 表示有限域的阶。

例如，对于 $F=\{0,1,2,\cdots,p-1\}$，p 是一个素数，在模 p 的情况下做加法和乘法运算，定义运算规则如下。

加法：如果 $a,b \in F$，则 $a+b \equiv r(\bmod\ p)$，$r \in F$。

乘法：如果 $a,b \in F$，则 $a \times b \equiv s(\bmod\ p)$，$s \in F$。

此时，F 对于加法构成交换群，其加法单位元为 0；F 中非零元素的全体对于乘法运算构成交换群，其乘法单位元为 1；分配律也显然成立。故 F 在模 p 的情况下对于加法和乘法运算构成有限域。

又如，有理数全体、实数全体、复数全体对于加法和乘法运算分别构成域，分别称为有理数域、实数域和复数域。它们的元数是无穷的，故称为无穷域。

再如，0 和 1 两个元素按模 2 加和乘构成域。该域仅有两个元素，记为 GF(2)。

2.4 公钥密码体制

公钥密码体制又称为非对称密码体制，它的出现是密码学历史上的一次革命，有极其重要的里程碑意义。在公钥密码体制出现之前，几乎所有的密码系统都是建立在基本的替代和置换技术上的。而公钥密码体制与以前的所有方法截然不同，它基于一种特殊的数学函数，而不是替代和置换操作。而且公钥密码体制是不对称的，它有两个密钥，一个由密钥拥有者保管，另一个公开。用两个密钥中的任何一个密钥加密内容，都能且只能用对应的另一个密钥解密，通过这种方式，解决了对称密码体制中的密钥管理、分发和数字签名的难题。公钥密码体制对于保密通信、密钥管理、数字签名和认证等领域有深远的影响。

2.4.1 公钥密码体制的基本思想

公钥密码体制的基本思想是：使用两个不同的密钥进行加密和解密。一个可对外公开，称为公钥(public key)，一般用 KU 或 PK 表示；另一个严格保密，只有密钥拥有者才知道，称为私钥(private key 或 secret key)，一般用 KR 或 SK 表示。公钥和私钥之间具有紧密联系，用公钥加密的信息只能用相应的私钥解密，反之亦然。也就是说，下面两种做法是可行的：

- 用公钥加密，用私钥解密。
- 用私钥加密，用公钥解密。

而以下两种做法是行不通的：

- 用公钥加密，用公钥解密。
- 用私钥加密，用私钥解密。

同时，要想由一个密钥推导出另一个密钥，在计算上是不可能的。例如，不可能通过获取公开的公钥推导出其相应的私钥。图 2.9 是公钥密码体制的示意图。

在图 2.9 中，$E(\mathrm{KU_B}, m)$表示发送方 A 采用接收方 B 的公钥 $\mathrm{KU_B}$ 对明文 m 进行加密；$D(\mathrm{KR_B}, c)$表示接收方 B 用自己的私钥 $\mathrm{KR_B}$ 对密文 c 进行解密。有时也用 E_B 表示给接收方 B 发送信息时的加密变换，用 D_B 表示接收方 B 接收信息时使用的解密变换。

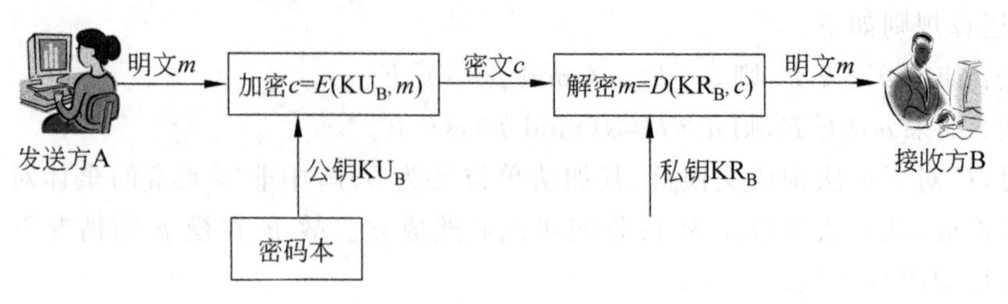

图 2.9　公钥密码体制示意图

公钥密码体制应满足以下要求：

(1) 对任意明文进行加密变换是很容易的，并且若知道解密密钥，那么对密文的解密也是很容易的。

(2) 信息的发送方对任意明文进行加密变换后，接收方进行解密变换就可以得到明文。

(3) 若不知道解密密钥，那么即使知道加密密钥、具体的加密与解密算法以及密文，要确定明文在计算上也是不可行的。

也就是说，公钥密码体制就像上下行线不同的公交线路一样，从明文到密文加密变换的过程和从密文到明文解密变换的过程是不同的，而且这两条上下行线都是单向行驶线，加密后不能按原来过程的逆过程解密。

公钥密码体制的实现是通过单向陷门函数实现的。所谓单向陷门函数是这样的函数，即除非知道某种附加的信息，否则这样的函数在一个方向上容易计算，而在反方向上要计算是不可行的，如图 2.10 所示。因此寻找合适的单向陷门函数是公钥密码体制应用的关键。

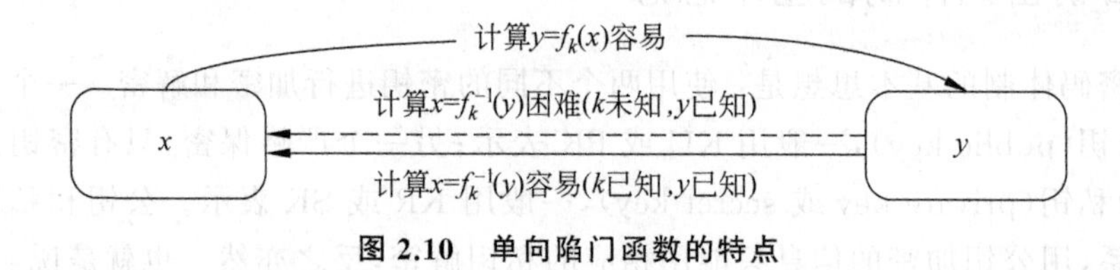

图 2.10　单向陷门函数的特点

对这种函数的特性描述如下：

- 正向易算性——给出 f 的定义域中的任意元素 x，计算 $f(x)$ 是很容易的。
- 反向不可算性——当给出 $y=f(x)$ 中的 y，要计算 $x=f_k^{-1}(y)$ 时，若知道设计函数 $f(x)$ 结合进去的某种信息时，则容易计算（陷门依赖性）；否则 $x=f_k^{-1}(y)$ 将是很难计算的（反向不可算性）。

这样，设计公钥密码体制就变成了寻找某种单向陷门函数。让知道陷门的人可以很容易地进行解密变换，而不知道的人则无法有效地进行解密变换，也称该问题难解或难以计算。生活中有很多问题类似于单向陷门函数。例如，任何人都可以很容易地将一扇防盗门关上，但如果没有钥匙，要将关上的防盗门打开是非常困难的。那么钥匙就可以看成这个单向陷门函数（开关防盗门）的一个陷门。

单向陷门函数一般基于数学上的难解问题来实现。目前常见的数学难题有以下几类：

- 基于大整数分解的数学难题，即，已知两个素数，要求它们的乘积是容易的；但已知它们的乘积，要将它们分解成两个素数是很困难的。代表算法是 RSA。
- 基于离散对数的难题，代表算法有 ElGamal、Diffie-Hellman、DSA 等。
- 基于椭圆曲线的难题，代表算法有椭圆曲线密码体制（Elliptic Curves Cryptography，ECC）。
- 基于背包问题，代表算法是 Merkle-Hellman。背包问题刚被提出来时，人们曾认为它是不可破译的。但 5 年后 Shamir 完全破译了背包问题，因此背包问题已不能用作单向陷门函数。

2.4.2 RSA 公钥密码体制

1978 年提出的 RSA 公钥密码体制是一种用数论构造的，也是迄今为止理论上最成熟完善、安全性能良好的密码体制，该体制已得到广泛的应用。RSA 公钥密码体制的原理基于大整数分解的数学难题。

实际上，设 N 是两个大素数的乘积，则大整数 N 的分解存在以下 4 个难题，RSA 的原理基于其中的第 3 个难题。

(1) 将 N 分解为两个大素数。

(2) 给定整数 m（明文）和 c（密文），寻找 d 满足 $m^d=c \bmod N$。

(3) 给定整数 e 和 c，寻找 m 满足 $c=m^e \bmod N$。

(4) 给定整数 x，判定是否存在整数 y 满足 $x=y^2 \bmod N$。

大整数分解是计算上困难的问题，目前，比较好的大整数分解算法有二次筛选法、椭圆曲线法、Pollard 的蒙特卡洛算法、数域筛选法等。然而，专家推测，用数域筛选法分解 n 为 200 位的十进制大整数数时，即使利用超高速计算机也要 10^8 年，因此设计良好的 RSA 算法用于加密是很安全的。

1. RSA 的实现过程

RSA 算法

RSA 公钥密码体制的实现过程如下：

(1) 选择大素数。任选两个秘密的大素数 p 和 q（100～200 位的十进制数或更大），计算 $n=pq$，再计算 n 的欧拉函数：$\phi(n)=\phi(p)\phi(q)=(p-1)(q-1)$。计算完成后，$n$ 可以公开。

(2) 产生公钥和私钥。随机地选择一个与 $\phi(n)$ 互素的整数 e 作为某用户的公钥（这样 e 才会具有乘法逆元）。求出 e 的乘法逆元，将该结果作为私钥 d，即 $de=1 \bmod \phi(n)$。显然，公钥和私钥是成对出现的，其他用户的公钥和私钥也可以这样产生，但私钥是保密的，公钥是公开的。

(3) 密钥的发布。将 d 保密，(d,n) 作为私钥；将 e 公开，(e,n) 作为公钥。为了安全，这时可以销毁 p、q。

(4) 加密的步骤。加密时首先将明文比特串分组，使得每个分组对应的十进制数小于 n，即分组长度小于 $\log_2 n$。然后对每个明文分组 m 作加密运算：

$$c=E(m)=m^e \bmod n$$

(5) 解密的步骤。对密文分组 c 的解密运算为

$$m=D(c)=c^d \bmod n$$

2. 证明 RSA 解密过程的正确性

证明：由加密过程知 $c\equiv m^e \bmod n$，可知

$$c^d\equiv m^{ed} (\bmod n)$$

由于 $ed\equiv 1(\bmod \phi(n))$ 可推出 $ed=k\phi(n)+1$，代入上式得

$$c^d\equiv m^{ed}(\bmod n)\equiv m^{k\phi(n)+1}(\bmod n)$$

下面分两种情况讨论：

(1) m 与 n 互素，则由欧拉定理得

$$m^{\phi(n)}\equiv 1(\bmod n),\quad m^{k\phi(n)}\equiv 1(\bmod n),\quad m^{k\phi(n)+1}\equiv m(\bmod n)$$

即 $c^d \bmod n=m$。

(2) 若 $\gcd(m,n)\neq 1$，先看 $\gcd(m,n)=1$ 的含义。由于 $n=pq$，所以 $\gcd(m,n)=1$ 意味着 m 既不是 p 的倍数也不是 q 的倍数。因此 $\gcd(m,n)\neq 1$ 意味着 m 是 p 的倍数或 q 的倍数，不妨设 $m=tp$，其中 t 为正整数。此时必有 $\gcd(m,q)=1$，否则 m 也是 q 的倍数，从而是 pq 的倍数，与 $m<n=pq$ 矛盾。

由 $\gcd(m,q)=1$ 及欧拉定理得 $m^{\phi(q)}\equiv 1(\bmod q)$，可得

$$m^{k\phi(q)}\equiv 1(\bmod q),\quad m^{k\phi(q)\phi(p)}\equiv 1(\bmod q),\quad m^{k\phi(n)}\equiv 1(\bmod q)$$

因此存在整数 r，使得 $m^{k\phi(n)}=1+rq$，两边分别乘以相等的 m 和 tp（左边乘以 m，右边乘以 tp）得

$$m^{k\phi(n)+1}=m+rtpq=m+rtn$$

即 $m^{k\phi(n)+1}\equiv m(\bmod n)$，所以 $m^{ed} \bmod n=m$，$c^d \bmod n=m$。问题得证。

提示：一个明文 m 同 n 不互素的概率小于 $1/p+1/q$，因此，如果 p 和 q 的值极大，$\gcd(m,n)\neq 1$ 的概率极小，有时也可忽略不计。

证明：m 同 n 不互素，那么 m 必是 p 的倍数或 q 的倍数，由于 $m\leqslant n$，是 p 的倍数的 m 最多有 q 个，是 q 的倍数的 m 最多有 p 个，而 m 所有可能的个数是 n 个，因此 m 同 n 不互素的概率小于 $(p+q)/n$，即 $(p+q)/pq$，也就是 $1/p+1/q$。

例 2.13 RSA 密码体制加密与解密过程的例子。

假定用户 B 任取两个素数，他取 $p=47$，$q=71$，然后 B 计算 $n=47\times 71=3337$，$\phi(n)=46\times 70=3220$。接下来 B 任取一个与 3220 互素的数作为 e，设 B 取 $e=79$，那么 B 必须用扩展的欧几里得算法求 e 在模 $\phi(n)$ 下的乘法逆元 d，可算得

$$d=e^{-1} \bmod \phi(n)=79^{-1} \bmod 3220=1019$$

因此 B 的公钥 e 为(79,3337)，私钥 d 为(1019,3337)。

现在用户 A 想加密明文信息 688（可看成明文转换成编码后的一个分组）给 B，A 首先需要获得 B 的公钥(79,3337)，然后进行加密：

$$c=m^e \bmod n=688^{79} \bmod 3337=1570$$

并将密文 1570 发给 B。B 收到密文后，用自己的私钥(1019,3337)进行解密：

$$m=c^d \bmod n=1570^{1019} \bmod 3337=688$$

例 2.14 设明文为“YES”，试用 RSA 算法对其进行加密。

解：假定用户取 $n=281\times167=46\ 927$，$e=39\ 423$，$d=26\ 767$。

由 $Y\rightarrow24$，$E\rightarrow4$，$S\rightarrow18$，得 YES$\rightarrow24\times26^2+4\times26+18=16\ 346$。

利用加密公式：

$$c=m^e \bmod n=16\ 346^{39\ 423} \bmod 46\ 927=21\ 166$$

而 $21\ 166=1\times26^3+5\times26^2+8\times26+2$，得到：$1\rightarrow B$，$5\rightarrow F$，$I\rightarrow8$，$2\rightarrow C$，所以密文是“BFIC”。

3. RSA 中的计算问题

RSA 涉及以下两个计算问题：

(1) 大整数求幂运算。在实际中，由于 RSA 的加密、解密过程都是对一个大整数求幂再取模，如果直接计算，则中间结果非常大，有可能超出计算机允许的整数取值范围。目前一般采用快速指数算法将大数分解后再计算，以解决这个问题。

(2) 素性检验。在 RSA 中，需要选取两个大素数 p 和 q。如何确保选取的大数一定是素数呢？这就是素性检验问题。目前，在寻找大素数时，一般先随机选取一个大的奇数，然后用素性检验算法检验这一奇数是否为素数，如果不是则再选取另一奇数，重复这一过程，直到找到素数为止。

4. RSA 的参数选取

在选取 RSA 的参数时要注意以下几点：

- p 和 q 在长度上应仅差几个数位，即 p 和 q 应是 1075～10 100。
- $p-1$ 和 $q-1$ 都应该有一个较大的素因子 r，$r-1$ 也应该有一个较大的素因子。
- $\gcd(p-1,q-1)$应比较小。
- 如果 $e<n$ 且 $d<n/4$ 时，则 d 可以很容易确定，因此 d 不能太小。

5. 对 RSA 的攻击

RSA 的安全性依赖于大数分解，但是否等同于大数分解一直未能得到理论上的证明，因为没有证明破解 RSA 就一定需要作大数分解。假设存在一种无须分解大数的算法，那它肯定可以修改成为大数分解算法。目前，RSA 的一些变种算法已被证明等价于大数分解。不管怎样，分解 n 是最直接的攻击方法。现在，人们已能分解 140 多个大素数。因此，模数 n 必须选取得大一些，根据具体情况而定。

对 RSA 的攻击主要有两种。

1) RSA 共模攻击

在实现 RSA 时，为方便起见，可能给每个用户相同的模数 n(虽然加解密密钥不同)，然而这样做是不行的。设两个用户的公钥分别为 e_1 和 e_2，且它们互素(一般情况下都成立)，明文消息是 m，密文分别是 $c_1\equiv m^{e_1}\pmod n$和 $c_2\equiv m^{e_2}\pmod n$，敌手截获 c_1 和 c_2 后，可用如下方法恢复 m。首先用扩展的欧几里得算法求出满足 $re_1+se_2=1$ 的两个整数 r 和 s，其中一个为负，设为 s。然后用扩展的欧几里得算法求出 $c_1^{-1} \bmod n$，就可计算出

$$(c_1^{-1})^{-r}c_2^s=(m^{-e_1})^{-r}(m^{e_2})^s=m^{(re_1+se_2)} \bmod n\equiv m\pmod n$$

例如，假设系统选择 $p=5$，$q=11$，$n=55$，则 $\phi(n)=4\times10=40$。

如果为两个用户都使用相同的模数 n，为他们选择的公钥分别为 $e_1=7$ 和 $e_2=13$。设明文消息 $m=6$，则两个用户的密文分别为

$$c_1 \equiv m^{e_1} (\bmod\ n) = 6^7 \bmod 55 = 41$$

$$c_2 \equiv m^{e_2} (\bmod\ n) = 6^{13} \bmod 55 = 51$$

由 $re_1+se_2=1$ 推出 $r\times 7+s\times 13=1$，根据扩展的欧几里得算法求出 $r=2, s=-1$。根据 $(c_1^{-1})^{-r}c_2^s = m (\bmod\ n)$ 可得 $41^2\times 51^{-1}\equiv m (\bmod\ 55)$。解该一次同余式，得 $m=6$，从而得到明文。

2）RSA 的小指数攻击

有一种提高 RSA 速度的建议是使公钥 e 取较小的值，这样会使加密变得易于实现，速度有所提高。同样，为了使解密速度快，希望选用较小的 d。但这样做都是不安全的，当 $d<n/4$ 时，已有求出 d 的攻击方法。抵抗这种攻击的办法就是 e 和 d 都取较大的值，有学者建议 e 取 $2^{16}+1=65\ 537$。

2.4.3 ElGamal 算法

ElGamal 公钥密码算法于 1985 年由 T. ElGamal 提出，它也是一种基于离散对数问题的公钥密码算法。

1. 密钥的生成

对于基于离散对数问题的密码算法来说，依据 $y=a^x \bmod p$，总是将 x 作为私钥，而将 y 作为公钥，这样通过 x 求 y 很容易，但已知 y 求 x 就相当于计算离散对数问题的复杂性。ElGamal 公钥密码算法也是如此：首先选取一个大素数 p 及 p 的本原根 a；然后选择一个随机数 x，$2\leqslant x\leqslant p-2$；最后计算 $y=a^x \bmod p$，以 (y,a,p) 作为用户的公钥，而以 x 作为用户的私钥。

2. 加密过程

设用户想加密的明文为 m，$m<p$，其加密过程如下：

随机选择一个整数 k，$2\leqslant k\leqslant p-2$，计算

$$c_1 = a^k \bmod p$$

$$c_2 = my^k \bmod p$$

则密文为二元组 (c_1, c_2)。

3. 解密过程

用户使用私钥 x 对密文 (c_1,c_2) 解密的过程如下：

$$m = c_2(c_1^x)^{-1} \bmod p$$

4. 验证解密的正确性

因为 $c_1=a^k \bmod p$，$c_2=my^k \bmod p$，所以

$$c_2(c_1^x)^{-1} \bmod p = my^k(a^{kx})^{-1} \bmod p = ma^{xk}(a^{kx})^{-1} \bmod p = m \bmod p = m$$

从加密过程可以看出，ElGamal 加密运算的结果具有随机性，因为密文既依赖于明文和公钥，还依赖于加密过程中选择的随机数 k。所以，对于同一个明文，每次加密时会有许多可能的密文，这说明 ElGamal 是一个非确定性的算法。这样，由于明文和密文并非一一对

应关系,攻击者通过选择明文攻击或选择密文攻击破解密文的难度会大大增加。

下面举一个简单的例子说明 ElGamal 密码体制加密的运算过程。

例 2.15 设 $p=19$,本原根 $a=13$(2.3.4 节已验证,13 是 19 的本原根)。假设用户 B 选择整数 $x=10$ 作为自己的私钥,然后计算用户 B 的公钥 y:

$$y=a^x \bmod p=13^{10} \bmod 19=6$$

假设用户 A 想秘密地发送编码为 $x=11$ 的消息给用户 B,则用户 A 可执行下述加密过程。

首先用户 A 选择一个随机数 r,假设 $r=7$,则计算

$$c_1=a^k \bmod p=13^7 \bmod 19=10$$

$$c_2=my^k \bmod p=11\times 6^7 \bmod 19=4$$

用户 A 把元组(10,4)发送给用户 B。

用户 B 在收到密文 $c=(10,4)$后,解密如下:

$$m=c_2(c_1^x)^{-1} \bmod p=4\times(10^{10})^{-1} \bmod 19=4\times 17 \bmod 19=11$$

ElGamal 算法在加密方面的应用没有在签名方面的应用广泛。加密模型没有被充分应用,而其认证模型是美国数字签名标准(Digital Signature Standard,DSS)的基础。

在实际应用中,要求 ElGamal 密码算法中的素数 p 按十进制表示至少应该有 150 位数字,并且 $p-1$ 至少应该有一个大的素因子。

2.4.4 椭圆曲线密码体制

人们对椭圆曲线方程的研究开始于 19 世纪中期,其中最著名的是 Weierstrass 提出的 Weierstrass 方程。椭圆曲线方程在费马大定理的证明中起到了重要作用。1985 年,Koblit 和 Victor Miller 首次将椭圆曲线方程应用于密码学领域,提出了椭圆曲线加密算法(Elliptic Curve Cryptography,ECC)。

1. 平行线与无穷远点的表示

平面上的直线只有相交和平行两种情况。为了将这两种情况统一,可假设两条平行线相交于无穷远点 O_∞。

直线上出现无穷远点带来的好处是所有的直线都相交了,且只有一个交点,这就把直线的平行与相交统一了。为与无穷远点相区别,把原来平面上的点叫作平常点。

无穷远点具有以下重要性质:

- 直线 L 上的无穷远点只能有一个(从定义可直接得出)。
- 平面上一组相互平行的直线有公共的无穷远点(从定义可直接得出)。
- 平面上任何相交的两条直线 L_1、L_2 有不同的无穷远点(假设 L_1 和 L_2 相交于 A 点且有公共的无穷远点 P,则 L_1 和 L_2 有两个交点 A、P,故假设错误)。
- 平面上全体无穷远点构成一条无穷远直线。

普通的平面直角坐标系(笛卡儿坐标系)无法表示无穷远点的坐标。为了表示无穷远点,人们引入了射影平面坐标系,射影平面坐标系兼容平面直角坐标系中的平常点,并且可以表示无穷远点。

对平面直角坐标系中的任意点坐标 $A(x,y)$ 做如下改造，即可得到射影平面坐标系中的点：

令 $x=X/Z, y=Y/Z(Z\neq 0)$。则 A 点可以表示为 $(X:Y:Z)$。例如，平面上的点 $(1,2)$ 在射影平面上的坐标为 $(1,2,1)$、$(2,4,2)$、$(1.2,2.4,1.2)$ 等形式。

由于无穷远点是两条平行线的交点，因此联立两条平行线在射影平面下的方程 $aX+bY+c_1Z=0$ 和 $aX+bY+c_2Z=0$，即可得无穷远点的坐标为 $(X,Y,0)$，显然，无穷远直线对应的方程为 $Z=0$。

2. 椭圆曲线方程

简单地说，椭圆曲线方程描述的并不是椭圆，之所以称为椭圆曲线，是因为它是用三次方程表示的，并且该方程与计算椭圆周长的方程相似。一般而言，椭圆曲线的三次方程形式为

$$y^2+a_1xy+a_3y=x^3+a_2x^2+a_4x+a_6 \tag{2.1}$$

其中 $a_i\in F, i=1,2,3,4,6$。F 是一个域，可以是有理数域、复数域和有限域。满足上面的方程的所有点 (x,y) 再加上一个无穷远点 O_∞ 就构成椭圆曲线。用公式表示即

$$\{(x,y)\in F \mid y^2+a_1xy+a_3y=x^3+a_2x^2+a_4x+a_6\}\cup\{O_\infty\}$$

3. 椭圆曲线的加法

在椭圆曲线所在的平面上，已经定义了一个无穷远点 O_∞，可以把 O_∞ 定义为加法的单位元，即椭圆曲线上的任意点与无穷远点相加，有 $P+O_\infty=O_\infty+P=P$。

椭圆曲线的加法定义如下：

如果椭圆曲线上的3个点位于同一直线上，则这3个点的和为 O_∞。

根据该加法定义，可推导出以下4条重要的运算规则。

(1) 设 R 和 R_1 为椭圆曲线上关于 X 轴对称的两个点，如图2.11所示，即 $R=(x,y)$，$R_1=(x,-y)$，由于 R 和 R_1 的连接线必定经过无穷远点 O_∞，故 R、R_1、O_∞ 三点共线，因此由加法定义得 $R+R_1+O_\infty=O_\infty$，所以 $R=-R_1$。

(2) 设 P 和 Q 是椭圆曲线上 x 坐标不同的两个点，$R=P+Q$ 定义为：画一条通过 P、Q 的直线与椭圆曲线相交于 R_1，如图2.11所示，由加法定义得 $P+Q+R_1=O_\infty$，则 $P+Q=-R_1=R$。图2.11直观地展示了该运算。

(3) 点 P 的倍点定义为：过 P 点做椭圆曲线的切线，如图2.12所示，设与椭圆曲线相交于 R_1，则 $P+P+R_1=O_\infty$，故 $2P=-R_1=R$。

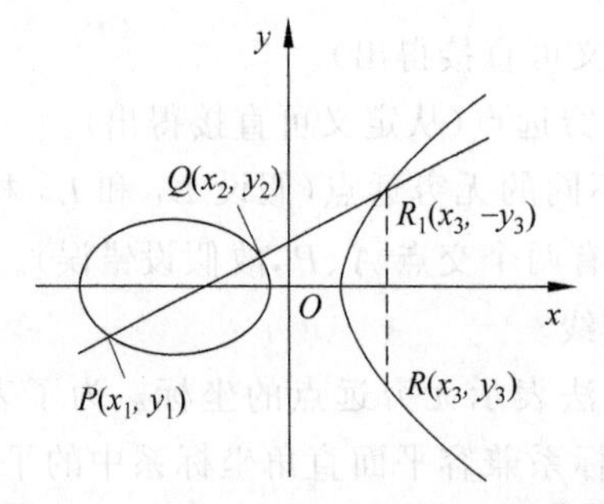

图2.11 $R=-R_1$ 和 $R=P+Q$ 示意图

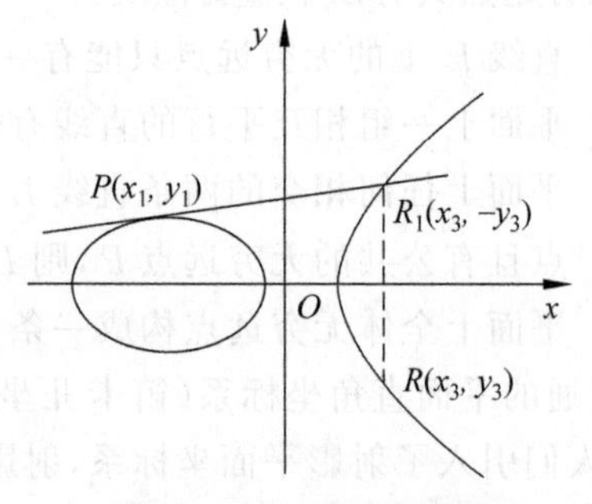

图2.12 $R=2P$ 示意图

(4) k 个相同的点 P 相加记作 kP。有 $P+P+P=2P+P=3P$。因此，要计算 $3P$ 的值，只能将 3 个 P 依次相加，不能将 P 点坐标乘以 3。

对于椭圆曲线上任意两点的加法，可以通过下面的方法求解。

设椭圆曲线方程为 $y^2=x^3+ax+b$，椭圆曲线上有两个点 $P(x_1,y_1)$、$Q(x_2,y_2)$，如图 2.11 所示。过 P 和 Q 点的直线的斜率为 $k=(y_2-y_1)/(x_2-x_1)$，该直线可表示为 $y=k(x-x_1)+y_1$。把直线方程代入椭圆曲线方程，即可求得第 3 个交点的坐标。取第 3 个交点关于 x 轴的对称点，即为所求。

对于倍点运算，则通过 $P(x_1,y_1)$ 做椭圆曲线的切线，如图 2.12 所示，该切线的斜率可用如下方法求得。

对 $y^2=x^3+ax+b$ 两边求导数得

$$2yy'=3x^2+a$$

令

$$k=y'=\frac{3x^2+a}{2y}$$

则过 P 点的椭圆曲线的切线就可表示为 $y=k(x-x_1)+y_1$。再把 y 代入椭圆曲线方程，有

$$x^3-k^2x^2-2k(y_1-kx_1)x+ax-b-(y_1-kx_1)^2=0$$

即可求得直线与椭圆曲线另一个交点的坐标，取该点关于 x 轴的对称点即为所求。

综上所述，椭圆曲线上点的加法运算规则可以定义如下：

设 $P=(x_1,y_1)$、$Q=(x_2,y_2)$，$P\neq -Q$，则 $P+Q=R(x_3,y_3)$，由以下公式确定：

$$\begin{cases}x_3=k^2-x_1-x_2\\ y_3=k(x_1-x_3)-y_1\end{cases}$$

其中，

$$k=\begin{cases}\dfrac{y_2-y_1}{x_2-x_1}, P\neq Q\\ \dfrac{3x_1^2+a}{2y_1}, P=Q\end{cases}$$

4. 密码学中的椭圆曲线模型

并不是任何椭圆曲线都适合加密，密码学中普遍采用的是有限域上的椭圆曲线。有限域上的椭圆曲线是指在式(2.1)定义的椭圆曲线方程中，所有系数都是某一有限域 F_q 中的元素，这可通过对椭圆曲线方程做模 p 运算实现。最常用的有限域 F_p 上的椭圆曲线是由如下方程定义的曲线：

$$y^2\equiv x^3+ax+b(\mathrm{mod}\ p)\quad (a,b\in F_p, 4a^3+27b^2\not\equiv 0(\mathrm{mod}\ p))\qquad(2.2)$$

简记为 $E_p(a,b)$。例如 $y^2\equiv x^3+x+6(\mathrm{mod}\ 11)$ 是有限域 F_{11} 上的椭圆曲线，可简记为 $E_{11}(1,6)$。在 $E_p(a,b)$ 中，p 是一个大素数，a 和 b 是两个小于 p 的非负整数，它们满足 $4a^3+27b^2\not\equiv 0(\mathrm{mod}\ p)$，其元素集合是满足方程 $y^2=x^3+ax+b$ 且小于 p 的非负整数对 (x,y) 外加无穷远点 O_∞。

例如，对于椭圆曲线 $y^2\equiv x^3+x+1(\mathrm{mod}\ 23)$，其上共有 27 个点，分别是(0,1)、(6,4)、(12,19)、(0,22)、(6,19)、(13,7)、(1,7)、(7,11)、(18,20)、(17,3)、(3,10)、(9,7)、

(17,20)、(3,13)、(9,16)、(18,3)、(4,0)、(11,3)、(5,4)、(11,20)、(19,5)、(5,19)、(12,4)、(19,18)、(13,16)、(1,16)、(7,12)，再加上一个无穷远点 O_∞，如图 2.13 所示。

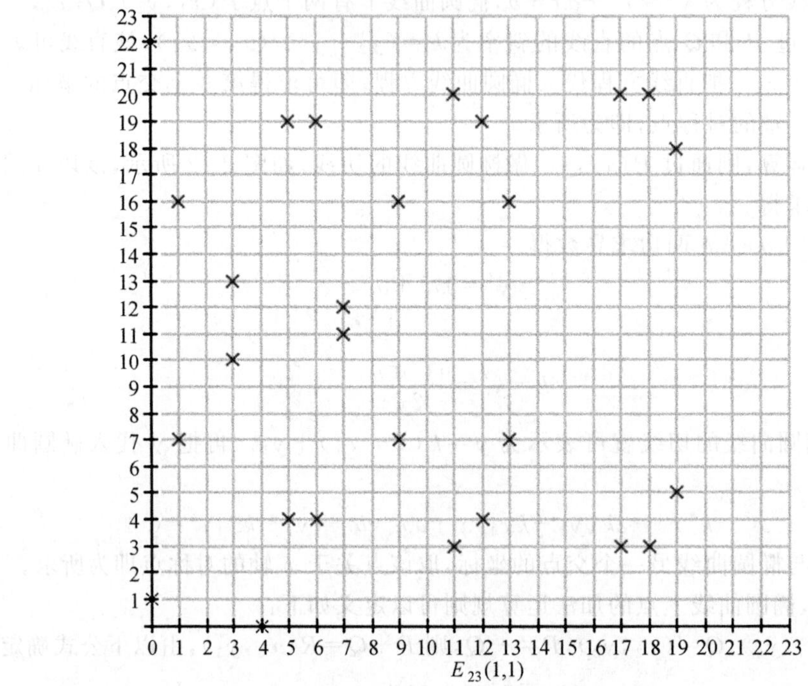

图 2.13　$y^2 \equiv x^3 + x + 1 \pmod{23}$ 在平面上的点

从图 2.14 中看，这些点之间没有太多联系，这样，椭圆曲线在有限域上就转化为一些杂乱无章的点了。对于同一条椭圆曲线 $y^2 \equiv x^3 + ax + b \pmod p$，$p$ 的取值不同，这些点的分布也不同。

有限域上的椭圆曲线加法也遵循上面介绍的加法运算规则，但需要把求得的值再做一次模 p 运算。

例 2.16　设椭圆曲线为 $y^2 \equiv x^3 + x + 1 \pmod{23}$，其上的点 $P=(3,10)$，$Q=(9,7)$。求 $R=P+Q$ 的值和 $2P$ 的值。

解：

$$k=(y_2-y_1)/(x_2-x_1)=(7-10)/(9-3)$$
$$\equiv -1/2 \pmod{23} \equiv 22/2 \pmod{23} \equiv 11 \pmod{23}$$
$$x_3=k^2-x_1-x_2=11^2-3-9 \equiv 17 \pmod{23}$$
$$y_3=k(x_1-x_3)-y_1=11(3-17)-10 \equiv 20 \pmod{23}$$

所以

$$R=P+Q=(17,20)$$
$$k=(3x_1^{\ 2}+a)/2y_1=(3\times 3^2+1)/(2\times 10) \equiv 6 \pmod{23}$$
$$x_3=k^2-x_1-x_2=6^2-3-3=30 \equiv 7 \pmod{23}$$
$$y_3=k(x_1-x_3)-y_1=6(3-7)-10=-34 \equiv 12 \pmod{23}$$

故 $2P$ 的坐标为(7,12)。

5. ECC 加解密模型

公钥加密算法总是基于一个数学难题的。椭圆曲线密码体制基于的数学难题如下：

对于等式 $K=kG$，其中 K、G 是 $E_p(a,b)$上的点，k 是小于 n 的整数（n 为 G 的阶数）。不难发现：给定 k 和 G，依据加法运算规则，计算 K 很容易；但如果给定 K 和 G，要求 k 就相当困难了。

一般地，把 G 称为基点（base point），k 作为私钥，而 K 作为公钥。

下面是一个使用 ECC 进行加密、解密的通信过程：

(1) 用户 A 选定一条椭圆曲线 $E_p(a,b)$，并取椭圆曲线上的任一点作为基点 G。

(2) 用户 A 选择一个私钥 k，满足 $k<n$，并生成公钥 $K=kG$。

(3) 用户 A 将 $E_p(a,b)$和点 K、G 传送给用户 B，将私钥 k 严格保密。

(4) 用户 B 接收到信息后，将待传输的明文进行编码（编码方法很多，这里不作讨论），将编码后的明文 m 映射到 $E_p(a,b)$上的一点 M，并产生一个随机整数 $r(r<n)$。

(5) 用户 B 计算 C_1 和 C_2：

$$C_1=M+rK,\quad C_2=rG$$

(6) 用户 B 将(C_1,C_2)作为密文传送给用户 A。

(7) 用户 A 收到信息后，计算 C_1-kC_2，结果就是点 M。因为

$$C_1-kC_2=M+rK-k(rG)=M+rK-r(kG)=M$$

再对点 M 进行解码，就可以得到明文了。

可见，ECC 如同 ElGamal 密码体制一样，也是一个不确定性的算法。对于明文 m，如果加密过程中产生的随机数 r 不同，则加密得到的密文也不同。另外，该密码体制也有密文“信息扩展”问题。

在这个加密通信中，如果存在窃听者 H，他只能看到 $E_p(a,b)$、K、G、C_1、C_2。而通过 K、G 求 k 或通过 C_2、G 求 r 都是相当困难的。因此，H 无法得到 A、B 间传送的明文。

例 2.17 设用户 A 选取的椭圆曲线为 $y^2=x^3+x+6 \pmod{11}$，并选取该曲线上的点(2,7)作为 G。则加密、解密过程如下：

(1) 用户 A 选择一个数 $k=7$ 作为私钥，然后计算公钥：

$$K=kG=7G=(7,2)$$

(2) 用户 A 将 $E_p(a,b)$和点 K、G 传送给用户 B。

(3) 用户 B 对明文进行加密，假设 B 要加密的明文经映射后是 $M=(10,9)$（这是 E 上的一个点），然后 B 选择一个随机数 $r=3$，并计算

$C_1=M+rK=(10,9)+3(7,2)=(10,9)+(3,5)=9r+8r=17r=4r=(10,2)$（注：$13r=0$）

$C_2=rG=3(2,7)=(8,3)$

B 发送密文((10,2),(8,3))给 A。

(4) A 收到密文后，解密过程如下：

$$\begin{aligned}M&=C_1-kC_2=(10,2)-7(8,3)=(10,2)-21r=(10,2)-8r\\&=(10,2)+5r=4r+5r=9r=(10,9)\end{aligned}$$

于是得到了明文 M。

6. ECC 的特点

相对于 RSA，ECC 最大的优点是它可以用较短的密钥取得与 RSA 相同的安全性。经美国 RSA 实验室证实，160 位的椭圆曲线密码算法（ECC-160）相当于 1024 位的 RSA 算法（RSA-1024），并且 ECC-160 的加解密速度比 RSA-1024 快 5～8 倍。因此，ECC 可有效减少计算开销，这对于终端处理能力较弱的移动电子商务尤其适用。总体来看，ECC 大有取代 RSA 的趋势。

2.5 公钥密码体制解决的问题

对称密码体制已经能够对信息很好地进行加密，为什么还需要公钥密码体制呢？公钥密码体制仅仅是比对称密钥密码体制多用了一个密钥而已吗？两个密钥比一个密钥到底好在哪里呢？本节将回答这些问题。

密钥分配

2.5.1 密钥分配

在网络环境中，通过加密技术可防止数据的机密性遭受破坏。发送方如果对明文进行了加密，那么攻击者截获密文后只有先解密才能阅读。如果加密算法非常安全，那么攻击者无法解密，就无法阅读这些信息。实际上，攻击者也无法修改明文的内容，因为要修改明文的内容必须先将加密信息解密。因此，从表面上看，通过安全的对称加密算法似乎能够很好地保证信息的机密性和完整性。

但事实并非如此。这里的漏洞在于：发送方将加密信息传递给接收方的同时，还必须将密钥 k 也发送给接收方，以便让接收方能够解密密文。这个过程如图 2.14 所示。

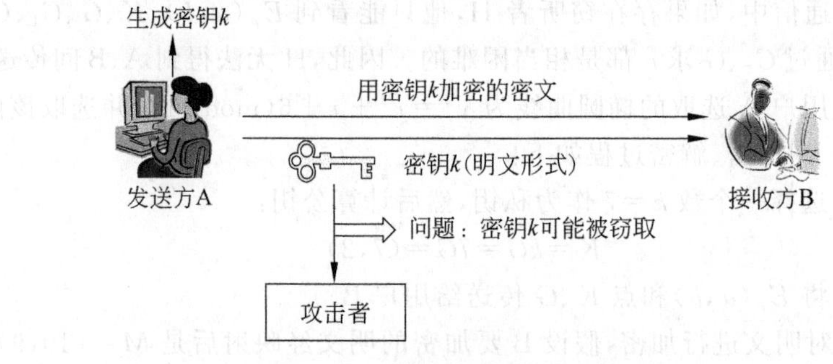

图 2.14　传递加密信息的一般过程

在图 2.14 中，密钥 k 如果以明文方式发送给接收方，就有可能被攻击者窃取，一旦成功，攻击者用窃取的密钥就能够解密任何用该密钥加密的密文，毫无安全性可言。

那么能否将密钥加密后再发送呢？这也是不可行的。因为 A 将密钥 k 加密后，又必须将加密密钥 k 的密钥 k' 以明文形式传递给 B，再次用其他密钥加密密钥 k' 也是一样，这样总会有一个密钥必须以明文形式传递。一旦明文形式的密钥被窃取，攻击者就可以解密所有被加密的密文了。

可见,如果使用传统的对称密码体制加密信息,那么密钥交换(密钥的分发)就成了一个不可逾越的难题。问题的根源在于,在Internet环境下,A和B无法见面,不可能亲手传递密钥。也许有人会说,如果A不通过网络,而通过其他途径(例如发短信)将密钥告知B,那么网络上的窃听者也无法窃取到,这样在一定程度上似乎可以解决该问题。但是,在Internet上传递信息的双方并非普通的人,而是两台主机或两个应用程序(例如SSL协议中的浏览器和服务器双方),它们之间经常要传递加密的数据和密钥,而它们显然是不会发短信的,而我们肯定也不希望采用人工干预的方法在它们之间传递密钥,那样加密的协议对用户来说就不透明了,增加了用户的工作量。

为了解决这个问题,下面对图2.14中一般的加密过程进行改进。如果发送方要发送加密信息给接收方,必须由接收方生成密钥,再传递给发送方。发送方用接收方提供的密钥加密信息,该过程如图2.15所示。这样一来,发送方获取密钥是为了加密,而攻击者窃取密钥是为了解密,两者的目的不同。

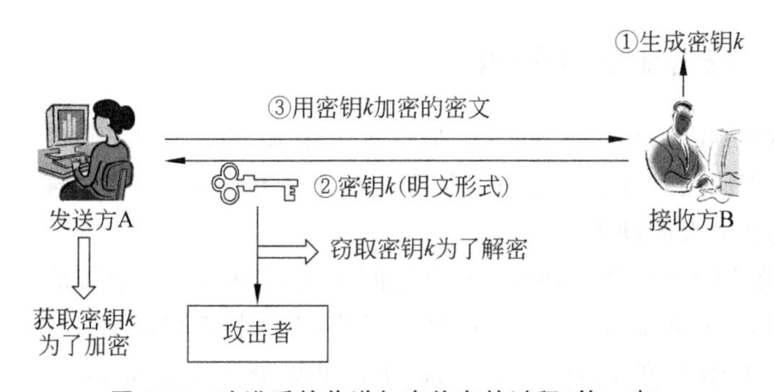

图2.15 改进后的传递加密信息的过程(第一步)

而我们已经知道,公钥密码体制在加解密时,公钥只能用来加密数据,而不能用来解密数据。因此,在上面接收方生成密钥的基础上,进一步假设接收方生成的是一对公私钥,然后将公钥传递给发送方。那么即使攻击者窃取到该公钥也没有用,因为公钥不能用来解密信息,而发送方却能够用公钥来加密信息。该过程如图2.16所示。

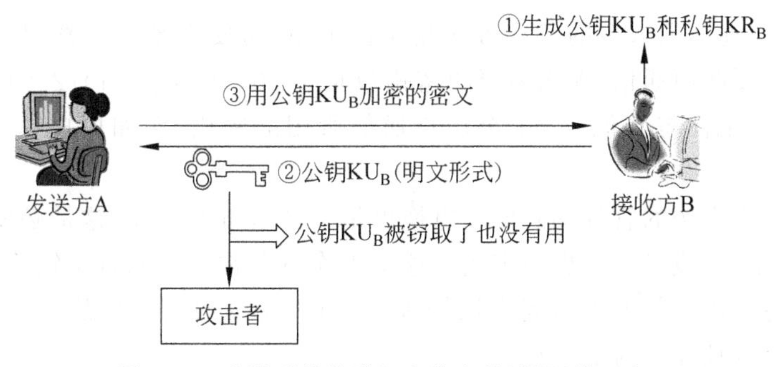

图2.16 改进后的传递加密信息的过程(第二步)

这样,发送方用接收方的公钥加密信息,接收方用该公钥对应的私钥解密信息,攻击者即使截获了公钥也不能解密信息,从而解决了密钥分配过程中密钥可能被窃取的问题。

可见，利用公钥加密算法解决密钥安全分配问题的关键有两点：

第一，线路上传输的密钥必须是公钥。

第二，这个公钥必须是接收方的。

提示：如果A、B双方需要使用公钥加密算法相互发送加密的信息给对方，则必须使用两对公私钥，即A用B的公钥加密信息发送给B，B用A的公钥加密信息发送给A。

但这个密钥分配方案还存在一个问题，就是攻击者也生成一对公私钥，然后以自己的公钥KU′冒充接收方B的公钥KU_B发给A，A没有察觉，于是用该假冒的公钥KU′加密信息，攻击者就能用其对应的私钥KR′解密该信息了。

因此，公钥虽然不需要保密，但必须保证公钥的真实性，通常可以使用数字证书将公钥和用户的身份绑定在一起，保证该公钥确实是某个用户的。关于数字证书的用法将在第6章中介绍。

2.5.2 密码系统密钥管理问题

在一个密码系统中，用户通常不止A和B两个人，有时候几千人之间要相互发送这类加密信息，能否使用对称密钥进行操作呢？如果分析一下，就会发现，随着服务人数的增加，这个方法有很大的缺点。

先看看人数比较少的情况，假设A要与两个人(B和C)安全通信，A能否用同一个密钥处理与B和与C的通信？当然，这是不行的，否则怎么保证B不会打开A给C的信息，C不会打开A给B的信息？因此，A为了和两个人安全通信，必须使用两个密钥(K_{AB}与K_{AC})；如果B要与C通信，则要使用另一个密钥(K_{BC})。因此，三方通信需要3个密钥。仔细分析可知，是两两之间需要一个密钥。

也就是说，对称密码系统有n个人需要安全通信时，这n个人中两两之间需要一个密钥，需要的密钥数是

$$C_n^2=\frac{n(n-1)}{2}$$

即密钥数与参与通信的人数的二次方接近正比关系，这使大系统的密钥管理极为困难。假设有1000人要两两通信，那么需要的密钥数是1000×(1000－1)/2＝499 500个。并且每个用户必须记住与其他$n-1$个用户通信所用的密钥，例如用户A需记住999个密钥。

另外，这么多密钥的管理和必要的更换也是十分繁重的工作，这是必要的，因为有些人可能会丢失密钥，或者需要更换密钥。这个工作量非常大。而且密钥管理者应该高度可信任，并且每个用户都能够访问密钥管理者，因为每个通信都要从密钥管理者那里取得密钥，这是个麻烦而费时的过程。

而采用公钥密码体制，假设A要与n个人进行安全通信，他只需把他的公钥发布出去，让这n人知道就可以了，即A与n个人之间的安全通信只需要一对密钥；同样，B与n个人之间的安全通信也只需要一对密钥。也就是说，对于公钥密码体制，n个人之间的安全通信只需要n对密钥即可，密钥数大大减少。

这 n 对密钥中的私钥由用户自己保存。例如，对于用户 A 来说，即使他要和 1000 个人通信，他也只需保存一个自己的私钥即可，公钥则由专门的公钥管理机构保管和分发。

2.5.3 数字签名问题

对于公钥密码算法来说，一般的加密机制如下：

如果 A 是发送方，B 是接收方，则 A 用 B 的公钥加密信息，并将其发送给 B。

下面考虑另外一种机制：

如果 A 是发送方，B 是接收方，则 A 用 A 的私钥加密信息，并将其发送给 B。

这种机制称为数字签名，其基本原理如图 2.17 所示。

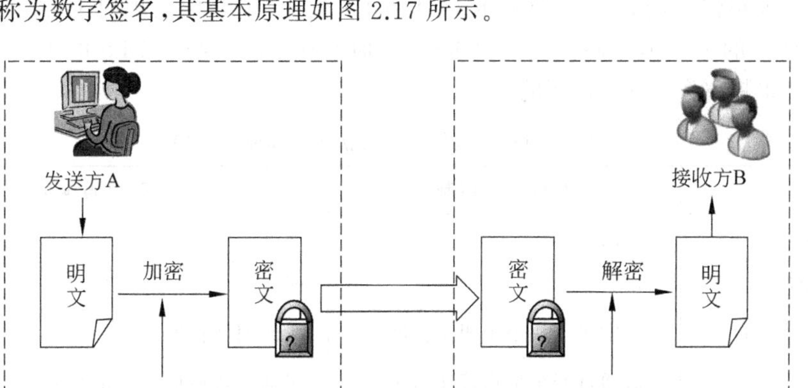

图 2.17　数字签名的基本原理

这个机制有什么用呢？因为 A 的公钥是公开的，任何人都可以访问，因此任何人都可以用其解密 A 加密的信息，从而无法实现机密性。

的确如此，但 A 用自己的私钥加密信息，不是为了保护信息的内容，而是另有用途。接收方 B(可能是多方)收到用 A 的私钥加密的信息，就可以用 A 的公钥解密，从而访问明文。如果解密成功，则 B 可以断定这个信息是 A 发来的。这是因为，用 A 的私钥加密的信息只能用 A 的公钥解密；反过来说，用 A 的公钥能解密成功，就证明信息一定是用 A 的私钥加密的。而 A 的私钥只有 A 自己知道，别人不可能用 A 的私钥加密信息，所以，这个信息一定是 A 发来的。另外，如果今后发生争议，A 也无法否认自己发了信息，因为接收方可以拿出加密信息，用 A 的公钥解密，从而证明这个信息是 A 发来的。这种机制就是数字签名，它可以实现不可抵赖性的安全需求。

由此可见，数字签名使用的是发送方的密钥对。发送方用自己的私钥进行加密，接收方用发送方的公钥进行解密。这是一个一对多的关系，任何拥有发送方公钥的人都可以验证数字签名的正确性。数字签名的作用归纳起来有 3 点：

(1) 信息认证。证实某个信息确实是由某个用户发出的。

(2) 实现不可抵赖性。信息的发送方不能否认他曾经发过该信息。

(3) 完整性保证。如果信息能够用公钥解密成功，还可确信信息在传输过程中没有被篡改过。

以上只是数字签名的基本原理。在实际中，数字签名通常不是对信息本身加密，而是对信息的摘要加密，有时需要使签名的信息具有机密性，这就需要用另一对公私钥中的公钥对明文再做一次加密。这些将在第3章中详细介绍。

数字信封

2.6 数字信封

虽然公钥密码体制与对称密码体制相比有很多优点，例如解决了对称密码体制中的很多问题，但它并不能取代对称密码体制。因为公钥密码体制存在一个严重的缺点，就是加解密速度很慢。例如，512位的RSA与DES相比，用软件实现时RSA的加解密速度大约是DES的1/100，用硬件实现时RSA的加解密速度大约是DES的1/1500。表2.9是对称密码体制和公钥密码体制的比较。

表2.9 对称密码体制和公钥密码体制的比较

特征	对称密码体制	公钥密码体制
加解密所用密钥	相同	不同
加解密速度	快	慢
得到的密文长度	通常等于或小于明文长度	大于明文长度
密钥交换	需通过安全信道传递密钥	可通过普通信道传递公钥
系统所需密钥总数	大约为参与者个数的二次方	等于参与者个数
用途	主要用于加解密	主要用于加密保护对称密钥和数字签名

上述缺点使公钥密码体制对很长的明文信息加密变得不实际，于是人们提出用对称密码体制的密钥加密明文，而用公钥密码体制的公钥加密这个对称密钥，这样就既能使加密有很高的效率，又不必担心对称密钥在传输中被窃取，达到了两全其美的效果。

这个过程如图2.18所示。信息发送方A首先利用随机产生的对称密钥（又称为会话密钥）加密信息，再利用接收方B的公钥加密该对称密钥，被公钥加密后的对称密钥被称为**数字信封**。由于综合利用了对称密码体制和公钥密码体制，因此数字信封又被称为

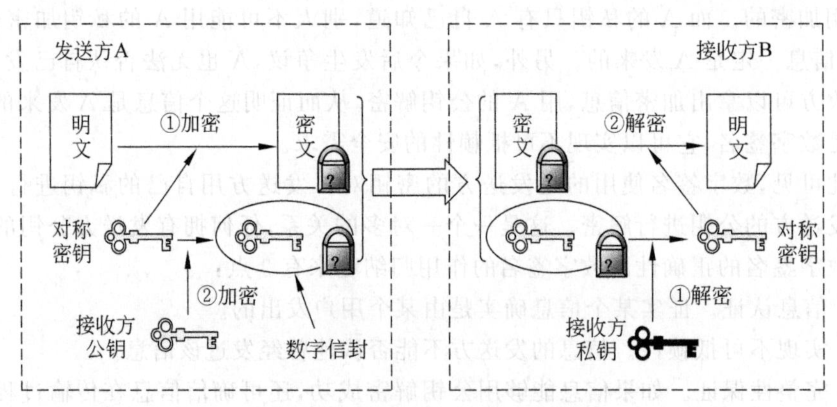

图2.18 数字信封的工作过程

混合加密体制。信息接收方要解密信息时，必须先用自己的私钥解密数字信封得到对称密钥，再利用对称密钥解密密文得到明文信息。

提示：在实际中，公钥密码体制更多地用来加密对称密码体制的密钥，而不是加密普通的明文信息。明文信息一般用对称密钥加密，此时对称密钥也被称为会话密钥。为了防止攻击者截获大量的密文，进而分析出会话密钥，会话密钥需要经常更换。

2.7 单向散列函数

单向散列函数是一种不可逆加密体制，它是一个从明文到密文的不可逆变换，也就是说，在明文到密文的变换中存在信息的损失，因此密文无法恢复成明文。单向散列函数是实现不可逆加密体制的主要方法。

单向散列函数用于某些只需要加密、不需要解密的特殊场合。例如，为保证数据文件的完整性，可以使用单向散列函数对数据生成并保存散列值。用户要使用数据时，可以重新使用单向散列函数计算散列值。如果与以前生成的散列值相等，就说明数据是完整的，没有被改动过；否则，说明数据已经被改动了。

单向散列函数还可用于口令存储等场合，这时系统保存的是口令的散列值，当用户进入系统时输入口令，系统重新计算用户输入口令的散列值并与系统中保存的数值相比较，当两者相等时，说明用户口令是正确的。使用单向散列函数保存口令可以避免口令以明文形式保存，这样即使是系统管理员也无法恢复出口令的明文。

2.7.1 单向散列函数的性质

单向散列函数必须具有以下几个基本性质：

(1) 函数的输入(明文)可以是任意长度。

(2) 函数的输出(密文)是固定长度的。

(3) 已知明文 m，计算 $H(m)$ 较为容易，可用硬件或软件实现。

(4) 已知散列值 h，求使得 $H(m)=h$ 的明文 m 在计算上是不可行的，这一性质称为函数的单向性，称 $H(m)$ 为单向散列函数。

(5) 单向散列函数具有防伪造性(又称弱抗碰撞性)。即，已知 m，找出 $m'(m'\neq m)$ 使得 $H(m')=H(m)$ 在计算上是不可行的。

(6) 单向散列函数具有很好的抵抗攻击的能力(又称强抗碰撞性)。即，找出任意两个不同的输入 x、y 使得 $H(y)=H(x)$ 在计算上是不可行的。

提示：强抗碰撞性自然包含弱抗碰撞性。

(5)和(6)两个性质给出了单向散列函数碰撞性的概念。如果单向散列函数对不同的输入可产生相同的输出，则称该函数具有**碰撞性**。

单向散列函数的算法一般是公开的，常见的单向散列函数有 MD5 和 SHA-1。散列函数的安全性主要来源于它的单向性。MD5 的散列码长度是 128 位，而 SHA-1 的散列码长度是 160 位。

近年来有报道称已可以在24h内找到MD5的一个碰撞，使得MD5对于不同的输入有相同的输出结果，因此说MD5算法已经被破解。

提示：所谓MD5算法被破解，只是说可以找到与明文有相同散列值的一个碰撞，而绝不是说可以将MD5算法加密的密文（散列值）还原成明文。即，对于单向散列函数来说，破解成功并不等于解密成功，散列值可以被破解但不能被解密。

2.7.2 对单向散列函数的攻击

由于单向散列函数接收的输入长度是任意的，而它的输出长度是固定值，因此单向散列函数将带来数据的压缩，单向散列函数肯定会产生碰撞。如果用单向散列函数对消息求散列值，是不希望发生碰撞的，否则攻击者可以把消息修改成特定的模式，使其和原始消息具有相同的散列值，而用户却无法通过计算散列值发现数据已经被修改，因此散列函数又称为**数字指纹**，就是说一般每个不同的消息都有其独特的散列值。

对单向散列函数的攻击是找到一个碰撞，这称为生日攻击。它包括两类，分别对应攻击单向散列函数的弱抗碰撞性和强抗碰撞性。

1. 第一类生日攻击

已知单向散列函数H有n个可能的输出，$H(x)$是一个特定的输出，如果对H随机取k个输入，则至少有一个输入y使得$H(y)=H(x)$的概率为0.5时k有多大？

以后为叙述方便，称对单向散列函数H寻找上述y的行为叫作第一类生日攻击。

因为H有n个可能的输出，所以输入任意值y产生的输出$H(y)$等于特定输出值$H(x)$的概率是$1/n$，反过来说$H(y)\neq H(x)$的概率是$1-1/n$。如果任意取k个输入$(y_1,y_2,\cdots,y_k)$，计算单向散列函数H的k个输出$(H(y_1),H(y_2),\cdots,H(y_k))$中没有一个等于$H(x)$，其概率等于每个输出都不等于$H(x)$的概率的乘积，为$(1-1/n)^k$，那么取$k$个输入$(y_1,y_2,\cdots,y_k)$得到的函数$H$的$k$个输出中至少有一个等于$H(x)$的概率为$1-(1-1/n)^k$。

根据极限定理，当$|x|<<1$时，有$(1+x)^k\approx 1+kx$，可得$1-(1-1/n)^k\approx 1-(1-k/n)=k/n$。

若要使上述概率等于0.5，则$k=n/2$。特别地，如果H的输出为m位（即H所有可能的输出个数$n=2^m$），则$k=2^{m-1}$。

因此，增加单向散列的函数输出位数(m)，会使得k增大，可见，单向散列函数的输出位数m必须足够大，才能抵抗利用穷举法进行的第一类生日攻击。实际应用的散列算法的散列值长度通常在128位以上。

2. 第二类生日攻击

第二类生日攻击源于生日悖论。任意找23个人，则他们中有两个人生日相同的概率会大于50%；如果有30人，则此概率大约为70%。这比我们凭感觉认为的概率要大得多，因此称为生日悖论。

将生日悖论推广为下述问题：已知一个在1到n之间均匀分布的整数型随机变量，若该变量的k个取值中至少有两个取值相同的概率大于0.5，则k至少多大？

为了回答这一问题，首先定义下述概率：设有 k 个整数项，每一项都在 1 到 n 之间等可能地取值，则 k 个整数项中至少有两个取值相同的概率为 $P(n,k)$。

因而生日悖论就是求使得 $P(365,k)\geqslant 0.5$ 的最小 k，为此首先考虑 k 个整数项中任意两个取值都不同的概率，记为 $Q(365,k)$。如果 $k>365$，则不可能使得任意两个整数都不相同，因此假定 $k\leqslant 365$。k 个整数中任意两个都不相同的所有取值方式数量为

$$365\times 364\times\cdots\times(365-k+1)=\frac{365!}{(365-k)!}$$

即，第 1 个数可从 365 个值中任取一个，第 2 个数可从剩余的 364 个数中任取一个，以此类推，最后一个数可从 $365-k+1$ 个值中任取一个。而 k 个数任意取两个值的方式总数为 365^k（每个数的取值有 365 种可能，则 k 个数的取值有 365^k 种可能）。因此可得

$$Q(365,k)=\frac{\dfrac{365!}{(365-k)!}}{365^k}=\frac{365!}{(365-k)!\ 365^k}$$

那么至少有两个整数取值相同的概率就是任意两个整数取值都不相同的概率与 1 之差，即

$$P(365,k)=1-Q(365,k)=1-\frac{365!}{(365-k)!\ 365^k}$$

当 $k=23$ 时，$P(365,23)=0.5073$，即上述问题只需 23 人，人数如此之少。若 k 取 100，则 $P(365,100)=0.999\ 999\ 7$，即获得如此大的概率。

这是因为，在 k 个人中考虑的是任意两个人的生日是否相同，在 23 个人中可能的情况数为 $C_{23}^2=253$。

一般地，令 $P(n,k)>0.5$，可以解得

$$k=1.18\sqrt{n}\approx\sqrt{n}$$

因此可知：设单向散列函数 H 有 2^m 个可能的输出（即输出长为 m 位），如果 H 的 k 个随机输入中至少有两个产生相同输出的概率大于 0.5，则 $k=2^{m/2}$。称寻找函数 H 的具有相同输出的两个任意输入的攻击方式为第二类生日攻击。

可看出第二类生日攻击比第一类生日攻击容易，因为它只需要寻找 $2^{m/2}$ 个输入。因此抵抗第二类生日攻击（对应强抗碰撞性）比抵抗第一类生日攻击（对应弱抗碰撞性）要难。

下面举一个简单的例子来说明针对单向散列函数的第二类生日攻击的方法。

假设张三要从李四那里购买一批计算机，经过双方协商，确定 5000 元/台的价格，于是李四发来合同的电子稿请求张三签名。张三看后觉得无异议，就对该合同进行签名，他先计算出这一合同文本的散列值，然后用自己的私钥加密（进行签名）并发回给李四，表示对合同文本的确认。

但是，李四在发给张三合同文本前，首先写好一份正确的合同，然后标出这份合同中无关紧要的地方——由于合同总是由许许多多的句子构成的，而这些句子往往可以有很多不同的表达方式，所以一份合同总可以有很多不同的写法，却能表达相同的意思。那么，李四只要把这些意思相同的合同都列为一组，然后把每一份合同中的单价 5000 元改成 8000 元，并且把修改过的合同也集中起来作为另一组，这样他的手中就有两组合同：

一组的价格条款是5000元，而另一组是8000元。然后，李四只要把这两组合同中的散列值全都计算一遍，从中挑出一对散列值相同的，把这一对当中写明5000元的合同发给张三，并让张三签名，而自己则偷偷把那份8000元的合同藏起来，以便将来进行欺诈。

从生日攻击的理论上来说，如果上述事例使用的散列函数输出的散列码只有64位，那么李四只要找到合同中32个无关紧要的地方，分别构造成两组合同，就有0.5以上的概率能在这两组合同中找到碰撞，实现他的欺诈行为。

2.7.3 单向散列函数的设计及MD5算法

1. 单向散列函数设计举例

先举个例子来看单向散列函数应该如何设计。假设要设计一个单向散列函数对数字7391753求散列值，则可以将数字中的每两位与下一位相乘（是0时排除），再忽略乘积中的第一位（最高位）。

计算过程如下：

(1) 73×9=657，丢弃第一位，得57。

(2) 57×1=057，丢弃第一位，得57。

(3) 57×7=399，丢弃第一位，得99。

(4) 99×5=495，丢弃第一位，得95。

(5) 95×3=285，丢弃第一位，得85。

因此得到的散列值是85。

当然，这只是计算散列值的一个示例，演示了实现单向散列函数的基本思想。实际上散列值的计算是非常复杂的，并且散列值长度通常要在128位以上，以防止碰撞。

2. 单向散列函数的设计原则

一个好的单向散列函数的设计有以下基本原则：

(1) 抗碰撞性。对不同的输入，要尽量不产生相同的散列值。

(2) 扩散性。两个明文即使只有微小的差别（如只有一位不同），它们的散列值也会有很多位都发生变化，这样根本不能从散列值看出两个明文的相似性。

例如，对于一个有2150B的文本文件yd.txt，用Hash.exe程序计算出它的MD5和SHA1散列值，分别如下：

C544B447E4122EEF9D3DE540B30F4774

3B5F396C7CFED263374B6236924CE4D187FBEE92

如果删除该文件中的一个字符，则MD5和SHA1散列值分别变为

4B6F9D83D63B20F31E5F38D4938EF280

C05AEF3D81127833789A487AAA179A7494865195

如果再在该文件中插入一个其他字符，则MD5和SHA1散列值又分别变为

96DB3382B9184BD7BCB14EB9307F52B5

C62D35CE8A7DA71FCD56400B76F065FD8C753663

可见，文件yd.txt中只要有微小的差别，它的散列值就会有很多位发生变化，说明MD5

和 SHA1 这两种散列算法都具有很好的扩散性。

(3) 将明文的长度信息附加到消息中，再求散列值，可以更好地防止碰撞。

3. MD5 散列算法

MD5 算法是由 RSA 的设计者之一 Rivest 提出的，该算法能接收任意长度的明文作为输入，输出 128 位的散列值。MD5 的原理如图 2.19 所示。

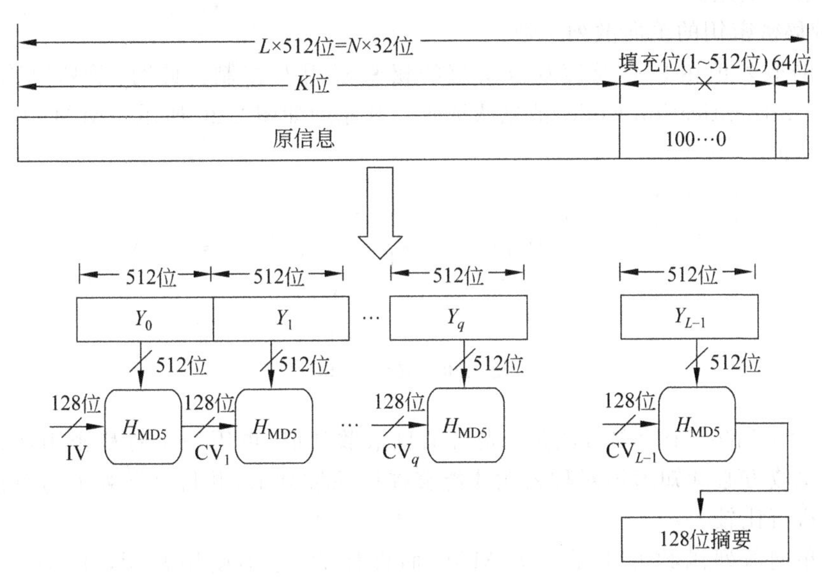

图 2.19 MD5 的原理

MD5 的工作过程分为以下 4 步。

第 1 步，填充。

MD5 的第 1 步是在原信息末尾增加填充位，填充使用一个 1 和多个 0，如 100…0，目的是使原信息的长度等于 512 位的倍数减去 64 位，最后的 64 位放信息的长度，这样才能保证明文最后一个分组也是 512 位。经过填充后，信息的长度为 448 位(比 512 少 64 位)、960 位(比 1024 少 64 位)等。注意，填充总是使信息长度增加，如果信息长度正好是 448 位，则要填充 512 位，因此，填充的长度值范围为 1～512。

第 2 步，添加信息的长度信息。

先计算信息的原始长度，即填充之前的长度，不包括填充位。例如，原信息长度为 1000 位，则将这个长度表示为 64 位的二进制值。如果信息长度超过 2^{64} 位(即信息太长，64 位无法表示)，则只保留长度信息二进制值的低 64 位。

第 3 步，将信息分成 512 位的分组。

经过前两步之后，信息的长度正好是 512 的倍数(设为 L 倍)，因此可以将其分成 L 个 512 位的分组。记为 $Y_0, Y_1, \cdots, Y_{L-1}$。

第 4 步，将分组再分成 16 个 32 位的子分组。

MD5 在进行分组处理时，将每一个 512 位的分组又分为 16 个 32 位子分组，经过一系列处理后，算法的输出由 4 个 32 位分组组成，在级联后生成一个 128 位的散列值。

2.7.4 单向散列函数的分类

1. 根据是否使用密钥分类

根据是否使用密钥，单向散列函数可分为带秘密密钥的单向散列函数和不带秘密密钥的单向散列函数。

1）带秘密密钥的单向散列函数

消息的散列值由只有通信双方知道的秘密密钥 k 控制。此时，散列值称作 MAC(Message Authentication Code，消息认证码)，其原理如图 2.20 所示。MAC 通常用来对消息进行认证。

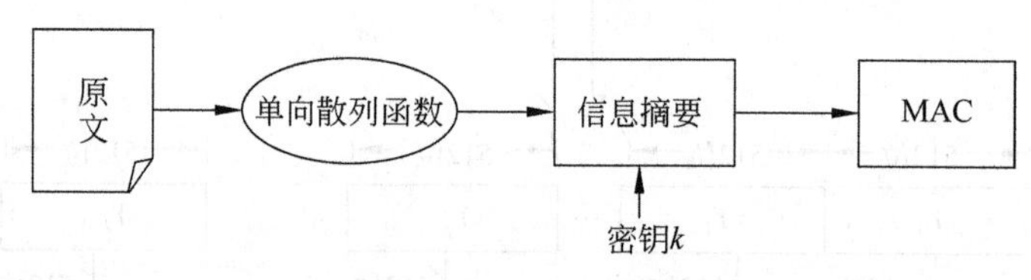

图 2.20 MAC 原理

实现 MAC 的一个简单方法是：先对消息求散列值，再用一个对称密钥加密该散列值，这样，接收方必须知道该对称密钥才能够提取该散列值，并将该散列值与对消息求出的散列值进行比较。

由于单向散列函数并不是专为 MAC 而设计的，它不使用密钥，并不能直接构造 MAC。于是人们想出了将密钥直接加到原文中再求散列值的方法构造 MAC，在传输前把密钥 k 移去，如图 2.21 所示。这种方案的一种实现叫作 HMAC。

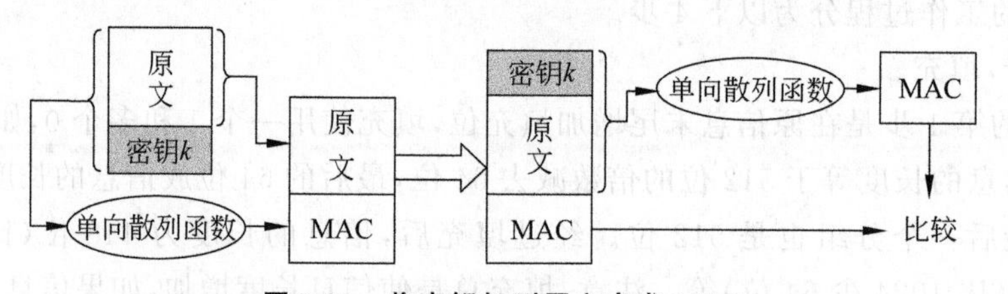

图 2.21 将密钥加到原文中求 MAC

2）不带秘密密钥的散列函数

消息散列值的产生无须使用密钥，任何人都可以使用公开的单向散列函数算法对散列值进行验证，这就是普通的单向散列函数。此时，散列值称作 MDC(Manipulation Detection Code，篡改检验码)。MDC 通常用来检测文件或报文的完整性。

2. 根据单向散列函数使用的算法分类

根据单向散列函数使用的算法，目前的单向散列函数主要有 MD5、SHA-1 和 RIPEMD 等。

2.7.5 散列链

散列链的概念和方法由美国数学家 Lamport 提出，最初用于一次性口令机制。但由于散列链同时具有类似于公钥技术的单向性和散列函数计算的高效率，使它很快被应用到各种密码学系统中。目前散列链最常见的应用包括前向安全数字签名、身份认证协议和基于散列链的微支付协议等。

散列链可以通过很小的运算代价提供良好的安全性或认证机制(将散列链和普通数字签名结合在一起还可构造一条承诺链)。目前有大量的研究集中于将散列链技术应用到各种具体应用中，散列链已成为微支付、移动电子商务安全、电子拍卖等应用中的一项关键技术。

散列链的概念可定义如下。构造长度为 T 的散列链，首先选择一个随机数 s(称为种子值)，用某个单向散列函数 h 重复计算 T 次，得到包含 T 个散列值的序列：

$$s, h(s), h^2(s), \cdots, h^i(s), \cdots, h^{T-1}(s), h^T(s)$$

其中，$h^T(s)$称为散列链的根节点。根据单向散列函数的性质，显然，已知 $h^T(s)$，但不知道 s，就不能计算出 $h^{T-1}(s)$；而已知 $h^{T-1}(s)$，则能很容易地计算出 $h^T(s)$，因为 $h^T(s)=h(h^{T-1}(s))$。

一般情况下，应用散列链都遵循如下过程。首先，将散列链的根节点 $h^T(s)$安全地分发(即首次初始化)，这一般通过两种方式，一是手工方式，另一种是使用公钥签名方式，对于网络通信来说，实际上只能采用后一种方式，否则无法保证其真实性。然后，从 $h^{T-1}(s)$开始，散列链上的散列值被依次释放，直到到达种子值 s，此时一条散列链就被用尽。如果需要，可按上述方式重新构造另一条散列链，不同点在于需要一个新的随机种子值 s'来重新初始化系统。

散列链存在长度上的限制，当链上的散列值被用尽以后，需要生成新的散列链，这称为散列链的更新。散列链更新的过程通常是：首先重新寻找一个随机数 s 作为散列链的种子值，然后将 s 用私钥签名后提交给认证方进行认证。由于散列链的更新一般都要使用公钥签名技术，如果频繁更换新的散列链，大量使用公钥签名算法将严重影响系统的效率。

如果能够在散列链被用尽后自动使用另一个随机数作为散列链的种子值，并且能够计算出散列链的根节点，则称该散列链具有**自更新性**。散列链的有限长度限制问题随着散列链的广泛应用也日益突出，目前一般使用公钥签名技术实现散列链的自更新性，但这样又使散列链丧失了计算高效率的优势。

习　　题

1. 图 2.3 中的棋盘密码属于(　　)。

   A. 单表替代密码　B. 多表替代密码　C. 置换密码　D. 以上都不是

2. 以下叙述中正确的是(　　)。

   A. 被动攻击不修改消息的内容

   B. 主动攻击不修改消息的内容

   C. 被动攻击和主动攻击都修改消息的内容

   D. 被动攻击和主动攻击都不修改消息的内容

3. 在RSA中，若取两个质数 $p=7$、$q=13$，则其欧拉函数 $\phi(n)$ 的值是（　　）。

A. 84　　B. 72　　C. 91　　D. 112

4. RSA的理论基础是（　　）。

A. 替代和置换　　B. 大数分解　　C. 离散对数　　D. 散列函数

5. 数字信封技术是结合了对称加密技术和公钥加密技术优点的一种加密技术，它解决了（　　）的问题。

A. 对称加密技术密钥管理困难　　B. 公钥加密技术分发密钥困难

C. 对称加密技术无法进行数字签名　　D. 公钥加密技术加密速度慢

6. 生成数字信封时（　　）。

A. 用一次性会话密钥加密发送方的私钥

B. 用一次性会话密钥加密接收方的私钥

C. 用发送方的公钥加密一次性会话密钥

D. 用接收方的公钥加密一次性会话密钥

7. 如果发送方用自己的私钥加密消息，则可以实现（　　）。

A. 保密　　B. 保密与鉴别　　C. 保密而非鉴别　　D. 鉴别

8. 如果A要和B安全通信，则B不需要知道（　　）。

A. A的私钥　　B. A的公钥　　C. B的公钥　　D. B的私钥

9. 通常使用（　　）验证消息的完整性。

A. 消息摘要　　B. 数字信封　　C. 对称解密算法　　D. 公钥解密算法

10. 两个不同的消息摘要具有相同散列值时，称为（　　）。

A. 攻击　　B. 碰撞　　C. 散列　　D. 签名

11. （　　）可以保证信息的完整性和用户身份的真实性。

A. 消息摘要　　B. 对称密钥　　C. 数字签名　　D. 时间戳

12. 与对称加密技术相比，公钥加密技术的特点是（　　）。

A. 密钥分配复杂　　B. 密钥的保存数量多

C. 加密和解密速度快　　D. 可以实现数字签名

13. 正整数 n 的________是指小于 n 并与 n 互素的非负整数的个数。

14. 时间戳是一个经加密后形成的凭证文档，它包括需加________的文件的摘要(Digest)、DTS收到文件的日期和时间以及________3部分。

15. 请将下列常见密码算法按照其类型填入相应单元格中。

① RSA　② MD5　③ AES　④ IDEA　⑤ DES　⑥ Diffie-Hellman

⑦ DSA　⑧ SHA-1　⑨ ECC　⑩ SEAL

对称（分组）密码算法	流密码算法	公钥密码算法	散列算法

16. 对于自同步流密码，如果密钥流不是与密文相关，而是与明文相关（例如先用种子密钥作为密钥流的前几个密钥字符，再用明文序列作为密钥流接下来的密钥字符），会

产生什么问题?

17. 利用扩展的欧几里得算法求 28 mod 75 的乘法逆元。

18. 求 2^{53} mod 11,求模 43 的所有本原根。

19. 在一个使用 RSA 的公钥密码系统中,如果截获的密文是 $c=10$,接收方的公钥是 $e=5,n=35$,则明文 m 是什么?

20. 在 ElGamal 密码体制中,设素数 $p=71$,本原元为 7。

(1) 如果接收方 B 的公钥 $y=3$,发送方 A 选择的随机整数 $r=2$,求明文 $m=30$ 对应的密文二元组(c_1,c_2)。

(2) 如果发送方 A 选择另一个随机整数 r,使得明文 $m=30$ 加密后的密文$(c_1,c_2)=(59,c_2)$,求 c_2。

21. ECC 的理论基础是什么?它有何特点?

22. 已知椭圆曲线方程 $E_{23}(16,10)$和其上的点 $G=(5,10)$,计算 G 的所有倍点。

23. 公钥密码体制的加密变换和解密变换应满足哪些条件?

24. 在电子商务活动中为什么需要公钥密码体制。

25. 小明想出了一种公钥加密的新方案,他用自己的公钥加密信息(并且将自己的公钥也严格保密),然后将自己的私钥传给接收方,供接收方解密用。这种方案存在什么缺陷?

26. MAC 与消息摘要有什么区别?

第3章 chapter 3

数字签名

在生活中，经常需要在文件上签名。签名无非出于以下 3 种目的：

(1) 认证。如果某人拟了一份文件，希望其他人确信该文件来自他，他可以在文件上签名。

(2) 批准和负责。例如办理某些银行业务(如刷卡消费、支取存款)时，营业员会要求经办人签名，这是为了防止经办人以后抵赖，因为一旦签名就表明该项业务得到了经办人的批准，并且由经办人承担责任。

(3) 有效。人们有时请求领导或上级对某份文件签名或签章，用来表明该份文件是有效力和权威的，以获得机构内其他人的认可。

3.1 数字签名概述

对签名的基本要求是：①无法伪造；②容易认证；③不可抵赖。手写签名一般通过某人特有的笔迹实现以上要求。例如，有些领导为了防止别人伪造签名，也为了让其他人容易鉴别，一般把签名设计得很有特色，其他人模仿不出。而数字签名和手写签名的功能非常类似，好的数字签名比手写签名更能够防止伪造。因此，我国制定了《电子签名法》，承认数字签名和手写签名具有同等的法律效力。

不仅如此，通过数字签名还能实现认证机制。如果一份消息附带某人的数字签名，那么可以确信该消息确实是从该用户处发出的，而不是其他人伪造的。因此，可以说数字签名是连接加密技术和认证技术的桥梁。

3.1.1 数字签名的特点

传统签名有 4 个基本特点：①与被签的文件在物理上不可分割；②签名者不能否认自己的签名；③签名不能被伪造；④签名容易被验证。

而数字签名是传统签名的数字化，它也具有传统签名的这 4 个特点：①签名能与所签文件绑定；②签名者不能否认自己的签名；③签名不能被伪造；④签名容易被自动验证。

而进行数字签名通常也是为了确认以下两点：

第一，信息是由签名者发送的。

第二，信息自签发后到收到为止未经任何修改。

总体来说，数字签名应具备以下几个特点：

(1) 签名是可以被确认的，即接收方可以确认或证实签名确实是由发送方完成的。

(2) 签名是不可伪造的，即接收方和第三方都不能伪造签名。

(3) 签名不可重用，即签名是和消息绑定的，不能把签名移到其他消息(文件)上。

(4) 签名是不可抵赖的，即发送方不能否认他签发的消息。

(5) 第三方可以确认收发双方之间的消息传送，但不能篡改消息。

3.1.2 数字签名的过程

要实现数字签名，最简单的方法是：发送方将整个消息用自己的私钥加密；接收方用发送方的公钥解密，解密成功就可验证该消息经过发送方的签名。

但这种方法有一个缺陷，就是被签名的消息可能很长，由于公钥加密的运算速度慢，导致加密会非常耗时而不可行。因此，在实际应用中，数字签名是先对消息用单向散列函数求消息摘要(散列值)，然后发送方用其私钥加密该散列值，这个被发送方用私钥加密的散列值就是发送方的**数字签名**。发送方将其附在消息后，一起发送给接收方，就可以让其验证签名了。

验证签名时，接收方先用发送方的公钥解密数字签名，然后将提取的散列值与自己计算的散列值比较，如果相同，就表明该签名是有效的，整个过程如图 3.1 所示。这样，攻击者虽然能截获并阅读消息(消息是明文形式)，但不能修改消息内容或将消息换成别的消息，因为别的消息的散列值和该消息的散列值是不同的，接收方能通过验证签名发现。

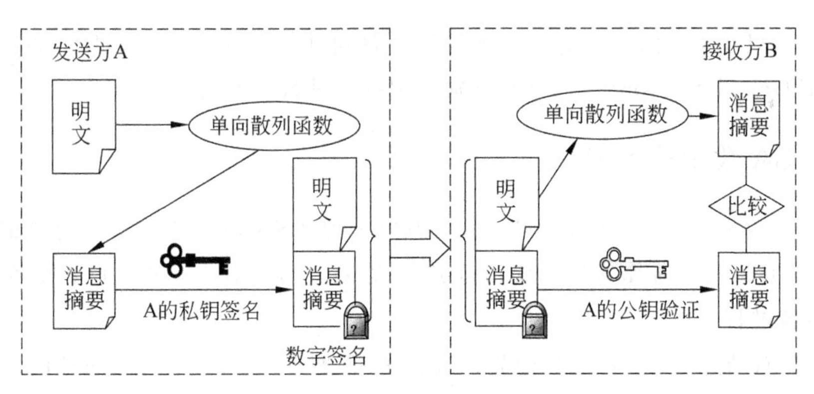

图 3.1 数字签名的过程

图 3.1 的数字签名方案虽然解决了公钥密码体制加密长消息速度慢的问题，但又产生了一个新的问题，那就是消息将以明文形式传输，无法实现机密性。如果对消息有机密性需求，则可以将明文和数字签名的组合体先用一个对称密钥加密，再将加密后的组合体以及对称密钥的数字信封发送给接收方，如图 3.2 所示(省略了数字签名过程)。这种方式将数字签名与数字信封技术结合在一起，实现了能满足消息机密性需求的数字签名。

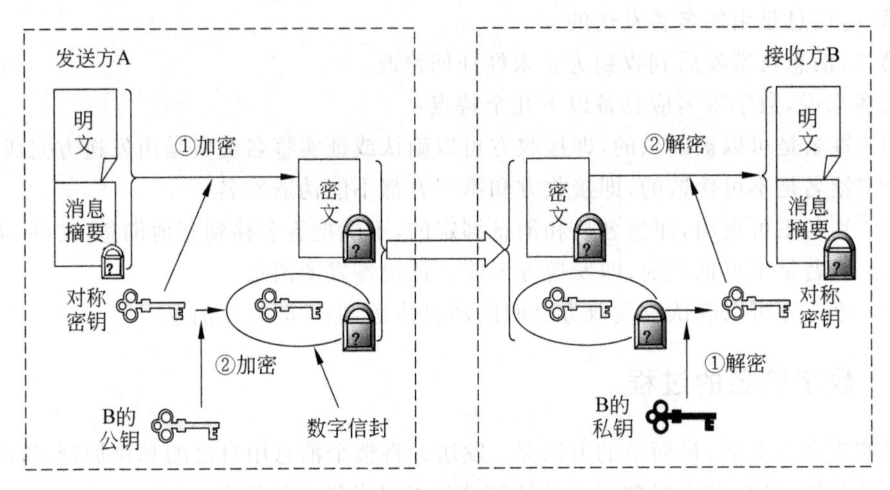

图 3.2　能满足机密性需求的数字签名方案

提示：能满足机密性需求的数字签名使用了两对公私钥。这是因为，公钥密码体制如果用于数字签名，则无法同时实现机密性；反之，如果用于加密，则无法同时实现数字签名。如果要用公钥密码体制同时实现数字签名和加密，则需要使用两次公钥密码算法，一次用于加密，另一次用于数字签名。这需要两对公私钥才能实现，一对是发送方的，另一对是接收方的。

3.2　数字签名的算法实现

理论上，只要是双向可逆的公钥加密算法都可用于数字签名，常见的数字签名算法有 RSA、ElGamal、Schnorr 等。下面分别介绍这 3 种数字签名算法。

3.2.1　RSA 数字签名算法

设 RSA 数字签名算法的私钥为 d，公钥为 e，则 RSA 数字签名算法的思想就是：签名者用自己的私钥 d 加密文件摘要，其他人用签名者的公钥 e 就可以验证签名。

1. 签名过程

用户 A 对消息 m 进行签名，他先计算 m 的摘要 $H(m)$，再用自己的私钥 d 计算 S_A：

$$S_A = \text{Sign}(H(m)) = (H(m))^d \bmod n$$

然后将 S_A 附在消息 m 后作为用户 A 对消息 m 的签名。

2. 验证签名过程

如果其他用户要验证 A 对消息 m 的签名，则要用 A 的公钥 e 计算散列值：

$$M' = S_A^e \bmod n$$

如果 M' 与 $H(M)$ 相等，则相信签名确实是用户 A 的。可见，RSA 数字签名算法的计算过程就是 RSA 加密算法的逆过程。

3. RSA 数字签名的注意事项

如果用 RSA 数字签名算法实现数字签名，一定要先求出消息摘要，再用私钥签名；或者将一对公私钥专门用于签名，而用另一对公私钥对进行加解密。

这是因为，公钥 e 和 n 是公开的，攻击者如果截获别人发给接收方的密文 c（c 是别人用接收方的公钥 e 加密得到的，即 $c=m^e \bmod n$），则攻击者可以任意选择一个小于 n 且与 n 互素的数 r，计算

$$x=r^e \bmod n, \quad y=xc \bmod n$$

将 y 发给接收方请求签名。如果接收方随随便便就用自己的私钥 d 给攻击者发来的 y 签名，即

$$u=y^d \bmod n$$

则攻击者得到签名 u 后，就可以轻而易举地恢复出 c 对应的明文 m。他首先计算 r 的乘法逆元 t，即 $t=r^{-1} \bmod n$，再把 t 和 u 相乘即得到 m，这是因为

$$\begin{aligned} t\times u &= r^{-1}y^d \bmod n \\ &= r^{-1}(xc)^d \bmod n = r^{-1}x^d c^d \bmod n \\ &= r^{-1}r^{ed}c^d \bmod n = r^{-1}r^{k\phi(n)+1}c^d \bmod n \\ &= r^{-1}rc^d \bmod n = c^d \bmod n = m \end{aligned}$$

而如果先对消息 y 求消息摘要 $H(y)$ 再签名则不存在该问题，或者签名和加密使用不同的密钥对也能避免该问题。

3.2.2 ElGamal 数字签名算法

ElGamal 数字签名算法是一种非确定性的签名方案，它需要使用随机数，但 ElGamal 数字签名算法的运算过程并不是 ElGamal 加密算法的逆过程。

1. 选择密钥

系统先选取一个大素数 p 及 p 的本原根 a，用户 A 选择一个随机数 $x(1\leqslant x\leqslant p-1)$ 作为自己的私钥，计算 $y=a^x \bmod p$，将 y 作为自己的公钥。整个系统公开的参数有大素数 p、本原根 a 以及每个用户的公钥，而每个用户的私钥 x 则严格保密。

2. 签名过程

给定消息 m，用户 A 通过下述计算实现签名。

(1) 选择随机数 $k\in \mathbf{Z}_p{}^*$，且 k 与 $p-1$ 互素（注意，随机数 k 需要保密）。

(2) A 对消息 m 进行散列压缩后得到消息散列值 $H(m)$，再计算

$$r=a^k \bmod p$$
$$s=(H(m)-xr)k^{-1} \bmod (p-1)$$

将 (r,s) 作为用户 A 对消息 m 的数字签名，与消息 m 一起发送给接收方。

3. 验证签名的过程

接收方 B 在收到消息 m 与数字签名 (r,s) 后，先计算消息 m 的散列值 $H(m)$。然后计算

$$y^r r^s \bmod p = a^{H(m)} \bmod p$$

如果上式成立,则可确信(r,s)为有效签名;否则认为签名是伪造的。

4. 证明验证签名的正确性

若(r,s)为合法用户采用ElGamal数字签名算法对消息m的签名,则

$$y^r r^s=(a^x)^r(a^k)^s=a^{xr+ks} \bmod p$$

又因为

$$s=(H(m)-xr)k^{-1} \bmod (p-1)$$

两边乘k再移项得

$$ks+xr=H(m) \bmod (p-1)$$

根据模运算规则有

$$a^{xr+ks}=a^{H(m) \bmod (p-1)} \bmod p$$

由费马定理的推论,$a^k \equiv a^{k \bmod (p-1)} \bmod p$,将$k$替换成$H(m)$,有

$$a^{xr+ks}=a^{H(m)} \bmod p$$

因此有

$$y^r r^s=a^{H(m)} \bmod p$$

5. ElGamal数字签名算法举例

用户A对消息m进行签名。设系统选取素数$p=19$,本原根$a=13$。用户A选择整数$x=10$作为自己的私钥,经计算可得用户A的公钥$y=6$。

如果用户A需要对消息m的散列值$H(m)=15$进行签名,首先选择一个随机数$k=11$,然后求出k的乘法逆元:

$$k^{-1}=5 \bmod 19$$

然后计算r:

$$r=a^k \bmod p=13^{11} \bmod 19=2$$

接着计算s:

$$s=(H(m)-xr)k^{-1} \bmod (p-1)=5\times(15-10\times 2) \bmod 18=11$$

用户A把元组$(r,s)=(2,11)$作为自己对$H(m)=15$的数字签名。

接收方B验证签名时只须计算并验证

$$y^r r^s \bmod p=6^2\times 2^{11} \bmod 19=8$$

$$a^{H(m)} \bmod p=13^{15} \bmod 19=8$$

两者相等,则认为$(2,11)$是用户A对消息m的有效签名。

6. ElGamal数字签名算法的安全性

关于ElGamal数字签名算法的安全性,有以下几点需要注意:

(1) ElGamal数字签名算法是一个非确定性的算法,对同一个消息m所产生的签名依赖于随机数k。

(2) 由于用户的签名私钥x是保密的,攻击者要从公钥y推导出私钥x等价于求解离散对数的困难性,因此ElGamal数字签名算法的安全性是建立在求解离散对数的困难性上的。

(3) 在签名时使用的随机数k绝对不能被泄露。这是因为,当攻击者知道了随机数

k 后，就可以通过公式

$$s=(H(m)-xr)k^{-1} \bmod (p-1)$$

推出

$$x=(H(m)-ks)r^{-1} \bmod (p-1)$$

从而得到用户的私钥 x，这样整个签名算法便被攻破。

（4）随机数 k 不能被重用。有研究指出，如果随机数 k 被重用，则攻击者可根据得到的两个不同的签名求出签名私钥 x。

ElGamal 数字签名算法还有一些变种，如 DSA。它是一种单向不可逆的公钥密码体制，只能用于数字签名，而不能用于加解密和密钥分配。与 ElGamal 类似，DSA 在每次签名的时候也要使用随机数，所以对同一个消息，每次签名的结果是不同的，所以称 DSA 为随机化数字签名算法。而 RSA 为确定性数字签名算法。由于 RSA 存在共模攻击，用 RSA 签名时每次都要使用不同的 n，而 DSA 没有这个要求，因此在实际中使用 DSA 进行数字签名比 RSA 更加方便。

3.2.3 Schnorr 数字签名算法

Schnorr 数字签名算法的安全性建立在求解离散对数的困难性上。对于相同的安全级，Schnorr 的签名长度比 RSA 短（对 140 位长的 q，Schnorr 签名长度仅为 212 位，比 RSA 签名长度短一半，比 ElGamal 签名短得多）。而且产生签名所需的大部分计算都可在预处理阶段完成，进一步提高了该签名体制的速度。由于其签名运算的高效率，Schnorr 数字签名算法已被广泛应用于许多电子现金协议和公平盲签名协议中。

Schnorr 数字签名算法的签名过程如图 3.3 所示。

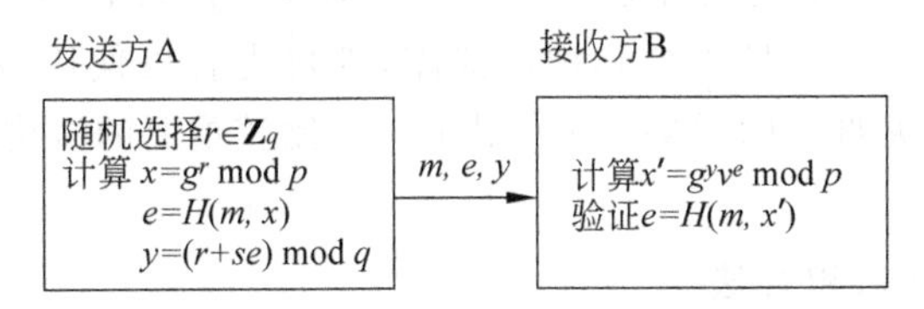

图 3.3 Schnorr 数字签名算法的签名过程

1. 初始过程

初始时算法完成以下工作：

（1）选择大素数 p、q，$p \geqslant 2^{512}$，$q \geqslant 2^{160}$，并且 q 是 $p-1$ 的一个素因子，即 $q \mid (p-1)$。

（2）选择 $g \in \mathbf{Z}_p^*$，满足 $g^q \equiv 1 \bmod p$。

（3）选择一个小于 q 的随机数 s，计算 $v=g^{-s} \bmod p$。

（4）将 p、q、a、v 公开，将 s 保密，其中 v 是公钥，s 是私钥。

2. 签名过程

签名过程如下：

（1）签名方 A 选取一个小于 q 的随机整数 r，并计算 $x=g^r \bmod p$。

（2）A 将消息 m 与 x 连接起来，计算其散列值 $e=H(m,x)$。

(3) A 计算 $y=(r+se) \bmod q$，(e,y)即为签名。A 将消息 m 和签名(e,y)传送给 B。

其中，$H(\cdot)$是一个单向散列函数，m 是消息。

3. 验证过程

验证方 B 收到 m 和(e,y)后，计算 $x'=g^y v^e \bmod p$，然后验证 $e=H(m,x')$，如果通过验证，则认为该签名有效。这是因为 $y=(r+se) \bmod q$，$v=g^{-s} \bmod p$，$x=g^r \bmod p$。所以

$$x'=g^y v^e \bmod p=g^{(r+se)} v^e \bmod p=g^r g^{se} g^{-se} \bmod p=g^r \bmod p=x$$

由于每次计算得到的签名与选择的随机数 r 有关，因此 Schnorr 数字签名算法也是非确定性算法。

3.3 前向安全数字签名

对于数字签名来说，其安全性涉及两方面：一是签名算法的安全性，数字签名使用的算法要能够抵抗各种密码分析，即算法不被破解；二是签名私钥的安全性，即私钥不会被窃取，或者即使被窃取了损失也不大。一般来说，私钥由签名者自己生成后保存在自己的系统中，不会经过网络传输，一般很难被窃取，因此普通数字签名算法都假设私钥是绝对安全的（这个假设隐含着：如果私钥泄露，则责任完全由签名者承担，验证者不需承担任何责任）。如果不这样假设，则签名者无论自己的私钥是否被盗，他都可以声称自己的私钥被盗了，是窃取者用他的私钥签的名，从而可对自己签名的任何消息进行抵赖。

但是私钥不在网络上传输并不表示私钥是绝对安全的，因为攻击者还可能会攻入签名者的系统并窃取私钥。一旦签名私钥被泄露，则攻击者可使用该私钥随意冒用签名，这将给整个系统带来灾难性的后果。银行或 CA 等比较重要的机构必须考虑签名私钥泄露这种风险的存在。

1. 前向安全的概念和方法

基于这样的背景，1997 年，Anderson 首次提出了前向安全(forward secrecy)的概念。其主要思想是：将一个密码学系统的整个生命周期分为若干时间段，系统的私钥值在每个时间段都不断地变化。这样，即使当前时间段的私钥值泄露了，也不会影响以前时间段私钥的安全性，这意味着以前的签名仍然是有效的。因此，前向安全数字签名方案能有效地降低因私钥泄露而造成的损失。这种思想的本质是对数字签名安全性的风险控制，即将签名私钥泄露后造成的损失尽可能减少。

前向安全数字签名与一般数字签名相比多了一个私钥自动更新的环节。这使它具有前向安全性：如果时间段 i 的私钥泄露，则攻击者只可以伪造时间段 i 以后的签名，而不能伪造时间段 i 之前的签名，也就是说，时间段 i 之前的签名仍然有效。

实现前向安全数字签名的关键是私钥可以自动更新，但验证签名的公钥却要求始终不变，这样，无论私钥怎样变化，验证者总能用固定的公钥和时间段编号对签名进行验证。因此，私钥可以用单向散列函数（例如散列链）实现，即允许签名者由昨天的私钥计

算出今天的私钥，但不能由今天的私钥计算出昨天的私钥，以此保证：即使当前的私钥暴露了，过去的私钥仍然是安全的。自动更新是单向的，所以自动更新函数是单向散列函数，为了便于验证及提高效率，对应的公钥必须始终保持不变。

为了实现前向安全，可以将签名的私钥按时间段进行自动更新，并用不同的私钥生成签名，而相应的公钥并没有变，任何验证者都可以使用固定的公钥和时间段编号验证签名。前向安全数字签名的私钥自动更新过程如图3.4所示。用户先注册一个公钥PK，同时保存相应的私钥SK。然后将公钥的有效时间分为n个时间段，记为$T_1, T_2, \cdots, T_n$，每个时间段的私钥记为$SK_1, SK_2, \cdots, SK_n$。存在这样的单向散列函数f，它可以将私钥SK_1更新为SK_2，即$SK_2 = f(SK_1)$。因为单向散列函数具有单向性，即，由SK_1计算SK_2非常容易，而反过来由SK_2计算SK_1则非常困难。

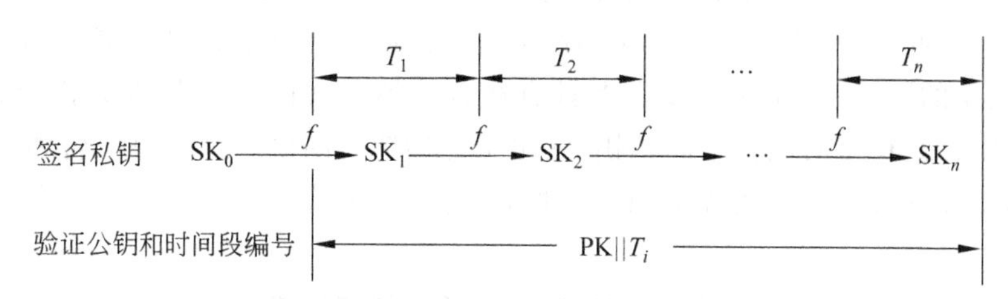

图3.4 前向安全数字签名的私钥自动更新过程

2. 基于ElGamal的前向安全数字签名方案

通常一个前向安全数字签名方案包括4个算法：公私钥生成算法、私钥更新算法、数字签名算法和数字签名验证算法，也就是说比普通数字签名方案多了一个私钥更新算法。

基于ElGamal的前向安全数字签名方案的4个算法说明如下。

(1) 公钥生成算法。

系统先选取一个大素数p及p的本原根g，用户A选择一个随机数$x(1 \leqslant x \leqslant p-1)$作为自己的初始私钥$SK_0$，确定私钥的更新次数$T_i$，并根据$PK = g^{SK_0 - 1} \bmod p$计算出公钥PK。系统公开初始化参数$\{p, g, PK, T_i\}$。

(2) 私钥更新算法。

前向安全技术的关键是根据设定的时间段不断地计算出新的私钥，并用新的私钥替换旧的私钥。设i表示时间段i，则私钥更新算法如下：

根据SK_i计算SK_{i+1}，计算公式为$SK_{i+1} = SK_i^2 \bmod (p-1)$，其中$i \in [1, n+1]$。

显然，如果想由SK_{i+1}计算SK_i，则等价于求解离散对数的难题，因此非常困难。

(3) 数字签名算法。

对消息m进行签名时，签名者首先选择一个随机数k(k与$p-1$互素)，然后计算

$$a = g^k \bmod p$$

$$b = (H(m)) - SK_i^{2a+1-i} a) k^{-1} \bmod p$$

此时对消息m的签名结束，$\{a, b, i\}$时间段i对消息m的签名。

(4) 数字签名验证算法。

验证者在接收到签名后通过以下等式进行验证：

$$PK^a a^b = g^{H(m)} \mod p$$

若上式为真，则签名有效；反之则签名无效。

3. 强前向安全的概念

前向安全数字签名仍然是有安全漏洞的，因为它没有办法阻止攻击者在窃取私钥后在未来的时间段内进行同样的私钥更新。即，如果攻击者获得了时间段 i 的私钥，并且签名方也没有发觉自己的私钥已经被窃取，那么攻击者就可以和签名方一样进行私钥的更新，得到时间段 i 以后的所有私钥。有了这些私钥就可以伪造时间段 i 及以后的所有签名，直到被签名者发现。也就是说，前向安全签名无法保证签名在未来的安全性（即后向安全性）。为此，2001 年，Burmester 提出了强前向安全数字签名的概念，即在保证签名是前向安全的同时，不应该让攻击者具有和合法签名者同样的私钥更新能力，也就是说，即使攻击者获得了时间段 i 的私钥，它也不能伪造时间段 i 以前的签名和时间段 i 以后的签名，这样的安全性称为强前向安全性，或称为双向安全性。

3.4 特殊的数字签名

在电子商务、电子投票、电子现金等领域，产生了几种特殊的数字签名方式，如盲签名、群签名、群盲签名、门限签名、数字时间戳等。

盲签名

3.4.1 盲签名

1. 盲签名的特点

在一般的数字签名中，文件的签名者都知道他们签署的文件内容，甚至该文件就是签名者自己撰写的。但有时可能需要某人对一个文件签名，却又不想让他知道文件的内容。例如，立遗嘱时，通常将遗嘱写好并用信封密封好后，由公证人签名盖章，为了防止公证人未到时候就私下将遗嘱的内容泄露出去，要求公证人看不到遗嘱内容，但又必须让公证人签名，这样验证者才能确信遗嘱是真实的。这里公证人对遗嘱的签名就是一种盲签名。

盲签名最主要的用途是实现电子现金的匿名性。用户自己生成了一些电子现金（包含序列号），把电子现金提交给银行签名（当然有办法让银行能大体知道它签署的是什么，只不过不准确而已），这样电子现金才会变得有效，但用户又不想让银行知道自己提交的电子现金是哪些，以防止银行对用户的消费状况进行跟踪，侵犯用户隐私。因此，不能让银行看到待签名文件（电子现金）的具体内容（如序列号），这就需要采用盲签名技术。

盲签名操作涉及三方，分别是请求签名者、签名者和签名验证者。

为了实现盲签名，一种自然的想法就是先将消息加密（称为盲化），再把加密的消息发送给签名者。这样，签名者就无法阅读消息的内容了，而只能进行签名。请求签名者可先将签名解密（脱盲），然后把消息明文和脱盲的签名发送给验证者进行验证。该过程如图 3.5 所示。

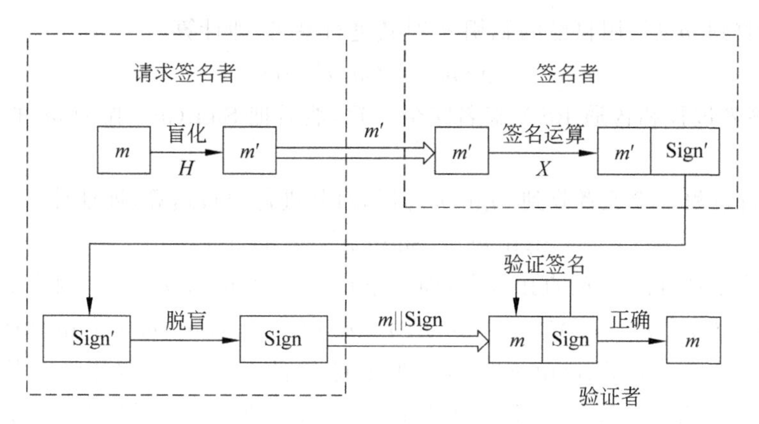

图 3.5 盲签名的过程

提示：脱盲的签名就相当于签名者直接对消息明文 m 进行的签名。

由此可见，盲签名的基本原理是两个可交换的算法的应用：第一个是加密算法，用来隐藏消息，实现盲化处理；第二个是签名算法，用来对消息进行签名。只有这两个算法是可交换的，即 $\text{Sign}_k(mh)=(\text{Sign}_k(m))h$，其中 h 为盲化因子，盲签名才能有效。

如果这两个算法不能交换，则文件拥有者（即请求签名者）无法进行脱盲运算，不能由 Sign′得到 Sign，而只能解密 Sign′得到 m'。虽然文件拥有者也可以把 m、m'和 Sign′提交给验证者验证 Sign′确实是从 m 得来的签名，但这又要将盲化因子 h 告诉验证者，而一旦盲化因子公开，则签名者也能用盲化因子解密得知明文了。

综上，盲签名与普通数字签名相比，有两个显著的特点，即两个条件：

(1) 消息的内容对签名者是不可见的。例如，图 3.5 中签名者不知道 m。

(2) 在签名消息被接收者公开后，签名者不能追踪签名，即盲签名具有不可追踪性。例如，图 3.5 中签名者即使看到 Sign，仍然不能把它和 m'联系起来。

上述盲签名方案又称为强盲签名。如果盲签名方案满足条件(1)，但不满足条件(2)，即，在签名消息被接收者公开后，签名者能够追踪签名，则称为弱盲签名或公平盲签名。

盲签名可通过 RSA 算法和离散对数等数学难题实现。

2. RSA 的盲签名体制

RSA 盲签名的步骤如下：

(1) 参数选择。系统随机选取两个大素数 p 和 q，计算 $n=pq$，再计算 n 的欧拉函数 $\phi(n)=(p-1)(q-1)$，计算完后，n 可以公开。然后选择一个与 $\phi(n)$ 互素的整数 e 作为某用户的公钥（这样 e 才会有乘法逆元）。求出 e 的乘法逆元，将该结果作为该用户的私钥 d，即 $de=1 \bmod \phi(n)$。将 d 保密，将 (d,n) 作为私钥；将 e 公开，将 (e,n) 作为公钥。p、q 和 $\phi(n)$ 都需要保密。

(2) 签名过程。用户（请求签名者）选择待签名的消息 $m\in\mathbf{Z}_n^*$ 和一个随机数 $r\in\mathbf{Z}_n$ 作为盲化因子，并用签名方的公钥 e 对原消息进行盲化，即计算

$$m'=mr^e \bmod n$$

然后把盲化的消息 m' 发送给签名者进行签名。

签名者收到 m' 后，用自己的私钥 d 对其进行签名，即计算

$$\mathrm{Sign}(m')=(m')^d \bmod n$$

可见，签名过程和普通 RSA 签名完全一致，然后把 $\mathrm{Sign}(m')$ 作为 m' 的签名发送给用户。

(3) 脱盲过程。验证者收到 $\mathrm{Sign}(m')$ 后，对其进行脱盲运算，即计算

$$\mathrm{Sign}(m)=\mathrm{Sign}(m')/r \bmod n$$

$\mathrm{Sign}(m)$ 就是对原消息 m 的直接签名，即 $\mathrm{Sign}(m)=m^d \bmod n$。这是因为

$$\mathrm{Sign}(m)=\mathrm{Sign}(m')/r=(m')^d/r=(mr^e)^d/r=m^d r^{ed}/r \bmod n=m^d r/r \bmod n=m^d \bmod n$$

(4) 验证签名。由于 $\mathrm{Sign}(m)$ 就是对原消息 m 的直接签名，因此验证者可以用签名者的公钥 e 像验证普通 RSA 签名一样验证 $\mathrm{Sign}(m)$，即验证如下等式是否成立：

$$m=(\mathrm{Sign}(m))^e \bmod n$$

例 3.1 取 $p=3,q=11$，则 $n=33,\phi(n)=20$。再取公钥 $e=3$，经计算得 $d=7$。设明文 $m=6$，任取随机数 $r=5$。求 m 的盲签名，并对盲签名进行验证。

解：

$$m'=6\times 5^3 \bmod 33=750 \bmod 33=24$$

$$\mathrm{Sign}(m')=24^7 \bmod 33=18$$

$$\mathrm{Sign}(m)=18\times 5^{-1} \bmod 33$$

$$\mathrm{Sign}(m)=30$$

验证如下：

$$m=6,(\mathrm{Sign}(m))^e \bmod n=30^3 \bmod 33=6$$

两者相等，说明签名是有效的。

3. ElGamal 的盲签名体制

ElGamal 盲签名的步骤如下：

(1) 系统先选取一个大素数 p 及 p 的本原根 a，然后选择一个随机数 x，$2\leqslant x\leqslant p-2$，再计算 $y=a^x \bmod p$，以 (y,a,p) 作为用户的公钥，而以 x 作为用户的私钥。

(2) 盲化过程。请求签名者选择随机数 $h\in \mathbf{Z}_p^*$ 作为盲化因子，然后计算

$$\beta=a^h \bmod p$$

$$m'=mh \bmod (p-1)$$

将二元组 (β,m') 发送给签名者。

(3) 签名过程。签名者收到 (β,m') 后，选择随机数 $k\in \mathbf{Z}_{p-1}^*$，并用自己的私钥 x 对 m' 进行签名，即计算

$$r=\beta k \bmod p$$

$$s=xr+m'k \bmod (p-1)$$

并将 (r,s) 作为对消息 m 的签名发送给验证者。

(4) 验证过程。验证者收到 (r,s) 后，用签名者的公钥 y 进行验证

$$a^s=r^m y^r \bmod p$$

如果该式成立，则说明签名有效。

3.4.2 群签名、群盲签名和门限签名

1. 群签名

群签名是指：一个群中的任意一个成员可以以匿名的方式代表整个群对消息进行签名，验证者可以确认签名来自该群，但不能确认是群中的哪一个成员进行的签名。但是当出现争议时，借助于一个可信的机构或群成员的联合就能识别出群中的签名者。

与其他数字签名一样，群签名也是可以公开验证的，而且可以用单个的群公钥来验证。

一个群签名体制由以下几个算法和协议组成：

(1) 创建算法。一个用以产生群公钥和私钥的多项式时间概率算法。

(2) 加入协议。一个用户和群管理员之间的交互协议。执行该协议可以使用户成为群成员，群管理员得到群成员的秘密成员管理密钥，并产生群成员的私钥和群成员证书。

(3) 签名算法。一个概率算法，当输入一个消息和一个群成员的私钥后，输出对消息的签名。

(4) 验证算法。一个在输入对消息的签名及群公钥后确定签名是否有效的算法。

(5) 打开算法。一个在给定一个签名及群公钥的条件下确定签名人身份的算法。

一个好的群签名方案应满足以下的安全性要求：

(1) 匿名性。给定一个群签名后，对除了唯一的群管理员之外的任何人来说，确定签名人的身份在计算上是不可行的。

(2) 不关联性。在不打开群签名的情况下，确定两个不同的群签名是否为同一个群成员所签在计算上是困难的。

(3) 防伪造性。只有群成员才能产生有效的群签名。

(4) 可跟踪性。群管理员在必要时可以打开一个群签名，以确定签名人的身份，而且签名人不能阻止一个合法群签名的打开。

(5) 防陷害攻击。包括群管理员在内的任何人都不能以其他群成员的名义产生合法的群签名。

(6) 抗联合攻击。即使一些群成员串通在一起也不能产生一个合法的不能被跟踪的群签名。

2. 群盲签名

1998 年，Lysyanskaya 和 Ramzan 有效结合群签名和盲签名提出了群盲签名的概念。大多数电子现金系统都基于由单个银行发行电子现金的模型，所有的用户与商家在同一家银行拥有账户。而在现实世界中，电子现金可能是在一个中央银行监控下由一群银行发行的。Camenisch 和 Stadler 利用群盲签名构造了一个多个银行参与发行电子现金的、匿名在线的电子现金方案，为研究电子现金系统开辟了一个新的方向。

在该方案中有多个银行参与，每个银行都可以安全地发行电子现金，这些银行形成一个群，受中央银行的控制，中央银行担当群管理员的角色。该方案具有以下性质：

(1) 任何银行都不能跟踪自己发行的电子现金。

(2) 商家只需要用单个群公钥验证其收到的电子现金的有效性，而不关心该电子现

金是哪个银行发行的。

(3) 所有银行组成的群只有一个公钥，该公钥与参与银行的个数无关，而且有银行加入时，该公钥也不需要改变。

(4) 给定一个合法的电子现金，除中央银行以外的任何银行都不能辨别该电子现金是哪个银行发行的，为用户和银行提供了匿名性。

(5) 包括中央银行在内的任何银行都不能以其他银行的名义发行电子现金。

3. 门限签名

在有 n 个成员的群中，至少有 t 个成员才能代表群对文件进行有效的数字签名。例如，银行金库大门的打开申请需要一个正行长和一个副行长同时签名或者3个副行长同时签名才能生效。这就需要门限签名。门限签名可通过共享密钥的方法实现，它将密钥分为 n 份，只有超过 t 份子密钥组合在一起才能重构出密钥。

3.4.3 数字时间戳

在某些电子交易中，交易时间是非常重要的信息。例如，股票、期货的交易时间直接影响交易商品的价格。因此，需要一个可信任的第三方——时间戳权威（Time Stamp Authority，TSA）提供可信赖的且不可抵赖的时间戳服务。TSA的主要功能是证明某份文件（交易信息）在某个时间（或以前）存在，防止用户在这个时间后伪造数据进行欺诈。

数字时间戳（Digital Time-Stamp，DTS）产生的一般过程是：用户首先对需要加时间戳的文件用散列函数计算其摘要，然后将摘要发送给TSA。TSA将收到文件摘要时的日期和时间信息附加到文件中，再用TSA的私钥对该文件进行加密（TSA的数字签名），然后将其返回给用户，整个过程如图3.6所示。

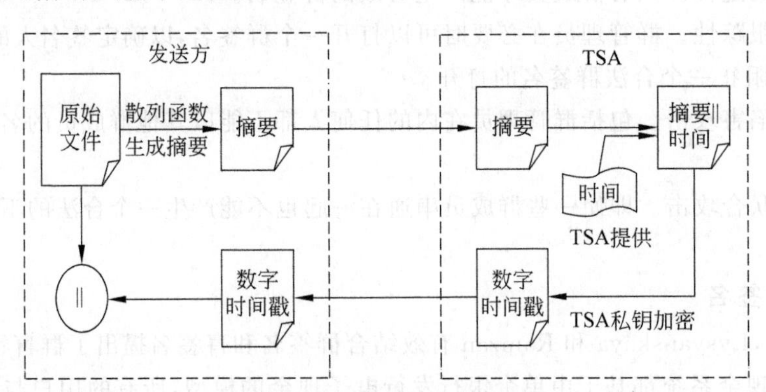

图3.6 数字时间戳的产生过程

用户收到数字时间戳后，可以将其与原始文件一起发送给接收方，供接收方验证时间。

可见，数字时间戳是一个经TSA签名后形成的凭证文档，它包括3部分：

(1) 需加时间戳的文件摘要。

(2) TSA收到文件的日期和时间。

(3) TSA的数字签名。

习　题

1. 要实现电子现金的匿名性,可以使用(　　)。

A. 盲签名　　　　B. 群签名

C. 门限签名　　　　D. 前向安全数字签名

2. 盲签名操作涉及的三方分别是________、签名者和验证者。

3. 为了解决签名私钥可能被窃取的问题,人们提出了________数字签名。

4. 如果要实现带有机密性的数字签名,需要使用发送方的________和接收方的________。(填公钥或私钥)

5. 简述数字签名的过程和应用。

6. 小强想出了一种数字签名的新方案,他用一个随机的对称密钥加密要签名的明文,得到密文,再用自己的私钥加密该对称密钥(签名),然后把密文和加密后的对称密钥一起发送给接收方,接收方如果能解密得到明文,就表明验证签名成功。请问用该方案能够对明文签名吗?为什么?

第4章 chapter 4

密钥管理与密钥分配

在现代密码学中，加密算法的安全性完全依赖于密钥，因此密钥是现代密码学的核心，密钥管理是整个密码系统中最重要的环节。密钥管理作为现代密码学的一个重要分支，是在授权各方之间建立和维护密钥关系的一整套技术，它是现代密码学中最重要、最困难的部分。

4.1 密钥管理

密钥管理是一种综合性技术，它除了技术因素外，还包括管理因素，例如密钥的行政管理制度和人员的素质密切相关。再好的技术，如果失去必要的管理支持，也将毫无意义。密码系统的安全强度总是由系统中最薄弱的环节决定的。但是，作为一个好的密钥管理系统，应尽量不依赖于人的因素，为此，密钥管理系统的一般应满足以下要求：

(1) 密钥难以被窃取。

(2) 在一定条件下，即使窃取了密钥也没有用。

(3) 密钥的分配和更换过程在用户看来是透明的，用户不一定要亲自掌握密钥。

4.1.1 密钥的层次结构

如果一个密码系统的功能很简单，可以使用单层密钥体制，即所有的密钥都直接用来加密或解密数据，但这种密钥体制的安全性不高。一个完善的密码系统通常要求密钥能够定期更换、自动生成和分配等各种附加功能，为此，就需要设计成多层密钥体制。

多层密钥体制的基本思想是用密钥保护密钥。在多层密钥体制中，密钥可分为会话密钥、密钥加密密钥、主密钥 3 个层次。密钥的层次结构如图 4.1 所示。其中，f_n 表示加解密变换函数。

- 会话密钥(session key)是最底层的密钥，直接对数据进行加密和解密。
- 密钥加密密钥(key encrypting key)是最底层以上的所有密钥(除主密钥外)，用于对下一层密钥进行加密保护。
- 主密钥(master key)是最高层的密钥，是密钥系统的核心，通常受到严格的保护，用于对密钥加密密钥进行保护。

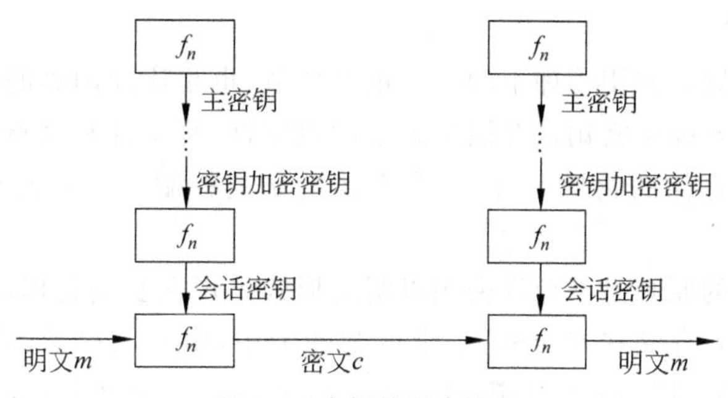

图 4.1 密钥的层次结构

多层密钥体制的优点如下：

(1) 安全性大大提高，下层的密钥被破解不会影响上层密钥的安全。

(2) 为密钥管理自动化带来了方便。除主密钥需由人工装入以外，其他各层密钥均可由密钥管理系统实行动态的自动更新和维护。

4.1.2 密钥的生命周期

密钥管理涉及密钥的生成、存储、更新、备份与恢复、销毁以及撤销等，涵盖了密钥的整个生命周期。

1. 密钥的产生

密钥必须在安全环境中生成，以防止对密钥的非授权访问。密钥的生成有两种方式：一种是由密钥分配中心集中生成，称为集中式；另一种是由客户端分散生成，称为分散式。这两种方式各有优缺点，如表 4.1 所示。

表 4.1 两种密钥生成方式的对比

方　式	集　中　式	分　散　式
代表	密钥分配中心	个人客户端
生产者	在中心统一进行	用户
用户数量	用户数量受限制	用户数量不受限制
特点	密钥质量高，方便备份	需第三方认证
安全性	需安全的私钥传输通道	安全性高，只需将公钥传送给 CA

为了保证安全，避免弱密钥，防止密钥被猜测或分析出来，密钥的一个基本要求是具有足够的随机性，这包括长周期性、非线性、统计意义上的等概率性以及不可预测性等。但是，一个真正的随机序列是无法用计算机模拟产生的，目前常采用物理噪声源方法产生具有足够的随机性的伪随机序列。

对密钥的另一个基本要求是密钥要足够长。决定密钥长度时需要考虑多方面的因素，包括数据价值有多大、数据需要多长的安全期、攻击者的资源情况怎样等。应该注意到，计算机的计算能力和加密算法的发展也是决定密钥长度时要考虑的重要因素。

2. 密钥的存储

密钥的安全存储是密钥管理中的一个重要环节，也是比较困难的一个环节。所谓密钥的安全存储是指要确保密钥在存储状态下的机密性、真实性和完整性。安全可靠的存储介质是密钥安全存储的物质条件，安全严密的访问控制机制是密钥安全存储的管理条件。

密钥安全存储的原则是不允许密钥以明文形式出现在密钥管理设备之外。例如，可以将密钥以明文形式存储在安全的 IC 卡或智能卡中，由专人保管，使用时插入设备中。如果无法做到时，必须用另一个密钥对密钥进行加密以保护该密钥，或由一个可信方分发密钥。

3. 密钥的更新

密钥更新是密钥管理的基本要求，无论密钥是否泄露，都应该定期更新，更新时间取决于给定时间内待加密数据的数量、加密的次数和密钥的种类。会话密钥应当频繁更换，以防止攻击者在长时间内通过截获大量的密文分析出密钥；密钥加密密钥无须频繁更换；而主密钥可有更长的更换时间。

4. 密钥的备份与恢复

为了进一步确保密钥和加密数据的安全，防止密钥遭到毁坏并造成数据丢失，可利用备份的密钥恢复原来的密钥或被加密的数据，密钥的备份本质上也是一种密钥的存储形式。密钥备份有以下几个原则：

(1) 备份的密钥应当受到与存储的密钥同样的保护。

(2) 为了减少明文形式的密钥的数量，一般都采用高级密钥保护低级密钥的密文形式进行密钥备份。

(3) 对于高级密钥，不能采用密文形式备份，一般采用多个密钥分量的形式备份，即把密钥通过门限方案分割成几部分，将每个密钥分量备份到不同的设备或地点，并且指定专人负责。

(4) 密钥的备份应当考虑方便恢复，密钥的恢复应当经过授权而且要遵循安全的规章制度。

5. 密钥的销毁

对任何密钥的使用都必须设置有效期。没有哪个密钥能够无限期地使用，否则会带来不可预料的后果，这是因为：

(1) 密钥使用时间越长，它泄露的可能性就越大。

(2) 如果密钥已经泄露，又没有被使用者察觉，那么密钥使用越久，损失就会越大。

(3) 密钥使用越久，对攻击者来说花费精力破译它的诱惑力就越大，甚至会采取穷举法进行攻击。

(4) 对同一密钥加密的多个密文进行密码分析相对来说更容易。

因此，当密钥超过有效期或停止使用后，应该对该密钥进行销毁，彻底清除所有踪迹，包括将所有明文、密钥及其他没受保护的重要保密参数全部清除，以禁止攻击者通过观察数据或从废弃的设备中确定旧密钥值。

6. 密钥的撤销

密钥的撤销是从法律上取消密钥与密钥拥有者之间的关联，解除实体在密钥使用过程中应承担的义务。密钥的撤销往往意味着密钥同时也被销毁。

密钥管理的各个过程都要记录日志，方便以后进行审计。

4.2 密钥的分配

密钥分配，通俗地说，就像把钥匙传递给对方。在现实生活中，这应该是一个很简单的问题，因为人们可以面对面地把钥匙交到对方手里；但是在网络环境中，人们不能见面，只能通过网络把密钥发送给对方。而在这中间可能会遭受各种各样的攻击，如窃取密钥或伪造密钥等。如果密钥被敌方掌握了，那么设计得再好的密码系统也没用了，因此密钥分配是密钥管理最重要的环节。

密钥分配是指将密钥安全地分发给通信双方的过程。由于密钥是整个密码系统安全的核心，所以攻击者很可能通过窃取密钥来攻破密码系统。许多情况下，出现安全问题不是因为密码算法被破解，而是因为密钥分配系统被攻破。需要注意的是，对称密码体制和公钥密码体制的密钥分配方式是不同的。

4.2.1 对称密码体制的密钥分配

两个用户 A 和 B 获得共享的对称密钥有如下几种方法：

(1) 密钥由 A 选取并通过物理手段发送给 B。

(2) 密钥由第三方选取并通过物理手段发送给 A 和 B。

(3) 如果 A、B 事先已有一个对称密钥，则其中一方选取新密钥后，用已有的密钥加密新密钥并发送给另一方。

(4) 如果 A 和 B 与第三方分别有一条保密信道(即第三方与每个用户事先共享一个对称密钥)，则第三方为 A、B 选取密钥后，分别在两条保密信道上将密钥发送给 A、B。

提示： *如果有 n 个用户，需要两两拥有共享密钥，那么一共需要 $n(n-1)/2$ 个密钥，而采用第(4)种方法，只需要 n 个密钥。*

第(4)种方法称为集中式密钥分配方案，它是指由密钥分配中心(Key Distribution Center，KDC)负责密钥的产生并分配给通信双方。在这种情况下，用户不需要保存大量的会话密钥，只需要保存和 KDC 通信的加密密钥。其缺点是通信量大，同时要求具有较好的鉴别功能以鉴别 KDC 和通信双方。图 4.2 是集中式密钥分配方案的实现，称为 Needham-Schroeder 协议。

该密钥分配方案的具体过程如下：

(1) A 向 KDC 发出会话密钥请求，请求的消息由两部分组成，一是 A 和 B 的身份 ID_A 和 ID_B，二是本次业务的唯一标识符 N_1。每次请求的 N_1 都应不同，常用一个时间戳、一个计数器或一个随机数作为这个标识符。A 发给 KDC 的请求可表示为

$$A \rightarrow KDC: ID_A \parallel ID_B \parallel N_1$$

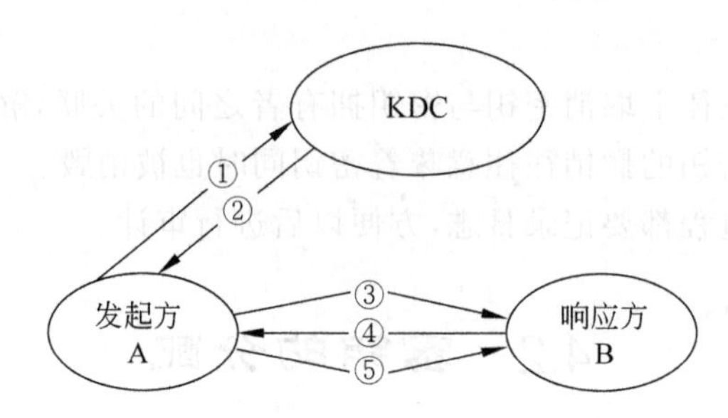

图 4.2　集中式密钥分配方案的实现

提示：‖表示连接符，例如 abc‖fg＝abcfg。

(2) KDC 对 A 的请求作出应答。应答是由 KDC 与 A 共享的密钥 K_a 加密的信息，因此只有 A 才能成功地对这一信息进行解密，并且 A 能相信信息的确是由 KDC 发出的。

$$\text{KDC}\rightarrow\text{A}:\ E_{K_A}[K_S \parallel ID_A \parallel ID_B \parallel N_1 \parallel E_{K_B}[K_s \parallel ID_A]]$$

应答中包括 A 希望得到的两项数据：①一次性会话密钥 K_s；②A 在第(1)步中发出的请求，包括一次性随机数 N_1，其目的是使 A 将收到的应答与发出的请求比较，看是否匹配。因此，A 能印证自己发出的请求在被 KDC 收到之前未被篡改，而且 A 还能根据一次性随机数相信自己收到的应答不是重放对过去请求的应答。

KDC 到 A 的应答中含有 A 和 B 的身份 $ID_A \parallel ID_B$，可防止攻击者将 KDC 发往其他用户的应答转向，重放给 A。

此外，应答中还有 B 希望得到的两项数据：①一次性会话密钥 K_s；②A 的身份 ID_A。这两项由 K_B 加密，将由 A 转发给 B，以建立 A 和 B 之间的连接并用于向 B 证明 A 的身份。

(3) A 收到 KDC 的响应后，将会话密钥 K_s 保存起来，同时将经过 KDC 与 B 的共享密钥加密过的消息传送给 B。B 收到后，得到会话密钥 K_s，并从 ID_A 可知对方是 A，而且还从 E_{K_B} 知道 K_s 确实来自 KDC。由于 A 转发的是加密后的密文，所以转发内容不会被窃听。

$$\text{A}\rightarrow\text{B}:\ E_{K_B}[K_S \parallel ID_A]$$

(4) B 用会话密钥加密另一个随机数 N_2，将加密结果发送给 A，并告诉 A，B 当前是可以通信的。

$$\text{B}\rightarrow\text{A}:\ E_{K_s}[N_2]$$

(5) A 响应 B 发送的消息 N_2，并对 N_2 进行某种函数变换(以防止攻击者将 B 发送给 A 的消息反向重放)，同时用会话密钥 K_s 进行加密，然后将其发送给 B。

$$\text{A}\rightarrow\text{B}:\ E_{K_s}[f(N_2)]$$

实际上第(3)步已经完成了密钥的分配，第(4)、(5)步结合第(3)步执行的是认证功能，使 B 能够确认其收到的消息不是一个重放。

4.2.2 公钥密码体制的密钥分配

虽然公钥密码体制中使用的公钥可以公开，但必须保证公钥的真实性。公钥的发布一般有以下4种方法。

1. 公开发布

用户A将自己的公钥公开发布给其他每一个用户。这种方法最简单，但没有认证性，因为任何人都可以伪造A的这种公开发布。如果某个用户假装是用户A，并以A的名义向其他用户发送或广播自己的公钥，则在A发现假冒者以前，这一假冒者可解密所有发给A的加密消息(因为它拥有与该假冒公钥对应的私钥)，而且假冒者还能用伪造的密钥获得认证。

2. 公钥目录表

建立一个动态可访问的公钥目录表。公钥目录表的建立、维护以及公钥的发布由可信的实体或组织承担。管理员为每个用户在公钥目录表里建立一个目录项，目录项中包括两个数据项：一是用户名，二是用户的公钥。每一用户都亲自或以某种安全的认证通信向管理员注册自己的公钥，用户可以随时替换自己的公钥。管理员定期公布或定期更新目录。其他用户可以通过公开的渠道访问该公钥目录表以获取公钥。

这种方法比用户公开发布公钥更安全。但它也存在两个缺点：①一旦管理员的私钥被攻击者窃取，则攻击者可以修改公钥目录表，传递伪造的公钥；②用户必须知道这个公钥目录表的位置且信任该公钥目录表。

3. 公钥管理机构(在线服务器方式)

公钥管理机构为用户建立和维护动态的公钥目录。每个用户知道公钥管理机构的公钥，只有公钥管理机构知道自己的私钥。这种方案称为带认证的公钥分配，如图4.3所示，步骤如下：

(1) A发送一个带有时间戳的消息给公钥管理机构M，以请求B的公钥。

(2) M给A发送一个用其私钥SK_M签名的包括B的公钥PK_B在内的消息，A用M的公钥PK_M解密得到B的公钥PK_B。

(3) A用B的公钥加密$ID_A \| N_1$并发送给B，表示请求和B通信，B用其私钥SK_B解密成功，就同意通信，然后B以同样的方法从M处检索到A的公钥。

其中，M应答的消息(如②)中的Request用于A验证收到的应答的确是对相应请求的应答，且还能验证自己最初发送的请求在被M收到之前是否被篡改。最初的时间戳$Time_1$使A相信M发来的消息不是一个旧消息。消息⑥和⑦使A、B能相互确认对方身份，因为只有B才能得到N_1，只有A才能得到N_2。

该方案安全性很高，但也有缺点。只要用户与其他用户通信，就必须向公钥管理机构申请对方的公钥，故可信服务器必须在线，这导致可信服务器可能成为性能的瓶颈。

4. 公钥证书(离线服务器方式)

为解决公钥管理机构的性能瓶颈问题，可以通过公钥证书实现公钥的发布，即使用公钥证书进行公钥分配，这样就不要求与公钥管理机构直接通信。公钥证书由认证机构

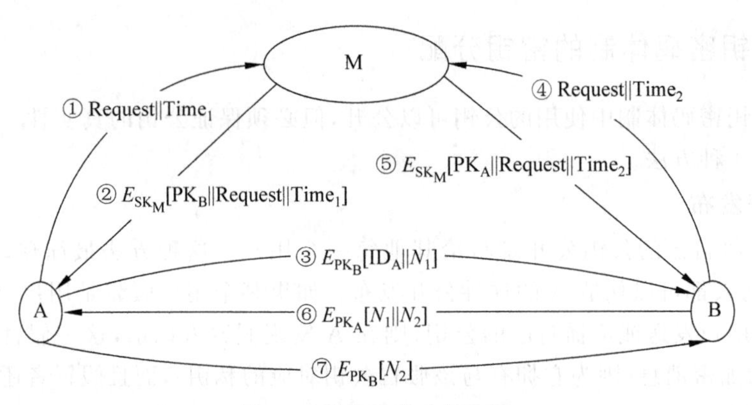

图 4.3 带认证的公钥分配

CA 为用户颁发。这样，用户只要获得 CA 的公钥，就可以安全地获得其他用户的公钥。

证书的形式为

$$C_A = E_{SK_{CA}}[T, ID_A, PK_A]$$

其中，C_A 表示用户 A 的证书，ID_A 是用户 A 的身份标识，PK_A 是用户 A 的公钥，T 是当前时间戳，SK_{CA} 是 CA 的私钥。

由于只有 CA 的公钥才能解读证书，接收方如果使用 CA 的公钥解密成功，就能确信证书是由 CA 颁发的，同时表明证书中的内容没有被篡改过。由于证书将 A 的身份标识和 A 的公钥绑定在一起，因此接收方可确信 PK_A 就是用户 A 的公钥。时间戳 T 主要用来表明证书没有过期，防止攻击者重放旧证书。

4.2.3 用公钥密码体制分配对称密钥

公钥加密的一个主要用途是分配对称密码体制使用的密钥。用公钥密码体制分配对称密钥主要有两种方法：其一是使用数字信封技术，它的具体实现过程有以下两种方案；其二是使用 4.2.4 节介绍的 Diffie-Hellman 密钥交换算法。

1. 简单分配

简单分配方案如图 4.4 所示。当接收方 B 获得发送方 A 的公钥后，B 自己产生一个会话密钥 K_s，然后用 A 的公钥将 K_s 加密后发送给 A；A 用自己的私钥解密就得到 K_s 了。对称密钥分配完后，A 可以将其公私钥（PK_A，SK_A）销毁，B 将 A 的公钥（PK_A）销毁。这一方案的缺点是不能保证 B 获得的公钥确实来自 A，如果攻击者用自己的公钥 PK_A' 替换 A 的公钥 PK_A，并冒充 A 将 PK_A' 发送给 B，则攻击者可以轻易地用该公钥对应的私钥解密得到 K_s，然后再用 A 的公钥加密 K_s 发给 A，这样 A 也不能察觉 K_s 已经被攻击者截获了。A、B 之间以后用 K_s 加密的信息都可以被攻击者解密。

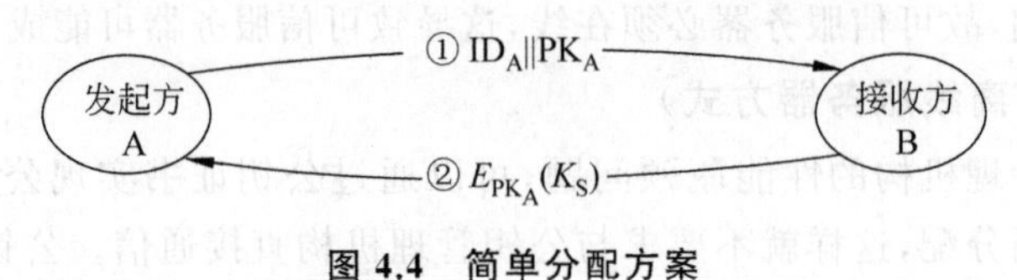

图 4.4 简单分配方案

2. 具有保密和认证功能的分配

针对简单分配密钥不具有认证性的缺点，人们又设计出具有保密和认证功能的密钥分配方案，如图 4.5 所示。

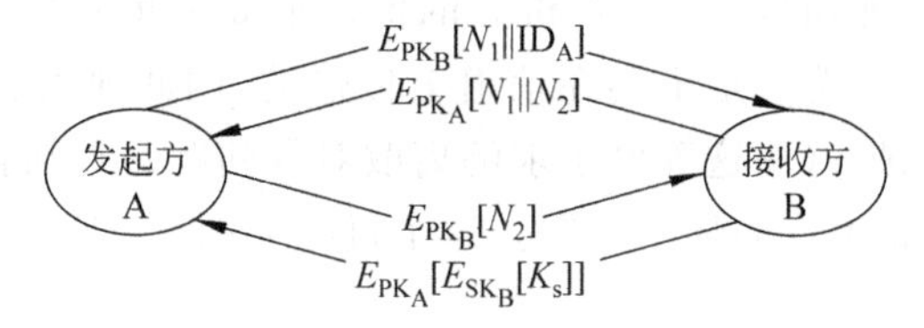

图 4.5 具有保密和认证功能的密钥分配方案

假设 A 和 B 已经完成了公钥交换，则接下来可以这样分配会话密钥：A 用 B 的公钥 PK_B 加密 A 的身份 ID_A 和一个一次性随机数 N_1，该随机数唯一标识本次业务。

B 解密消息后得到 N_1，再产生一个新随机数 N_2，然后用 A 的公钥 PK_A 加密 $N_1 \| N_2$ 发送给 A。由于只有 B 才能解密上一步加密的消息，所以 B 发送来的消息中的 N_1 使 A 能确信对方是 B。

A 用 B 的公钥 PK_B 对 N_2 加密后返送给 B，使 B 也能相信对方的确是 A。

最后 B 产生会话密钥 K_S，然后将 $E_{PK_A}[E_{SK_B}[K_s]]$发送给 A。其中，用 A 的公钥加密是为了保证只有 A 才能将加密结果解密，用 B 的私钥加密是为了保证该加密结果只有 B 能发送。A 用自己的私钥解密后，再用 B 的公钥解密，即得到 K_s，从而完成了会话密钥的分配。

4.2.4 Diffie-Hellman 密钥交换算法

Diffie-Hellman 算法是第一个公钥密码算法，发布于 1976 年，该算法的安全性基于求解离散对数的困难性。Diffie-Hellman 算法只能用于密钥分配，而不能用于加解密信息或数字签名。

假设 A 和 B 想在不安全的信道上传输对称密钥 k，则密钥在传输时有可能被窃听者获取。如果信道上传输的只是密钥 k 的一部分，那么窃听者即使窃取了部分密钥也没办法恢复出整个密钥。Diffie-Hellman 算法的思想正是依据这一点，当在信道上传输部分密钥的过程中，对称密钥 k 实际上根本还没生成，包括 A 和 B 在内的所有人都无法知道这个密钥 k 到底是什么。因为密钥在信道中传输时尚不存在，窃听者当然不可能在信道上窃取到该密钥。

1. Diffie-Hellman 算法的密钥交换过程

Diffie-Hellman 算法的密钥交换过程如下：

(1) A 和 B 协商一个大素数 p 及 p 的本原根 a，a 和 p 可以公开，也就是说 A 可以在不安全的信道上把 a 和 p 传送给 B。

(2) A 秘密产生一个随机数 x，计算 $X=a^x \bmod p$，然后把 X 发送给 B。

(3) B 秘密产生一个随机数 y，计算 $Y=a^y \bmod p$，然后把 Y 发送给 A。

(4) A 计算 $k=Y^x \bmod p$，k 就是协商的对称密钥。

(5) B计算 $k'=X^y \bmod p$。

因为 $k=Y^x \bmod p=(a^y)^x \bmod p=(a^x)^y \bmod p=X^y \bmod p=k'$,所以 k 和 k' 是恒等的。

信道上的窃听者只能窃取 a、p、X 和 Y 的值。他如果想获得 k 的值,唯一的办法就是还要得到 x 或 y,而 x 或 y 是不会在信道上传输的,因此他无法窃取到。除非他能计算离散对数,恢复出 x 或 y(而这等价于求解离散对数问题),否则就无法得到 k。因此,k 可作为A和B通过协商生成的秘密密钥。这个过程如图4.6所示。

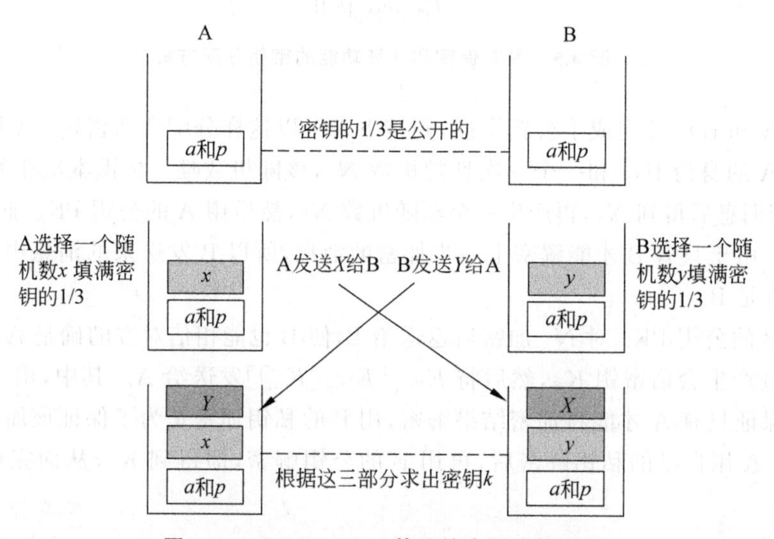

图 4.6 Diffie-Hellman 算法的密钥交换过程

下面是Diffie-Hellman密钥交换算法的示例(在这个例子中,采用小数字,但是在实际应用中数字是非常大的)。假定 $g=7$ 和 $p=23$,则算法步骤如下:

(1) A选择 $x=3$ 并算出 $X=7^3 \bmod 23=21$。

(2) B选择 $y=6$ 并算出 $Y=7^6 \bmod 23=4$。

(3) A发送数字21给B。

(4) B发送数字4给A。

(5) A计算出对称密钥:$k=4^3 \bmod 23=18$。

(6) B计算出对称密钥:$k=21^6 \bmod 23=18$。

A的 k 值和B的 k 值是相同的:

$$g^{xy} \bmod p=7^{18} \bmod 35=18$$

2. Diffie-Hellman 密钥交换算法的特点

Diffie-Hellman密钥交换算法有以下特点:

(1) B和A在 X 和 Y 传输过来之前都不知道最终要共享的密钥(明文信息)到底是什么,而加密过程的前提是明文信息必须已知,因此该算法不能对信息进行加密。

(2) B和A不分享他们各自的保密数 x 和 y,使攻击者无法窃取到。

(3) 攻击者能够得到 g、p 以及 $g^a \bmod p$ 和 $g^b \bmod p$,而得到 k 的唯一办法是计算

出a和b，这等价于求解离散对数问题。

3. Diffie-Hellman 算法的安全性分析

Diffie-Hellman 算法可能受到两种攻击：离散对数攻击和中间人攻击。

1）离散对数攻击

由于该算法的安全性基于离散对数问题的困难性，攻击者如果能够通过截获a、p、X和Y的值计算出x或y，密钥k就不再是秘密了。为了使 Diffie-Hellman 算法能够抵抗离散对数攻击，推荐采取以下措施：

（1）素数p必须非常大（300 位以上的十进制数）。

（2）素数p的选择必须使得$p-1$具有至少一个大的素数因子（60 位以上的十进制素数）。

（3）双方计算出对称密钥后，必须立即销毁x和y，也就是x和y的值只能使用一次。

（4）生成元必须从群$<\mathbf{Z}_p*,\times>$中选择。

2）中间人攻击

该算法还有一个缺点，攻击者不需要求出x和y的值，也可以攻击该算法。他可以创建两个密钥，分别欺骗 A 和 B，一个是他和 A 之间的，另一个是他和 B 之间的。中间人攻击的过程如下：

（1）A 选择x，计算$X=a^x \bmod p$，然后把X发送给 B。

（2）攻击者 E 先拦截X，X被 E 拦截，并没有到达 B 那里。然后 E 选择z，计算$Z=a^z \bmod p$，并将Z分别发送给 A 和 B。

（3）B 选择y，计算$Y=a^y \bmod p$，并将Y发送给 A，但Y被 E 拦截，并没有到达 A 那里。

（4）A 和 E 计算$k_1=a^{xz} \bmod p$，这就是 E 和 A 之间的共享密钥，然而，A 却认为这是他和 B 之间的共享密钥。

（5）E 和 B 计算$k_2=a^{yz} \bmod p$，这就是 E 和 B 之间的共享密钥，然而，B 却认为这是他和 A 之间的共享密钥。

也就是说，E 创建了两个密钥：一个是 E 和 A 之间的k_1，另一个是 E 和 B 之间的k_2。如果 A 发送用k_1（A 和 E 共享）加密的数据给 B，那么这个数据就可以被 E 解密并读出其内容。E 可以发送一个用k_2（E 和 B 共享）加密的数据给 B，E 甚至可以改变数据或干脆发送一个新的数据，B 被欺骗从而相信数据是来自 A 的；相似的情形也可以在另一个方向上对 A 发生。

4.3 密钥分配的新技术

4.3.1 量子密码学

有关无条件安全的概念最早来自 Shannon 的保密通信模型，Shannon 证明了只有一次一密的密码体制才是无条件安全（绝对安全）的，但是经典的一次一密密码体制，如

Vernam 提出的一次密码本(One-Time Pad,OTP)是无法应用到实际中的,这是因为:

(1) 密钥必须完全随机,而使用经典技术的随机数产生器只能产生伪随机数。

(2) 密钥不能重复使用,每个密钥使用一次后就要丢掉。

(3) 密钥序列的长度应等于被加密消息的长度。

量子密码学(quantum cryptography)是近年来现代密码学领域的一个新方向。量子密码的安全性基于量子力学的测不准原理和不可克隆原理。其特点在于易于实现无条件安全性,其无条件安全性的理论基础是不可克隆原理;并且对外界的任何扰动都具有可检测性,扰动的可检测性的理论基础是测不准原理,所以一旦窃听者存在,会立刻被量子密码的使用者知道。破译量子密码协议就意味着否定量子力学定律,所以量子密码学是一种理论上绝对安全的密码技术。但量子密码学应用于实际还存在一个技术难题:由于使用量子密钥在光纤中传输时容易损耗,因此量子密码的长距离通信难度较大。

1. 量子密钥分配的原理

目前,量子密码的研究主要集中在量子密钥分配(Quantum Key Distribution,QKD)方面。1984 年,Bennett 和 Brassard 提出了第一个 QKD 协议,即 BB84 协议,从理论上解决了量子密钥分配的难题,标识着量子密码的诞生。

量子密钥分配的原理来源于光子偏振。光子在传播时不断地振动。光子振动的方向是任意的,既可能沿水平或垂直方向振动,也可能沿某一倾斜方向振动。如果一大批光子都沿同样的方向振动,则称为偏振光;如果沿各种不同方向振动,则称为非偏振光。通常生活中的光(如日光、照明灯光等)都是非偏振光。偏振滤光器只允许沿特定方向偏振的光子通过,并吸收其余的光子。这是因为经过偏振滤光器时,每个光子都有突然改变方向并使偏振方向与偏振滤光器的倾斜方向一致的可能性。

设光子的偏振方向与偏振滤光器的倾斜方向夹角为 α。当 α 很小时,光子改变偏振方向并通过偏振滤光器的概率大;否则概率就小。特别地,当 $\alpha=90°$时,其概率为 0;当 $\alpha=45°$时,概率为 0.5;当 $\alpha=0°$时,概率为 1。可以在任意基上测量极化状态。基的一个例子是直线,包括水平线和垂直线;另一个例子是对角线,包括左对角线(/方向)和右对角线(\方向)。如果一个光子脉冲在一个给定的基上被极化,而且又在同一个基上测量,就能够得到极化状态;如果在一个错误的基上测量极化状态,将得到随机的结果。因此,可以使用这个特性生成密钥。

2. 量子密钥分配的步骤

假设通信双方 A 和 B 要使用上述量子密码理论进行密钥分配,则基本步骤如下:

(1) A 随机地选择比特流(明文),例如 11010010101010101…。A 随机地设置偏振滤光器的方向,例如+—+|++|+|— …,其中,+表示左右对角线方向,—表示水平方向,|表示垂直方向。

A 和 B 事先约定好编码规则。例如,令偏振滤光器的左对角线和水平方向表示 0,右对角线和垂直方向表示 1。

(2) A 把一串光子脉冲发送给 B,其中每一个脉冲随机地被极化成水平方向、垂直方向、左对角线方向和右对角线方向。例如,A 给 B 发送的是

| | /— — \—|— / …

(3) B设置接收滤光器,并读取接收到的光子脉冲序列,然后转换为相应的比特流,但由于B并不知道A的设置,因此B只能随机地设置。当B正确地设置了接收滤光器时,将记录下正确的极化。例如,如果B将接收滤光器设置成测量水平方向和垂直方向,而脉冲被极化为水平方向和垂直方向,那么B将获得A发送的极化光子的方向;如果B将接收滤光器设置成对角线方向,而脉冲被极化为水平方向和垂直方向,那么B将得到一个随机的测量结果。

(4) B通过传统的公共信道(非保密信道)告诉A其接收滤光器的设置。A对照自己的设置,通过传统的公共信道告诉B设置正确的比特。

(5) B选择设置正确的比特,并向A公布部分选定的比特。

(6) A检查B公布的比特与自己发送的比特的一致性。若没有发生窃听行为,则两者应该是一致的;若两者不一致,则可以断定发生了窃听行为。

(7) 如果没有发生窃听行为,A和B双方可以约定用剩余的比特作为共享的会话密钥,从而实现密钥的分配。

如果A和B获得的比特在数量上没有达到要求,它们可以重复上述过程以获得足够多的比特。

以上是理想情况,A和B可以共享相同的密钥。但实际上,信道噪声不可避免,A和B得到的密钥往往有区别,必须借助于纠错码解决这一问题。

BB84协议的安全性由量子力学中著名的测不准原理和不可克隆原理保证。光子的4个偏振态中,线偏振态和圆偏振态是共轭态,满足测不准原理的条件。这样,任何窃听者的窃听行为必定会扰动原来的量子态。合法通信者之间通过协商,可以很容易检测出该扰动,从而检测出窃听行为。而且,线偏振态和圆偏振态是非正交的,窃听者不可能精确地区分它们。

4.3.2 信息隐藏技术

为了使信息保密,人们想出了两种办法:一种是加密技术,其本质是将信息(明文)转换成另外一种形式(密文),使其他人辨认不出,以达到伪装的效果;另一种是信息隐藏(information hiding)技术,它将要保密的信息藏在其他载体对象里,使其他人找不到。例如,古时候的藏头诗就是将秘密信息藏在一首诗中,属于一种简单的信息隐藏技术。信息隐藏技术本质上已不属于密码学的范畴了,但信息隐藏技术常用于密钥分配,将密钥隐藏在载体对象内再进行传递。

1. 信息隐藏技术的原理和方法

信息隐藏技术包括秘密信息、载体对象、伪装对象和伪装密钥几个概念。图4.7是信息隐藏的原理。

秘密信息又称嵌入数据,是要隐藏的信息,它一般是有意义的明文信息,如版权信息等。

载体对象又称掩饰对象,是公开信息,主要用来隐藏秘密信息,可以是文字、声音、图像、视频等。一般采用多媒体信息(特别是图像)作为载体,这是因为:

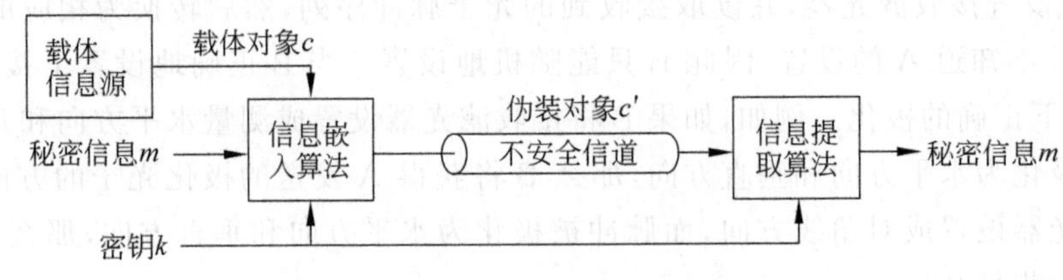

图 4.7 信息隐藏的原理

(1) 多媒体信息本身存在很大的冗余性。从信息论角度看，未压缩的多媒体信息的编码效率是很低的，所以将某些信息嵌入多媒体信息中进行秘密传送是完全可行的，并不会影响多媒体信息本身的传送和使用。

(2) 人的感官对某些信息有一定的掩蔽效应，例如，人眼对灰度的分辨力只有几十个灰度级，对边缘附近的信息不敏感，等等。利用人的感官的这些特点，可以很好地将信息隐藏而不被察觉。

伪装对象又称隐蔽载体，是秘密信息和载体对象的组合。

在实际应用中，为了使信息隐藏的算法能够公开，一般在秘密信息的嵌入过程中使用密钥，此密钥称为伪装密钥。

2. 实现信息隐藏的基本要求

实现信息隐藏的基本要求如下：

(1) 载体对象是正常的，不会引起怀疑。

(2) 伪装对象与载体对象无法区分，无论从感观上还是利用计算机进行分析。信息隐藏的安全性取决于攻击者是否有能力将载体对象和伪装对象区别开来。如果攻击者经过各种方法仍然不能判断是否有秘密信息，则认为信息隐藏系统是安全的。

(3) 对伪装对象的正常处理不应破坏隐藏的秘密信息。

3. 信息隐藏技术的应用

信息隐藏技术已经应用于很多领域，其中主要的应用领域如下：

(1) 版权保护。信息隐藏技术目前绝大部分研究成果都是在这一领域中取得的。信息隐藏技术在应用于版权保护时，嵌入的秘密信息通常被称为数字水印(digital watermarking)。版权保护所需嵌入的数据量很小，但对秘密信息的安全性和鲁棒性要求很高。

(2) 数据完整性鉴定。是指对某一信号的真伪或完整性进行判别，并进一步指出该信号和原始信号的区别。

(3) 扩充数据的嵌入。扩充数据主要是指对载体信号的描述或参考信息、控制信息以及其他媒体信号等。例如，可以通过在原文件(载体)中嵌入时间戳的信息来跟踪载体的复制、删除以及修改的历史，而无须在原信号上附加头文件或历史文件，避免了使用这些文件时文件容易被改动或丢失、需要占用更多的传输带宽和存储空间的问题。

(4) 数据保密。信息隐藏技术同样可以起到数据保密的作用。网上银行交易中存在很多敏感信息、重要文件的数字签名和个人隐私等，对它们进行信息隐藏可以不引起无关者的兴趣，从而保护这些数据。

(5) 实现数据不可抵赖性。使用信息隐藏技术中的水印技术，在交易体系中的任何一方发送或接收信息时，将各自的特征标记以水印的形式加入传递的信息中，这种水印是不能去除的，以此达到交易双方不能否认其行为的目的。

4. 信息隐藏技术的优点和局限性

信息隐藏技术通过将信息隐藏起来使其具有相当高的安全性。但是，该技术主要存在两个局限：第一，信息隐藏的方法一般不能公开，这使其在算法通用性方面存在问题，限制了其在大规模网络通信中的应用；第二，信息隐藏技术必须将秘密信息存放在载体对象中，如果秘密信息比较大，则需要容量很大的载体对象来装载，这样将占用大量的网络带宽和存储空间。

为了解决这些问题，可以将信息隐藏技术和加密技术结合应用。例如，数字版权管理(Digital Rights Management，DRM)就是将版权信息加密后再嵌入载体文档中。

习　题

1. 一般来说，(　　)的生命周期最长。

   A. 主密钥　　B. 解密密钥　　C. 会话密钥　　D. 种子密钥

2. (　　)用来加密数据。

   A. 主密钥　　B. 登录密码　　C. 会话密钥　　D. 种子密钥

3. 下列公钥加密算法中(　　)只能用于密钥交换。

   A. RSA　　B. Diffie-Hellman　　C. ECC　　D. ElGamal

4. Diffie-Hellman 密钥交换算法容易受到(　　)攻击。

   A. 不可抵赖　　B. 唯密文　　C. 篡改密文　　D. 中间人

5. 多层密钥体制可解决密钥的________问题。

6. Kerckhoffs 原则指出：一个密码系统的安全性不取决于算法的机密性，而取决于________的机密性。

7. 密钥管理包括哪些基本环节？

8. 对称密码体制和公钥密码体制的密钥分配各有哪些方法？

9. 如果使用 Diffie-Hellman 算法，在分配密钥前，发送方是否知道密钥的值？

10. 量子密码体制与传统密码体制相比具有哪两个明显优势？

11. 简述信息隐藏技术和加密技术的区别。

第5章 chapter 5

认证技术

加密和认证是现代密码学的两大分支。加密的目的是防止敌方获取机密信息;认证的目的则是防止敌方欺骗、伪造、篡改、抵赖等形式的主动攻击。

认证(authentication)也称鉴别,是验证通信对象是原定者而不是冒名顶替者(身份认证),或者确认收到的消息是希望的而不是伪造的或被篡改过的(消息认证)。认证技术包括身份认证和消息认证两大类。身份认证用于鉴别用户或实体的身份,而消息认证用于保证通信双方收到的信息的真实性和完整性。

认证技术的实现通常需要借助于加密和数字签名等密码学的技术。实际上,数字签名本身也是一种认证技术,它可用来鉴别消息的来源。

5.1 消息认证

消息认证是一个过程,用来验证接收消息的真实性(的确是由它所声称的实体发来的)和完整性(未被篡改、插入、删除),同时还可用来验证消息的顺序性和时间性(未重排、重放、延迟)。

实现消息认证的手段可分为4类:①利用对称密码体制实现的消息认证;②利用公钥密码体制实现的消息认证;③利用散列函数实现的消息认证;④利用消息认证码实现的消息认证。

5.1.1 利用对称密码体制实现的消息认证

利用对称密码体制实现消息认证时,发送方A和接收方B事先共享一个密钥k。A用密钥k对消息m加密后通过公开信道传送给B。B接收到密文消息后,通过是否能用密钥k将其恢复成合法明文来判断消息是否来自A以及信息是否完整。利用对称密码体制实现消息认证如图5.1所示。

这种方法要求接收方有某种方法能判定解密后的明文是否合法,因此在处理中,可以规定合法的明文只能是属于在可能位模式上有微小差异的一个小子集,这使得任何伪造密文解密恢复出来后能成为合法明文的概率非常小。

在实际应用中,这是很容易实现的,可以假定明文是有意义的语句,而不是杂乱无章

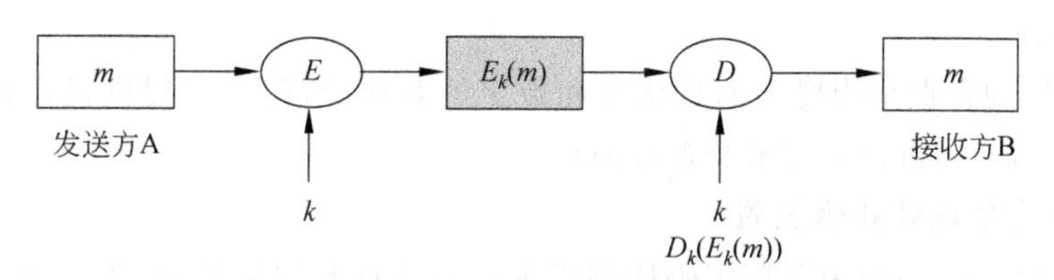

图 5.1 利用对称密码体制实现消息认证

的字符串。例如，将一个有意义的明文语句加密(无论使用什么算法)后，它都会以极大的概率变成一段杂乱无章的字符串，而几乎没有可能变成另一个有意义的语句。因此，如果发送方不知道密钥，用不正确的密钥(k')对明文加密，接收方收到后用正确的密钥 k 对密文解密，就相当于对密文再加密了一次，这样得到的是两次加密后的密文，有极大的概率仍然会是一段杂乱无章的字符串。所以，当接收方解密后发现明文是有意义的语句时，即使他不知道明文到底是什么内容，也可以以极大概率相信密文是发送方用正确的密钥加密得到的。

利用对称密码体制实现消息认证有如下几个特点:

(1) 能提供认证功能。可确认消息只可能来自 A，传输途中未被更改。

(2) 能提供机密性。因为只有 A 和 B 知道密钥 k。

(3) 不能提供数字签名功能。接收方可以伪造消息，发送方可以抵赖消息的发送。

提示：认证双方共享一个秘密就可以相互进行认证，这是最简单也是最常用的认证机制。例如，在现实生活中，如果两人知道某个共同的秘密(并且只有他们知道)，就能依靠这个秘密进行相互认证。虽然该机制的原理很简单，但实现起来却要解决诸多问题，例如，如何让认证双方能够共享一个秘密，如何保证该秘密在传输过程中不会被他人窃取或利用，等等。

5.1.2 利用公钥密码体制实现的消息认证

1. 实现消息认证

如图 5.2 所示，在利用公钥密码体制实现消息认证时，发送方 A 用自己的私钥 SK_A 对消息进行加密，再通过公开信道传送给接收方 B;接收方 B 用 A 的公钥 PK_A 对得到的消息进行解密并完成鉴别。

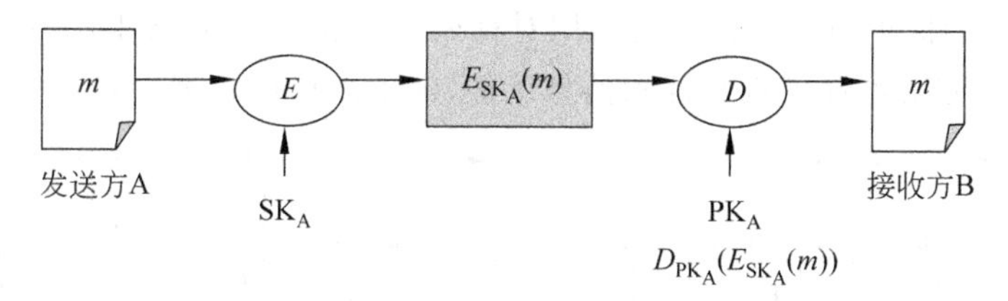

图 5.2 利用公钥密码体制实现消息认证

因为只有发送方 A 才能产生用公钥 PK_A 可解密的密文，所以消息一定来自拥有私钥 SK_A 的发送方 A。这种机制也要求明文具有某种内部结构，使接收方能够确定得到的明文是正确的。

这种方法的特点是能提供消息认证和数字签名功能，但不能提供机密性，因为任何人都能用 A 的公钥将密文解密并查看消息。

2. 实现消息认证和保密性

如图 5.3 所示，当利用公钥密码体制实现消息认证和保密性时，发送方 A 用自己的私钥 SK_A 对消息进行加密消息认证（数字签名）之后，再用接收方 B 的公钥 PK_B 进行加密，从而实现机密性。这种方法能提供消息认证、数字签名功能和机密性。其缺点是一次完整的通信需要执行公钥算法的加密、解密操作各两次。

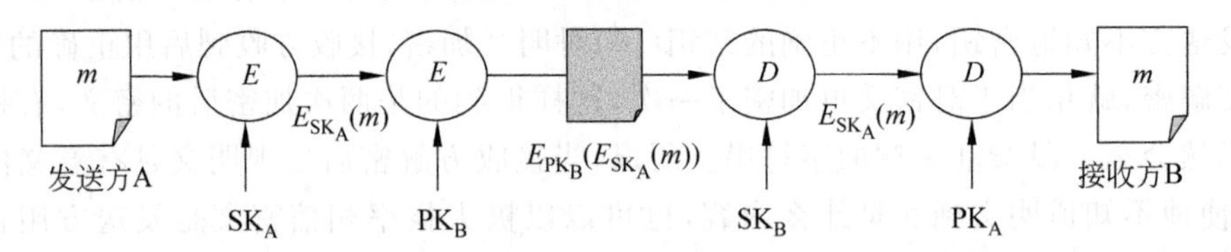

图 5.3　利用公钥密码体制实现消息认证和保密性

提示：通常情况下，都是先对消息进行签名再加密，因为被签名的消息应该是能够理解的。如果将消息加密之后再签名，则不符合常理，因为人们一般不会对一个看不懂的文件签名。当然，上述原则也不是绝对的，有时候也需要先加密再传送给别人签名，即盲签名。

5.1.3　利用散列函数实现的消息认证

散列函数具有以下特点：①输入是可变长度的消息 m，输出是固定长度的散列值（即消息摘要）；②计算简单，不需要使用密钥，具有强抗碰撞性。散列值只是输入消息的函数，只要输入消息有任何改变，就会输出不同的散列值，因此散列函数常常用于实现消息认证。

利用散列函数实现的消息认证有如下几种方案：

(1) 用对称密码体制加密消息及其散列值，即 A→B：$E_k(m \| H(m))$，如图 5.4 所示。由于只有发送方 A 和接收方 B 共享密钥 k，因此通过对 $H(m)$ 的比较鉴别可以确定消息一定来自 A，并且未被修改过。散列值在方案中提供用于鉴别的冗余信息，同时 $H(m)$ 受到加密的保护，这样，该方案与用对称密钥直接加密消息相比，不要求消息具有一定的格式。该方案可提供机密性和消息认证，但不能提供数字签名。

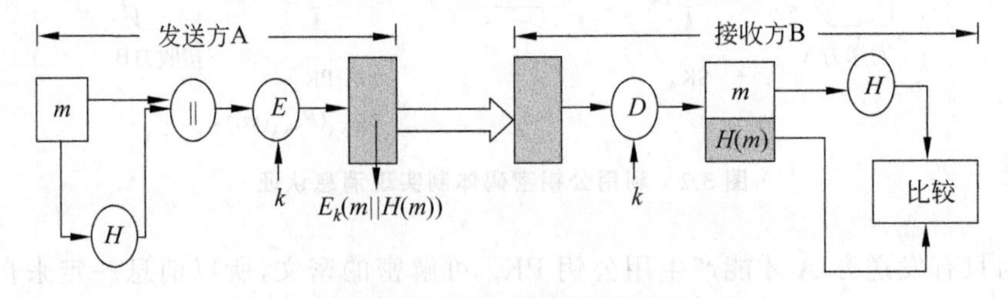

图 5.4　利用散列函数实现消息认证（方案 1）

(2) 用对称密码体制只对消息的散列值进行加密，并将散列值附在明文后，即 A→B：$m \| E_k(H(m))$，如图 5.5 所示。在该方案中消息以明文形式传递，因此不能提供机密性，但接收方可以计算 m 的散列值并与 $H(m)$ 比较，如果相同，就可以确定消息一定来自 A，并且消息 M 没有被篡改。该方法适用于对消息提供完整性保护而不要求保密性的场合，有助于减小处理代价。

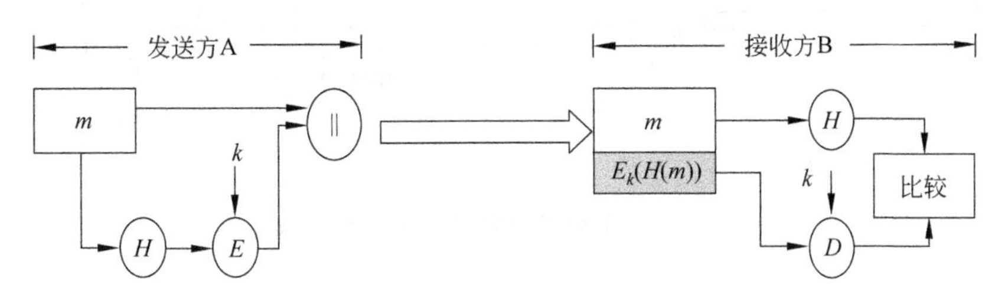

图 5.5　利用散列函数实现消息认证(方案 2)

(3) 用公钥密码体制的私钥对散列值进行加密，即 A→B：$m \| E_{kR_A}(H(m))$，如图 5.6 所示。该方案由于使用了发送方的私钥对 $H(m)$ 进行加密运算(实现了数字签名)，因此可提供消息认证和数字签名。

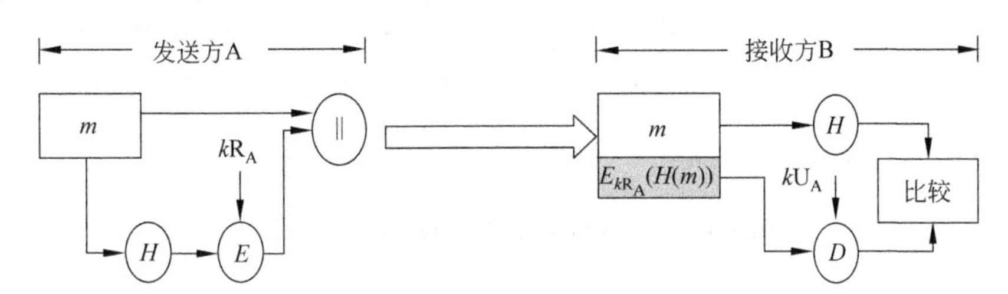

图 5.6　利用散列函数实现消息认证(方案 3)

(4) 结合使用公钥密码体制和对称密码体制，用发送方的私钥对散列值进行数字签名，然后用对称密钥加密消息 m 和签名的混合体，即 A→B：$E_k(m \| E_{kR_A}(H(m)))$，如图 5.7 所示。因此该方案既能提供消息认证和数字签名，又能提供机密性，在实际应用中较为常见。

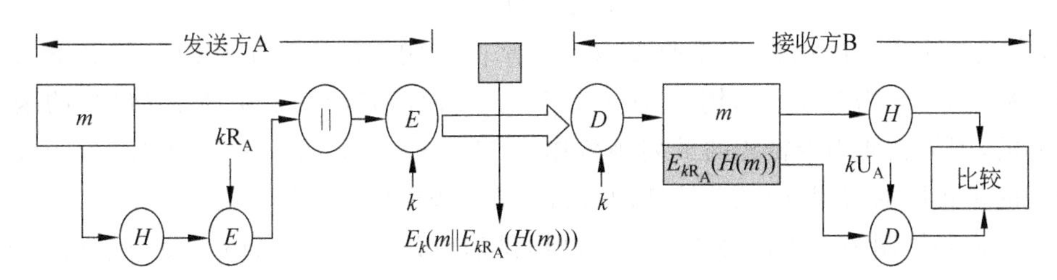

图 5.7　利用散列函数实现消息认证(方案 4)

(5) 使用散列函数，但不使用加密算法。为了实现消息认证，要求发送方 A 和接收方 B 共享一个秘密信息 s，发送方生成消息 m 和秘密信息 s 的散列值，然后与消息 m 一起发送给对方，即 A→B：$m \| H(m \| s)$，如图 5.8 所示。接收方 B 按照与发送方相同的

处理方式生成消息m和秘密信息s的散列值，对两者进行比较，从而实现消息认证。该方案的特点是：秘密信息s并不参与传递，因此可保证攻击者无法伪造。该方案又可被看成利用消息认证码实现消息认证，因为$H(m \| s)$可被看作m的消息认证码。

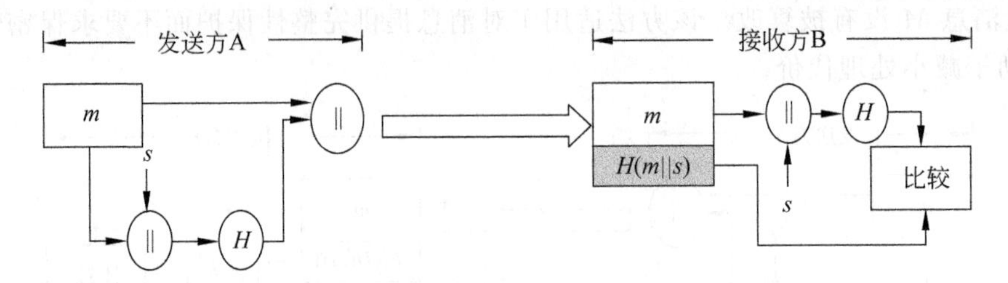

图 5.8　利用散列函数实现消息认证(方案 5)

(6) 在方案(5)的基础上，使用对称密码体制对消息m和生成的散列值进行保护，即A→B：$E_k(m \| H(m \| s))$，如图 5.9 所示。这样，该方案除了能提供消息认证外，还能提供保密性。

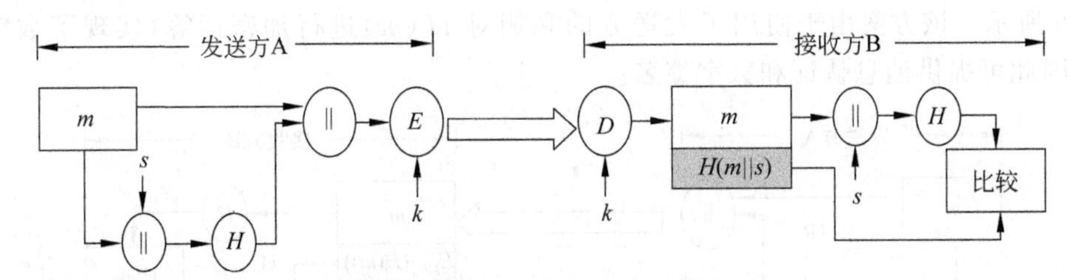

图 5.9　利用散列函数实现消息认证(方案 6)

5.1.4　利用消息认证码实现的消息认证

消息认证码(MAC)是用于提供数据原发认证和数据完整性保证的密码校验值。MAC是消息被一个由密钥控制的公开散列函数作用后产生的固定长度的数值，用作认证符，此时需要通信双方A和B共享一密钥k，它由如下形式的函数产生：

$$\mathrm{MAC}=H_k(m)$$

其中，m是一个变长的消息，k是收发双方共享的密钥，$H_k(\cdot)$是密钥k控制下的公开散列函数。MAC需要使用密钥k，这类似于加密，但两者的区别是产生MAC的函数是不可逆的，因为它使用带密钥的散列函数作为$H_k(\cdot)$来实现MAC。另外，由于收发双方使用的是相同的密钥，因此单纯使用MAC是无法提供数字签名的。

对称密码体制和公钥密码体制都可以提供消息认证，为什么还要使用单独的MAC认证呢？

这是因为保密性和真实性是不同的概念。首先，从根本上讲，信息加密提供的是保密性而非真实性，而且加密运算的代价很大，公钥算法的代价更大。其次，认证函数与加密函数的分离有利于增强功能的灵活性，可以把加密和认证功能独立地实现在通信的不同传输层次。最后，某些信息只需要真实性，不需要保密性。例如，广播的信息量大，难以实现加密;政府的公告等信息只需要保证真实性。因此,在大多数场合 MAC 更适合用来专门提供消息认证功能。

MAC 的基本用法有 3 种。

设 A 要发送给 B 的消息是 m,A 首先计算 MAC$=H_k(m)$,然后向 B 发送 $m'=m \parallel$ MAC。B 收到后进行与 A 相同的计算,求得新的 MAC′,并与收到的 MAC 做比较,如图 5.10 所示。如果二者相等,由于只有 A 和 B 知道密钥 k,故可以得到以下结论:

(1) 接收方 B 收到的消息 m 未被篡改。

(2) 消息 M'确实来自发送方 A。

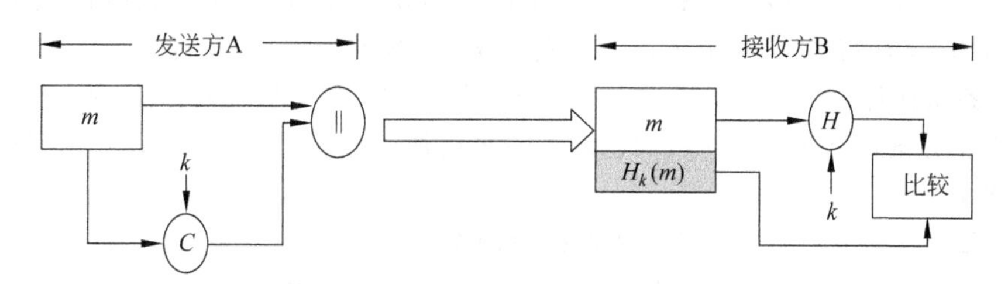

图 5.10 用 MAC 实现消息认证

图 5.10 中的方法只能提供消息认证,不能提供保密性。为了提供保密性,可以在生成 MAC 之前(图 5.11)或之后(图 5.12)使用加密机制。后两种方法生成的 MAC 或者基于明文,或者基于密文,因此相应的消息认证或者与明文有关,或者与密文有关。一般来说,基于明文生成 MAC 的方法在实际应用中更方便一些。

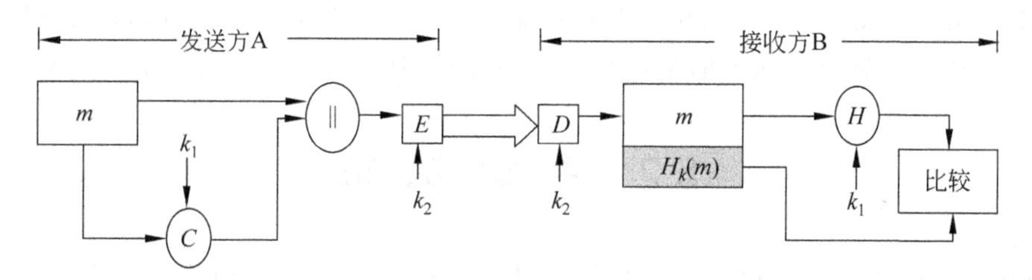

图 5.11 用 MAC 实现消息鉴别与保密性(与明文相关)

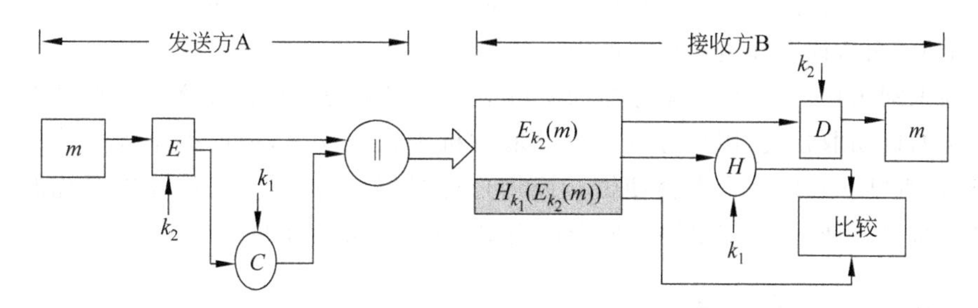

图 5.12 用 MAC 实现消息鉴别与保密性(与密文相关)

在实际应用中,对于电子商务安全等基于 Internet 的应用,一般采用公钥密码体制或散列函数进行消息认证;而对于物联网安全或移动支付等应用,则更多地采用对称密码体制结合散列函数进行消息认证。这是由终端的计算和存储能力及网络带宽决定的。

5.1.5 数字签密

在信息安全服务中,为了能够同时保证消息的保密性、完整性、真实性和不可抵赖性等安全要素,传统的方法是对消息先签名后加密,这种方法的计算量和通信成本是加密和签名的代价之和,因此效率低下。为此,人们又提出了数字签密(digital signcryption)体制,即对消息同时进行签名和加密。

数字签密是 1997 年在美洲密码学会上由 Y. Zheng 提出的,它把传统的数字签名和公钥加密两个功能合并到一个步骤中完成。数字签密具有以下优点:

(1) 签密在计算量和通信成本上都要低于传统的先签名后加密方法,例如,Y. Zheng 提出的签密方案比基于离散对数问题的先签名后加密方法可节省 58%的计算量和 70%的通信成本。

(2) 签密允许并行计算一些昂贵的密码操作。

(3) 合理设计的签密方案较传统方案具有更高的安全水平。

(4) 签密可以简化同时需要机密性和消息认证的密码协议的设计。

根据公钥认证方法的不同,数字签密体制可分为基于 PKI 的签密体制、基于身份的签密体制和无证书签密体制。

基于 PKI 的签密体制一般由 3 个算法组成:①密钥生成算法(keygen);②签密算法(signcrypt);③解签密算法(unsigncrypt)。这些算法必须满足签密体制的一致性约束。即,如果密文 $\sigma=\mathrm{Signcrypt}(m,\mathrm{SK_s},\mathrm{PK_r})$,那么明文 $m=\mathrm{Unsigncrypt}(\sigma,\mathrm{PK_s},\mathrm{SK_r})$。其中,$\mathrm{SK_s}$ 和 $\mathrm{PK_s}$ 分别是发送方的私钥和公钥,$\mathrm{SK_r}$ 和 $\mathrm{PK_r}$ 分别是接收方的私钥和公钥。

5.2 身份认证

身份认证是指证实用户的真实身份与其所声称的身份是否相符的过程。身份认证是所有安全通信的第一步,因为只有确信对方是谁,通信才有意义。身份认证的主要方式是基于秘密。通常,被认证者和认证者之间共享同一个秘密(如口令);或者被认证者知道一个值,而认证者知道从这个值推出的值。

正确识别用户、客户机或服务器的身份是信息安全的重要保障之一。典型的例子是银行系统的自动取款机,用户可以从自动取款机中提取现金,但前提是银行首先要认证用户身份,否则恶意的假冒者会使银行或用户遭受损失。同样,对计算机系统的访问也必须进行身份认证,这不仅是网络安全的需要,也是社会管理的需要。

5.2.1 身份认证的依据

身份认证的依据可分为 3 类:

(1) 用户知道的某种信息,如口令或某个秘密。

(2) 用户拥有的某种物品,如身份证、银行卡、密钥盘、令牌、IP 地址等。

(3) 用户具有的某种特征，如指纹、虹膜、DNA、脸型等。

这3类依据对应的认证方式各有利弊。第一类最简单，系统开销最小，但是安全性最低，这种方式在目前很多对安全性要求不高的网站上仍然最常用；第二类泄露秘密的可能性较小，安全性比第一类高，但是相对复杂；第三类的安全性最高，例如假冒一个人的指纹相当难，但这种方式需要购买昂贵的鉴别设备，并且只能对人进行认证，而Internet上更多的是需要对主机或程序进行认证。

有时候也把几类认证方式综合起来使用。例如，用户从自动取款机取款，必须拥有银行卡，还必须知道银行卡的口令，才能通过自动取款机的身份认证。这种使用两种依据的认证叫作双因素(two-factor)认证方式。

提示：5.1节中介绍的很多消息认证方法也能用来实现身份认证，因为利用消息中包含的某些特殊的特征就能判断该消息一定是由某人发出的，因此可以证实消息发送方的身份。但这些方法安全性不高，因为攻击者截获消息后再转发给接收方就能进行冒充了。

5.2.2 身份认证系统的组成

身份认证系统一般由以下几部分组成：

(1) 示证者(Prover，P)，又称声称者(claimant)。示证者提交一个实体的身份并声称他是那个实体。

(2) 验证者(Verifier，V)。验证者检验示证者提出的身份的正确性和合法性，决定是否满足其要求。

(3) 可信第三方(Trusted third Party，TP)。可信第三方参与调解纠纷，在安全相关活动中，它被双方实体信任。当然，有些简单的身份认证系统不需要可信第三方。

(4) 攻击者。攻击者可以窃听或伪装示证者，骗取验证者的信任。

身份认证系统的组成如图5.13所示。

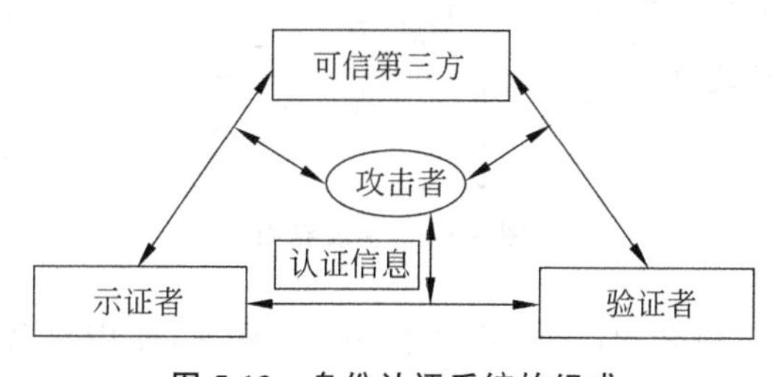

图5.13 身份认证系统的组成

5.2.3 身份认证的分类

身份认证可分为单向认证和双向认证。单向认证是指通信双方中只有一方对另一方进行身份认证，而双向认证是指通信双方相互进行身份认证。

在单向认证中，一个实体充当示证者，另一个实体充当验证者。例如，一般的网站就采用单向认证，只有网站能验证用户的身份，而用户无法验证网站的真伪。

在双向认证中，每个实体同时充当示证者和验证者，互相进行身份认证。例如，在电子商务活动中，双向认证能提供更高的安全性。双向认证可以在两个方向上使用相同或不同的认证机制。

身份认证还可分为非密码的认证机制和基于密码算法的认证机制。非密码的认证机制包括口令机制、一次性口令机制、挑战-应答机制、基于生物特征的机制等；基于密码算法的认证机制主要采用双方共享一个验证密钥等方法，与消息认证采用的方法类似。

5.3 口令机制

口令是目前使用最广泛的身份认证机制。从形式上看，口令是由字母、数字或特殊字符构成的字符串，只有被认证者知道。

提示：在日常生活中所说的银行卡密码、邮箱登录密码、保险柜密码等，准确地说应该叫口令，因为密码（密钥）是用来加密信息的，而口令是用来作为某种鉴别的秘密。

5.3.1 口令的基本工作原理

最简单的口令工作原理是：用户在注册时自己选择一个用户名和口令，或者系统为每个用户指定一个用户名和初始口令，用户可以定期改变口令，以保证安全性。口令以明文形式和用户名一起存放在服务器的用户数据库中。这种口令机制的工作过程如下：

第一步，系统提示用户输入用户名和口令。

认证时，应用程序向用户发送一个登录界面，提示用户输入用户名和口令（登录界面上通常使用“密码”），如图 5.14 所示。

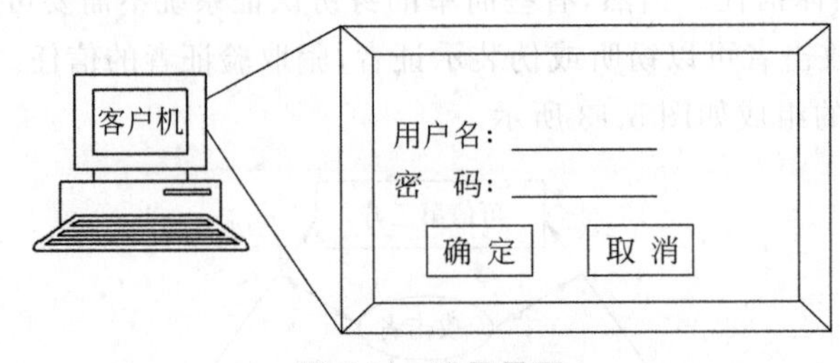

图 5.14　登录界面

第二步，用户输入用户名和口令，并单击“确定”按钮，使用户名和口令以明文形式传递到服务器上，如图 5.15 所示。

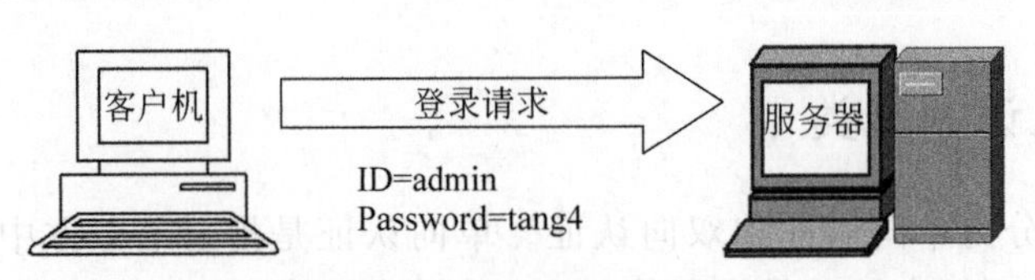

图 5.15　用户发送登录请求

第三步，服务器验证用户名和口令。

服务器中存储了用户数据库，通过该数据库检查这个用户名和口令是否存在并且匹配，如图 5.16 所示。通常这是由用户鉴别程序完成的，该程序首先获取用户名和口令，在用户数据库中检查，然后返回鉴别结果（成功或失败）给服务器。

图 5.16　用户鉴别程序通过用户数据库检查用户名和口令

第四步，服务器通知用户。

根据检查结果，服务器向用户返回相应的界面。例如，如果用户鉴别成功，则服务器发送给用户一个菜单，列出用户可以进行的操作；如果用户鉴别不成功，服务器向用户发送一个错误信息界面。这里假设用户鉴别成功，如图 5.17 所示。

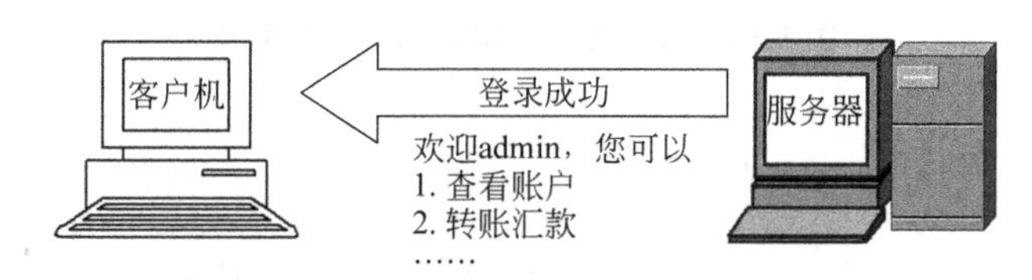

图 5.17　服务器向用户返回鉴别结果

5.3.2　对口令机制的改进

5.3.1 节的口令方案可抽象成一个身份认证模型，如图 5.18 所示。该身份认证模型包括示证者和验证者，图 5.15 中的客户机是示证者，而拥有用户数据库的服务器是验证者。

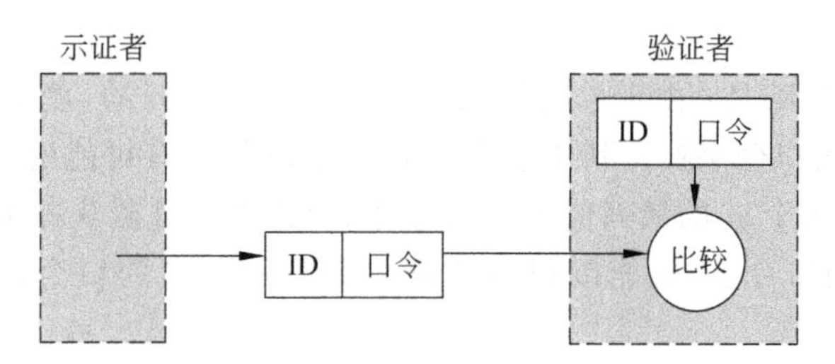

图 5.18　采用口令机制的身份认证模型

但是图 5.18 中的口令机制是很脆弱的，最严重的问题是口令可能遭受线路窃听、危及验证者攻击和重放攻击等。本节介绍前两种情况的应对措施。

1. 对付线路窃听的措施

如果攻击者对传输口令的通信线路进行窃听，就可能获得用户名和口令的明文，冒充合法用户进行登录。在目前的广播式网络中，通过抓包软件截获用户传输的认证信息数据包来获取用户的口令是很容易的。

为了对付这种攻击，必须在客户端对口令进行加密。可以使用单向散列函数在客户端对口令进行加密，而服务器端只保存口令的散列值，如图 5.19 所示。设 f 为单向散列函数，用户名是 ID，口令是 p。用户在客户端输入 ID 和 p，客户端程序计算 $p'=f(p)$，而在验证系统中保存的是用户名和口令的单向散列函数值 $p'=f(p)$，验证者比较用户名为 ID 的用户发过来的 p' 和验证者保存的 p'，如果两者一致，则认为用户输入的口令正确。改进后的口令机制如图 5.20 所示。这样，即使攻击者通过窃听通信线路获得 p'，但因为函数 f 的单向性，他也难以推导出相应的口令 p。

Id	Name	Password	Level
1	admin	21232f297a57a5a743894a0e4a801fc3	3
2	jwc	21232f297a57a5a743894a0e4a801fc3	2
(自动编号)			1

图 5.19　服务器端只保存口令的散列值

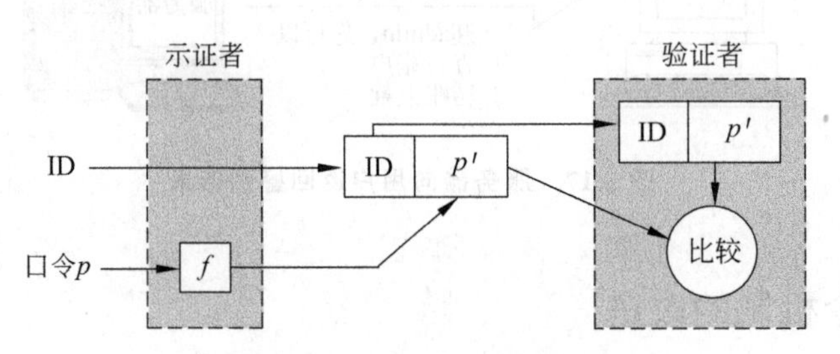

图 5.20　改进后的口令机制

提示：从图 5.20 可以看出，服务器根本没有必要知道用户的口令，它只要能区分有效口令和无效口令就可以了，因此可以利用单向散列函数解决口令在系统中存放的安全性问题。

该方案存在的缺陷是：由于单向散列函数的算法是公开的，攻击者可以设计一张 p 和 p' 的对应表（称为口令字典），其中 p 是攻击者猜测的所有可能的口令（可能有上千万个口令），然后计算每个 p 的散列值 p'。接下来，攻击者通过截获鉴别信息 p'，在口令字典中查找 p' 对应的口令 p，就能以很高的概率获得示证者的口令，这种方式称为字典攻击。

对付这种攻击的方法可以采用加盐机制，即验证者在保存的用户口令表中增加一个字段，该字段中保存的是一个随机数，称为盐（Salt），这样，用户口令表的结构变为 User（UserID，pwd，Salt），其中 pwd 字段保存的值是 $p'=H(p,\text{Salt})$，即对口令和 Salt 的连接串求散列值。

对加盐机制的一种简化方案是：将单向散列函数对 ID 和口令 p 的连接串求散列值（也就是将 ID 当成盐用），即 $p'=f(p,\text{ID})$，如图 5.21 所示。这样，攻击者截获鉴别信息 p' 后，必须针对每个 ID 单独设计一张（p，ID）和 p' 的对应表，大大增加了攻击的难度。

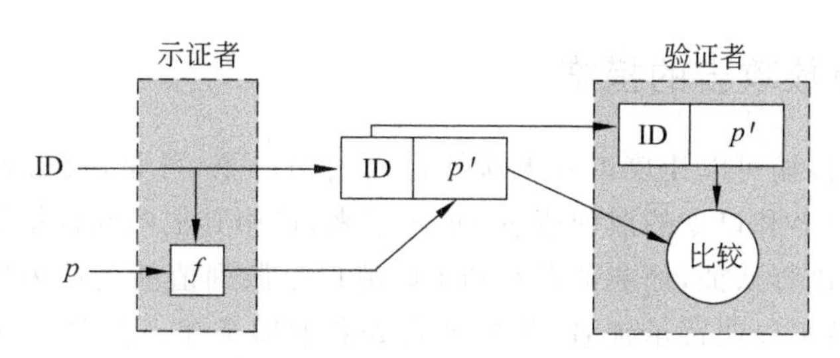

图 5.21 加盐机制的一种简化方案

2. 对付危及验证者攻击的措施

口令系统面临的另一个潜在威胁是来自内部的攻击危及验证者的口令文件或数据库。例如,不怀好意的系统管理员可能会窃取用户数据库中的口令从事非法活动。这种攻击会危及系统中所有用户的口令。

为了对付这种攻击,首先应保证用户名和口令不能以明文形式存放在验证者的数据库中。前面介绍的对付线路窃听的措施为对抗这种攻击提供了便利,因为存储在验证者数据库中的口令是口令的散列值,没有暴露口令,这样,即使是系统管理员也不知道用户的口令。然而,如果攻击者能从验证者那里获取 ID 和 p',那么他可以在线路上向验证者发送一个包含 ID 和 p'的信息,验证者看到 ID 和 p'就会认为攻击者是合法用户。为了对付这种攻击,可将单向散列函数应用于验证系统而不是示证系统,如图 5.22 所示。

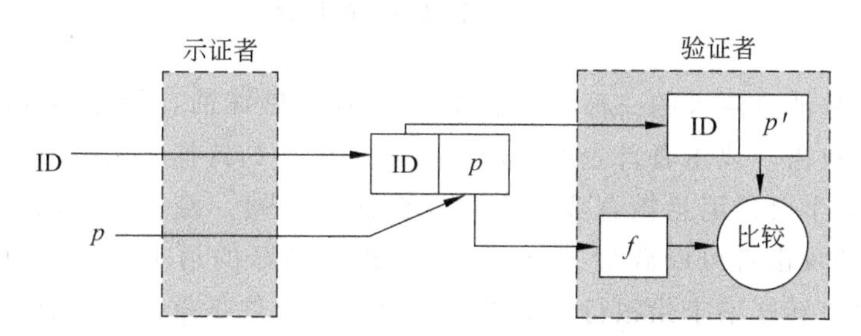

图 5.22 对付危及验证者攻击的口令机制

为了使口令认证系统能同时对付线路窃听和危及验证者的攻击,可以将图 5.21 中的方案和图 5.22 中的方案进行组合,如图 5.23 所示。此时,验证者的数据库中存储 $q=h(p',\text{ID})$,其中 $p'=f(p,\text{ID})$,单向散列函数 f 和 h 既可以相同也可以不同。

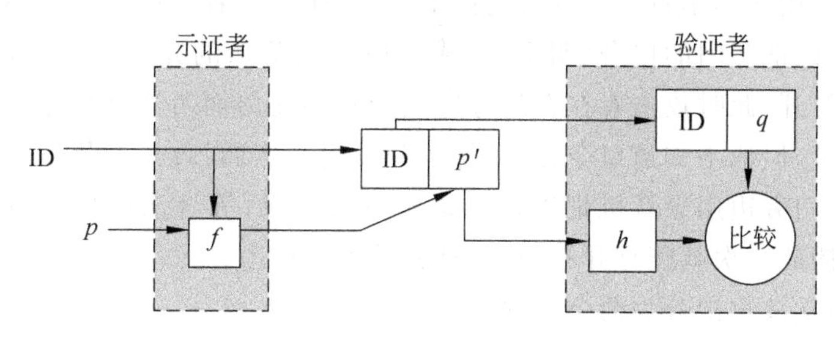

图 5.23 对付窃听及危及验证者攻击的口令机制

5.3.3 对付重放攻击的措施

把口令加密传输可以让攻击者无法知道真实的口令,可是,攻击者只需把窃听的认证信息(含有用户名和口令的散列值 p')记录下来,再用其他的软件把认证信息原封不动地重放给验证者进行认证,而验证者看到正确的口令散列值就会认为攻击者是合法的用户,这样攻击者就可以假冒示证者,从验证者处获取服务了。这种形式的攻击称为重放攻击(replay attack),其原理如图 5.24 所示。

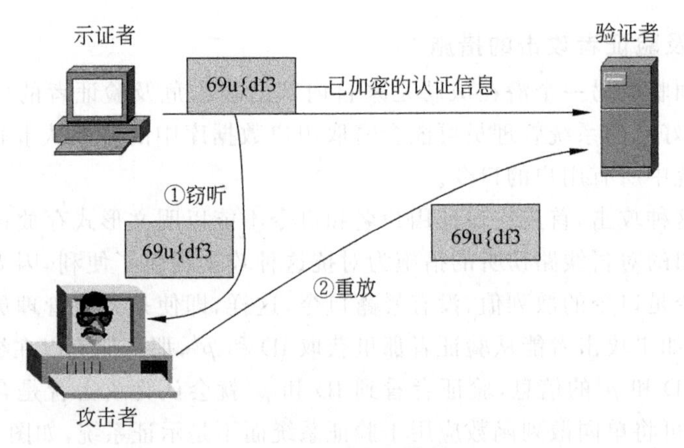

图 5.24 重放攻击的原理

重放攻击是消息注入的一种特殊形式,它是在不破坏消息帧完整性的基础上实施的一种非实时攻击。攻击者首先通过消息窃听或会话劫持捕获消息帧,此后重放该消息帧,或者将多个会话消息帧合成一个重放会话消息帧。设想一下,如果系统不能防范重放攻击,则攻击者可以截获一个用户要求银行转账的请求(虽然该请求已加密),然后不断重放该转账请求给银行。如果银行分辨不出这是重放的消息,就会多转账很多次。

1. 重放攻击举例

例如,如果一个合法用户可以通过说出口令"芝麻开门"打开一道石门,而窃听者在石门旁边窃听合法用户的开门口令,然后自己说出该口令打开石门,这就是窃听攻击。

而如果合法用户不是直接对着石门说出口令,而是对着一种喇叭(散列算法)说出口令,这种喇叭可以把开门的口令(明文)变成一段无法听懂的咒语(密文),石门只有听到这段咒语才会打开,此时攻击者在石门旁边只能听到咒语而听不到口令。即使攻击者也有这种变声喇叭,但他不知道口令,还是打不开石门。然而,攻击者是没有必要知道口令的,他只需在石门旁边用录音机把这段咒语录下来,然后等合法用户走后用录音机将录制的咒语重新播放一次就能打开石门了,这就是重放攻击。

可见,实施重放攻击分为两个步骤:

(1) 在线路上通过窃听获取加密后的认证信息。

(2) 利用其他软件将认证信息不做任何修改重新发送给验证者。

2. 一种对付重放攻击的方案

重放攻击是认证协议中最难对付的一种攻击形式。为了对付重放攻击，必须使每次发往验证者的认证信息都不相同，这样验证者就能识别出每个认证信息是否是重放的。

一种对付重放攻击的方案是：示证者每次随机产生一个不重复的随机数 n，将其加入认证信息（包含用户名和口令散列值）中。验证者收到认证信息后，除了检测口令散列值是否匹配外，还将检查随机数 n 是否以前被使用过，如果验证者确信 n 已被使用过，则认证请求将被认为是重放而被拒绝，如图 5.25 所示。

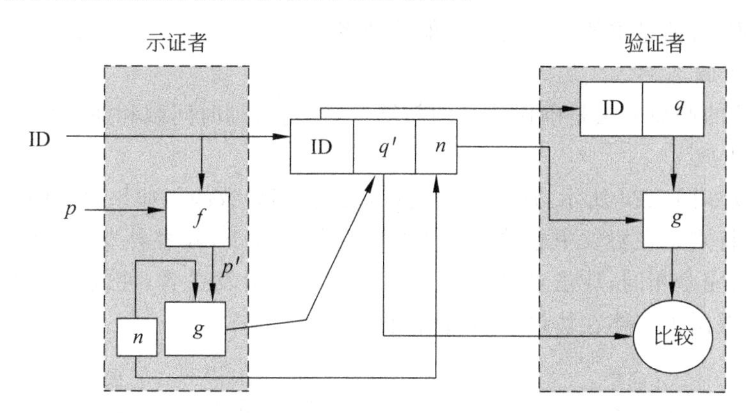

图 5.25 一种对付重放攻击的方案

该方案首先将 ID 和 p 用单向散列函数 f 求散列值，得到 p'，然后再将 p' 和随机数 n 用单向散列函数 g 求散列值，得到 q'，将{ID，q'，n}发给验证者。而验证者保存的仍然是 ID 和 p 用函数 f 求得的散列值 q（如果用户口令输入正确，则 $p'=q$），将 q 和 n 用函数 g 求散列值，如果结果等于 q'，并且经过检查 n 没有被使用过，则认证通过。

如果攻击者截获认证信息{ID，q'，n}后，将 n 改为另一个值 n'，再将认证信息{ID，q'，n'}发送给验证者。他也不会认证成功，因为 q' 是由 n 和 p' 求散列值得到的，验证者如果用 n' 和 q 求散列值，得到的结果肯定和 q' 不同，可见 n 可以用明文形式传输。

实际上，对付重放攻击的方案中的随机数 n 可以用下列方法之一产生：

（1）加随机数。该方法的优点是认证双方不需要时间同步，双方记住使用过的随机数，如发现报文中有以前使用过的随机数，就认为是重放攻击。该方法的缺点是需要额外保存使用过的随机数，若记录保留的时间较长，则保存和查询的开销较大。

（2）加时间戳。该方法的优点是不用额外保存其他信息。该方法的缺点是认证双方需要实现精确的时间同步。同步越精确，受攻击的可能性就越小。但当系统很庞大，跨越的区域较广时，要做到精确的时间同步并不容易。

（3）加流水号。双方在报文中添加一个逐步递增的整数作为流水号，只要接收到一个流水号不连续的报文（太大或太小），就认定有重放攻击。该方法的优点是不需要时间同步，保存的信息量比加随机数的方法小。该方法的缺点是一旦攻击者对报文解密成功，就可以获得流水号，从而每次将流水号递增，即可欺骗验证者。

在实际中，常将前两种方法组合使用，这样就只需保存某个很短的时间段内的所有随机数，而且时间戳的同步也不需要太精确。

对付重放攻击除了使用本节介绍的方法外，还可以使用挑战-应答机制和一次性口令机制，而且这两种方法在实际中使用得更广泛。

3. 重放攻击的类型

根据重放消息的接收方与消息的原定接收方的关系，重放攻击可分为3种：第一种是直接重放，即重放给验证者，直接重放的发送方和接收方均不变，前面讨论的重放攻击就属于这一种；第二种是反向重放，将原本发给接收方的消息反向重放给发送方；第三种是第三方重放，将消息重放给域内的其他验证者。

1）直接重放

直接重放的避免方法是确保消息的新鲜性，这通过加时间戳和加随机数来实现。

2）反向重放

反向重放如图5.26所示，这是由于消息格式相同导致的。如果协议中两个消息的格式完全相同，特别是在协议中总共只有两个消息的情况下，就容易发生反向重放，因为两个消息的格式完全相同，攻击者可以将消息反向重放给发送者，使发送者以为是新一轮会话的开始，混淆了实体在协议中的通信角色。

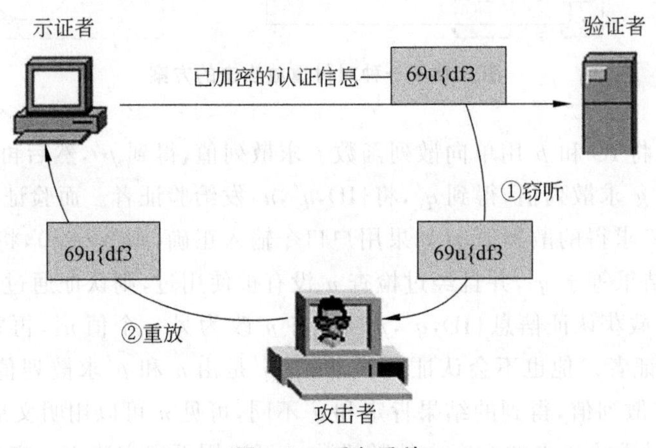

图5.26 反向重放

防止反向重放的方法是确保两个消息的格式不相同。例如，将应答消息中的数据做一些数学变换后再发送给对方。在4.2.1节的Needham-Schroeder协议（图4.2）中，第⑤个消息将第④个消息中收到的随机数做一个f变换再发送给B，就是为了防止攻击者反向重放第④个消息。

3）第三方重放

第三方重放如图5.27所示，这通常是因为缺乏实体标识引起的。例如，假设用户在两台服务器上设置的用户名和口令是相同的。用户将申请信息$\{ID \| H(ID, p, n) \| n\}$发送给服务器A（ID是用户名，$p$是用户口令，$n$是随机数，$H(\cdot)$是单向散列函数）。攻击者截获该申请信息后，重放给服务器A肯定是无法登录成功的，但攻击者可以将该申请信息重放给服务器B。由于随机数n没有在服务器B上记录，因此攻击者利用重放攻

击可以在服务器B上登录成功。防止第三方重放的方法是在申请信息中添加实体ID。

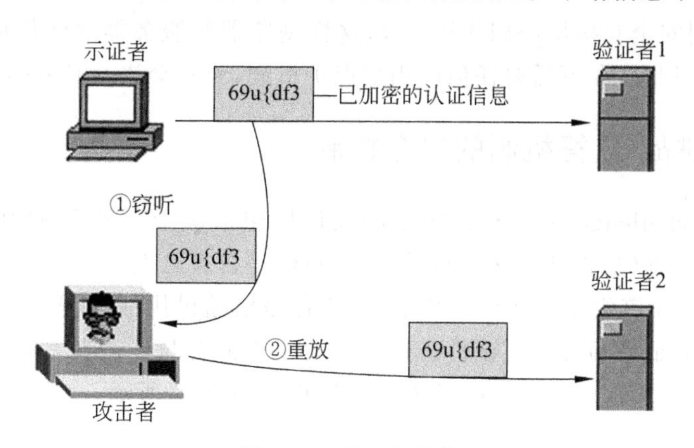

图 5.27 第三方重放

为此,可采用加服务器端ID的方法,用户的申请信息改为 $ID \| h(ID, ID_A, p, n) \| n$。这样,服务器B收到申请信息后,就能察觉该信息原本是发送给服务器A的。

安全协议设计的一个原则是:如果实体的身份对消息的意义有弥足轻重的作用,消息中必须明确包含对应的实体名称。因此,添加实体ID能避免这种攻击。

4. 对口令攻击机制的分析

口令系统本质上是利用申请信息和验证信息的匹配进行身份认证的,如图5.28所示。因此,关键是让合法用户的申请信息能够和验证信息匹配,而使攻击者提交的申请信息和验证信息无法匹配。攻击者一般从通信线路或服务器端窃取申请信息,还可以重放通信线路上的申请信息。前面几种对抗口令攻击的措施是使客户端的、线路上传输的和服务器端的申请信息均不相同,而且线路上每次传输的申请信息也都不相同,这样,只有知道原始口令的合法用户才能登录成功,而攻击者通过窃取图5.28中②、③处的非原始口令信息是无法和①处的口令通过正常变换途径得到的最终口令密文匹配的。

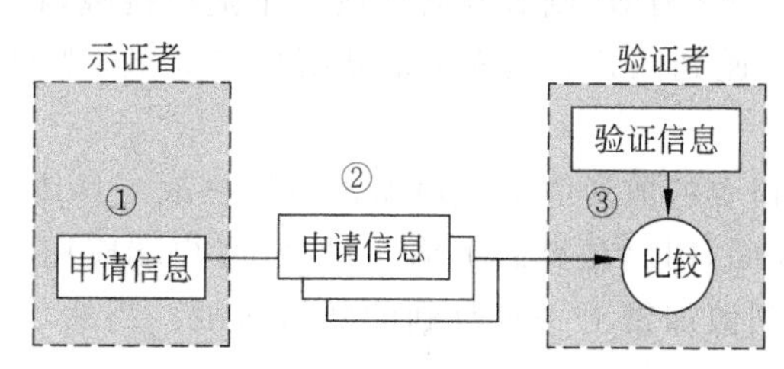

图 5.28 口令认证机制的匹配过程

需要说明的是,对于在客户端加密口令,如果是客户/服务器应用程序,可以将口令加密的程序模块设计到客户端程序中,口令在客户端加密是容易实现的。但如果是浏览器/服务器应用程序,客户端是Web浏览器,浏览器没有任何特殊编程功能,如果采用浏览器的脚本语言(如JavaScript)编程实现口令加密,那么加密的程序可以在浏览器的查看源代码中查看到,这是不合适的。因此,对于在浏览器端加密口令的应用,一般必须在浏览器上安装相应的ActiveX插件,利用插件中的加密程序进行客户端的口令加密,很多电子支付网站(如支付宝)采用的就是这种方式,必须安装插件才能输入登录密码。另一种方式是使用安全套接层(SSL)等技术,这样浏览器与服务器之间传输的所有数据都是加密的形式,因此口令不需要任何应用层保护机制,SSL 会进行必要的加密操作。

5.3.4 基于挑战-应答机制的口令机制

挑战-应答(challenge-response)机制的设计思想来源于军事系统,哨兵随机提问对方,根据对方的应答(是否知道接头暗号)来判断他是否自己人。

在基于挑战-应答机制的认证系统中,验证者提出随机挑战(通常是随机数),由申请者应答,然后由验证者验证其正确性。这种方案使验证者与申请者之间每次交换的认证信息都不同,使重放攻击无法成功,该方案的过程如图 5.29 所示。

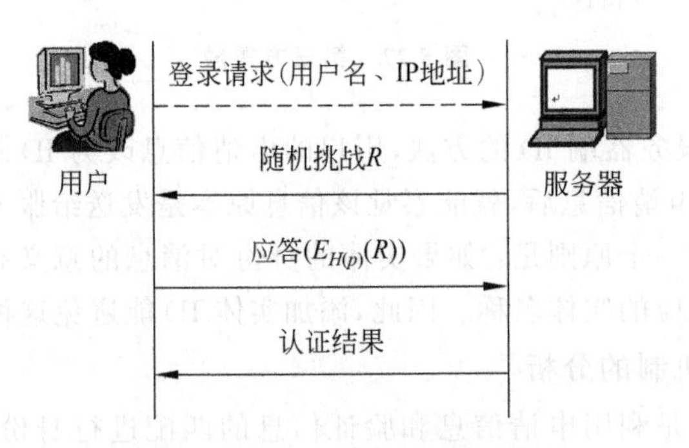

图 5.29 挑战-应答机制的认证过程

挑战-应答机制的认证过程如下:

第一步,用户发送登录请求。与口令登录的过程不同,用户发送的登录请求只有用户名(或者还有 IP 地址),而没有口令或其消息摘要。

第二步,服务器生成随机挑战。服务器收到只有用户名的登录请求后,首先检查用户名是否有效。如果用户名有效,则服务器生成一个随机挑战,将其发送给用户,随机挑战可以以明文的形式传递到用户计算机;如果用户名无效,则向用户返回相应的错误信息。

第三步,用户用其口令的散列值 $H(p)$ 加密随机挑战。具体步骤是:服务器向用户发出要求输入口令的界面,用户在界面中输入口令,客户端应用程序计算该口令的散列值,并用这个口令的散列值加密上一步收到的随机挑战。当然,这里使用的是对称密钥加密。

第四步,服务器验证从用户收到的加密随机挑战。

由于服务器中保存了用户口令的散列值,服务器要验证从用户收到的加密随机挑战,可以有两种方法:

(1) 服务器用用户口令的散列值解密从用户收到的加密随机挑战,如果解密后的随机挑战与服务器上原先的随机挑战匹配,则服务器可以肯定随机挑战是用用户口令的散列值加密的。

(2) 服务器用用户口令的散列值加密自己生成的随机挑战(即前面发给用户的随机

挑战),如果加密得到的随机挑战与从用户收到的加密随机挑战相同,则同样表明用户能通过认证。

可见,在第三步之所以用口令的散列值加密随机挑战,而不是用口令加密随机挑战,是为了让服务器可以只保存口令的散列值。

最后,服务器向用户返回相应的信息,通知用户是否登录成功。

提示:在实际应用中,挑战-应答机制也可以省略第一步。即,先由服务器发送一个随机挑战给客户端;客户端用口令的散列值加密它以后,连同用户名一起发送给服务器;服务器根据用户名找到用户口令的散列值,再对应答 $E_{H(p)}(R)$ 进行验证。

传统的口令机制由于申请者每次都要提交口令,因此存在口令被窃取、被重放等诸多难题。而采用挑战-应答机制后,申请者不需要向验证者出示口令,避免了口令传输被窃取的问题,而且申请者每次发送的应答都与随机挑战值有关,避免了重放攻击。但挑战-应答机制的缺点是增加了申请者和验证者之间的通信次数(需要验证方先发一个挑战消息过来)。

挑战-应答机制与图 5.25 中对付重放攻击的机制相比,最明显的区别是:图 5.25 中的随机数由客户端产生,而挑战-应答机制中的随机数 n 由验证者产生,如图 5.30 所示,这样产生随机数的能力完全掌握在验证者手中,比在客户端产生随机数更加安全可靠,也不存在图 5.25 中为了两端都知道 n 的值需要维持同步的问题。图 5.25 所示的机制的另一个缺点是验证者要判断 n 值是否被重复使用过,如果 n 值很多,则存在较大困难。

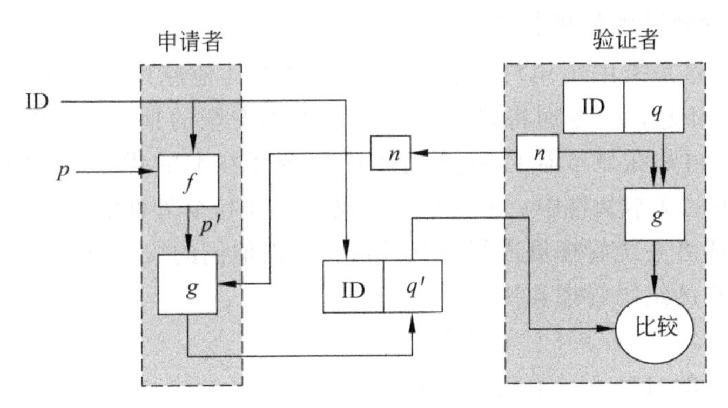

图 5.30 挑战-应答身份认证机制

在很多网站或应用程序的登录界面中,服务器都会发送一个随机生成的验证码到客户端,要求用户输入该验证码,如图 5.31 所示,这就是一种挑战-应答机制。当用户输入登录密码后,客户端应用程序会用登录密码的散列值加密验证码,这样每次在线路上传输的认证信息都不相同,避免了重放攻击。

对于各种口令机制,总体来说,只要认证双方共享一个秘密(如口令或对称密钥),就可以利用它进行认证。认证的方法又可分为 3 种:

(1) 出示口令方式。申请者直接将口令提交给验证者,验证者检查口令是否正确。该方式的缺点是口令存在被线路窃听、被重放且不能双向认证(申请者无法判断验证者

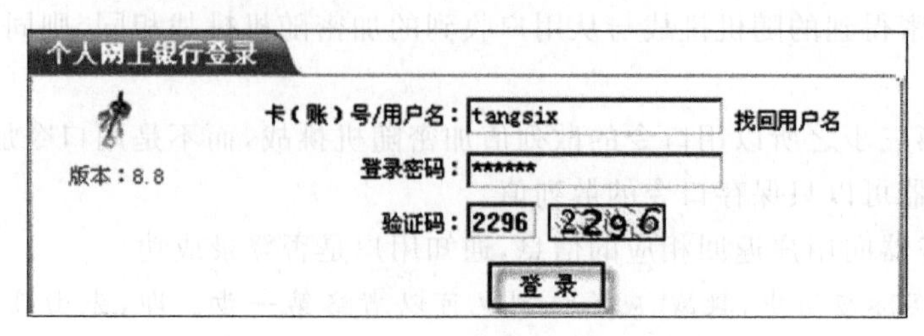

图 5.31　带有验证码的用户登录界面

是否确实知道口令)的缺点。

(2) 不出示口令方式。申请者用口令加密一个消息，将加密的消息发给验证者，验证者用口令解密，如果得到消息明文则验证通过。该方式因为没有把口令发送出去，所以解决了口令被窃听和不能双向认证的问题，但仍存在被重放的缺点。

(3) 挑战-应答方式。验证者发一个随机数给申请者，申请者用口令的散列值加密该随机数并发给验证者。该方式解决了以上所有问题，但增加了一次通信。

5.3.5　口令的维护和管理措施

对于口令认证机制来说，除了使用上面的技术措施保证口令系统不被攻破之外，对口令有一套好的管理措施也是必要的，这些措施主要用于避免口令外部泄露或口令猜测。

1. 对付口令外部泄露的措施

口令外部泄露是指由于用户或管理员的疏忽或其他原因导致未授权者得到口令。有的用户为了防止忘记口令而将口令记录在一个不安全的地方，例如，把计算机的登录口令写在纸条上再贴在显示器上，把银行卡的口令写在卡的背面，或者把许多口令存储在一个未受保护的文本文件中。下列措施有助于防止口令外部泄露：

- 对用户或者系统管理员进行教育、培训，增强他们的安全意识。
- 建立严格的组织管理和执行手续。
- 确保每个口令只与一个人有关。
- 确保输入的口令不显示在屏幕上。
- 使用易记的口令，不要写在纸上。
- 定期改变口令，不要让所有系统都使用相同的口令。

2. 对付口令猜测的措施

口令猜测也是一个严重的脆弱性。下列措施有助于防止口令被猜测出来：

- 严格限制非法登录的次数。
- 在口令验证中插入实时延时，该措施常和上一条措施配合使用。例如，3次输错口令，就延时1min才允许用户再次输入，这可以有效地限制穷举攻击的测试频率。
- 规定口令的最小长度，如至少6～8位。
- 防止使用与用户特征相关的口令，因为攻击者很容易想到从与用户特征相关的一些信息开始猜测口令，例如生日、身份证号、英文名等。

- 确保口令定期改变。
- 更改或取消系统安装时的默认口令。
- 使用随机数产生器产生的口令会比用户自己选择的口令更难猜测，但这会带来记忆问题，迫使用户把口令写在纸上，造成口令泄露，因此不建议使用。

避免口令外部泄露采取的措施与避免口令猜测采取的措施之间有一定的冲突。避免口令猜测采取的措施往往导致用户拥有较少的口令选择机会。如果口令很难记忆，用户就倾向于把它记录下来。可见，口令系统的设计者和管理者要折中考虑这些措施。

虽然口令的安全级别不是很高，但由于其相对简单、代价低，对于许多安全要求不是很高的系统来说，口令机制仍然是使用最广泛的一种身份认证机制。对于很多安全措施要求很高的系统（如网上银行系统），通常采用口令结合其他鉴别机制（如U盾、电子口令卡等）进行身份认证。

5.4 常用的身份认证协议

安全协议（又称密码协议）是指通过密码学技术达到某些特殊安全需求的通信协议。安全协议根据目的不同可分为身份认证协议和密钥交换协议等。在5.3节中介绍的口令机制和挑战-应答机制实际上都可看作身份认证协议。本节将介绍其他一些常用的身份认证协议，并简要分析身份认证协议的设计原则。

5.4.1 一次性口令

一次性口令（One Time Password，OTP）又称为动态口令，是指用户每次登录时都使用一个不同的口令。这样通过在登录过程中加入不确定因素，使每次登录过程中传送的认证信息都不相同，以对抗重放攻击。一次性口令变动的来源在于产出口令的运算因子是变化的。

从理论上看，要实现一次性口令，服务器可为每个用户分配很多个（例如1000个）毫无关联的随机数作为口令，用户携带一个保存所有口令的密码表，每次登录时按顺序输入一个口令供服务器验证。但这样带来的问题是，服务器为了能够验证用户每次输入的口令，不得不保存用户所有的口令，如果有1000个用户，为每个用户都要保存1000个一次性口令，则服务器需要保存100万个口令，这样服务器的存储和查询开销都相当大。

而在实际应用的一次性口令方案中，服务器都只为每个用户保存一个初始口令即可，而不必保存每次登录的口令。这是通过以下3种方式实现的。

1. 口令序列认证方式

在这种方式中，口令为一个单向的前后相关的序列，系统只需保存第 N 个口令，用户用第 $N-1$ 个口令登录系统时，系统用单向算法算出第 N 个口令，与系统保存的口令进行匹配，从而对用户的合法性进行判断。

1981年，由Lamport提出的基于散列链的一次性口令机制就属于这种方式。其具体过程如下。

用户 A 在自己的计算机上生成随机数 R,然后选择散列函数 $h(\cdot)$,如 MD5 或 SHA-1。随后对 R 进行 n 次散列运算,生成散列链 $h^0(R),h^1(R),\cdots,h^i(R),\cdots,h^{n-1}(R),h^n(R)$,其中,$h^0(R)=R,h^i(R)=h(h^{i-1}(R)),1\leqslant i\leqslant n$。用户 A 将 $h^n(R)$提交给服务器,服务器认证系统将 $h^n(R)$与用户 A 的 ID 关联起来,存入数据库中。

当用户 A 第一次登录时,将自己的身份 ID 与 $h^{n-1}(R)$,即 ID $\|$ $h^{n-1}(R)$发送给服务器。服务器根据用户 A 的 ID 从数据库中取出 $h^n(R)$,并且比较 $h^n(R)$与 $h(h^{n-1}(R))$是否相等。如果相等,则说明用户登录成功,服务器然后用 $h^{n-1}(R)$替换数据库中保存的 $h^n(R)$;如果不相等,则拒绝为用户 A 提供服务。

当用户第 i 次登录时,将自己的身份 ID 与 $h^{n-i}(R)$,即 ID $\|$ $h^{n-i}(R)$发送给服务器。服务器根据用户的 ID 从数据库中取出 $h^{n-i+1}(R)$,并且比较 $h^{n-i+1}(R)$与 $h(h^{n-i}(R))$是否相等。如果相等,则说明用户登录成功,服务器然后用 $h^{n-i}(R)$替换数据库中保存的 $h^{n-i+1}(R)$。

在这种认证方式中,用户每次登录系统时都使用散列链中不同的值。这样,即使攻击者可以截获用户 A 与服务器之间传输的口令,他也无法假冒用户 A 成功登录服务器。因为攻击者截获了 $h^i(R)$后,由于 $h^i(R)$已经被用户使用过,攻击者无法再次发送 $h^i(R)$进行登录,而必须使用下一次的口令进行登录,但是根据散列函数的性质,攻击者无法根据截获的 $h^i(R)$计算出下一次的口令 $h^{i-1}(R)$,因此能有效地对付线路窃听攻击和重放攻击。

而且,每次登录后,服务器中只保存了上次登录时的口令 $h^i(R)$,系统管理员无法根据 $h^i(R)$计算出下次登录的口令 $h^{i-1}(R)$,因此该方案能抵抗危及验证者的攻击。

可见,利用散列链进行身份认证,能有效抵抗口令机制面对的 3 种主要威胁,因此是一种非常好的身份认证方法。Haller 于 1994 年提出的一次性口令系统 S/KEY 就是基于这种机制并结合了挑战-应答机制设计的。中国建设银行的动态口令卡也是基于散列链机制的,这种口令卡上记录了 24 个口令,后面一个口令的散列值就是前面一个口令,第 24 个口令作为散列链的根,不能用于身份认证,而是当卡上的口令用完时用来更新卡(即更新散列链)的。

但散列链机制无法抵抗中间人攻击。假设攻击者截获了某次用户发送给服务器的口令,并且使服务器无法收到该口令,则攻击者能够立刻将该口令重放给服务器以获取身份认证。

2. 时间同步认证方式

这种方式将时间戳作为不确定因子,用户与系统约定相同的口令生成算法,服务器保存用户的一个秘密口令的明文。用户需要访问系统时,将客户端当前时间连同用户的秘密口令生成的动态口令传送到认证服务器,例如,登录口令=MD5(用户名+口令+登录时间)。服务器通过当前时间计算出一个值,对用户发送的口令进行匹配,如果匹配,则登录成功。由于认证服务器和客户端的时钟保持同步,因此在同一时刻两者可以计算出相同的动态口令。这种方式的优点是操作简单,并且是单向数据传输,只需用户向服务器发送口令数据,而服务器无须向用户回传数据。其缺点是客户端需要严格的时间同步机制，如果数据传输的时间延迟超过允许值，合法用户在登录时也会造成身份认证失败。而且服务器保存口令的明文也会带来安全隐患。

3. 挑战-应答认证方式

服务器在收到用户的登录请求后，向用户发送一组随机挑战作为不确定因子，客户端通过特定的算法计算出相应的应答数并作为口令发送给服务器，服务器经过相同的算法计算出应答数，与用户回传的应答数进行比较以决定接受与否。这种方式实际上就是5.3.4节介绍的基于挑战-应答机制的口令机制。其优点是客户端设备简单，不需时间同步，各个口令间的不相关性好，安全性高。其缺点是须具备数据回传条件，而且通常没有实现用户和服务器间的相互认证，不能抵抗来自服务器端的假冒攻击。FreeBSD操作系统采用的就是类似的登录方式。

通过以上介绍和分析，可见一次性口令认证技术具有多种优点，主要表现在以下4方面：

(1) 动态性。每次使用不同的口令登录，每个动态口令使用过一次后，不能再重复使用，有效地防止了重放攻击和线路窃听攻击。

(2) 抗危及验证者攻击性。第1种方式验证端没有保存并且无法计算出下一次登录使用的口令，因此能抵抗危及验证者的攻击，但第2、3种方式不具有这种特性。

(3) 随机性。动态口令每次都是随机产生的，不可预测。

(4) 抗穷举攻击性。由于动态性的特点，如果一次或一分钟内穷举不到，那么下一分钟就需要重新穷举，而新的动态口令可能就在已经穷举过的口令中。

5.4.2 零知识证明

零知识证明(zero knowledge proof)技术可使信息的拥有者无须泄露任何信息就能向验证者或者任何第三方证明它拥有该信息。即，当示证者P掌握某些秘密信息时，P以某种有效的数学方法使验证者V确信P知道该秘密，但P又不需要泄露该秘密给V，这就是是所谓的零知识证明。

零知识证明最通俗的例子就是图5.32所示的山洞问题。山洞里C、D两点之间有一扇上锁的门，P知道打开门的咒语，按照下面的协议P就可以向V证明他知道咒语，但不需告诉V咒语的内容：

(1) 让V站在A点。

(2) P进入山洞，走到C点或D点(山洞入口有个拐弯，V看不到P在到达B点后是向左走还是向右走)。

(3) 当P消失后，V进入山洞，走到B点。

(4) V要求P从左边或右边出来。

(5) P按照要求出洞(如果需要通过门，则使用咒语)。

(6) P和V重复步骤(1)～(5)共n次。

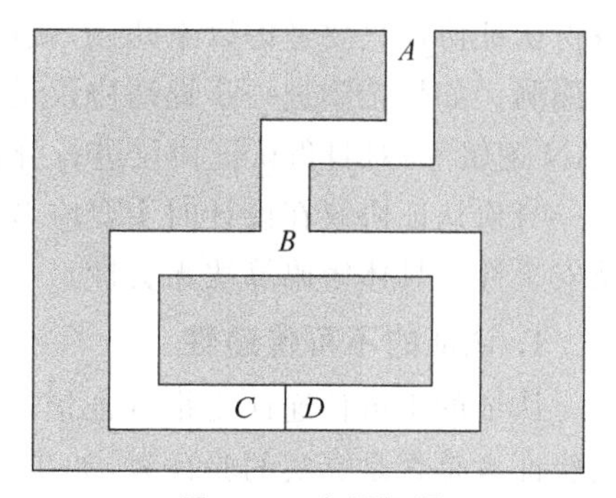

图5.32 山洞问题

如果P知道咒语,他一定可以按照V的要求正确走出山洞n次;如果P不知道咒语,他需要预测V的要求,每次预测对的概率是0.5,n次预测都对的概率是0.5^n,当n足够大时,这个概率趋向于0。

山洞问题可转换成数学问题。实体A声称知道解决某个难题的秘密信息,但又不能将秘密信息泄露给实体B,那么实体B可通过与实体A的交互验证其真伪。下面给出一个零知识证明协议的具体示例。

设p和q是两个大素数,$n=pq$。假设用户A知道n的因子,如果用户A想向用户B证明他知道n的因子,但不想向用户B泄露n的因子,则用户A和用户B可以执行下面的零知识证明协议。

(1) 用户B随机选取一个大整数x,计算$y=x^4 \bmod n$。用户B将计算结果y告诉用户A。

(2) 用户A计算$z=y^{1/2} \bmod n$,并将结果z告诉用户B。

(3) 用户B验证$z=x^2 \pmod n$是否成立。

(4) 上述协议重复多次,若用户A每次都能正确地计算$y^{1/2} \bmod n$,则用户B就可以相信用户A知道n的因子p和q。这是因为,在数论中可以证明,要计算$y^{1/2} \bmod n$等价于对n进行因式分解,若用户A不知道n的因子p和q,则$y^{1/2} \bmod n$是计算不出的。因此,当在重复执行该协议n次的情况下,用户A都能正确地给出计算结果,则用户B可以以非常大的概率认为用户A知道n的因子p和q,而且用户A并没有将n的因子泄露给用户B。

在身份认证协议中,Fiege-Fiat-Shamir方案是最著名的零知识证明方案。验证者通过发布大量的质询给示证者,示证者对每个质询计算一个应答,在计算中使用了秘密信息。通过检查这些应答是否正确(可能需要使用公钥),验证者相信示证者的确拥有秘密信息,但在应答过程中无任何秘密泄露。

5.4.3 身份认证协议设计原则

通过对口令机制的研究,可以发现这种身份认证协议面临非常多的威胁,需要考虑很多方面的安全因素。这表明,身份认证协议的设计是一项非常复杂和困难的工作,许多在设计时被认为是安全的身份认证协议,后来都被发现存在安全漏洞。但一般来说,身份认证协议只要考虑以下几点,就可以保证身份认证协议不会出现一些非常明显的安全漏洞。如果希望进一步提高协议的安全性,可以采用安全协议的形式化分析方法(如BAN逻辑等)对身份认证协议进行分析。

身份认证协议在设计时主要应考虑以下原则:认证的不可传递性、抗重放攻击性以及安全性与具体密码算法无关性。

1. 认证的不可传递性

认证的不可传递性是指认证信息不能传递给验证者。因为在认证完成之前不能确定验证者是否是真实的验证者,如果验证者是假冒的,则认证信息传递给假冒的验证者后,认证消息就泄露给第三方了,而我们知道,基于共享秘密进行认证的前提是只有示证者和验证者双方知道该秘密，其他任何人都不能知道。

例如，如果某人捡到钱包，而有人前来认领，则拾到者通常会询问认领者钱包里有多少钱物，以鉴别认领者是否是真正的失主。这是因为拾到者和失主共享了一个秘密，因此可以相互进行单向认证。但如果拾到者是假冒的，而失主将钱物信息(秘密)告诉他之后，这个由真正的拾到者和失主双方共享的秘密就扩散出去了。这时假冒的拾到者可以找到真正的拾到者，说出他知道的秘密并声称钱包是他的，可见这种认证方法不具有不可传递性。对于这种情况，失主可以不泄露秘密，例如只说出钱的各位数的和是多少。

假设 P 是示证者，V 是验证者，P 向 V 出示明文形式的鉴别信息(如明文口令)。如果 V 是真实的验证者，则 V 能验证 P，而且认证信息也不会泄露给第三方。但如果对方是假冒的验证者 V′，则 P 向 V′出示认证信息后，V′就掌握了 P 的认证信息，以后 V′就可以冒充 P 在真实的 V 处通过认证。产生这个问题的根源是 P 将认证信息传递给了 V′，因此，身份认证协议在设计时必须具有不可传递性，实现的方法可以是 P 不将认证信息的明文形式发送给 V(例如用认证信息加密一个随机值)，或者使用挑战-应答方式进行认证，使假冒者不能获得原始的鉴别信息，这样就保证了鉴别信息只有示证者和验证者知道。

2. 抗重放攻击性

身份认证协议应具有抵抗常见攻击特别是重放攻击的能力。因为重放攻击是身份认证协议中最难抵抗的一类攻击，常用的抵抗重放攻击的方法有：①保证临时值和会话密钥等重要消息的新鲜性；②在认证信息中加入身份 ID 信息。例如，在基于公钥密码体制的身份认证协议中，若存在先签名后加密的消息，应该在签名的消息中加入接收方的名字，以防止攻击者将消息重放给第三方；若存在先加密后签名的消息，则应该在加密的消息中加入发送方的名字。

3. 安全性与具体的密码算法无关

身份认证协议的设计必须独立于具体的密码算法。这样才便于将认证和加密放在不同的层次上实现。

身份认证协议在设计时还需考虑如下几个因素：①可识别率最大化；②可欺骗率最小化；③双向认证；④第三方可信任；⑤成本最小化，尽可能减少密码运算次数，降低计算成本，扩大应用范围。

身份认证协议的设计原则还有以下几点：

- 设计目标明确，无二义性。
- 最好应用描述协议的形式语言，对身份认证协议本身进行形式化描述。
- 应通过形式化分析方法证明身份认证协议实现了设计目标。
- 尽量采用异步认证方式，特别是应具有防止重放攻击的能力。
- 进行运行环境的风险分析，尽可能减少初始安全假设。
- 实用性强，可用于各种网络的不同协议层。

5.4.4 其他身份认证机制

本节介绍基于人的生物特征的身份认证、基于地址的身份认证和基于令牌的身份认证。

1. 基于人的生物特征的身份认证

基于人的生物特征的身份认证支持“某人具有某种特征”这一条件，它依据人类自身固有的生理特征或行为特征进行识别。比较常见的生理特征识别技术包括虹膜扫描、指纹、脸形、声音、掌纹、视网膜等，行为特征识别包括笔迹识别、击键时间、步态识别等。在进行基于人的生物特征的身份认证时，一般通过光学扫描设备将人的生物特征输入计算机，然后与事先保存在计算机中的数据进行匹配和识别，这些技术已经在金融等行业得到了应用。但是它们需要精密的扫描设备和大型模式匹配软件，系统整体成本较高。

总的来看，可以用于身份认证的生物特征一般具有以下几个特点：

- 普遍性，即任何人都应具备这种特征。
- 唯一性，即任意两个人的同一特征都是不一样的。
- 可测量性，即特征可以被测量。
- 稳定性，即特征在一段时间内不容易改变。

基于人的生物特征的身份认证系统的主要流程如图 5.33 所示。在图 5.35 中有两个逻辑模块：用户注册模块和身份认证模块。在用户注册模块中，首先登记用户的姓名和其他个人信息，通过生物特征识别传感器获取用户的生物特征信息，并利用特征提取模块提取特征模式（样本），形成用户模板，并存储在系统数据库中。进行身份认证时，首先在身份认证模块中获取生物特征信息，并提取特征模式，再与系统数据库中的用户模板进行匹配，即，如果两者的相似度大于给定的阈值（表明匹配），则身份认证成功。

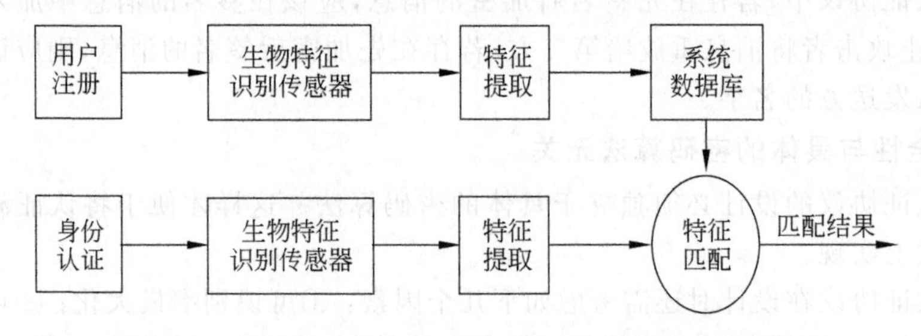

图 5.33 基于人的生物特征的身份认证系统的主要流程

目前，基于人的生物特征的身份认证技术还具有一定的局限性。表现在以下几点：

（1）生物特征识别的准确性和稳定性还有待提高，特别是如果用户身体受到伤病的影响，可能导致无法正常识别，造成合法用户无法登录。

（2）由于研发投入较大等原因，生物特征认证系统的应用成本相对较高，目前只适用于一些安全性要求非常高的场合，如银行、部队等。

（3）由于生物特征只有人才有，因此，这种技术只能用于解决人的身份认证问题，而网络环境下更多的时候是应用程序之间、主机之间需要进行身份认证，这是生物特征认证技术无法解决的。

2. 基于地址的身份认证

基于地址的身份认证是以示证者的地址为基础的。在网络环境中，获取示证者的地址是可行的。只要能确保获取的地址可靠，基于地址的身份认证就可以作为其他身份认证机制的一种有用补充。

3. 基于令牌的身份认证

令牌是个人持有物，令牌的物理特性支持认证的“某人拥有某东西”这一条件，但令牌通常要与一个口令或PIN码结合使用。

目前在计算机应用系统中应用较广泛的令牌设备是智能卡。智能卡内部包含CPU和存储器，能够进行特定运算并且存储数据。智能卡是一种接触型的认证设备，需要与读卡设备进行对话，而不是由读卡设备直接将存储的数据读出。智能卡自身安全一般受PIN码保护，PIN码是由数字组成的口令，只有读卡设备将PIN码输入智能卡后才能读出智能卡中保存的数据。通常它有防止在线攻击的措施，有些系统在用户连续出现若干次PIN码输入错误后自动锁定该卡，不再提供任何信息。

智能卡比磁卡安全，可以存放更多的秘密信息。如果智能卡被盗取或者丢失，由于攻击者不知道PIN码，无法使用智能卡。挑战-应答卡是常用的一种智能卡技术，它基于加密算法，通常采用公钥密码算法，卡中存储着用户私钥，用来进行加解密运算，该私钥很难被读出。使用该卡可以在离线状态下进行认证。在认证阶段，首先提交代表自己身份的公钥证书，系统在验证了公钥证书的签发者后就获得用户公钥，随后系统用用户公钥将一串数据加密后输入卡中并发出解密请求，智能卡进行解密运算后将结果传送给系统，系统验证结果后就可以确定该卡是否拥有用户私钥，最终验证用户身份。

还有一种智能卡被称作挑战-应答计算器，其中保存了一个加密密钥并且能够进行加解密运算。这种卡不需要与计算机直接通信，因为它通过数字键盘和液晶屏幕与用户直接进行交互，一般通过PIN码保护卡本身的输入。使用这种卡时，计算机向用户发出一个随机挑战数据，用户将它输入卡中进行运算，再将液晶屏幕显示的结果手工输入到计算机中进行响应。这样，用户不需要购买读卡设备就可以使用智能卡提供的身份认证保护。

5.5 单点登录技术

单点登录(Single Sign On，SSO)是指用户只需向网络进行一次身份认证，以后无须再进行身份认证，便可访问所有被授权的网络资源。

5.5.1 单点登录的好处

由于目前各个网站、应用系统都设置了独立的用户身份认证系统，用户每访问一个网站或应用系统(如邮件系统、即时通信系统、办公系统)就需要输入一次用户名和口令进行登录，每天有大量的时间浪费在重复登录的过程中。因此，单点登录技术成为当前身份认证领域研究的一个热点问题。单点登录实际上是一种统一身份认证的模式，通过这种身份认证，用户只需要认证一次，就可以通行于所有的应用系统中。这样可带来以下几点好处：

（1）方便用户的使用，这是单点登录系统最突出的优点。使用传统认证机制的用户，为了得到服务的认证，需要记忆自己在每个服务上注册的用户名和口令，并且在使用每个服务时都需要进行认证。而使用单点登录系统后，上面的问题都不存在了，用户只需要在使用第一个服务时进行一次身份认证，接下来在使用其他任何服务的过程中都不需要再次进行认证了。

（2）更合理、有效地管理用户。随着用户数量的迅速增长，Web 服务需要管理和维护的用户信息数据量也在迅速增多，如果每个 Web 服务都自带认证系统软件和保存用户信息的数据库，而且每个用户数据库中都保存所有用户的信息，则会造成重复建设，加大了投资成本。同时很多系统都要维护一个用户的认证信息是很麻烦的。例如，如果一个企业员工离职，则管理员需要把他在各个系统中的身份信息一一删除。

（3）提高了系统的整体安全性。单点登录技术由于减少了认证的次数，使用户名和口令的传输次数减少，因此受到攻击的可能性也相应减小，从而提高了系统的整体安全性。

由此可见，建立一套单点登录系统的解决方案，无论是对于现有服务系统的整合，还是对于兼容后续开发的服务系统，都显得尤为重要。目前单点登录系统采用的技术主要有微软公司的.NET Passport、Oracle 公司的 Oracle 9iAS SSO、MIT 的 Kerberos 认证协议和结构化信息标准促进组织（OASIS）的 SAML 标准。

单点登录技术对于电子商务的发展具有很好的促进作用。设想一下，如果只要在某一购物网站登录一次，再访问其他的购物网站就不需要登录了，对消费者来说无疑是一种更好的用户体验。又如，电子商务网站的管理者可能每天都要登录许多系统（如商品发布系统、物流系统、客户管理系统），如果能一次性登录这些系统，将给管理者的工作带来极大的方便。对于基于账户的微支付来说，如果用户登录一次他的账户就能在任何网站中进行支付，将给购物消费带来方便。

要实现单点登录，必须解决一些难题。单点登录技术面临的挑战包括以下 3 方面：

- 多种应用平台。
- 不同的安全机制。
- 不同的账户服务系统。

5.5.2 单点登录系统的分类

单点登录系统有不同的实现方法和模型结构。目前常用的模型有基于经纪人的单点登录模型、基于代码的单点登录模型、基于网关的单点登录模型和基于令牌的单点登录模型。

1. 基于经纪人的单点登录模型

在基于经纪人的单点登录模型（broker-based SSO）中，有一个中央服务器，集中认证和管理用户账号，并向用户发放用于向应用系统请求访问的电子身份标识。这种模型中最关键的是认证服务器，它处在客户端和应用服务器之间，用来全权处理认证事务，扮演经纪人的角色。Kerberos 认证系统就是基于经纪人模型的。

这种模型主要有3部分：客户端、认证服务器和应用服务器，其工作流程如下：

(1) 客户端访问应用系统时会自动重定向到认证服务器，并且与认证服务器进行双向身份认证，认证通过则获得电子身份标识。

(2) 客户端利用已获得的电子身份标识访问各种应用系统，从而实现单点登录。

(3) 应用系统负责检查电子身份标识。如果电子身份标识是伪造的或者是过期的，则拒绝用户访问。

基于经纪人的单点登录模型的最大优点是实现了用户认证数据的集中管理。但是，它也有一些不足之处：

(1) 基于经纪人的单点登录模型必须对应用系统进行修改，使其支持电子身份认证。

(2) 基于经纪人的单点登录模型(特别是Kerberos身份认证)仅基于密码，从而使系统容易受到密码猜测攻击，如果攻击者密码猜测正确，就会获得会话密钥，并继续得到最终认证和访问权限。

2. 基于代理的单点登录模型代理模型

在基于代理的单点登录模型(agent-based SSO)中，启动一个自动的代理程序为不同的应用程序认证用户身份，这种模型不需要增加单独的认证服务器，因此具有很好的可移植性。但是实现它需要使代理程序与原系统的协议进行交互，比较复杂。这种模型可以使用强密码技术，有安全保证，不过这种模型并不能减轻用户管理的负担，往往还需要管理和控制代理软件的权限，SSH是基于代理的单点登录模型的典型应用。使用SSH可以对所有传输的数据进行加密，这样就能防止DNS攻击和IP欺骗攻击。SSH是一个用于在网上进行安全连接的客户/服务器类型的加密软件，它实现了一个密钥交换协议以及主机和客户端认证协议。

基于代理的单点登录解决方案由3部分组成：客户端、应用服务器以及代理软件。这种模型有两种工作方式：当代理软件工作在客户端时，会在本地存储用户的登录凭证列表，并自动提交用户登录凭证到相应的应用系统，代替用户进行系统认证；当代理软件工作在应用系统端时，它会在应用系统端的身份认证机制和客户端的认证方式之间起到“解释器”的作用。

基于代理的单点登录模型保证了通道的安全性和单点登录的实现，具有比较好的可实施性和灵活性。但是它也有一个很大的缺陷，就是用户的登录凭证需要在本地进行存储，这样就增加了口令泄露的危险；另外，在实现单点登录时，每个运行SSH的主机(不管是服务器还是客户端)都必须有一个安全代理程序在运行，这增加了兼容现有系统时的开发工作量。

因此，综合基于经纪人的单点登录模型认证管理集中的优点和基于代理的单点登录模型减少对应用程序改造的优点，又出现了基于经纪人-代理的单点登录模型，它是优势比较突出，也是目前用得较多的模型。

3. 基于网关的单点登录模型

基于网关的单点登录模型(gateway-based SSO)在网络入口处设置防火墙或专用加密通信设备作为网关，而所有请求的服务都放在被网关隔离的受信任网段中。客户端通过网关认证后获得授权，就可以访问应用系统服务。网关的验证规则可以有多种方式，可以基于用户名密码也可以基于 IP 地址，还可以基于 MAC 物理地址，等等。网关负责监视和验证所有通过网关的数据流。

资源被隔离在内部受信网段中。当用户需要访问网关后面的应用服务器时，首先需要通过与网关连接的用户数据库进行认证。认证通过后，网关自动将用户身份传递到要访问的目标应用服务器进行认证。经应用服务器认证通过后，用户通过网关对应用系统进行后续的访问。

在这种模型中，所有的应用服务器都需要放在被网关隔离的受信网段中。客户端通过网关进行认证后获得接受服务的授权。如果在网关后的服务能够通过 IP 地址进行识别，并在网关上建立一个基于 IP 地址的规则，并将这个规则与网关上的用户数据库相结合，网关就可以实现单点登录。网关只需记录用户的身份，而不再进行认证，便可授权用户访问其需要的任何服务。

这种模型只能对内部网络中的服务实现单点登录，而且对现有网络环境要求比较严格，因此其应用范围并不广泛。

4. 各模型的优缺点

基于经纪人的单点登录模型提供了集中式的身份认证和用户管理功能。它不但实现了单点登录，而且方便了用户信息的集中管理。与基于网关的单点登录模型相比，通过身份认证的客户端直接凭认证服务器颁发的电子身份标识即可访问应用系统，不再需要与认证服务器交互，降低了认证服务器的工作压力。其缺点是：应用系统需要解析用户的电子身份标识，这需要对现有的每一个应用系统进行改造，工作量比较大。

在基于网关的单点登录模型中，所有客户端通过网关访问应用系统，网关连接的用户信息数据库保存了用户的身份和权限信息，方便了对用户的认证和授权。网关是系统最核心的组件，容易被攻击，需要防火墙的保护。网关的性能制约着整个单点登录系统的效率，如果网关没有足够强大的处理能力，容易成为整个系统性能的瓶颈。

在基于代理的单点登录模型中，代理软件只是代替用户完成身份认证，缺乏统一的用户管理。并且该模型可能需要在本地存储用户的登录凭证，这就无形中增加了用户口令泄露的概率。其优点是：只要设计和实现好代理软件与应用系统的通信协议，使用该模型的系统就易于移植，具有较好的灵活性和可实施性。

5.5.3 单点登录的实现方式

本节介绍单点登录的 3 种实现方式。

1. 利用凭证实现单点登录

利用凭证(ticket)实现单点登录的机制是：当用户第一次访问应用系统时，因为还没有登录，会被引导到认证系统中进行登录。根据用户提供的登录信息，认证系统进行身份认证，如果通过认证，则返回给用户一个认证的凭证。用户再访问别的应用系统的时候，就会将这个凭证带上，作为自己的认证依据。应用系统接收到用户的请求之后，会把凭证送到认证系统进行认证，检查凭证的合法性。如果通过认证，用户就可以在不用再次登录的情况下访问其他的应用系统了。

可以看出,要实现单点登录,需要以下主要的功能:

- 所有应用系统共享统一的认证系统。
- 所有应用系统能够识别和提取凭证信息。
- 应用系统能够识别已经登录的用户,能自动判断当前用户是否已经登录,从而完成单点登录的功能。

统一的认证系统是单点登录的核心。认证系统的主要作用是将用户的登录信息和用户信息库相比较,对用户进行登录认证。认证成功后,认证系统应该生成统一的凭证返回给用户。认证系统还应该能对凭证进行认证,判断其有效性。

需要说明的是,统一的认证系统既可以存在于一台认证服务器中,也可以存在于多台认证服务器中,这些认证服务器之间只要通过标准的通信协议,就可以互相交换认证信息。对基于 Web 的单点登录系统来说,由于不可能将所有的用户信息保存在一台认证服务器上,因此更多地采用多台认证服务器的方式。这些认证服务器组成一个信任联盟,用户只要通过一台认证服务器的认证,就相当于通过了整个信任联盟的认证了。

2. 利用 PKI/CA 实现

PKI/CA 可用来实现身份认证,利用 PKI/CA 实现单点登录也是很常见的。

首先,采用 PKI/CA 技术建立单点登录各相关实体的信任关系,CA 为用户、各应用系统和单点登录服务器颁发数字证书,利用数字证书实现各方的身份认证,使用加密和数字签名技术处理系统中的关键认证信息,保证其在传递过程中的机密性、完整性和真实性。

其次,在单点登录模型方面,结合经纪人模型和代理模型的优点,通常使用一种基于经纪人——代理的混合模型。一方面,采用经纪人模型的集中式身份认证;另一方面,可以在 Web 应用系统中加入认证代理,代理用户完成在 Web 应用系统内的身份认证,增强单点登录服务的可实施性。

最后,在单点登录流程的设计方面,通常借鉴 Kerberos 协议的基于票据访问的设计思想,为用户生成各种相关票据,票据中含有用户的身份认证信息或访问某个 Web 应用系统的认证信息。登录流程中各相关实体之间的跳转和参数的传递可以通过 URL 重定向完成。单点登录服务器可向通过身份认证的用户浏览器发送会话 Cookie 形式的认证令牌,当用户再次访问认证服务器时会自动携带此会话 Cookie,可免除对用户的认证。会话 Cookie 的传输要通过安全 SSL 通道完成。

3. 利用 Session 或 Cookie 机制实现单点登录

Session 和 Cookie 能够在同一网站内记录用户的登录信息。当用户在网站登录后,网站就可以将用户的登录信息记录在 Session 或 Cookie 中,用户浏览网站中的其他网页时都不必再次登录。如果能在不同网站之间传递 Session 或 Cookie 信息,则理论上它们也能够应用于单点登录方案中。微软公司的 Passport 单点登录系统就采用了 Cookie 机制。

5.5.4 Kerberos 认证协议

Kerberos 认证协议是由美国 MIT(麻省理工学院)开发的网络认证协议,其名称源自希腊神话中一只守卫冥王大门的三头看门狗。而现在“三头”意为 Kerberos 是由 3 部分组成的网络之门守护者，这 3 部分是认证、统计和审计。

Kerberos 认证协议采用基于对称密码体制的认证机制来实现通过可信第三方提供的认证服务，它可以实现通信双方的双向身份认证。

基于对称密码体制认证的思想是：示证者和验证者共享一个验证密钥，示证者使用该密钥加密某一消息，如果验证者能成功解密该消息，则验证者相信消息来自示证者。这时，加密的消息中必须包含一个非重复值，以对抗重放攻击。也可以采用挑战-应答机制，验证者首先给示证者发送一个包含非重复值的消息，要求示证者用密钥加密。

1. Kerberos 认证协议的主要特点

Kerberos 认证协议有以下特点：

(1) 采用对称密码体制，而未采用公钥密码体制。Kerberos 认证协议与网络上的每个实体(用户和应用服务器)共享一个不同的对称密钥，是否知道该密钥便是身份的证明。

(2) 为客户/服务器应用程序提供身份认证服务，而不能被浏览器/服务器程序采用。

(3) 具有可伸缩性，能够支持大数量的用户和服务器进行双向认证。

2. Kerberos 认证协议的设计思路

假设在一个开放网络环境中有很多台服务器，它们提供各种各样的服务(如 Web 服务、FTP 服务、Email 服务等)。用户要访问这些服务器，就要记住所有服务器的用户名和口令。如果服务器非常多(例如 100 台)，那么如此多的口令是很难记住的(而且也不推荐用户对所有服务器设置同一口令，那样安全性非常低)，并且每访问一台服务器，用户要输入一次用户名和口令，非常麻烦。

为了解决这个问题，可设置一台认证服务器(Authentication Server，AS)，将所有用户口令存储在 AS 的数据库中。例如，如图 5.34 所示，用户 C 与 AS 共享一个用户口令 K_C，供 AS 认证用户身份。只要用户通过了 AS 的认证，AS 就可以让用户访问任何一台应用服务器了。假设用户 C 要访问应用服务器 V，AS 与应用服务器 V 也共享一个对称密钥 K_V。那么用户 C 通过 AS 认证后，AS 可以把 V 的密钥 K_V 告诉用户 C，用户 C 发送密钥 K_V 给 V，V 验证密钥 K_V 通过后，就能相信用户 C 是合法用户，允许访问。

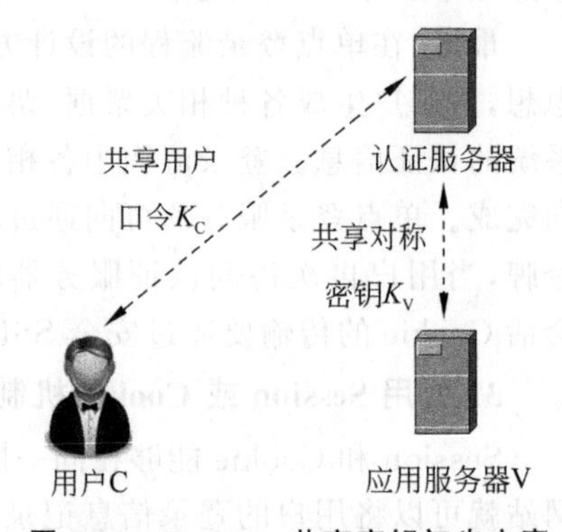

图 5.34 Kerberos 共享密钥初步方案

但是 AS 不能直接把它与 V 共享的密钥 K_V 发送给用户，否则用户知道 K_V 后，下次就可以用该密钥直接访问应用服务器 V，而绕过 AS 的认证。

为此，AS 不是把密钥 K_V 发给用户 C，而是用密钥 K_V 加密用户 C 的身份标识 ID_C 等信息，形成一张票据并发送给用户 C，票据的内容是 Ticket $=E_{K_V}[ID_C, AD_C, ID_V]$，其中，$ID_C$ 是用户 C 的标识、ID_V 是服务器标识、AD_C 是用户 C 的网络地址。将 ID_C 包含在票据中可以说明该票据是从用户 C 发来的，将 ID_V 包含在票据中使得服务器 V 能验证它是否正确解密了该票据。

为了防止票据被攻击者截获后转发给 V，AS 必须将该票据加密后再发送给用户 C。由于 AS 与用户共享了口令 K_C，用 K_C 加密票据就可以了，即 AS→C：$E_{K_C}[E_{K_V}(ID_C, AD_C, ID_V)]$。这样用户必须知道口令 K_C 才能解密票据。这样做的另一个好处是，用户无须将口令 K_C 发送给 AS，AS 就能验证用户，因为用户能解密用 K_C 加密的票据就表明用户知道口令 K_C。

用户用 E_{K_C} 解密得到票据后，向应用服务器 V 提出服务请求。用户 C 向 V 发出包含 C 的 ID_C 和票据的消息，由 V 解密票据，并验证票据里的 ID_C 是否与消息中未加密的 ID_C 一致。如果验证通过，则服务器认为该用户身份真实，并为其提供服务。整个过程如图 5.35 所示。用户不知道 K_V，因此不能解密票据，也就无法伪造票据。

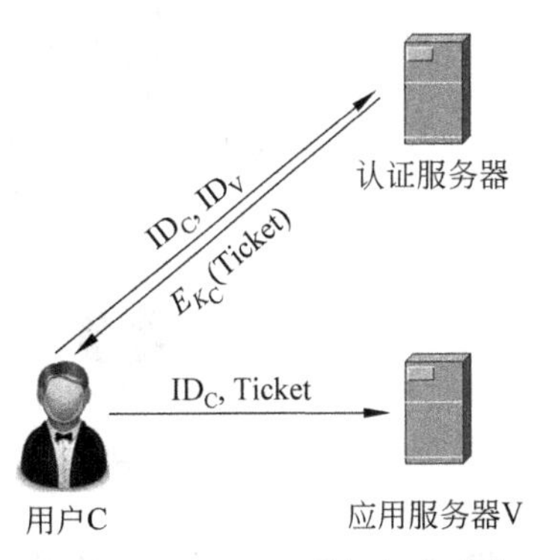

图 5.35 Kerberos 认证初步方案

整个步骤如下：

(1) C → AS：ID_C，ID_V。

(2) AS → C：E_{K_C}(Ticket)。

(3) C → V：ID_C，Ticket。

其中，Ticket=$E_{K_V}[ID_C, AD_C, ID_V]$。

该方案存在的一个问题是：攻击者可以伪造一台认证服务器 AS′，捕获用户 C 发往 AS 的消息并将其重定向到 AS′。可见，AS 必须向用户证实自己的身份。为此，将第(2)步修改为

(2) AS→C：$E_{K_C}(ID_{AS}$，Ticket)。

这样就完全解决了应用服务器 V 认证用户的问题，但不能实现单点登录。用户每访问一次服务器就要先向 AS 申请一张票据，然后用该票据访问应用服务器。如果用户每天要访问多次邮件服务器去查看邮件，则每一次都需要重新输入口令；如果用户要访问其他服务器，同样也要多次输入口令。

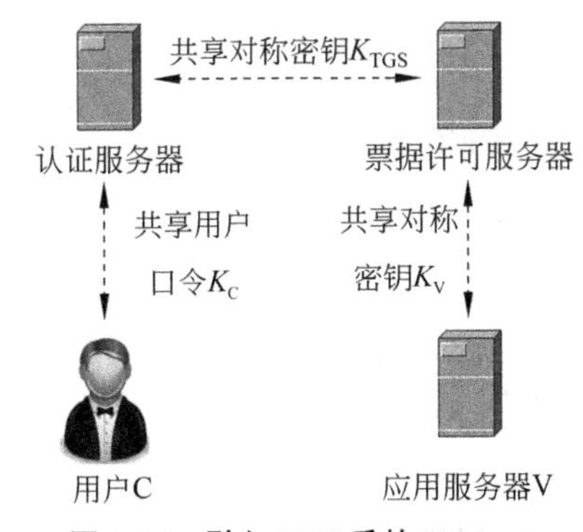

图 5.36 引入 TGS 后的 Kerberos 共享密钥方案

为了解决这个问题，引入票据许可服务器(Ticket-Granting Server，TGS)，AS 并不直接向用户发放访问应用服务器的票据(服务许可票据)，而是由 TGS 向用户发放该票据。用户在 AS 处认证成功后，AS 发放一张票据许可票据 $Ticket_{TGS}$ 给用户，该票据相当于购票许可证。用户获得票据许可票据后，就可以作为凭证从 TGS 处获得任意多张服务许可票据 $Ticket_V$，再用服务许可票据访问 V，这样就实现了用户在 AS 处登录一次便可访问信任域内任意多台应用服务器的目的。引入 TGS 后的 Kerberos 共享密钥方案，如图 5.36 所示。

用户 C 访问 V 的过程变为：用户 C 首先向 AS 提交 $ID_C \parallel ID_{TGS}$，AS 发送 $E_{K_C}(ID_{TGS}, Ticket_{TGS})$ 给用户 C，其中，$Ticket_{TGS} = E_{K_{TGS}}[ID_C, AD_C, ID_{TGS}]$，用户 C 将其解密后向 TGS 提交 $ID_C \parallel ID_V \parallel Ticket_{TGS}$，TGS 解开票据，验证用户 C 的身份成功后，生成 $Ticket_V$ 发给用户 C，用户 C 将 $ID_C \parallel Ticket_V$ 提交给 V，就完成了认证的过程，如图 5.37 所示。

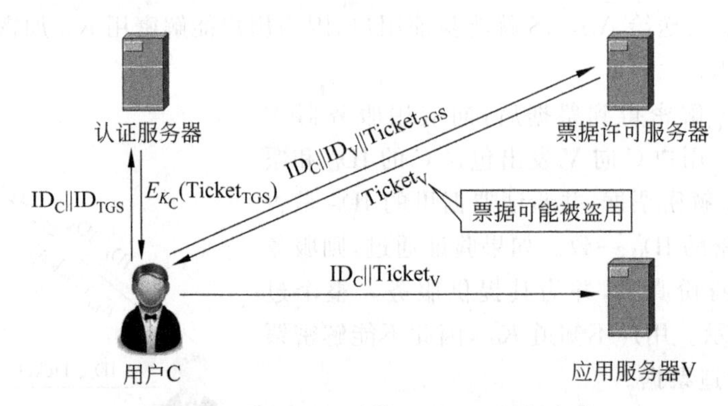

图 5.37　引入 TGS 后的 Kerberos 认证方案

提示：用户 C 如果下次需要访问其他的应用服务器 V′，就可以直接向 TGS 提交 $ID_C \parallel ID_{V'} \parallel Ticket_{TGS}$，TGS 返回 $Ticket_{V'}$ 给用户 C，使用户 C 不需要再次到 AS 处认证了。

但是，图 5.37 中 TGS 与用户 C 之间没有共享任何密钥，因此 TGS 无法对发送给用户 C 的 $Ticket_V$ 加密，这导致攻击者可以截获票据，然后将票据转发给 V 以冒充用户 C 骗取服务。

为此，Kerberos 认证协议引入了会话密钥，由 AS 为用户 C 与 TGS 之间生成一个会话密钥 $K_{C,TGS}$，将这个密钥与 $Ticket_{TGS}$ 一起用 K_C 加密后分发给用户 C，同时将这个密钥放在 $Ticket'_{TGS}$ 中分发给 TGS，（$Ticket'_{TGS}$ 就是包含 $K_{C,TGS}$ 的 $Ticket_{TGS}$，$Ticket'_{TGS} = E_{K_{TGS}}[K_{C,TGS}, ID_C, AD_C, ID_{TGS}]$）。这里，AS 起到了为用户 C 和 TGS 分发对称密钥的作用。接下来，TGS 就可以用 $K_{C,TGS}$ 加密 $Ticket_V$ 发送给用户 C 了。用户 C 用 $K_{C,TGS}$ 解密得到 $Ticket_V$。该过程如图 5.38 所示。

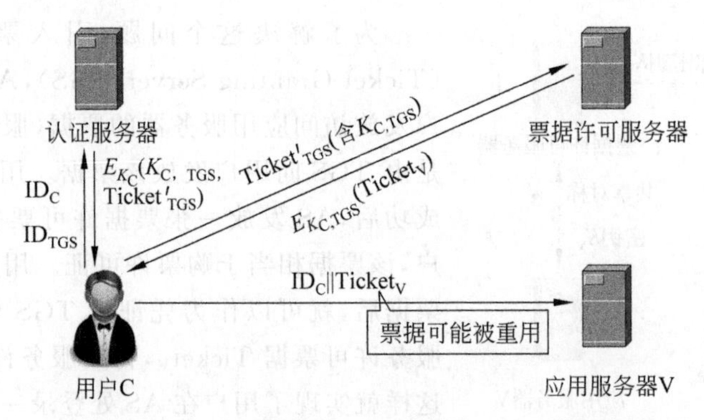

图 5.38　引入会话密钥 $K_{C,TGS}$ 后的 Kerberos 认证方案

同样,用户 C 将 $Ticket_V$ 发送给 V 的过程中也可能被攻击者截获并进行重放攻击(或者用户多次重复使用 $Ticket_V$),因此要将一个 C 和 V 共享的会话密钥 $K_{C,V}$ 放在该票据里,使每次传递的票据都不同(因为每访问一次 V 都需要一张不同的 $Ticket_V$),该会话密钥是由 TGS 分发给用户 C 和 V 的。改进后的过程如图 5.39 所示。

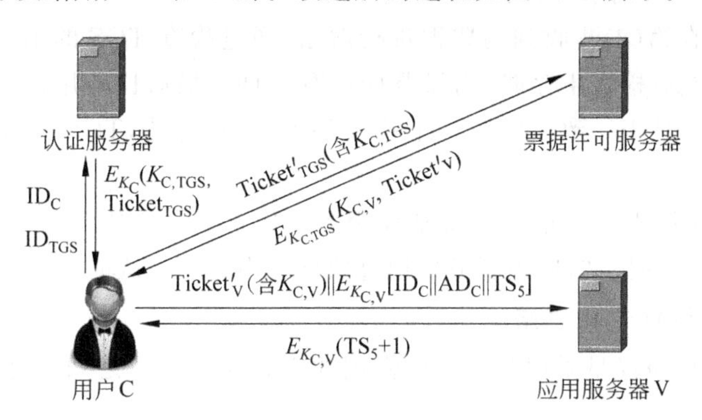

图 5.39 增加了会话密钥后的 Kerberos 认证方案

这样,用户 C 就能使用可重用的票据许可票据换取任意多张服务许可票据,从应用服务器 V 获得服务了。但是,只有应用服务器 V 能认证用户 C,无法实现双向认证。注意到,现在用户 C 与 V 之间已共享了一个对称密钥 $K_{C,V}$,用户 C 可以用 $K_{C,V}$ 加密一个消息($E_{K_{C,V}}[ID_C \| AD_C \| TS_5]$)发送给 V。V 如果能解密该消息,并发送一个应答给用户 C,用户 C 就实现了对 V 的认证(因为该密钥只有 C 和 V 知道)。图 5.40 是完整的 Kerberos 认证方案。

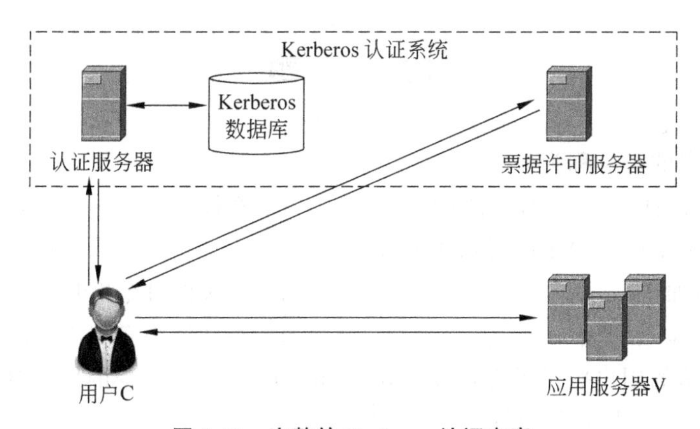

图 5.40 完整的 Kerberos 认证方案

3. Kerberos 认证过程的简单描述

Kerberos 认证过程的主要步骤如下:

(1) 用户向 AS 发送用户 ID 和 TGS 的 ID,请求一张给该用户使用的票据许可票据。

(2) AS 发回一张加密过的票据作为应答。加密密钥是由用户口令导出的,因此,用户如果知道口令,就可以解密得到该票据。当应答抵达客户端时,要求用户输入口令,由此产生解密密钥,并用该密钥对加密过的票据解密(若口令正确,票据就能正确恢复)。

由于只有合法用户才能恢复该票据，因此使用口令获得 Kerberos 认证系统的信任无须传递明文口令。另外，票据含有时间戳和生存期（这样就能说明票据的有效时间长度），主要是为了防止攻击者的重放攻击。

（3）用户向 TGS 请求一张服务许可票据。

（4）TGS 对在第（2）步收到的票据进行解密，通过检查 TGS 的 ID 是否存在来验证解密是否成功。然后检查生存期，确保票据没有过期。最后比较用户的 ID 和地址与收到的用户认证信息是否一致。如果允许用户访问应用服务器，TGS 就返回一张请求服务的服务许可票据。

（5）用户向应用服务器请求获得某项服务。用户向应用服务器发送一个包含用户 ID 和服务许可票据的报文，应用服务器通过票据的内容进行认证。

4. Kerberos 认证过程总结

Kerberos 认证协议是采用共享对称密钥的方式实现各方之间认证的。这一认证过程总结如下：

（1）在认证过程中，总共使用了 5 个对称密钥，分别是 K_C、K_{TGS}、K_V、$K_{c,TGS}$、$K_{C,V}$，其中两个会话密钥每次都是由 AS 或 TGS 临时生成的，这样每次使用的密钥都不同，防止了攻击者对票据的重放。

（2）实际上，Kerberos 认证协议为防止票据重放，还在传输的消息中和票据中每次都加入了时间戳。

（3）用户登录后的整个过程仅使用一张票据许可票据，而每请求一次服务需使用一张服务许可票据。

习　题

1. 确定用户的身份称为（　　）。

A. 身份认证　　B. 访问控制　　C. 授权　　D. 审计

2. 下列技术中（　　）不能对付重放攻击。

A. 线路加密　　B. 一次性口令机制

C. 挑战-应答机制　　D. 在认证消息中添加随机数

3. 有些网站的用户登录界面在要求用户输入用户名和口令的同时还要输入系统随机产生的验证码，这是为了对付（　　）。

A. 窃听攻击　　B. 危及验证者的攻击

C. 选择明文攻击　　D. 重放攻击

4. 关于 SAML 协议，以下说法中错误的是（　　）。

A. SAML 协议不是一个完整的身份认证协议

B. SAML 协议主要用来传递用户的认证信息

C. SAML 协议是一个认证权威机构

D. SAML 协议定义了一套交换认证信息的标准

5. Kerberos 实现单点登录的关键是引入了________，实现双向认证的关键是引入了________。

6. 认证主要包括________和________两种。

7. 口令机制面临的威胁包括线路窃听、________和重放攻击。

8. ________把传统的数字签名和公钥加密两个功能合并到一个步骤中完成。

9. 在 Kerberos 认证系统中，用户要使用其提供的任何一项服务，都必须依次获取________票据和________票据。

10. 对于机密性、完整性、身份认证、抗抵赖性和可用性 5 种安全需求，通过密码技术不能提供的安全需求是________。

11. 如果认证双方共享一个口令（验证密钥），示证者有哪几种方法可以让验证者相信他确实知道该口令？

12. 身份认证的依据一般有哪些？

13. 在使用口令机制时，如何对付外部泄露和口令猜测？

14. 与一般的对付重放攻击的方法相比，采用挑战-应答机制对付重放攻击的优点和缺点是什么？

第6章 chapter 6

数字证书和PKI

在现实世界中存在着这样一类信息，它们不需要保密，但需要保证其真实性。例如，银行的客服电话号码(如中国建设银行的95533)，虽然它是不需要保密的，但必须保证它的真实性。如果诈骗者在ATM上贴一张小纸条宣称一个虚假的号码是银行的客服电话号码，就会破坏这种信息的真实性，带来危险的后果。因此，必须采取措施防止这种情况的发生。

公钥也是如此。公钥的分发虽然不需要保密，但需要采用一种手段来保证它的真实性。本章介绍的数字证书和PKI就是为了在公钥的分发过程中保证公钥真实性的手段。

6.1 数字证书

数字证书的概念是Kohnfelder于1978年提出的。所谓数字证书，就是公钥证书，是一个包含用户身份信息、用户公钥以及可信第三方认证机构CA的数字签名的数据文件，其中CA的数字签名可以确保用户公钥的真实性。

从形式上看，数字证书就是一个小的计算机文件。例如，tang.cer是一个数字证书文件的文件名。其中，cer是数字证书文件常用的扩展名，即certificate的缩写。

6.1.1 数字证书的概念

在概念上，数字证书和身份证、护照或驾驶证之类的证件是很相似的。身份证可以用来证明身份，每个人的身份证至少可以证明他的这样一些信息：姓名、性别、出生日期、住址、照片和公民身份号码等。

同样，数字证书也可以证明一些关键信息，它主要可以证明用户与其持有的公钥之间的关联性。图6.1展示了数字证书的概念。这样，通过证书就能确信某个公钥的确是某个用户的。

那么，用户与公钥之间的关联是由谁批准的呢？显然，要有一个机构是各方都信任的。假设身份证不是由公安局签发的，而是由某个小店发的，别人还会相信它吗？同样，数字证书也要由某个可信任的实体签发，否则很难让人相信。签发数字证书的可信任实体叫作CA。图6.2为数字证书的示例。

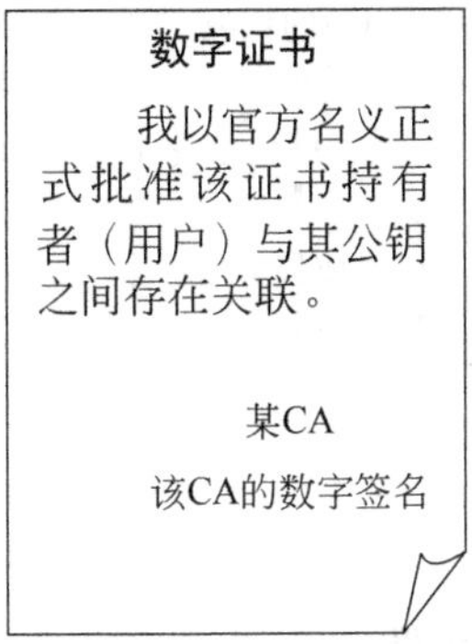

数字证书

我以官方名义正式批准该证书持有者（用户）与其公钥之间存在关联。

某CA
该CA的数字签名

图 6.1　数字证书的概念

数字证书

主体名：tang
公钥：tang的公钥
序列号：1069102
签发机构：Alipay.com CA
...
有效起始日期：2010年7月7日
有效终止日期：2011年7月7日
Alipay.com CA
该CA的数字签名

图 6.2　数字证书的示例

在这个示例中，用户的姓名显示为主体名(subject name)，这是因为数字证书不仅可以颁发给个人，还可以颁发给组织或网站等一切实体。每个数字证书中都有一个序列号(serial number)，这可以给 CA 在必要时检索或撤销该数字证书提供方便。数字证书中还有一些其他信息，如数字证书的有效起止期和签发机构名(issuer name)。可以把这些信息和身份证中的项目做一个比较，如表 6.1 所示。

表 6.1　数字证书和身份证的比较

身份证	姓名	公民身份号码	有效起始日期	有效终止日期	签发机关	照片	签章
数字证书	主体名	序列号	有效起始日期 有效终止日期		签发机构	公钥	数字签名

可以看出，数字证书和身份证很相似。每个身份证都有一个公民身份号码，而数字证书则有一个唯一的序列号，同一个签发机构签发的数字证书是不会有重号的。两者唯一不同的是，对数字证书真伪的验证完全依赖于 CA 的数字签名信息，而对身份证真伪的验证除了依赖签章外还依赖其他的防伪措施。

6.1.2　数字证书的原理

数字证书的作用是建立主体与其公钥之间的关联，即证明某个特定公钥属于某个主体。那么，它是如何建立主体与其公钥之间的这种关联性的呢？只要理解了数字证书的生成过程，就能回答该问题。

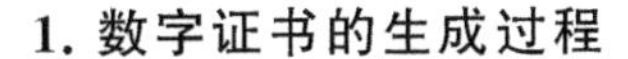

1. 数字证书的生成过程

数字证书是一个由使用数字证书的用户群共同信任的权威机构(CA)加了数字签名的信息集合。主体将其身份信息和公钥以安全的方式提交给 CA，CA 用自己的私钥对主体的公钥和身份信息等的混合体进行数字签名，将数字签名信息附在主体的公钥和身份信息后，这样就生成了一张数字证书，它主要由主体的公钥、主体的身份信息和 CA 的数字签名 3 部分组成，其生成过程如图 6.3 所示。最后，CA 负责将数字证书发布到相应的目录服务器上，供其他用户查询和获取。

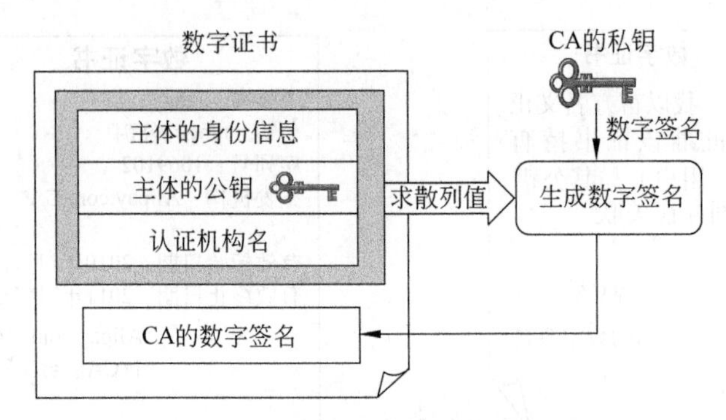

图 6.3　数字证书的生成过程

由于主体的身份信息和主体的公钥被绑定在一起，被CA用来与其私钥一起计算数字签名，而CA的私钥除了CA外任何人都不知道，因此任何人都无法修改主体的身份信息和公钥，否则验证者用CA的公钥验证CA对证书的数字签名后会发现其中的散列值和数字证书的散列值不一致。这样，数字证书就建立了主体与公钥之间的关联。

提示：数字证书除了可以将主体的公钥与身份信息绑定外，还可以将主体的某些属性（如职业、访问权限）与主体绑定，只要将数字证书中主体的公钥替换成主体的这些属性值就可以了，这时的数字证书就称为属性证书，它是X.509 v4中新增的概念。属性证书一般用于保存用户拥有的访问权限，这样就将用户的身份与他的访问权限绑定了。

2. 数字证书的特点

由此可见，通过数字证书，用户只要知道一个通信方（即CA）的公钥，就可以有保证地获得其他很多通信方真实的公钥，而且不需要用户在此之前和这些通信方有过任何意义上的接触。用户可以在公开目录中查到CA的公钥。

数字证书可以通过不需要提供安全性保护的文件服务器、目录服务系统及其他的通信协议分发。这是因为：

(1) 公钥没有保密的必要，因此数字证书中的公钥也不需要保密。

(2) 数字证书具有自我保护的功能，即数字证书中包含的CA的数字签名能提供鉴别和完整性保护。如果数字证书的内容在传送给用户的过程中被攻击者篡改了，持有CA公钥的用户能够检测到这种更改，因为能够验证其中的数字签名是不正确的。

用户的数字证书除了能放在目录中以供他人访问外，还可以由用户直接发给其他用户。用户B得到用户A的数字证书并验证后，可相信数字证书中A的公钥确实是A的。

3. 数字证书的有效期

为了安全起见，密钥是有生命期的，这意味着用户的某个公私钥对也是不可以永远用下去的。对于一个好的密码系统来说，其设计原则就是要求密钥对的生命期是有限的，以此减少密码被破译的机会，并抑制发生泄露的可能性。而数字证书中存放了公钥，因此数字证书也存在有效期的问题，需要对它进行有效期的检验。

实际上，数字证书在生成时就有一个预定的有效期，包括有效起始日期和有效终止日期。

6.1.3 数字证书的生成步骤

生成数字证书需要以下几个步骤：①生成密钥对；②提交用户的身份信息和公钥；③RA 验证用户信息和私钥；④生成证书。整个过程如图 6.4 所示。

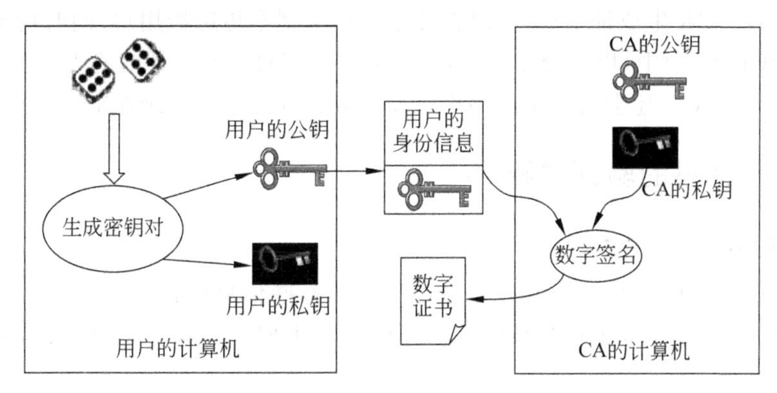

图 6.4 数字证书的生成过程

1. 生成密钥对

用户可以使用某种软件随机生成公私钥对，这个软件通常是 Web 浏览器或 Web 服务器的一部分，也可以使用特殊的软件程序。也就是说，Web 浏览器等软件内置了生成密钥对的功能。

提示：注册机构(RA)也可以为用户生成密钥对，这种方法对一些像智能卡那样的密钥对持有系统是很有必要的，因为这类系统处理能力有限，无法安装密钥对生成软件。这种方法的缺点是注册机构知道用户的私钥，而且注册机构将私钥发给用户的过程中可能会被攻击者窃取。

2. 提交用户信息和公钥

用户将生成的私钥保密，然后把身份信息、公钥和其他信息(如 Email 等)发送给 RA。为了防止信息在发送的过程中被截获并被篡改，通常使用 CA 的公钥将这些信息加密后再发送。

3. RA 验证用户信息和私钥

RA 要对用户提交的信息进行验证。

首先，RA 要验证用户的身份信息是否合法并有资格申请证书，如果用户已经在该 RA 申请过证书了，则不允许重复申请。

其次，RA 必须检查用户是否持有证书请求中的公钥对应的私钥，这样可表明该公钥确实是用户的。RA 可以使用下列方法之一进行这个检查。

(1) RA 要求用户用私钥对其提交的信息进行数字签名。如果 RA 能用这个用户的公钥验证用户的数字签名，则可以相信用户拥有该私钥。

(2) RA 也可以生成随机挑战，用用户的公钥加密，将加密后的随机挑战发送给用户。如果用户能用私钥解密，则可以相信用户拥有该私钥。

(3) RA可以对用户生成一个哑证书，把哑证书用用户的公钥加密，将其发送给用户。用户要想取得明文证书，必须用其私钥解密。

4. CA生成证书

如果证书的申请被批准，CA就把证书申请转化为证书，主要工作是用CA的私钥对证书进行签名。CA生成证书后，可以将证书的一个副本传送给用户，同时把证书存储到目录服务器(证书库)中，以便公布证书，公众通过访问目录服务器就能查询和获取CA颁发的证书。另外，CA还会将数字证书生成及发放过程的细节记录在审计日志中。

6.1.4 数字证书的验证过程

1. 信任数字证书的依据

人们信任数字证书并不是因为它包含用户的某些信息(特别是公钥)。数字证书只不过是一个计算机文件，任何人都可以用任何公钥生成一个数字证书文件，并在业务中使用这个数字证书。

在生活中，人们信任某个证书(如身份证)，无非是因为它满足两个条件：

(1) 证书必须是真实的，而没有被篡改或伪造。如果一个证书经验证发现是伪造的，人们肯定不会信任该证书。

(2) 颁发证书的机构必须是某个可以信任的权威机构。如果是一家小店颁发的证书，即使这个证书是真实的(确实是该小店颁发的)，人们也不会信任它。

同样，如果数字证书满足上述两个条件，即证书是真实的，而且颁发证书的机构是可以信任的，人们就信任它。验证数字证书是否可信就是验证它是否满足这两个条件。其中，验证证书的真伪可以通过验证证书中CA的数字签名实现，而验证颁发该证书的机构(CA)是否可信，需要检查CA颁发的证书的证书链。

这样，一个可信任的CA用它的私钥对某个数字证书签名，就表示："我已经对这个证书进行了签名，保证这个公钥是指定用户的，请相信我。"

2. 数字证书的验证过程

数字证书的验证和普通证书的验证类似，分为两步：

(1) 验证该数字证书是否是真实有效的。

由于CA用其私钥对证书进行了签名，因此，可以用CA的公钥解密证书的签名，看能否设计证书，如果设计工作成功，就认为证书是真实的。接下来检查证书是否在有效期内，是否已经被撤销，如果没有被撤销并在有效期内，则认为证书是有效的。

(2) 检查颁发该证书的CA是否可以信任。

这一步首先要假定验证者信任给自己颁发证书的CA(因为验证者主动在CA申请了数字证书，表明该CA肯定是验证者信任的。例如，某人申请了支付宝的证书，就可以假定他信任支付宝网站)，然后将自己的CA作为信任锚点(信任起始点)。

如果验证者收到李四的数字证书，发现李四的证书和他的证书是同一CA颁发的，则验证者可以信任李四的证书，因为验证者信任自己的CA，而且已经知道自己CA的公钥，可以用该公钥验证李四的证书。

但是如果李四的数字证书是另一个CA颁发的，验证者怎么判断颁发李四证书的CA是否可信呢？这就要通过验证该证书的证书链来解决。证书链也称认证链，它由最终实体证书到根证书的一系列证书组成，所谓证书链的验证，是通过证书链追溯到可信赖的CA的根。因为在同一个PKI信任域中的CA与CA之间是互相关联的，所有CA组成一个层次结构，如图6.5所示。

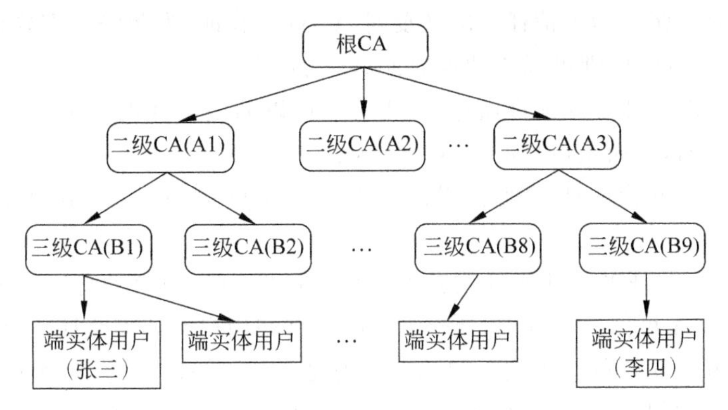

图6.5　CA的层次结构

从图6.5可以看出，证书机构的层次结构从根CA开始，根CA下面有一个或多个二级CA，每个二级CA下面又有一个或多个三级CA，等等。上级CA颁发证书对它的直接下级CA进行认证。例如，信任给自己颁发证书的三级CA，就意味着信任该三级CA的所有上级CA和根CA。就像信任某个区公安分局（三级CA）颁发的身份证，就意味着信任公安部（根CA）。因此，只要被验证的证书和验证者自己的证书有着共同的根CA或父级CA，那么验证者就可以信任被验证者的CA。

具体来说，验证者可以从李四的证书开始，逐级验证颁发该证书的CA和上级CA，一旦发现有上级CA和自己的上级CA相同，就可以信任李四的CA。逐级验证证书的CA及其上级CA的过程是：首先从被验证的证书中找到颁发该证书的上级CA名，通过该CA名查找到该CA的证书（因为CA的证书是公开的，可以在网上获取），如图6.6所示。

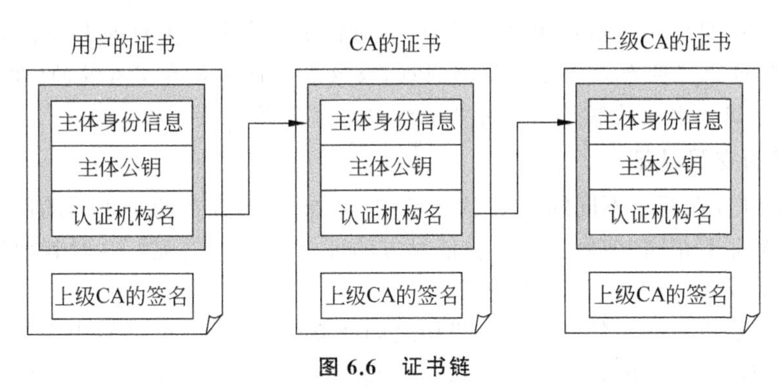

图6.6　证书链

例如，张三（验证者）的CA在图6.5中为B1，李四的CA为B9。显然，张三不能直接知道B9的公钥。为此,李四除了自己的证书外,还要向张三发出其CA(B9)的证书,即告诉张三B9的公钥。这样,张三就可以用B9的公钥验证李四的证书了。

这样又引出了另一个问题,张三怎么相信B9这个CA的证书是可以信任的呢?如果李四发送的是假证书,而不是B9的证书呢?因此,张三还要验证B9的证书,而B9的证书是由A3签发和签名的,张三必须用A3的公钥验证B9的证书,为此,张三还需要A3的证书。同样,张三为了信任A3,还要对A3进行验证,为此张三需要根CA的证书,如果得到根CA的证书,则可以成功地验证A3的证书。

如果所有层次的证书验证都通过了,张三就可以断定李四的证书确实是从根CA一级一级认证下来的,从而是可信的。这是因为:

(1) 用户的证书验证通过就表明该证书是真实可信的,前提是颁发该证书的CA可信。

(2) 一个CA的证书验证通过就表明该CA是可信的,前提是它的上级CA可信。

因此,在根CA可信的前提下,所有CA的证书和用户的证书验证通过就意味着所有CA是可信的,并且用户的证书也是可信的。但是,怎么验证根CA是否可信呢?由于根CA是证书链中的最后一环,怎么验证它的证书(即验证它是否可信)呢?谁给根CA颁发证书呢?

好在这个问题容易解决,根CA(有时候甚至是二级或三级CA)能够自动作为可信任CA。例如,当用户下载自己的证书时,该PKI机构或网站的根CA证书在一开始就下载并安装到用户的浏览器中,而且用户浏览器中还可能有预编程(硬编码)的根CA证书,表示用户无条件地信任这些根CA。根CA证书是一种自签名证书(self-signed certificate),即根CA对自己的证书签名,因此这个证书的颁发者名和主体名都指向根CA,如图6.7所示。用根CA证书中的公钥即可验证根CA的证书。

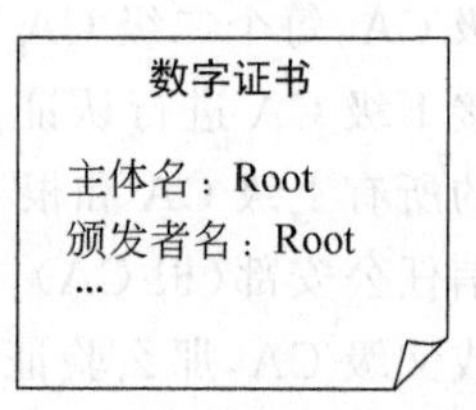

图6.7 自签名证书

因此,证书验证的目的是在一个实体A的公钥证书(信任锚)与一个给定的实体B的公钥证书(即目标证书)之间找到一条完整的证书链,并检查其中的每个证书的合法性和有效性。证书链验证即验证证书链中每个证书的主体名与证书公钥的安全绑定。这个绑定是由证书中具体指定的约束实现的,即通过证书签发者CA对证书签名实现绑定。

提示:经过上述两个步骤验证证书通过,仅仅表明证书是真实有效的(即确定了证书中的用户和公钥之间的关联性),但并不能保证证书是属于某人的。

3. 证书的交叉认证

如果A和B在两个不同的PKI信任域中(例如A和B在两个不同的国家),他们的证书连根CA都不相同,他们又怎样验证对方的证书是否可信呢?这时就要用到交叉认证(cross-certification)和交叉证书的概念了。

为了在以前没有联系的两个认证机构之间建立信任关系,可以使用交叉认证。交叉认证是一种把以前无关的认证机构联系在一起的机制,它使得在多个认证机构的各自信任域之间进行安全通信成为可能。常见的交叉认证是域间交叉认证,即不同信任域中的两个CA之间进行的交叉认证。

例如,A 和 B 的根 CA 不同(设分别为 CA1 和 CA2),但是这两个根 CA 进行了交叉认证:A 的根 CA(CA1)颁发了一个证书给 B 的根 CA(CA2),证明 B 的根 CA 可以信任;同样,B 的根 CA 也颁发了证书给 A 的根 CA,证明 A 的根 CA 可信。那么 A 和 B 就可以相互信任对方的证书了。这时用户 A 能够使用 CA1 的公钥验证 CA1 颁发给 CA2 的证书,然后用现在已经信任的 CA2 的公钥验证用户 B 的证书。这样,用户 A 和 B 的信任域都能够扩展到 CA1 和 CA2 的主体群。

交叉认证既可以是单向的,也可以是双向的。CA1 交叉认证了 CA2,而 CA2 没有交叉认证 CA1,就是单向认证;如果 CA1 认证了 CA2,而且 CA2 也认证了 CA1,就是双向交叉认证,它将产出两个不同的交叉证书,如图 6.8 所示,可见交叉证书是由不在同一个信任域中的一个 CA 颁发给另一个 CA 的证书,由颁发证书的一方用其私钥签名。双向交叉认证更为常见,例如,在想使安全通信成为可能的企业之间就采用双向交叉认证。

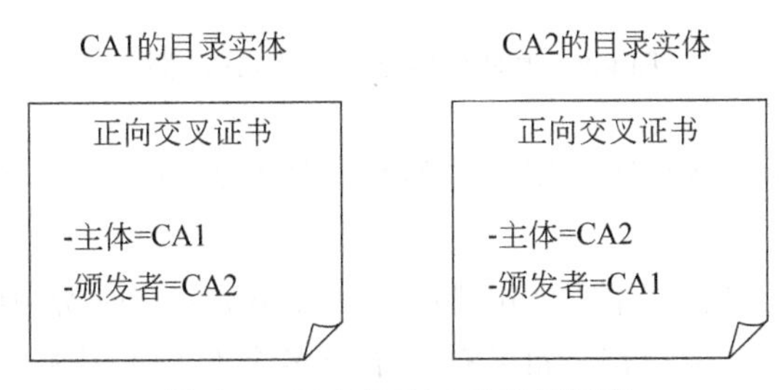

图 6.8 CA1 和 CA2 的交叉证书

提示:如果两个证书的根 CA 不相同,并且它们的根 CA 之间也没有进行任何形式的交叉认证,即这两个根 CA 之间没有任何联系,在这种情况下双方是无法认证对方证书的有效性的,这时只能由用户主观选择是否信任对方的证书。在我国,由于 PKI 体系建设不完善,目前还没有一家权威的全国性的认证机构(根 CA),各个企业通常自己建设根 CA 来为自己的产品和用户服务,这些企业的 CA 之间是无法相互认证的。在 PKI 体系建设完善的发达国家,则通常存在一个全国性的根 CA。

6.1.5 数字证书的内容和格式

为了保证各个 CA 签发的证书具有通用性,证书必须具有标准的内容和格式。目前数字证书的格式一般遵循 ITU 的 X.509 v3 标准。

基本的数字证书格式如图 6.9 所示。

它包含如下内容:

(1) 版本号:代表数字证书的版本格式是 X.509 标准的哪个版本,目前一般是 v3。

(2) 证书序列号:由认证机构发放的代表该数字证书的唯一标识。

(3) 签名算法:认证机构对数字证书进行签名使用的数字签名算法。例如,sha1RSA 表示使用 SHA-1 散列算法求得证书的消息摘要,再使用 RSA 算法对摘要签名。

(4) 证书颁发者:颁发该数字证书的 CA 的 X.500 名称。不同的 CA,该名称是不同的。

(5) 有效期:数字证书的有效起始和终止日期。

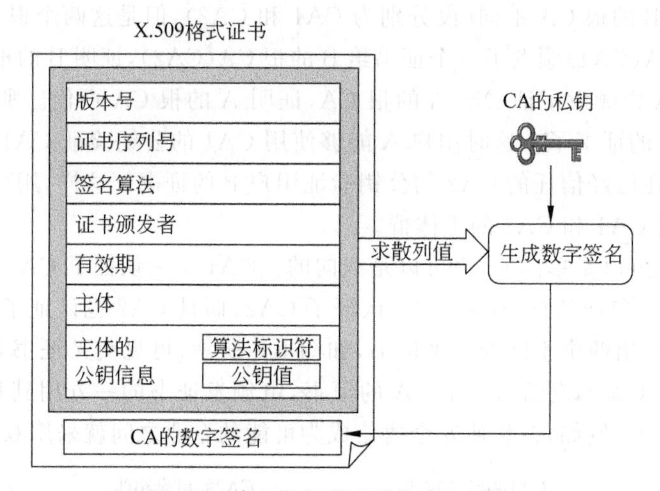

图 6.9 基本的数字证书格式(v1 版)

(6) 主体：与相应的被验证公钥对应的私钥持有者的 X.500 名称，即该数字证书的持有者名称。

(7) 主体的公钥信息：主体的公钥值以及该公钥被使用时所用的算法标识符。

(8) 证书颁发者唯一标识符：如果有两个或多个 CA 使用相同的颁发者名称时，该标识符使 CA 的 X.500 名称不具有二义性。这是一个可选项，v1 版本没有。

(9) 主体的唯一标识符：当不同实体具有同样的名称时，利用该标识符可使主体的 X.500 名称不具有二义性。这是一个可选项，v1 版本没有。

如果计算机中安装了数字证书，则在 IE 浏览器中可以查看证书。选择菜单“工具”→“Internet 选项”命令，在“Internet 选项”对话框的“内容”选项卡中单击“证书”按钮就可以查看当前证书列表。双击其中的某个证书，在“详细信息”选项卡中可以查看证书的格式，如图 6.10 所示(其中，“微缩图”就是颁发者对证书的签名信息)。

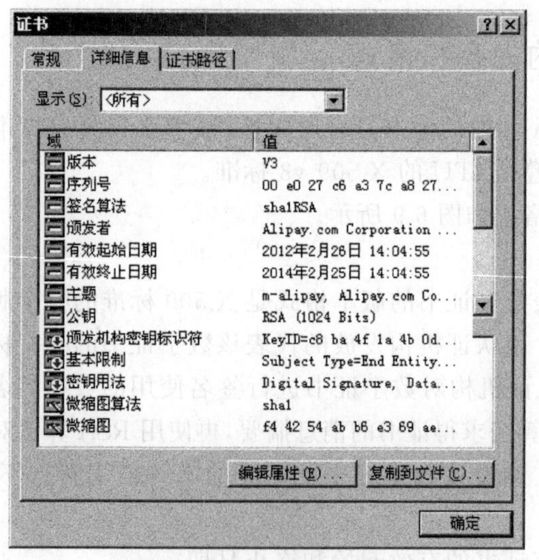

图 6.10 证书的详细信息

6.1.6 数字证书的类型

各种数字证书的状态和成本是不同的。例如,用户的数字证书可能只用于加密消息,而不用于签名消息;而商家建立联机购物网站时则可能使用高价数字证书,涉及许多功能。根据证书的用途分类,数字证书包括以下4种类型。

1. 个人数字证书

客户端的个人数字证书是用户用来向对方表明个人身份的证明,同时应用系统也可以通过个人数字证书获得用户的其他信息。目前主流的浏览器和电子邮件客户端软件(如Outlook、Foxmail等)都支持个人数字证书。浏览器使用个人数字证书主要是让服务器能够对浏览器(客户端)进行认证。

2. 服务器数字证书

服务器数字证书主要颁发给Web站点或其他需要安全鉴别的服务器,用于证明服务器的身份。服务器数字证书支持目前主流的Web服务器,例如IIS、Apache等,可存放于服务器硬盘或加密硬件设备上。服务器数字证书主要是让客户端可以鉴别服务器的真实性。由于滥用服务器数字证书可能造成严重损失(例如非法网站假冒合法网站),因此签发这类证书时要认真调查商家的身份。

3. 安全邮件证书

安全邮件证书结合使用数字证书和S/MIME技术,对普通电子邮件做加密和数字签名处理,确保电子邮件内容的安全性、机密性以及发件人身份的真实性和不可抵赖性。

4. 代码签名证书

代码签名证书为软件开发商提供对软件代码进行数字签名的技术,可以有效防止软件代码被篡改,免遭病毒和黑客程序的侵扰,同时可以保护软件开发商的版权利益,又称为开发者证书。

当然,有时一个数字证书可以同时应用于以上几种用途。也可以自己设置某个数字证书的用途。在“Internet选项”对话框的“内容”选项卡中,单击“证书”按钮,在当前证书列表中选择某个数字证书,单击“高级”按钮,就可打开如图6.11所示“高级选项”对话框。

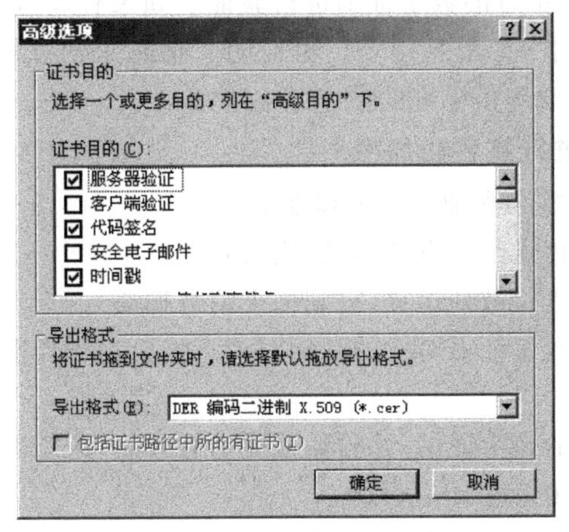

图6.11 “高级选项”对话框

6.2 数字证书的功能

数字证书有两大功能,其一是用于安全分发公钥,其二是作为主体的身份证明。

6.2.1 数字证书用于加密和签名

由于数字证书可以用来分发公钥,因此可以利用数字证书中的公钥和其对应的私钥进行加密和签名。其主要步骤和公钥密码体制中的加密和签名方法类似。

1. 使用数字证书进行加密

如果甲方要向乙方传送加密的信息,并且甲乙双方都有自己的数字证书,则传送过程如下:

(1) 甲方准备好要传送给乙方的信息(明文)。

(2) 甲方获取乙方的数字证书,并验证该证书有效后,用乙方的数字证书中的公钥加密要传递给乙方的信息(密文)。

(3) 乙方收到加密的信息后,用自己的数字证书对应的私钥解密密文,得到明文信息。

当然,如果明文数据量很大,可以结合数字信封的方式加密,即甲方只用公钥加密一个对称密钥,再用对称密钥加密明文信息。

2. 使用证书进行签名

使用证书进行签名的过程如下:

(1) 甲方准备好要传送给乙方的信息(明文)。

(2) 甲方对该信息进行散列运算,得到一个消息摘要。

(3) 甲方用自己的数字证书对应的私钥对消息摘要进行加密,得到甲方的数字签名,并将其附在信息后。

(4) 甲方将附带数字签名的信息传送给乙方(同时也可以把自己的数字证书一起传送给乙方)。

(5) 乙方收到后,对甲方的数字证书进行验证。如果有效,就用甲方的数字证书中的公钥解密数字签名,得到一个消息摘要。再对明文信息求消息摘要,并将这两个消息摘要进行对比,如果相同,就确信甲方的数字签名有效。

3. 使用证书同时进行签名和加密

使用证书同时进行签名和加密的过程如下:

(1) 甲方准备好要传送给乙方的信息(明文)。

(2) 甲方对该信息进行散列运算,得到一个消息摘要。

(3) 甲方用自己的数字证书对应的私钥对消息摘要进行加密,得到甲方的数字签名,并将其附在信息后。

(4) 甲方获取乙方的数字证书,并验证该证书有效后,用乙方的数字证书中的公钥加密要传送给乙方的信息和签名的混合体。

(5) 乙方收到加密的数据后，用自己的数字证书对应的私钥解密密文，得到信息和数字签名的混合体。

(6) 乙方获取甲方的数字证书，并验证该证书有效后，就用甲方的数字证书中的公钥解密数字签名，得到一个消息摘要。再对明文信息求消息摘要，并将这两个消息摘要进行对比，如果相同，就确信甲方的数字签名有效。

虽然数字证书里只包含了公钥，但数字证书必须由与其对应的私钥配合，才能实现各种功能。因此，数字证书所有者的计算机里必定同时保存了数字证书和与其对应的私钥。数字证书和私钥的关系有点像锁和钥匙的关系，如图6.12所示。虽然锁本身包含钥匙，但是锁肯定是配有钥匙的，锁必须和钥匙配合使用，一把没有了钥匙的锁是没有任何用处的。如果锁是某个用户的，那么他必定拥有与该锁对应的钥匙。同样，如果某个数字证书是某用户的，那么他一定拥有与该数字证书对应的私钥。

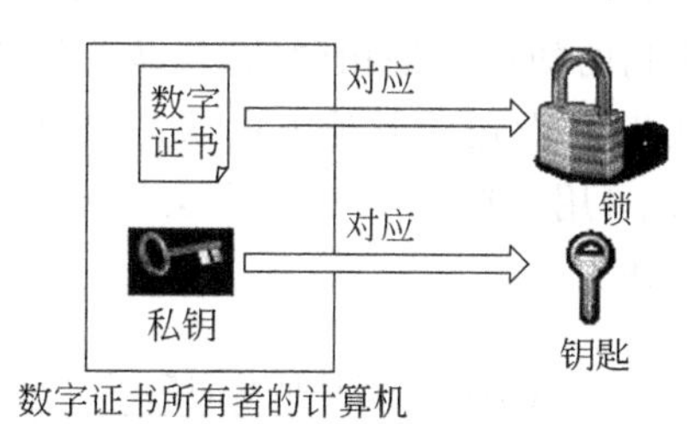

图6.12 数字证书和私钥都保存在数字证书所有者的计算机里

6.2.2 利用数字证书进行身份认证

证书验证身份

在学校里，监考老师验证考生身份的过程通常分为两步：

第一步，验证考生的证件是否是真实的。

第二步，如果证件是真实的，再验证该证件是否是考生本人的(如通过比对容貌)，防止冒名顶替者使用真证。

利用数字证书进行身份认证的思路和监考老师验证考生身份的过程很相似。即，首先验证申请者的数字证书是否真实有效，然后再验证申请者是否是该数字证书的拥有者(这可以通过验证申请者是否拥有该数字证书对应的私钥实现)。

1. 利用数字证书进行身份认证的基本步骤

如果申请者A要向验证者B表明自己的身份，并且A有一个数字证书，则验证过程如下：

(1) A产生一条数据消息M(该消息有固定的格式)，并用与自己的数字证书对应的私钥加密该消息，得到密文$E_{SK_A}(M)$，即签名数据，记为signData。

(2) A将自己的数字证书和密文$E_{SK_A}(M)$发送给B。

(3) B收到后，首先验证数字证书的真伪及有效性，验证过程包括用颁发该证书的CA的公钥验证证书的签名，再验证证书链、有效期等，如前所述。

(4) 证书验证通过后，B用A的数字证书中的公钥解密密文$E_{SK_A}(M)$。如果解密成功，则表明A拥有该证书对应的私钥，是该证书的拥有者，身份验证通过。另外，这还表明这条密文没有被篡改过，实现了完整性保护。

提示：数字证书不仅实现了用户身份和公钥的绑定，实际上还实现了用户身份和数字证书的绑定(这是为什么能用数字证书进行身份认证的原因)。因为数字证书中的主体身份信息被CA用私钥签名，任何人都不能更改数字证书中的主体身份信息，因此，如果某人能证明这张数字证书是他的，就能将数字证书作为其身份证明。

2. X.509 单向身份认证

上述认证过程实现了利用数字证书进行身份认证，但不能抵抗重放攻击。攻击者可以截获消息 $E_{SK_A}(M)$，过一会再重放给验证者。为了对抗重放攻击，A产生的一条数据消息中应该有一个时间戳 t_A、一个随机数 r_A 以及验证者的身份标识 ID_B，如图6.13所示。时间戳保护报文生成的时间和过期时间主要用于防止报文的延迟。随机数 r_A 用于保证报文的时效性和检测重放攻击，它在报文有效期内必须是唯一的，如果验证者收到的报文中的随机数与以前收到的随机数是相同的，就认为该报文是重放消息。B的身份标识 ID_B 用于防止攻击者截获A发送给其他方的认证消息，再转发给B，即防止第三方重放。图6.13中的 $E_{KU_B}(K_{AB})$ 用于向B传递一个会话密钥 K_{AB}，这是可选的。这种方式就称为X.509单向身份认证。

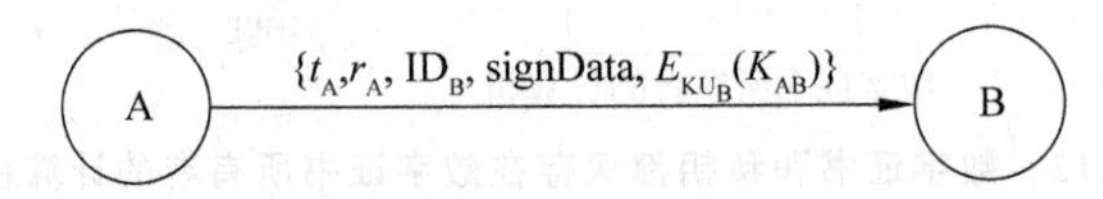

图6.13　X.509单向身份认证

3. 双向身份认证

双向身份认证需要A、B双方相互认证对方的身份。除了完成单向身份认证的第(1)～(4)步外，双向身份认证还包括以下步骤：

(1) B产生另一个随机数 R_B。

(2) B构造一条消息，并用与自己的数字证书对应的私钥加密该消息，得到密文 $D_B(M_B)$。B将自己的数字证书和该密文发送给A。

(3) A收到后，首先验证数字证书的真伪及有效性。

(4) 验证通过后，A用B的公钥解密密文 $D_B(M_B)$。如果解密成功，则表明B拥有与该数字证书对应的私钥，是该数字证书的拥有者，身份验证通过。

4. 三向身份认证

三向身份认证主要用于A、B之间没有进行时间同步的情况，如图6.14所示。三向身份认证中需要一个最后从A发送到B的报文，其中包含A对随机数 r_B 的签名。其目

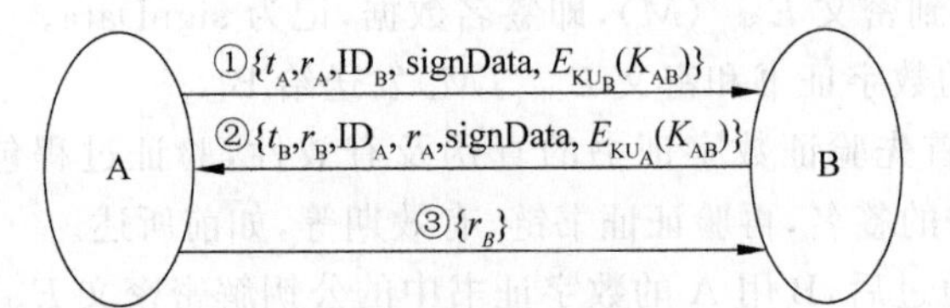

图6.14　X.509的三向身份认证

的是在不用检查时间戳的情况下也能检测重放攻击。有两个随机数 r_A 和随机数 r_B 均被返回给生成者,每一端都用它来检查重放攻击。

5. 利用数字证书进行身份认证的特点

既然身份认证可以通过口令或共享秘密等方式实现,为什么还需要利用数字证书进行身份认证呢?这是因为通过共享秘密的方式只能在小范围内实现认证,因为一个人不可能同时和很多人共享秘密,而且与自己共享秘密的人必须在以前与自己有过某种意义上的接触,否则也不可能共享秘密。

而通过数字证书则能够实现大范围的身份认证,而且不要求曾经和认证方有过接触。只要某人持有数字证书,就能够让所有以前与之从未有过接触的实体认证其身份,这就像人们持有身份证就可以在全国范围内得到身份认证一样。从根本上说,数字证书是一种基于用户拥有某种物品的身份认证方式,但这种物品是一种虚拟的物品(数字证书)。表6.2对两种身份认证机制的特点进行了比较。

表6.2 口令或共享秘密和数字证书两种身份认证方式的比较

比较因素	口令或共享秘密	数字证书
认证的依据	用户知道的某种信息	用户拥有的某种物品
实施认证的条件	认证双方以前必须有过接触	双方不需要任何意义上的接触
获得认证的范围	小范围	大范围

6.3 PKI

PKI是公钥基础设施(public key infrastructure)的简称。所谓PKI,就是一个以公钥技术为基础,提供和实施信息安全服务的具有普适性的安全基础设施。

什么是基础设施呢?基础设施就是在某个大环境下提供普遍适用的功能或服务的系统和准则。例如,电力系统是提供电力服务的基础设施,它能提供电灯、电视机、电冰箱等电器普遍适用的电能,因此可以把某个电器看成这个基础设施的一个具体应用;又如,交通基础设施提供了各种交通工具都普遍适用的交通环境。基础设施应具有以下特性:

- 具有易于使用、众所周知的接口或界面。例如,电力设施的接口就是电源插座。
- 基础设施提供的服务可以预测并且有效。
- 应用设备无须了解基础设施的工作原理。例如,电器无须考虑电力是如何产生的。

PKI是提供信息安全服务的基础设施,旨在从技术上解决网上身份认证、信息的保密性、完整性和不可抵赖性等安全问题,为电子商务、电子政务、网上银行和网上证券等各种具体应用提供可靠的、安全的服务。

从实现上看,PKI是以公钥密码体制为理论基础,以CA认证机构为核心,以数字证书为媒介提供信息安全服务功能的。其主要目的是:通过自动管理证书和密钥为用户建立一个安全、可信的网络运行环境，使用户可以在多种应用环境下方便地使用加密和数字签名技术，在Internet上验证用户的身份，从而提供保密性、完整性和不可抵赖性服务，并且这些安全服务对用户是完全透明的。

6.3.1 PKI系统的组成和部署

PKI在实际应用中是软硬件系统和安全策略的集合。它提供了一套安全机制，使用户在不知道对方身份或用户分布地域很广的情况下，以数字证书为基础，通过一系列信任关系实现信息的保密性、完整性和不可抵赖性。

一个典型的PKI系统包括PKI策略、软硬件系统、认证机构、注册机构、证书库、密钥备份与恢复系统、证书撤销处理系统和PKI应用程序接口等8部分组成，如图6.15所示。

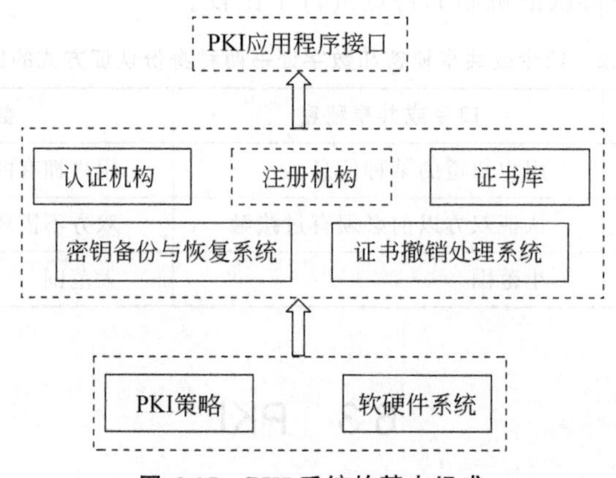

图6.15 PKI系统的基本组成

1. PKI策略

建立和运行一个PKI系统是需要一套PKI策略的。例如，CA可以为哪些人颁发证书，颁发证书的流程是怎样的，这都需要一套策略来指导。PKI策略是一个包含如何在实践中增强和支持安全策略的一些操作过程的详细文档，它建立和定义了一个组织信息安全方面的指导方针，同时也定义了密码系统使用的处理方法和原则。一般情况下，在PKI中有两种类型的策略：一是证书策略(Certificate Policy,CP)，用来说明证书的适用范围或应用分类，例如证书策略可以限定证书的用户群、用户使用证书的目的等；二是认证惯例声明(Certificate Practice Statement,CPS)，它是一份详细的文档，包括如何建立和执行CA，如何发行、接受和废除证书，如何生成、注册和鉴定密钥，以及如何确立证书的存放位置和如何让用户使用。

2. 软硬件系统

软硬件系统是PKI系统运行所需硬件和软件的集合，主要包括认证服务器、目录服务器、PKI平台、应用程序接口、数据库等。图6.16是PKI系统的软硬件系统的基础框架。其中，数据库用于认证机构数据(如密钥和用户信息等)、日志和统计信息的存储和管理。

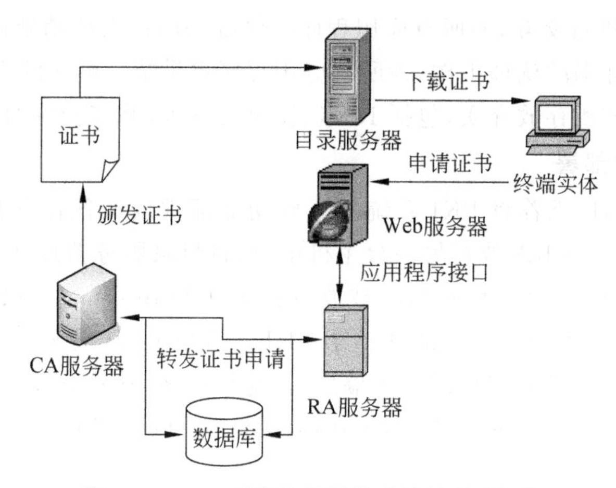

图 6.16 PKI 系统的软硬件系统的基础框架

3. 密钥备份与恢复系统

在一个 PKI 系统中，维护密钥对的备份至关重要。如果没有这种措施，当密钥丢失后，将意味着加密数据也完全丢失。因此，企业级的 PKI 产品至少应支持密钥的安全存储、备份和恢复。其功能如下：

(1) 当用户证书生成时，用户公钥即被 PKI 系统备份存储。

(2) 当需要恢复密钥时，用户只需向 CA 提出申请，PKI 系统就会为用户自动进行恢复。但须注意，密钥备份与恢复系统只能备份用户的公钥，不能备份私钥，以保证私钥只有用户知道。

(3) 归档密钥。例如，当一个公司的员工辞职时，PKI 系统管理员不仅要使该证书作废，使证书中的公钥无效，而且为了访问以前被该公钥加密的文件等信息，需要保留该公钥的备份。

4. PKI 应用程序接口

PKI 系统的价值在于使用户能够方便地使用加密、数字签名、身份认证等服务，因此一个完整的 PKI 系统必须提供良好的应用程序接口，使得各种各样的应用程序能够以安全、一致、可信的方式与 PKI 系统进行交互，同时降低管理和维护成本。

为了向应用系统屏蔽密钥和证书管理的细节，PKI 应用程序接口应该是跨平台的，并具有以下功能。

(1) 完成证书的验证工作，为所有应用以一致、可信的方式使用公钥证书提供支持。

(2) 以安全、一致的方式与 PKI 系统的密钥备份与恢复系统交互，为应用程序提供统一的密钥备份与恢复支持，向应用程序提供历史密钥的安全管理服务。

(3) 在所有应用系统中，确保用户的私钥始终只在用户本人的控制之下，阻止备份私钥的行为。

(4) 根据安全策略自动为用户更新密钥，实现密钥更新的自动、透明与一致。

(5) 为所有用户访问统一的公用证书库提供支持。

(6) 能够理解证书策略，知道何时和怎样执行证书撤销操作，以可信、一致的方式与证书撤销处理系统进行交互,向所有应用程序提供统一的证书撤销处理服务。

(7) 完成交叉证书的认证工作,为所有应用程序提供统一模式的交叉认证支持。

(8) 支持多种密钥存放介质,包括IC卡、安全文件等,并有相应的防复制技术。

5. PKI系统的部署

部署PKI系统时,推荐将PKI系统的主要功能部件放在各自分开的系统中,即,将CA放在一台主机中,将RA放在另一台主机中,而将目录服务器放在其他系统中。因为这些系统包含敏感数据,所以它们都应被放置在企业的Internet防火墙之后。CA尤为重要,因为CA出现一点问题就可能使整个PKI系统瘫痪,从而不得不重新签发所有的证书。因此建议将CA放在专设的防火墙之后,这样一来,它就可以得到Internet防火墙和企业内的防火墙的双重保护。当然,企业内的防火墙应允许CA与RA及其他系统之间进行通信。

如果不同PKI系统之间想互相访问对方的证书,它们的目录对对方必须是可用的,但与此同时,目录服务器可能包含对于组织来说比较敏感的数据,不适合公开。为了解决这个问题,一般的方法是创建一个只包含公开密钥或证书的目录,并把这个目录放在组织边界上,因此这个目录被称为边界目录(border directory)。该目录既可以放置在企业防火墙之外,也可以放置在企业内部网的DMZ中,这样它既可以公用,又可以被较好地保护起来而不受攻击,图6.17是PKI系统的物理拓扑结构。

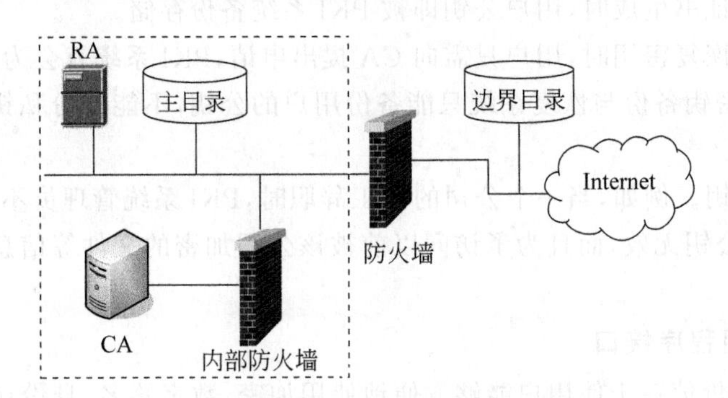

图6.17 PKI系统的物理拓扑结构

企业内部网内的主目录服务器将会定期以新证书刷新边界目录或更新现有证书。企业内的用户可以使用主目录,而其他系统或组织的用户只能使用边界目录。例如,当组织A中的用户想向组织B中的用户发送加密电子邮件时,用户A将从组织B的边界目录中寻找用户B的证书,然后用该证书中的公钥将电子邮件加密。

6.3.2 PKI管理机构——CA

CA是负责发放和管理数字证书的权威机构。CA是PKI的核心执行机构,是PKI的主要组成实体。

数字证书为网上各实体提供身份证明,还能实现通信各方信息的加密和签名传输。数字证书具有唯一性,它将实体的公开密钥同实体本身联系起来。为此,数字证书的来源必须是可靠的，这就意味着要有一个网上各方都信任的机构专门负责数字证书的发放和管理，这个机构就是CA。正是各级CA的存在组成了整个电子商务的信任链，如果CA不安全或CA发放的数字证书不具有权威性、公正性和可信赖性，那么电子商务的安全就无从谈起。

CA又叫作认证中心，是电子商务安全中的关键环节，也是电子交易中信赖的基础。CA通过自身的注册审核体系检查核实申请数字证书的用户身份和各项相关信息，使参与网上活动的用户属性的客观真实性与数字证书的真实性一致。CA作为权威的、可信赖的、公正的第三方机构，类似于现实生活中公证人的角色，专门负责数字证书的整个生命周期的管理，承担PKI中公钥合法性检验的责任。其作用包括发放证书、查询证书、更新证书、撤销证书和证书归档。

1. 发放证书

CA为每个合法的申请者发放一张数字证书，数字证书的作用就是证明用户是证书中公钥的合法拥有者。CA的数字签名使得攻击者不能伪造和篡改数字证书，当通信双方都信任同一个CA时，双方就可以安全地得到对方的公钥，从而能进行加解密通信或签名/验证签名。

2. 查询证书

数字证书的查询可分为两类：一是数字证书申请的查询，CA根据用户的查询请求返回当前用户数字证书申请的处理过程；二是用户数字证书的查询，这类查询由目录服务器完成，目录服务器根据用户的请求返回适当的数字证书。

3. 更新证书

CA颁发的每一个数字证书都存在有效期，证书的有效期实际上就是密钥对的生命期。密钥对生命期的长短由签发证书的CA确定，各CA的数字证书有效期可有所不同，一般为2～3年。当用户的私钥被泄露或数字证书的有效期快结束时，用户向CA提出申请，就可以产生新密钥对，更新数字证书。

4. 撤销证书

在数字证书过期以前，由于某些原因可能需要撤销数字证书，以停止该证书的使用，常见的撤销数字证书的原因如下：

(1) 数字证书持有者报告说该证书对应的私钥被破解了(如被盗了或泄露了)。

(2) CA发现签发数字证书时有错误(如用户提交的资料有错误或CA本身出错)。

(3) 数字证书持有者辞职了，而该证书是其在职期间签发的。

这时，CA就要启动数字证书撤销程序。首先，CA要知道这个数字证书撤销请求。其次，CA要先鉴别数字证书撤销请求的合法性，再判断是否接受数字证书撤销请求，否则别人可以滥用数字证书撤销请求撤销属于别人的数字证书。

1) 证书撤销列表

撤销数字证书的原理很简单。CA将已经撤销的数字证书记录在一张表里，这张表称为证书撤销列表(Certificate Revocation List，CRL)，CRL又被称为证书黑名单，由CA周期性地发布。简单地说，CRL由经过CA签名的所有被撤销的数字证书的序列号组成,CRL的完整性和真实性由CA的数字签名保证。CA将CRL存入证书库。证书验证者定期查询和下载CRL,根据CRL是否包含被查询的数字证书的序列号判断该证书是否有效。如果包含,则说明该证书已经被撤销,被撤销的数字证书将不再值得信任。

CRL的发布格式遵循CRL v2标准。CRL中记录着所有被撤销的数字证书的序列号、撤销的时间和撤销的原因(可选),其格式如图6.18所示。

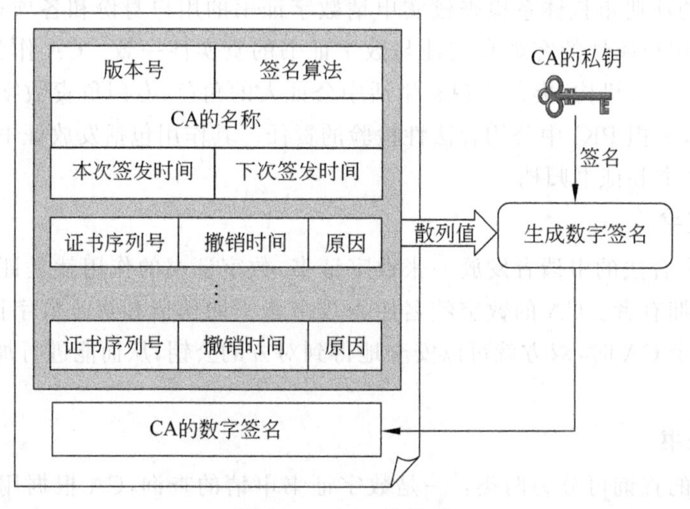

图6.18 CRL的格式

每个CA都可发布自己的CRL,并对该CRL进行签名,因此,CRL很容易验证真伪。CRL就是一个顺序文件,随着时间的推移而增长,它包括了有效期内因故被撤销的所有数字证书。

CRL机制存在两个问题。第一个问题是CRL的规模性。在实际网络环境中,CRL的大小正比于该CA所在域的终端实体数、证书有效期以及证书的撤销概率。而撤销信息必须在已颁发证书的整个有效期内都存在。这就有可能导致某个CA的CRL变得异常庞大。第二个问题是CRL的及时性。CRL是周期性发布的,如每个星期更新一次,而证书撤销请求的到达却是随机的,那么在这个星期中某天被撤销的证书被公布到CRL中可能有几天的延迟。导致该证书的状态出现不一致,这显然是很危险的。例如,一个泄密私钥的证书可能在一天内就会造成巨大的破坏。这严重影响到数字证书的服务质量。

2) 在线证书状态协议

为了弥补CRL及时性差的缺陷,人们设计了在线证书状态协议(Online Certificate Status Protocol,OCSP),它可以在线及时查询证书的状态,包括证书是否被撤销,这在一定程度上弥补了CRL的不足(CRL是离线的和定期更新的)。但是OCSP的成本也较高。

OCSP实际上是一个简单的请求-响应协议,它提供了一种从可信赖的第三方(OCSP响应器)那里获取在线证书撤销信息的手段。具体过程是:客户端发送一个证书状态查询请求(称为OCSP请求)给OCSP响应器,并且等待OCSP响应器返回一个响应。返回的响应包含OCSP的数字签名，以保证它来自OCSP响应器并且在传输过程中没有被篡改过。签名密钥可以属于颁发证书的CA、可信赖的第三方或者经过CA授权的实体。在任何情况下，用户都必须信任响应，这就意味着响应的签名者被用户信任。因此，用户必须得到由可信方签发的OCSP响应器的公钥证书。另外，对OCSP请求也可以进行数字签名，但这在OCSP中属于可选项。

图6.19是OCSP响应器与客户端的交互过程。OCSP客户端向OCSP响应器发送一个OCSP请求（一个OCSP请求由协议版本号、服务请求类型及包含一个或多个证书标识符的证书列表组成，证书标识符包括证书颁发者的可识别散列值、证书颁发者公钥的散列值以及证书的序列号等）。OCSP响应器返回签名后的证书状态信息，“正常”表示该证书仍然有效，“撤销”表示该证书已经被撤销，“未知”表示OCSP响应器无法判断证书的当前状态。如果一个证书的状态是“撤销”，就需要标明证书撤销的具体时间，还可能包括撤销的原因（可选项）。

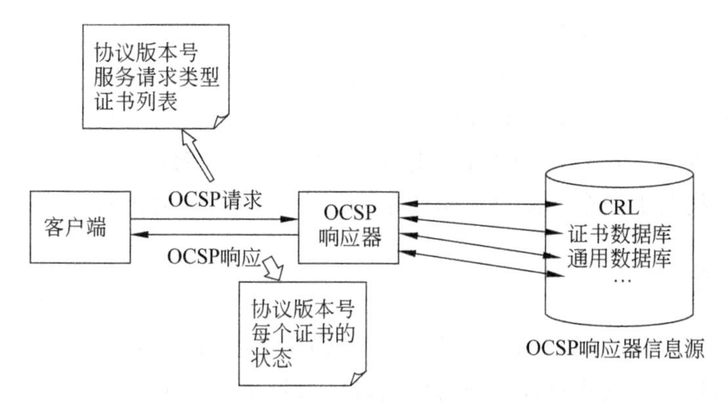

图6.19 OCSP响应器与客户端的交互过程

与CRL机制相比，OCSP能够及时地反映证书状态。但是它仍然存在一些缺陷：第一，OSCP没有规定收集证书撤销信息的方法，因此，在实现时仍需借助CRL收集证书撤销信息；第二，由于OCSP响应器必须对每个OCSP响应进行数字签名，因此，当大量OCSP请求同时到达时，会严重降低系统的性能。

5. 证书归档

数字证书具有一定的有效期，过了有效期就会作废。但是不能将作废的数字证书简单地删除，因为有时可能还要验证以前的某个交易过程中产生的数字签名，这时就需要查询作废的数字证书。基于这个考虑，CA还应具有管理作废的数字证书和私钥的功能。

6.3.3 注册机构——RA

由于CA的任务有很多，如签发新证书、维护旧证书、撤销因故无效的证书等，因此可以将受理证书申请的工作转交给第三方——RA。作为CA发放、管理证书功能的延伸，RA负责证书申请者的信息录入、审核以及证书发放等工作。从技术上看，RA是用户与CA之间的中间实体，帮助CA完成某些日常工作，其作用如图6.20所示。RA就好比公司的前台接待员，负责用户的证书申请，再将这些申请转交给CA处理。一个RA只对一个CA负责，但一个CA可以拥有多个RA。

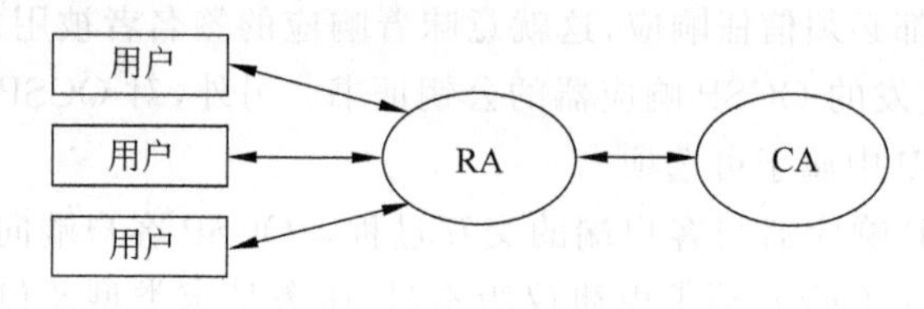

图 6.20 RA 的作用

RA 通常提供下列服务：

- 接收与验证用户的注册信息。
- 为最终用户生成密钥(可选)。
- 接收与授权密钥备份与恢复请求。
- 接收与授权证书撤销请求。

在CA与用户之间加上RA的另一重要原因是使CA成为隔离实体，这样攻击者就不能直接访问CA，因此CA更不容易受到安全攻击。由于用户只能通过RA与CA通信，因此可以将RA与CA之间的通信线路高度保护起来，例如将CA放置在企业内部网中，将使这部分线路更安全。需要说明的是，RA是一个可选的机构。

6.3.4 证书库

证书库用于存储证书和CRL，发布证书和CRL给终端实体，是网上的一种公共信息库，供广大公众进行开放式查询。证书库通过证书目录(certificate directory)提供证书的存储管理和分发功能，对应的服务称为目录服务(Directory Service，DS)。

1. 证书目录的特点

证书目录从本质上说就是数据库，但它与一般的数据库又有区别，主要区别如下：

- 数据库中的信息经常会发生变化；相反，阅读证书目录信息的需求远远超过更改证书目录信息的需求，所以证书目录的变化较少。
- 由于证书目录本身包含数据，故证书目录环境与数据库一样需要保证绝对的数据完整性，但证书目录可以容忍数据一致性的轻微滞后。
- 数据库通常存储在单一的服务器上，数据库的副本一般用于备份。而证书目录支持分布式存储，它通常被复制并可在许多服务器上获得，是分散维护的，每个服务器只负责本地证书目录部分，可以即时进行更新和维护操作。这意味着每个证书目录的副本可以接受微小的不同时间段的更新，即目录能容忍数据一致性的轻微滞后。

2. 证书库的功能

最常用的目录技术是轻型目录访问协议(Lightweight Directory Access Protocol，LDAP)。LDAP是在X.500的基础上开发的目录访问协议，它在目录模型上与X.500相兼容，但比X.500更简单，实施起来更友好。LDAP是一种用于访问存储在目录中的信息(如数字证书信息)的有效的标准协议。支持LDAP的目录系统能够支持大量的用户同时访问,对检索请求有较好的响应能力,能满足大规模和分布式组织请求的要求。

证书库提供的功能如下：

- 存储证书和CRL。证书库存储证书和CRL并形成目录系统以供查询。
- 提供证书和CRL。根据证书信任方的请求,证书库提供证书的副本。目前,很多厂商都支持LDAP,提供证书查询功能。
- 确认证书状态。当证书信任方已经获得了某人的证书,仅需要查询证书的合法性时,证书库能提供简单的状态标记信息以验证合法性,而不提供整个证书的副本,其目的是提高查询效率。

3. 证书目录项的格式

证书目录通常采用X.500目录格式。尽管X.509数字证书标准并没有限定只能和X.500目录系统一起使用,但在其第1版和第2版的基本数字证书格式中却只能使用X.500名称确定主体和证书发放者的名称。下面对X.500目录作简要介绍。

一个X.500目录由一系列目录项组成。每个目录项对应现实世界中的一个对象,如某个人、组织或设备。X.500目录中的每个对象都有一个无二义性的名称,称为区别名(Distinguished Name,DN)。一个对象的目录项中包含了有关该对象的一系列属性值。例如,关于某人的目录项可能包含了其名称、电话号码及Email等属性值。

为支持无二义性命名的需要,所有的X.500目录项在逻辑上被组织成树状结构,称为目录信息树(Directory Information Tree,DIT)。目录信息树有一个概念上的根节点和数目不限的非根节点。除根节点外,每个节点都对应一个目录项,并有一个区别名。根节点的区别名为空。

一个目录项的区别名是由该目录项在目录信息树上的直接上级目录项的区别名和其自身的相对区别名(Relative Distinguished Name,RDN)组合构成的,RDN用于区分在同一目录项下的各个直接下级目录项。

目录项的相对区别名是关于该目录项的一个或多个属性值的描述。更确切地说,它是一系列属性值的声明,是关于目录项的可辨别值(具有唯一性的属性值)的声明,每个声明都必须是真实的。在实际中,相对区别名是一个属性值的等式形式的说明,如某人的相对区别名可能是CN＝tangsix(CN代表Common Name)。

6.3.5 PKI的信任模型

PKI用户之间通过CA和证书建立相互信任的关系。然而,在实际的网络环境中,一般不可能只有一个CA。不同用户的证书可能来自不同的CA,而用户并不是都信任同一个CA,这就要求在CA之间以及CA和用户之间建立信任关系。信任模型建立的目的就是确保一个CA签发的证书能被另一个CA的用户信任。

要实现CA之间互相信任,最可行的办法就是在多个独立运行的CA之间实行交叉认证。交叉认证是建立在信任模型基础上的。信任模型主要阐述以下几个问题：一个PKI用户能够信任的证书是怎样被确定的？这种信任是怎样建立的？在一定的环境下,这种信任如何被控制?

1. 信任模型的相关概念

信任模型的相关概念有以下5个。

(1) 信任。如果一个实体假定另一个实体会严格并准确地按照它所期望的那样行动,那么它就信任该实体。从这个定义可以看出,信任涉及假设、期望和行为,信任包含了双方的一种关系以及对该关系的期望,而期望是一个主观概念,因此信任是主观的,而且是与风险相联系的。在PKI中,可以把信任的定义具体化为:如果一个用户假定CA可以把任一公钥确切地绑定到某个实体上,则他信任该CA。或者说,如果一个用户相信与某一公钥对应的私钥不仅正确,而且有效地被某一特定的实体所拥有,则用户就可以说该公钥是可信任的。

(2) 信任锚(trust anchor)。是PKI体系中的信任起点。在信任模型中,当可以确定一个实体身份或者有一个足够可信的身份签发者证明该实体的身份时,才能做出信任该实体身份的决定,这个可信的身份签发者就是信任锚。信任锚通常是实体自身所在的CA。

(3) 信任域(trust domain)。人所处的环境会影响他对其他人的信任程度。例如,一个人通常会对组织内的人员比对组织外的人员有着更高的信任水平。在一个组织中,人们对已有的人事关系和运作模式会给予较高程度的信任。如果一个群体中的所有个体都遵循同样的规则,那么称该群体在单信任域中运作。信任域是指处于公共控制下或服从一组公共策略的系统集。策略既可以明确地规定,也可以在操作过程中指定。

识别信任域及其边界对于构建公钥架构十分重要,因为使用其他信任域中的认证机构签发的证书,通常比使用同一个信任域中的认证机构签发的证书要复杂得多。

信任域简单地说就是信任的范围。识别信任域及其边界对构建PKI来说很重要。信任域可以按照行业和地理界限划分。例如,我国构建的CFCA(国家金融认证中心)、CTCA(中国电信认证中心)、SCCA(中国海关认证中心)等都是行业型CA,它们的信任域可以包括整个行业。

(4) 信任关系。在PKI中,当两个认证机构中的一方给另一方或双方相互给对方颁发证书时,两者之间就建立了信任关系。信任关系既可以是双向的也可以是单向的,多数情况下采取双向的形式,即,某实体信任另一实体时,另一实体也信任它。

(5) 信任路径(trust path)。在一个实体需要确认另一实体身份时,它先需要确定信任锚,再由信任锚找出一条到达待确认实体的各个证书组成的路径,该路径称为信任路径。信任通过信任路径进行传递。证书用户要找到一条从证书颁发者到信任锚的路径,可能需要建立一系列的信任关系。

2. PKI的信任模型

由于不可能在世界上建立一个所有潜在用户都共同信任的CA,因此,在电子商务活动中必然存在很多个CA。CA之间的结构关系(即信任关系)称为信任模型。目前常见的信任模型有以下4种。

1) 层次型信任模型

这是最常用的一种信任模型,在图6.5中给出的信任模型就是层次型信任模型。该模型是一棵翻转的树，其中树根代表根CA，它被该PKI体系中的所有实体信任。根CA下存在多级子CA，根CA为自己和直接下级子CA颁发证书。无下级的CA称为叶CA，它为用户颁发证书。除根CA外的其他CA都由其父CA颁发证书。

这种模型中的证书链始于根CA，并且从根CA到需要认证的终端用户之间只存在一条路径，在这条路径上的所有证书就构成了一个证书链。这种模型结构清晰，便于全局管理，但对于大范围内的商务活动，难以建立一个所有用户都信任的根CA。而且整个PKI的安全性都依赖于根CA，一旦根CA的私钥泄露或被破解，整个PKI体系将崩溃。

因此，根CA的私钥必须得到特殊的保护，通常是让根CA始终保持离线状态(在根CA对其他CA签发完证书，让PKI生效后)。这是可行的，因为根CA只向其下一级CA签发数字证书，其签发频率很低。相对而言，大多数CA都是在为最终实体签发证书，所以签发的频率较高，因而它们必须保持在线状态。

2) 网状信任模型

这种模型中没有实体都信任的根CA，终端用户通常选择给自己颁发证书的CA作为根CA，各根CA之间通过交叉认证的方式相互颁发证书，如图6.21所示(双向箭头表示交叉认证)。网状信任模型比较灵活，便于建立特定的信任关系，在有直接信任关系存在时认证速度快。但是，网状信任模型的信任路径复杂。而且，如果存在多条证书认证路径，就要考虑如何有效选择最短信任路径的问题。

3) 桥信任模型

在交叉验证中，网状信任模型的每一个CA需要向它信任的所有CA逐一颁发证书，如果CA比较多，则要颁发很多证书。桥信任模型也用来连接不同的PKI体系，但可克服网状信任模型的缺点。当根CA很多时，可以指定一个CA为不同的根CA颁发证书，这个被指定的CA称为桥CA，如图6.22所示。当增加一个根CA时，只需要与桥CA进行交叉认证，其他信任域不需要改变。建立桥CA后，其他根CA仍然都是信任锚，这样就允许用户保留它们自己的原始信任锚，桥CA为不同的信任域之间建立对等的信任关系。

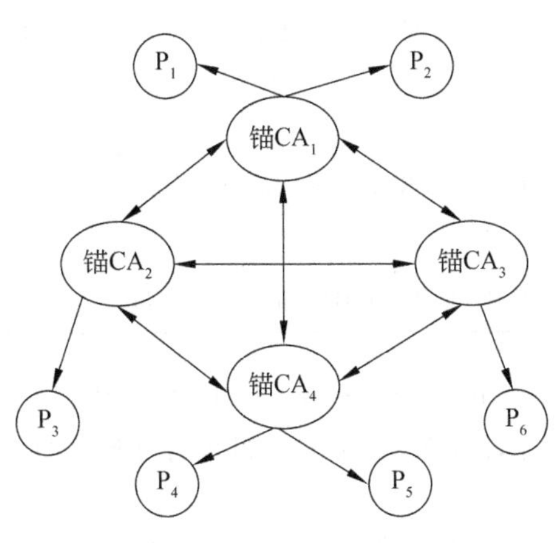

图6.21 网状信任模型

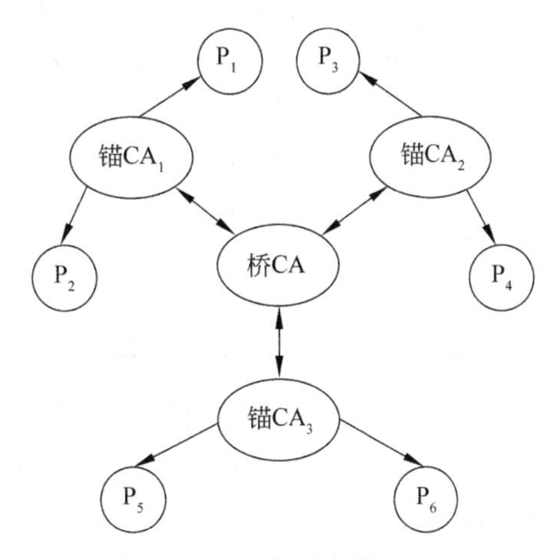

图6.22 桥信任模型

4）Web信任模型

在Web信任模型中，浏览器产品内置了多个根CA证书，用户同时信任这些根CA，并把它们作为信任锚。从本质上看，Web信任模型属于层次型信任模型，浏览器厂商起到了根CA的作用。Web信任模型虽然简单，方便操作，但因为其多个根CA是预先安装在浏览器中的，用户一般不知道这些根CA证书的来源，无法判断它们是否都是可信任的，而且没有办法废除嵌入浏览器中的根证书，一旦发现某个根密钥是"坏的"或者与根证书对应的私钥泄露了，让全世界所有浏览器用户都有效地废除那个密钥的使用是不太可能的。此外，该模型还缺少有效方法在CA和用户之间建立合法协议。如果出现问题，所有责任都只能由用户承担。

6.3.6 PKI的技术标准

PKI发展的一个重要方面就是标准化问题，它是建立互操作性的基础。为了保证PKI产品之间的兼容性，人们开展了PKI的标准化工作。PKI标准一方面用于定义PKI，另一方面用于PKI的应用。

目前，PKI的标准经历了两代发展。

第一代PKI标准有两种。

(1) RSA公司的公钥加密标准(Public Key Cryptography Standards，PKCS)，其中包括证书申请、证书更新、证书作废列表发布、扩展证书内容以及数字签名、数字信封的格式等方面的一系列相关协议。到1999年底，PKCS已经公布了一系列标准，如表6.3所示。

表6.3 部分PKCS标准

标　准	内　容
PKCS#1	定义RSA公钥算法的加密和签名机制，主要用于组织PKCS#7中描述的数字签名和数字信封
PKCS#3	定义Diffie-Hellman密钥加密算法
PKCS#5	描述一种利用从口令派生出安全密钥加密字符串的方法。这主要用于加密从网络上传输的私钥，不能用于加密信息
PKCS#6	描述公钥证书的标准语法
PKCS#7	定义一种通用的消息语法，包括数字签名和加密等用于增强的加密机制
PKCS#10	描述证书请求语法
PKCS#12	描述个人信息交换语法标准，用于将用户公钥、私钥、证书等相关信息打包

(2) 由Internet工程任务组(Internet Engineering Task Force，IETF)和PKI工作组(Public-Key Infrastructure X.509 Working Group，PKIX)定义的一组具有互操作性的公钥基础设施协议。

大部分PKI产品为保持兼容性，同时对这两种标准提供支持。第一代PKI标准的特点是实现比较困难，但目前的PKI产品都以此为主。

第二代PKI标准是由微软公司、Versign公司和WebMethods公司联合发布的XML密钥管理规范(XML Key Management Specification,XKMS)。它由两部分组成：XML密钥信息服务规范和XML密钥注册服务规范。前者定义了用于验证公钥信息合法性的信任服务规范，使用该规范，XML应用程序可以通过网络委托可信的第三方CA处理有关认证签名、查询、验证等服务；后者定义了一种可通过网络接收公钥注册、撤销、恢复申请的服务规范，对于XML应用程序建立的密钥对，可通过该规范将公钥及其他有关身份信息发给可信的CA进行注册。

6.4 个人数字证书的使用

在很多电子商务活动中，都要求用户使用个人数字证书。例如，淘宝的支付宝网站、中国建设银行或中国农业银行的网银系统都会要求用户安装个人数字证书，从而网站可以根据证书识别用户的身份，提高交易或支付活动的安全性。

6.4.1 申请个人数字证书

下面以淘宝旗下网站——支付宝网站为例，介绍个人数字证书的申请过程。支付宝网站要求用户首先申请一个支付宝账号，支付宝网站对该账号进行实名认证后，用户就能申请数字证书了。单击图6.23中的"立即申请"按钮，就可以进行数字证书申请了。

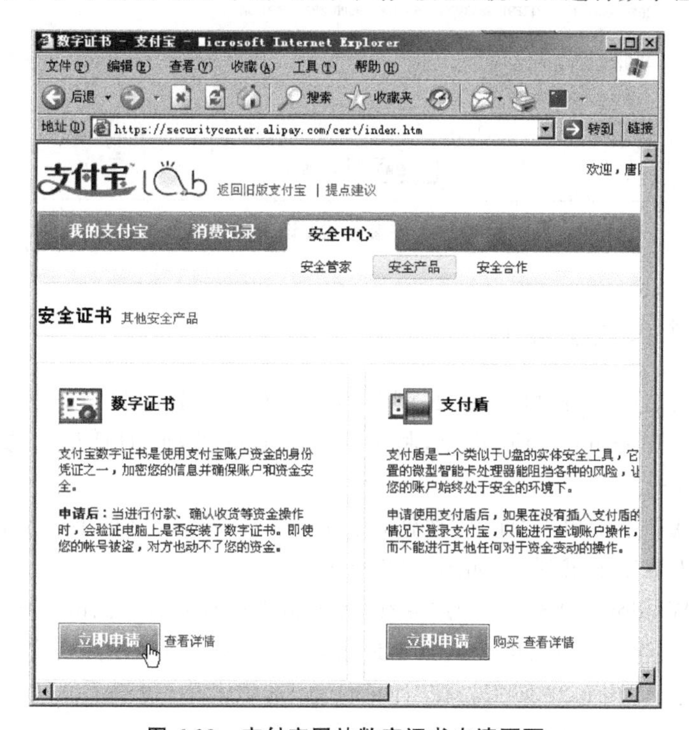

图6.23 支付宝网站数字证书申请页面

接下来，支付宝网站会要求用户安装名为“天威诚信证书助手”的浏览器插件，该插件可以方便地管理数字证书。安装完成后，网站就会向浏览器发送数字证书，此时浏览器会弹出提示框，询问用户是否信任该网站，如图 6.24 所示。用户单击“是”按钮，浏览器就会开始安装收到的证书。

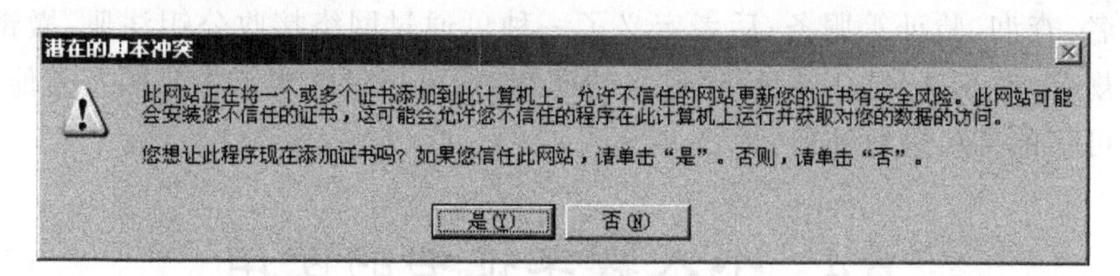

图 6.24　添加证书提示

通常，支付宝网站会要求安装两个证书。一个是支付宝网站的根 CA 证书，如图 6.25 所示。它是自签名的，只有安装了根 CA 证书才能验证其他 CA 是否合法。另一个是用户自己的证书，该证书的公钥及对应的私钥是用户的 Web 浏览器生成的，其中私钥保存在用户计算机中。

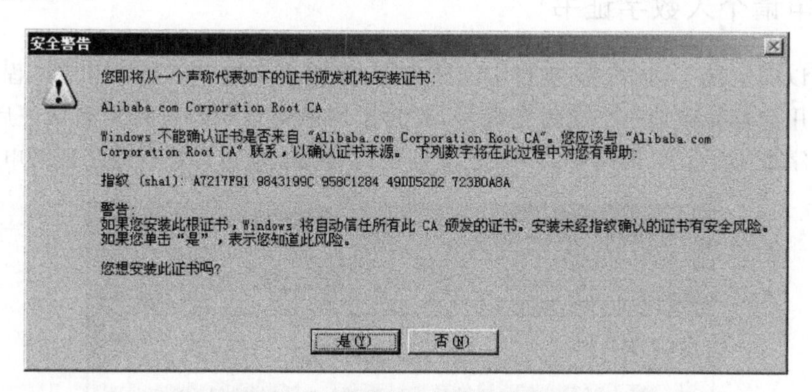

图 6.25　安装根 CA 证书的提示

6.4.2　查看个人数字证书

数字证书安装成功后，可以在 IE 浏览器中查看已安装的数字证书，方法是：在“设置”菜单中选择“Internet 选项”命令，将弹出“Internet 选项”对话框。选择“内容”选项卡，如图 6.26 所示。

在“内容”选项卡中单击“证书”按钮，就可以查看当前数字证书列表，“个人”选项卡中显示的是个人数字证书列表，如图 6.27 所示。

提示：在 Windows 开始菜单的“运行”对话框中运行 certmgr.msc 也可以查看证书。

在图 6.27 中选定要查看的个人数字证书，双击该证书或单击“查看”按钮，可查看该证书的常规信息，如图 6.28 所示。在“详细信息”选项卡中，可查看 X.509 证书各个字段的值。在“证书路径”选项卡中，可查看颁发该证书的上级 CA 和根 CA，如图 6.29 所示。

由于该证书是用户本人的，因此在图 6.28 中可看到“您有一个与该证书对应的私钥”

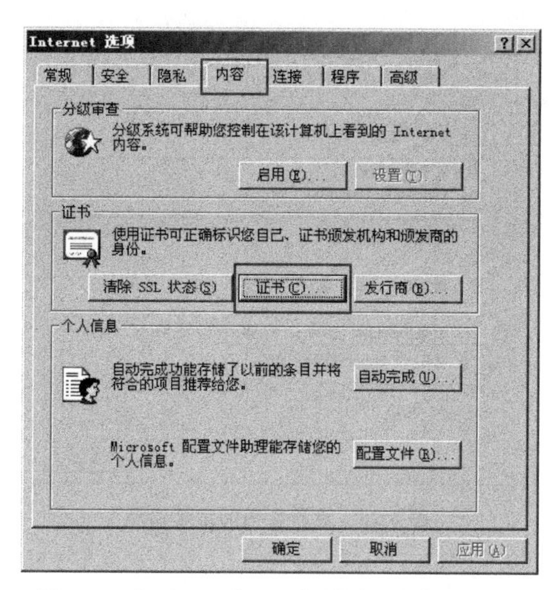

图 6.26 “Internet 选项”对话框的“内容”选项卡

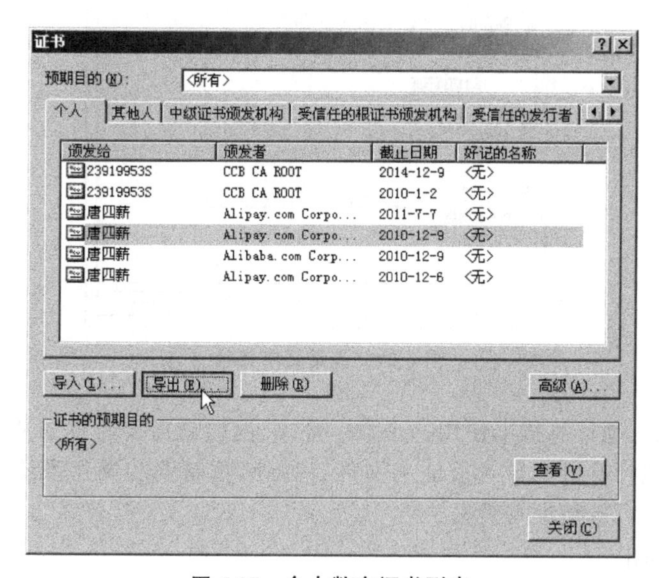

图 6.27 个人数字证书列表

的提示。如果是用户在和 CA 通信过程中获取的 CA 证书，则用户计算机中没有该 CA 证书对应的私钥。

选择图 6.27 中的“中级证书颁发机构”或“受信任的根证书颁发机构”选项卡，可以查看所有与用户有过通信的 CA 的证书。

6.4.3 个人数字证书的导入和导出

个人数字证书安装以后，就可以在本机上使用个人数字证书提供的各种功能了。但

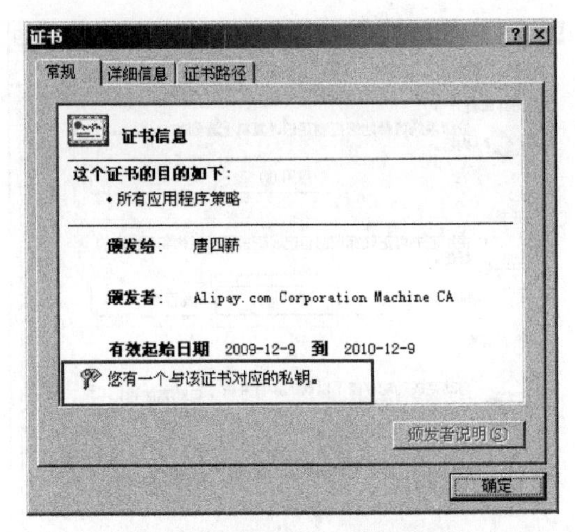

图 6.28 查看证书的常规信息

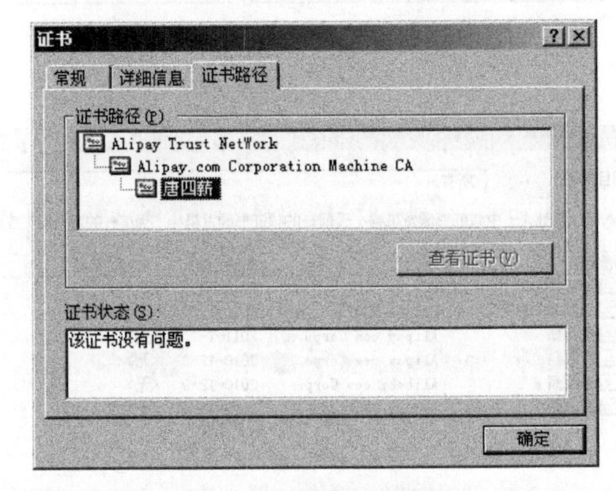

图 6.29 查看证书路径

有时可能需要在其他计算机上使用这个数字证书，这时就需要将证书从本机中导出成一个文件，再在其他计算机上导入该证书文件。另外，重新安装操作系统之前也需要将证书导出作为备份，以避免证书丢失。

1. 证书的导出

导出证书的步骤如下：

(1) 在图 6.27 所示的对话框中单击“导出”按钮，这时将弹出“欢迎使用证书导出向导”对话框，单击“下一步”按钮，将弹出如图 6.30 所示的对话框。

如果希望将导出的证书作为备份，在需要时再导入，在这里务必选择将私钥和证书一起导出，因为证书没有私钥的配合就是不完整和无效的，以后也没有办法再导入和使用了。

提示： 导出某些证书时，“是，导出私钥”选项可能是灰色的，也就是无法导出私钥，这通常是因为安装证书时选择了“私钥不可导出”选项，这将导致该证书只能在本机上使用。

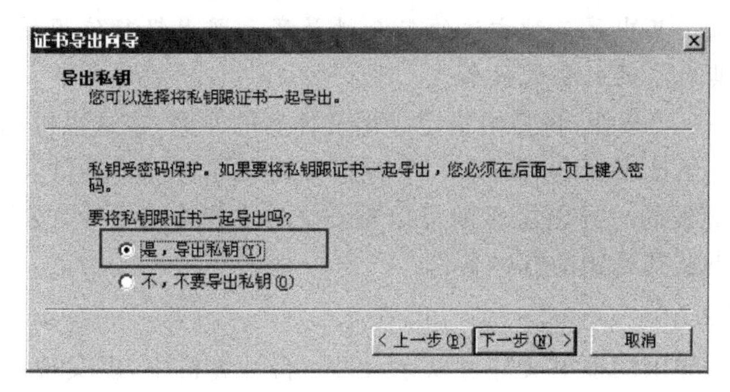

图 6.30 “证书导出向导”对话框

(2) 单击“下一步”按钮，将弹出如图 6.31 所示的设置证书导出文件格式的界面。

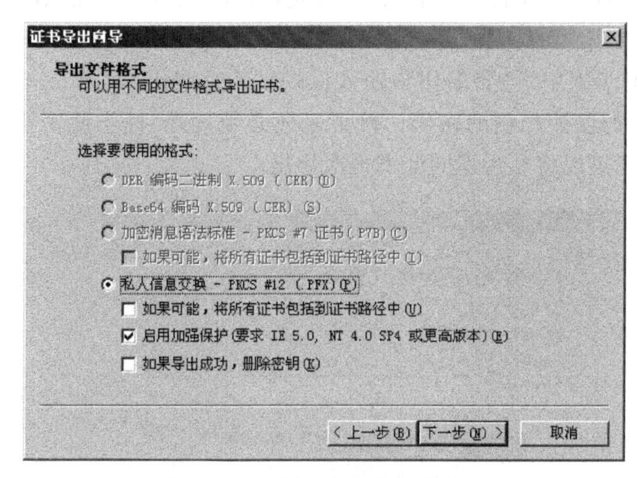

图 6.31 设置证书导出文件格式

在此处保持默认的选项设置即可，这样将导出一个扩展名为 pfx 的文件。

提示：PFX(Personal Information eXchange，个人信息交换)文件包含一个证书和与之对应的私钥，它是 PKCS#12 标准定义的为存储和传输用户或服务器私钥、公钥和证书指定的一种可移植的格式，简单地说就是将证书和私钥一起打包存储的文件。

(3) 接下来将弹出如图 6.32 所示的界面，在这里设置保护私钥的密码，必须输入密码以保护私钥。系统将用输入的密码作为密钥加密该私钥，以保证私钥不以明文形式保存，防止私钥被未经授权者访问。系统用密码加密私钥后，会立即将该密码丢弃，因此用户必须牢记该密码。如果忘记密码，则很难再还原出私钥。

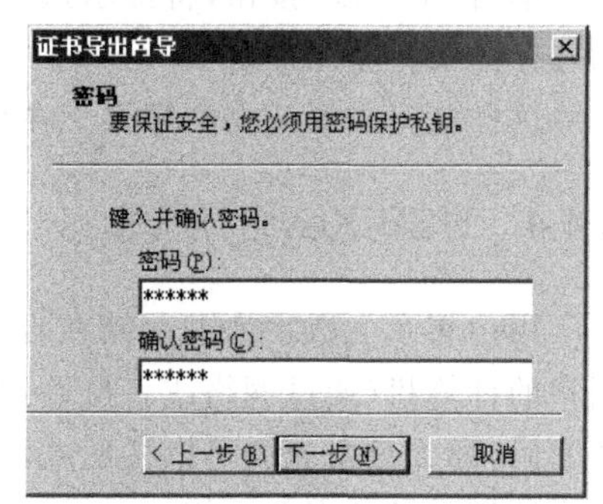

图 6.32 设置保护私钥的密码

提示：利用密码保护私钥是 PKCS#5 定义的一套标准。通常，证书对应的私钥有 3 种保存方法。其一是用密码加密保存；其二是将密码保存到单独的存储设备(如智能卡)中；其三是将私钥存储到数字证书的服务器上。其中第二种方法的安全性最高。网上银行使用的U盾实际上就是一种保存证书及其对应的私钥的设备。

(4) 单击"下一步"按钮,将弹出指定导出文件名的界面,在这里可选择导出文件的存放路径和文件名。给证书命名时可取一个有意义的文件名(如"支付宝"),以方便辨别该证书是哪个机构颁发的。导出之后就可以看到文件夹里多了一个"支付宝.pfx"文件,这样就完成了对证书及其私钥的打包备份。

2. 证书的导入

用上面的方法导出的证书文件可以导入另一台计算机中,以实现证书的迁移。为了实验,也可以在图6.27所示的数字证书列表中,先将某个证书删除,再按下面的步骤将证书导入。

双击刚才保存的证书文件"支付宝.pfx",或者在图6.27所示的数字证书列表中单击"导入"按钮,选择要导入的文件,都将弹出"证书导入向导"对话框。

在导入证书的步骤中,会要求用户输入保护私钥的密码,如图6.33所示,这个密码就是导出证书时输入的保护私钥的密码。接下来还必须选择"标志此密钥为可导出的……"复选框,这样以后还可以将私钥连同证书再次导出。

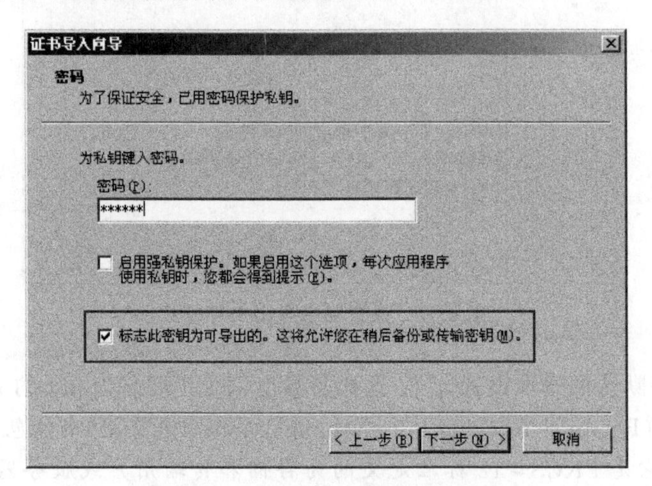

图6.33 设置保护证书私钥的密码

单击"下一步"按钮,将提示选择证书存储的位置,保持默认选项"根据证书类型,自动选择证书存储区即可"。

这样就完成了证书的导入。在个人证书列表中可以看到,证书已经被导入了。

6.4.4 USB Key 的原理

用户将个人数字证书存储在自己计算机中也不是绝对安全的。假设攻击者能访问用户的计算机(通过网络或直接访问),并且知道(通过猜测或其他手段)了用户保护私钥的密码,那么攻击者就可以按照6.4.3节中的步骤将用户的证书连同其私钥一起导出,从而窃取用户的证书和私钥。

为了方便用户备份证书和私钥，又不能禁止用户导出私钥。为此，人们提出了一种方案：数字证书和私钥不存放在计算机上，而是存放在一种单独的存储介质中，这种存储介质就称为USB Key。图6.34是中国建设银行的网银盾（也写为U盾），其实质是一种USB Key。

中国建设银行将预先制作好的数字证书在银行内部环节直接存入网银盾中，即领即用。用户无法将网银盾中的数字证书和私钥复制出来，只能安装专用的网银盾管理软件，才能读取数字证书，如图6.35所示。网银盾中还保存了与证书对应的私钥，并且私钥也采用密码进行加密。因此，用户在使用网银盾时，除了将网银盾插入计算机以外，还要输入正确的密码，才能访问私钥，只有同时拥有网银盾和知道网银盾密码的用户才能通过认证，这就实现了双因素认证。

图6.34 中国建设银行的网银盾

图6.35 读取网银盾中的数字证书

网银盾用户在第一次使用中国建设银行的网上银行时不必下载和安装个人数字证书（但必须先安装网银盾管理软件），这在一定程度上提高了安全性和方便性。

6.4.5 利用个人数字证书实现安全电子邮件

电子邮件是人们常用的一种Internet服务，但电子邮件的安全性实际上是很低的。这表现在两方面。其一，通过电子邮件传输协议SMTP传输的邮件内容是未加密的，攻击者可以通过线路窃听窃取邮件的内容。其二，电子邮件的地址是可以伪造的。例如，你知道杰克的Email地址是jack@tom.com，但是当你收到一封地址为jack@tom.com的邮件时，你并不能保证它一定是杰克发过来的，因为攻击者可以伪造任何一个Email地址，他只需用邮件服务器软件（如WebEasyMail）建立一台域名为tom.com的邮件服务器，再在上面新建一个用户名为jack的账号，就能用该账号发送地址是jack@tom.com的Email了。

解决第一个问题的方法很简单，可以对电子邮件进行加密以防范窃听攻击。解决第二个问题可以采用数字签名的方法，发送方对自己的电子邮件进行签名后再发送给接收方，接收方就能通过验证发送方对邮件的签名确定邮件的来源，而不是仅仅验证对方的

Email 地址。

目前对电子邮件进行加密和签名一般采用安全电子邮件协议 S/MIME 或 PGP 软件来实现。Outlook 提供了对 S/MIME 协议的支持。下面以 Outlook 为例介绍对电子邮件进行加密和签名的方法。

1. 利用数字证书对电子邮件进行加密

如果发送方要发送一封加密的电子邮件给接收方，发送方必须使用接收方数字证书中的公钥加密该邮件，因此他必须先到对方申请证书的网站（CA）下载对方的证书。

发送方随后可使用 Outlook Express 6 给对方发邮件。在创建新邮件的窗口中单击“新建联系人”按钮，在电子邮件地址栏中输入接收方的地址，然后单击“添加”按钮。在如图 6.36 所示的联系人属性对话框的“数字标识”选项卡中单击“导入”按钮，将对方的数字证书导入，对方的数字证书通常是一个扩展名为 cer 的文件。这样就可以用接收方数字证书里的公钥加密邮件了。需要注意的是，Outlook 要求数字证书中的 Email 地址和联系人的 Email 地址必须相同，以保证数字证书确实是该 Email 地址持有者的。

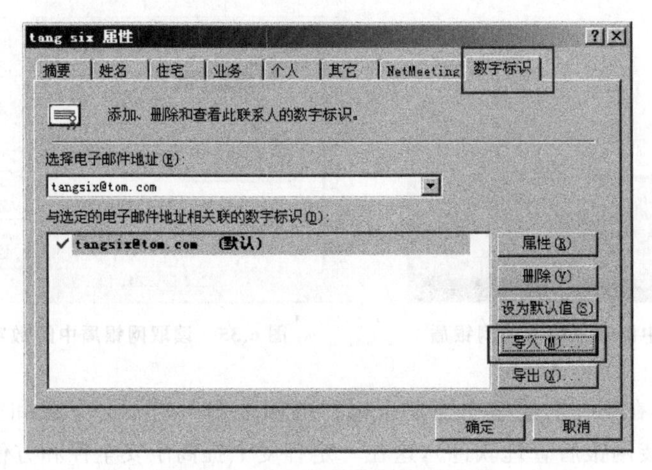

图 6.36 导入收件人的数字证书

接下来在新邮件的“收件人”栏中输入刚才创建的联系人地址，单击工具栏中的“加密”按钮，会发现收件人右侧多了一个加密标记，如图 6.37 所示。这样就创建了一个加密的邮件，单击“发送”按钮就会将加密的邮件发送给接收方。

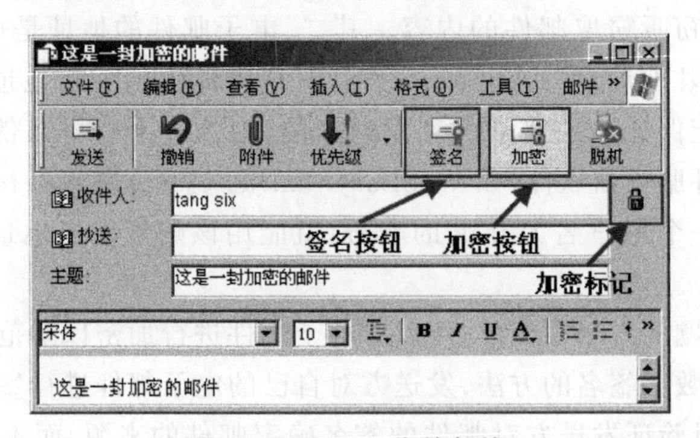

图 6.37 创建加密的邮件

接收方收到邮件后，用 Outlook 打开，就会出现如图 6.38 所示的提示，表明该邮件已经加密。接收方计算机中如果没有安装加密该邮件用的数字证书，就不能阅读该邮件。

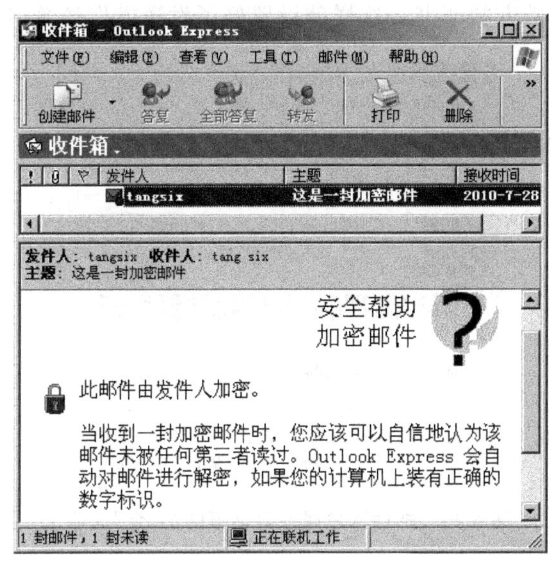

图 6.38 邮件已经加密的提示

如果要查看邮件的原始信息，可选中邮件，选择“文件”菜单中的“属性”命令，在弹出的对话框的“详细信息”选项卡中单击“安全邮件来源”按钮，就可以看到完整的 S/MIME 格式的邮件内容了。S/MIME 在消息报头中新增了两个内容类型：multipart 和 application。

2. 利用数字证书对电子邮件进行数字签名

发送方可以利用自己的数字证书对应的私钥对电子邮件进行签名。在 Outlook 中发送带有数字签名的邮件步骤如下：

(1) 选择“工具”菜单中的“账户”，在弹出的对话框中选择发送邮件的账户，在这里选择 tangsix@tom.com，再单击“属性”按钮，如图 6.39 所示。

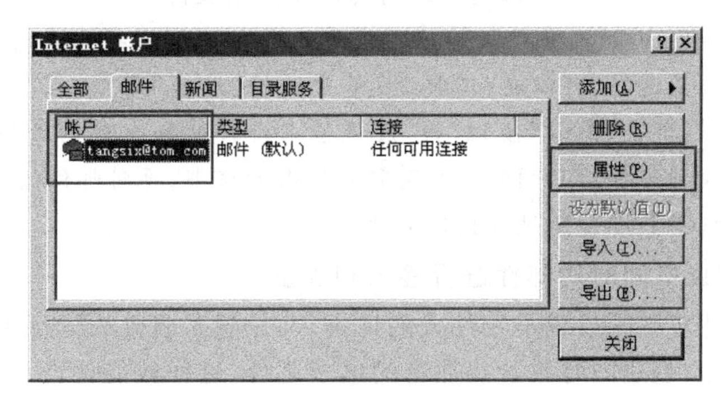

图 6.39 选择发送邮件的账户

(2) 在弹出的对话框中，选择“安全”选项卡，如图 6.40 所示。在“签署证书”下的“证书”文本框右侧，单击“选择”按钮，在图 6.41 所示的对话框中将列出所有可供选择的用户证书(其中的“颁发给”字段值与发件人 Email 地址中的用户名相同)，可以选择用来对邮件进行数字签名的发送方的证书。这样就设置好了发送方发送签名邮件时使用的证书。

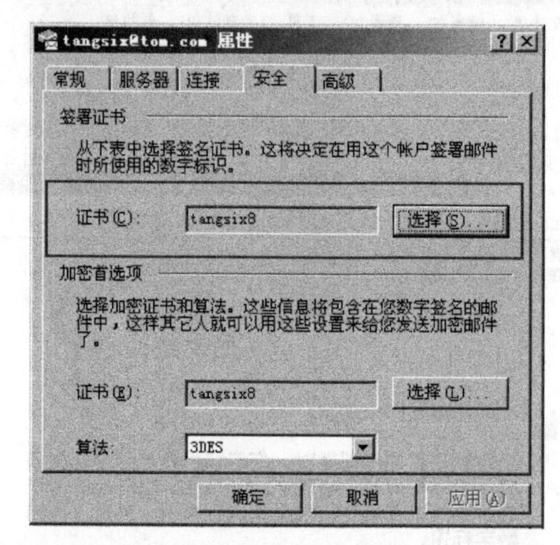

图 6.40　邮件账户属性对话框的“安全”选项卡

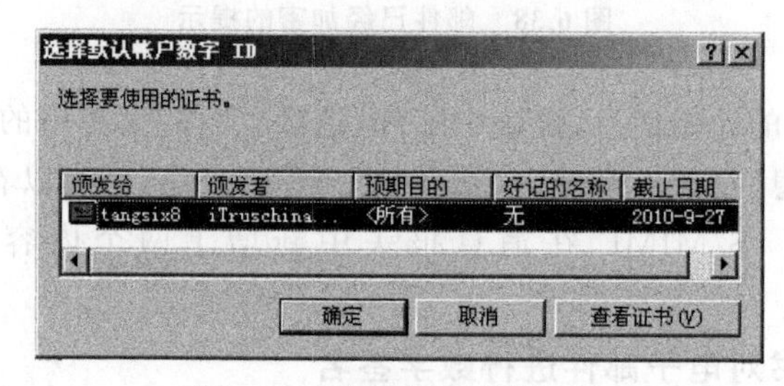

图 6.41　选择发送方的证书

(3) 现在可以创建签名的邮件了，单击“创建邮件”按钮，在邮件窗口中撰写一个邮件，邮件的收件人可以是任何人。撰写完毕后，在图 6.37 中单击“签名”按钮，就创建了一个签名的邮件。单击“发送”按钮，就可以将邮件发送给收件人。

提示：对于签名的邮件，在默认情况下发件人的数字证书将附在邮件里一起发送给收件人。如果不希望这样，可以在“工具”菜单中选择“选项”命令，在“选项”对话框中选择“安全”选项卡，再单击“高级”按钮，将“发送签名邮件时包含我的数字标识”复选框取消，这样，收件人收到邮件后必须到 CA 获取发件人的证书，再对邮件的签名进行验证，可以防止同时伪造证书和邮件地址的情况发生。

3. 利用数字证书同时对邮件进行签名和加密

如果按照上述步骤既设置了发件人的证书，又设置了收件人的证书，就可以把上述两种方案结合起来，创建同时签名并加密的电子邮件，这样就能保证该电子邮件的机密性、完整性和不可抵赖性。

4. 数字证书的应用小结

使用数字证书进行邮件的加密和签名只是数字证书的一个应用而已。实际上，很多软件都支持数字证书，如 Foxmail、Word、Adobe Reader 等，因此还可以用数字证书加密 Word 文档或 PDF 文档等。在后面将介绍的 SSL 协议、SET 协议、VPN 技术中，数字证书不仅可用来加密签名，更重要的是用作身份证明。

6.5 安装和使用 CA 服务器

在 Windows 2003 等服务器版本的操作系统中，有一个“证书服务”的组件，该组件提供了让用户申请证书、发放证书、撤销证书和管理证书的功能，实质上是一个 CA 服务器软件。下面介绍如何使用“证书服务”。

提示：非服务器版本的 Windows 系统是不具有证书服务组件的，如果想在这些操作系统上安装证书服务，可以选择 OpenSSL 等开源的 CA 服务器软件。

1. 安装证书服务组件

在 Windows 2003 系统中，证书服务组件默认是没有安装的，需要手动安装。安装步骤如下：

（1）依次选择“开始”→“设置”→“控制面板”→“添加/删除程序”命令。

（2）在“添加/删除程序”面板中单击“添加/删除 Windows 组件”按钮，就会弹出如图 6.42 所示的“Window 组件向导”对话框。在其中选中“证书服务”复选框。

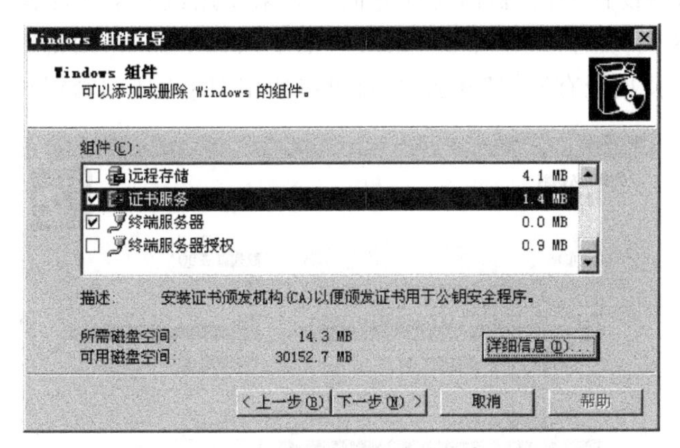

图 6.42 安装证书服务

（3）单击“下一步”按钮，这时会弹出对话框，提示“安装证书服务后，计算机名和域成员身份都不能更改……”，单击“确定”按钮，就会开始安装证书服务。

（4）首先要选择 CA 类型，如图 6.43 所示。有 4 种 CA 类型可选，如果要安装为没有从属关系的 CA，则可以选择“企业根 CA”或“独立根 CA”。这里选择“独立根 CA”（当然选择“企业根 CA”也是可以的）。

提示：“独立根 CA”最初用于 CA 层次结构中受信任的脱机根 CA。它可以针对数字签名、使用 S/MIME 的安全电子邮件、作为 Web 服务器的证书供 SSL 协议进行身份验证等用途颁发证书。它和“企业根 CA”的区别如下：

① 安装“企业根 CA”之前需要启动 Active Directory 目录服务，而“独立根 CA”不需

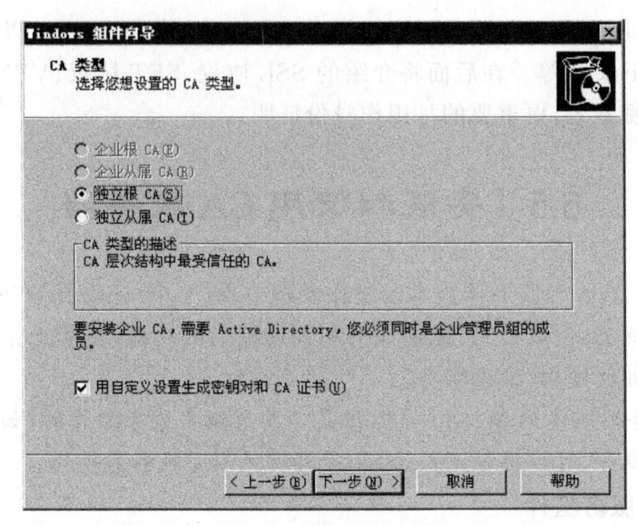

图 6.43 选择 CA 类型

要这样做。

② “企业根 CA”可以使用证书模板，而“独立根 CA”没有。

(5) 如果在图 6.43 中选择了“用自定义设置生成密钥对和 CA 证书”复选框，就会出现如图 6.44 所示的设置公钥/私钥对的界面。如果要用该 CA 颁发服务器证书，则密钥长度建议取 2048 位；如果要用该 CA 颁发其他个人数字证书，则密钥长度可以取 1024 位。如果复选中“使用现有密钥”复选框，就可以使用 IIS 生成的密钥对(不推荐)。

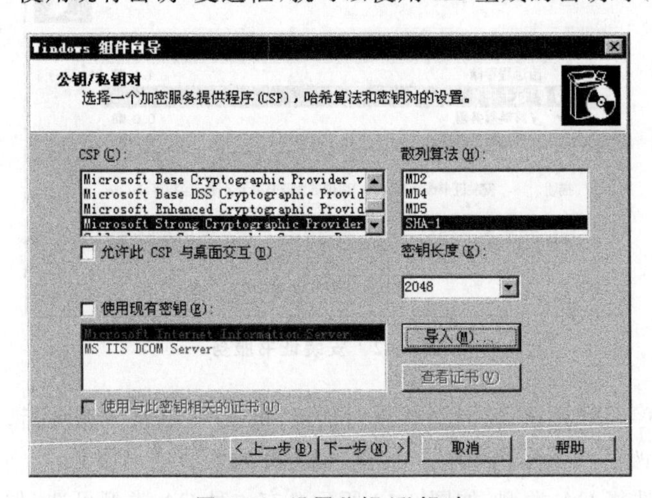

图 6.44 设置公钥/私钥对

(6) 接下来要求输入 CA 的公用名称和区别名(在 Windows 中称为可分辨名称)，如图 6.45 所示。在 CA 的公用名称中可任意输入一个，而区别名必须符合区别名的格式规范，即相对区别名是一个属性值的等式说明(如 DC=hynu)。在这一步还可以设置根 CA 的有效期限，根 CA 的有效期限至少要比它的从属 CA 的有效期限长。

(7) 单击“下一步”按钮，出现证书数据库设置界面，证书数据库及其日志的保存位置

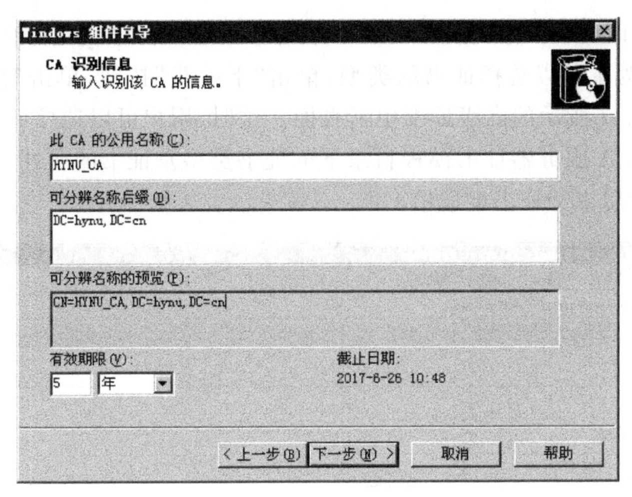

图 6.45 输入 CA 识别信息

保持默认值即可。再单击“下一步”按钮，会提示在证书服务安装过程中需要停止Internet 信息服务，单击“是”按钮。

(8) 系统在确定停止了 Internet 信息服务的运行后，便会开始安装证书服务器相关的组件。在安装过程中会提示要插入 Windows 安装光盘，插入光盘即可完成证书服务组件的安装。

2. 向 CA 服务器申请证书

要向安装好的 CA 服务器申请证书有两种方法：第一，使用证书申请向导；第二，通过 CA 服务器的网页申请。下面介绍用第二种方法申请证书，步骤如下：

(1) CA 服务器安装好之后，会在 IIS 中建立一个供用户申请证书的网站(该网站的文件位于 IIS 默认网站下的 certsrv 虚拟目录中)，该网站相当于 RA。在浏览器地址栏中输入 http://localhost/certsrv，就可以打开如图 6.46 所示的 Microsoft 证书服务网站的首页。

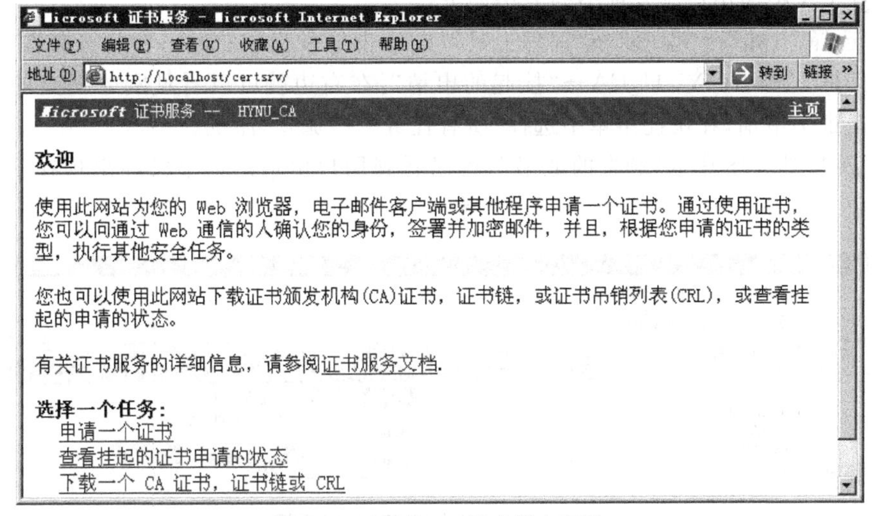

图 6.46 Microsoft 证书服务网站

(2) 单击“申请一个证书”链接，在证书申请页面中，选择“创建并向此 CA 提交一个申请”单选按钮，为了可以选择证书的类型，单击“下一步”按钮，单击“高级证书申请”按钮，将转到如图 6.47 所示的高级证书申请页面。这时，用户可以选择证书的类型，证书类型的多少取决于 CA 服务器证书模板目录下的证书类型及证书的属性。用户还可以设置证书密钥大小，最后提交证书申请给 CA。

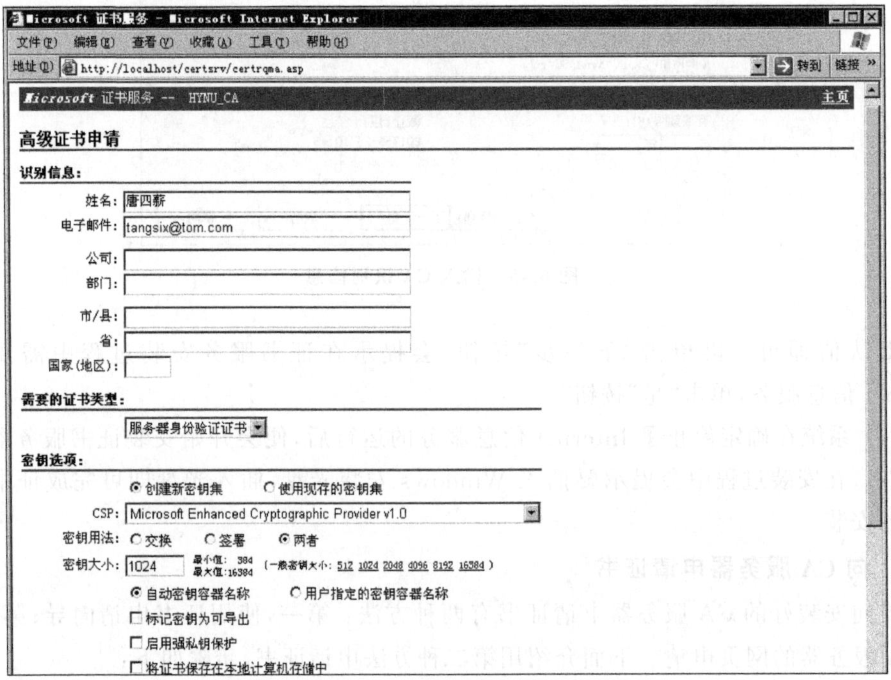

图 6.47　高级证书申请页面

(3) CA 收到用户的证书申请后，就可以颁发证书了(即把证书申请转化为证书)。管理员在 CA 中为用户颁发证书的方法如下：

① 选择“开始”→“程序”→“管理工具”→“证书颁发机构”命令，将打开如图 6.48 所示的对话框。展开 HYNU_CA→“挂起的申请”，在右边就可以看见刚才提交的证书申请。右击证书申请，在快捷菜单中选择“所有任务”→“颁发”命令。

② 展开图 6.48 中的“颁发的证书”，可以看到用户申请的证书已经出现在 CA 的证书列表中。

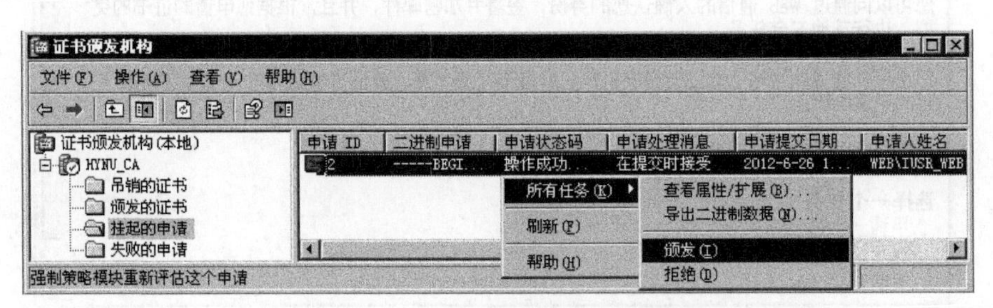

图 6.48　“证书颁发机构”对话框

(4) 下载并安装证书。CA颁发了证书后,用户还需要将证书下载到本机并安装才能使用。返回图6.46所示的Microsoft证书服务网站首页,单击“查看挂起的证书申请的状态”链接,可以看到“证书已经颁发”页面,单击该页面中的“安装此证书”链接,系统提示用户证书已经安装成功。此时可以在图6.27所示的个人数字证书列表中看到这个已安装的证书。

(5) 下载CA的证书。假设另一个用户也在该CA服务器上申请了证书,为了能够验证该用户的证书,还需要在本机上安装CA的证书和证书链,这样才能用CA证书中的公钥验证该用户证书中的签名。返回图6.46所示的Microsoft证书服务网站首页,单击“下载一个CA证书,证书链或CRL”链接,将转到如图6.49所示的页面,单击“下载CA证书”链接,就可以将CA的证书下载到本机了。

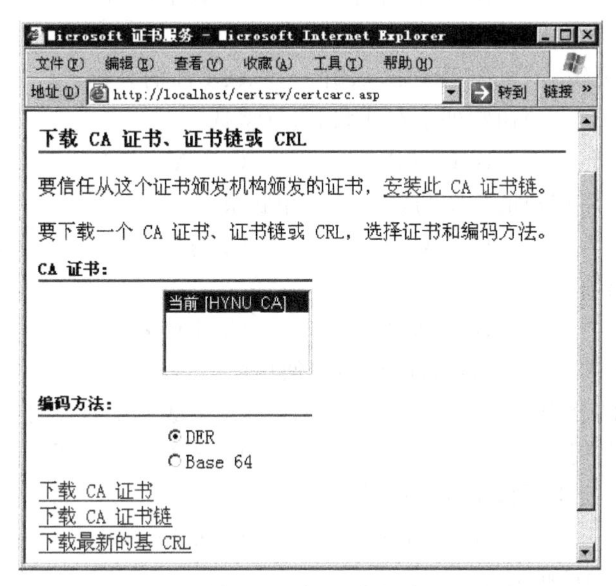

图6.49 下载CA证书、证书链或CRL页面

3. 吊销证书

当证书所有者的私钥泄露或者发生了其他与安全相关的事件时,CA的管理员必须吊销证书,吊销的证书将被添加到CRL中。

在图6.48所示的“证书颁发机构”对话框中,展开HYNU_CA→“颁发的证书”,在右边选中要吊销的证书,右击该证书,在快捷菜单中选择“所有任务”→“吊销证书”命令。

4. 备份和还原CA

在图6.48所示的“证书颁发机构”对话框中,选择要备份的CA(如HYNU_CA),右击该CA,在快捷菜单中选择“所有任务”→“备份CA”命令。选择要备份的项目,单击右侧的“浏览”按钮,指定备份文件的位置。由于CA也有自己的证书及对应的私钥,因此接下来会提示输入访问CA私钥的密码。用户输入一个自己设置的密码并牢记该密码,即完成了CA的备份。

还原CA与备份CA的步骤基本相同,但注意要暂时停止证书服务。

习　题

1. 下列关于 CA 的说法中(　　)是错误的。

A. CA 可以通过颁发证书证明密钥的有效性

B. CA 有严格的层次结构,其中根 CA 要求在线并被严格保护

C. CA 的核心职能是发放和管理用户的数字证书

D. CA 是参与交易的各方都信任且独立的第三方机构

2. 密钥交换的最终方案是使用(　　)。

A. 公钥　　B. 数字信封　　C. 数字证书　　D. 消息摘要

3. CA 用(　　)签名数字证书。

A. 用户的公钥　　B. 用户的私钥　　C. CA 的公钥　　D. CA 的私钥

4. 以下设施中(　　)通常处于在线状态。(多选)

A. 根 CA　　B. OCSP　　C. RA　　D. CRL

5. 数字证书是将用户的公钥与其(　　)相联系。

A. 私钥　　B. CA　　C. 身份　　D. 序列号

6. 证书中不含有(　　)。

A. 序列号　　B. 颁发机构　　C. 主体名　　D. 主体的私钥

7. 为了验证 CA(非根 CA)的证书,需要使用(　　)。

A. 该 CA 的公钥　　B. 上级 CA 的公钥

C. 用户的公钥　　D. 该 CA 的私钥

8. (　　)标准定义了数字证书的结构。

A. X.500　　B. S/MIME　　C. X.509　　D. ASN.1

9. pfx 是(　　)的扩展名。

A. 数字证书文件　　B. 数字证书加密文件

C. 证书和私钥打包存储的文件　　D. 加密私钥的文件

10. 一个典型的 PKI 应用系统包括________、________、________、________、________、证书撤销处理系统、密钥备份及恢复系统和应用程序接口。

11. RA________签发数字证书。(填可以或不可以)

12. 证书是怎样生成的?

13. 验证证书路径是如何进行的?

14. 假设攻击者 A 创建了一个证书,设置了一个真实的组织名(假设为银行 B)及攻击者 A 自己的公钥;用户得到了该证书,不知该证书是攻击者 A 发送的,误认为它来自银行 B。如何防止该问题的产生?

第7章 chapter 7

网络安全协议

网络安全协议本质上是一类比较复杂的密码协议，它可用来保证网络安全的保密性、完整性、真实性和不可抵赖性等安全要素。目前最常用的网络安全协议有安全套接层（Security Socket Layer，SSL）协议、IPSec协议以及在电子商务中广泛使用的安全电子交易（Secure Electronic Transaction，SET）协议、3-Domain Secure（简称3D安全）协议等。

7.1 SSL协议

7.1.1 SSL协议概述

SSL协议是由Netscape公司于1994年推出的一套基于Web应用的Internet安全协议，该协议基于TCP/IP协议族，提供浏览器和服务器之间的认证和安全通信。SSL协议在应用程序进行数据交换前交换SSL初始握手信息，以实现有关身份认证等安全特性的审查。然后在SSL握手协议中采用DES、MD5等加密技术实现保密性和数据完整性，这样，数据在传送出去之前就自动被加密了。SSL协议还采用X.509数字证书实现认证。

1. SSL协议和TLS协议的关系

SSL协议第一个成熟版本是SSL 2.0，它被集成到Netscape公司的Navigator浏览器和Web服务器等产品中。1996年，Netscape公司发布了SSL 3.0，该版本增加了对除RSA算法以外的各种算法的支持和一些新的安全特性，并且修正了SSL 2.0中的安全缺陷，因此更加成熟和稳定，使其很快成为事实上的工业标准。1997年，Internet工程任务组（IETF）基于SSL 3.0发布了TLS（Transport Layer Security，传输层安全）协议。1999年，IETF正式发布了RFC 2246，使TLS 1.0（也被称为SSL 3.1）成为工业标准，因此TLS协议可看成SSL协议的升级版本。

2. SSL协议的组成

SSL协议分为两层：SSL握手协议和SSL记录协议。SSL握手协议用于通信双方的身份认证和密钥协商，SSL记录协议用于传输数据加密和对数据完整性的保证。SSL

协议与 TCP/IP 协议族的关系如图 7.1 所示，因此一般称 SSL 为传输层安全协议（但也可以称之为会话层安全协议，理由是它位于 TCP/IP 模型的传输层和应用层之间）。

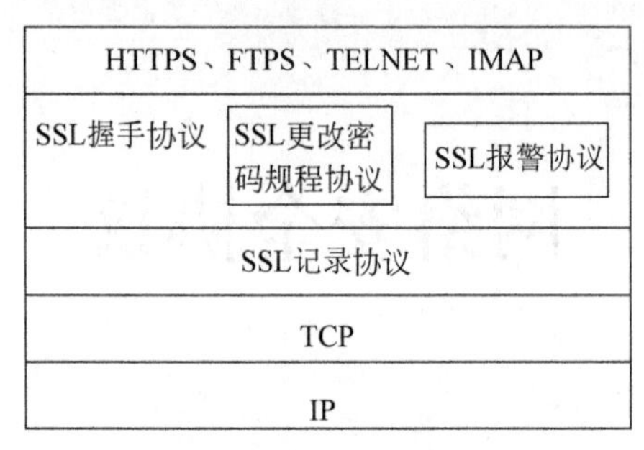

图 7.1　SSL 协议与 TCP/IP 协议族的关系

SSL 协议主要用于浏览器和服务器之间相互认证和传输加密数据，此时浏览器和服务器在应用层的通信将采用 S-HTTP（安全超文本传输协议），S-HTTP 连接的网址以 https://开头，而不是 http://。因此，S-HTTP 是一种基于 SSL 的应用层协议，而并不等同于 SSL。

3. SSL 协议提供的安全服务

SSL 协议将对称密码技术和公钥密码技术相结合，提供了如下 3 种基本的安全服务：

（1）身份认证。在客户端（或浏览器）和服务器进行通信之前，必须先验证对方的身份。SSL 协议利用数字证书和可信第三方 CA，使客户端和服务器相互识别对方的身份，以防止假冒的网站或用户。

（2）保密性。SSL 协议的客户端和服务器之间通过密码算法和密钥的协商，建立一个安全通道，以后在该安全通道中传输的所有信息都将使用协商的会话密钥进行加密处理。

（3）完整性。SSL 协议利用密码算法和散列函数，通过对传输信息提取散列值并生成 MAC 的方法保证传输信息的完整性。

提示： 由于 SSL 协议没有数字签名功能，因此它不能提供抗否认服务。若要增加数字签名功能，则需要在 SSL 协议中打补丁，方法是将通信双方证书对应的公私钥既用于加密会话密钥又用于数字签名，但这在安全上会存在漏洞。后来 PKI 体系完善了这种措施，即双密钥机制，将加密密钥和数字签名密钥二者分离，成为双证书机制。

4. SSL 协议的工作过程

SSL 协议的工作过程大致分为两步：第一步是执行 SSL 握手协议，客户端和服务器通过数字证书相互认证对方的身份，并协商产生一个对称密钥和求 MAC 的密钥；第二步是执行 SSL 记录协议，用第一步产生的对称密钥加密通信双方传输的所有数据，并用求 MAC 的密钥对传输的信息求出 MAC。这样就实现了身份认证、保密性和完整性 3 种安全服务。

• 客户端与服务器之间的相互身份认证。SSL 允许客户端使用标准的公钥加密技术和可靠的CA证书，以确认服务器的合法性，服务器也可以确认客户端的身份（可选），以确保数据发送到正确的客户端或服务器。

- 对客户端和服务器之间传输的所有数据进行加密，以防止数据在传输过程中被窃取。
- 维护数据的完整性，确保数据在传输过程中不被改变。

7.1.2 SSL握手协议

SSL握手协议是客户端和服务器开始通信时必须执行的协议。SSL握手协议有两方面的作用：其一是验证对方的身份；其二是协商在以后传输加密数据时要使用的会话密钥以及求MAC时使用的密钥。

图7.2是SSL握手协议的4个阶段。

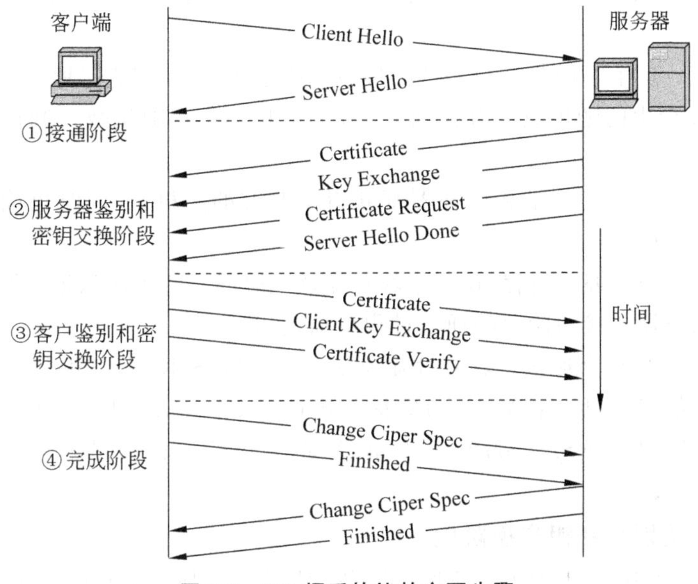

图7.2 SSL握手协议的主要步骤

1. 接通阶段

在接通阶段，主要完成以下任务：

(1) 客户端向服务器发送Client Hello消息，该消息中包括以下字段：

① 版本信息。该字段提供了客户端支持的最高SSL版本号，它包含两部分，分别是主版本号(major)和次版本号(minor)。对于SSL 3.0来说，major=3，minor=0。

② 加密算法。该字段中包含客户端支持的所有加密算法，用于使服务器了解客户端支持的密码算法，由服务器决定使用何种密码算法。

③ session_id信息。这是一个32B的字符串，代表客户端希望重复使用前一次连接时的会话密钥，而不是重新产生新的会话密钥，如果成功，则可以跳到图7.2中的第④步，从而加快连接速度。

④ 随机数。由32位的日期时间字段和28位的随机数组成。Client Hello消息中的

随机数有两个作用：一方面，它可保证该消息不是重放的消息；另一方面，它是产生预主密钥的一个组成部分。

(2) 服务器收到 Client Hello 后，向客户端返回 Server Hello 消息。这个消息与 Client Hello 消息包含的字段是相同的，但含义不同。Server Hello 消息包含的字段如下：

① 版本信息。表示客户端和服务器支持的最高 SSL 版本中较低的版本。例如，如果客户端支持 SSL 3.0，而服务器支持 SSL 3.1，则服务器选择 3.0 作为该字段的值。

② 加密算法。服务器从客户端发过来的加密算法列表中选择一种加密算法。

③ session_id。服务器在其 Session 缓存中检查是否有客户端发来的会话密钥(session_id)。如果有，则表明服务器和客户端连接的会话还没失效，这时服务器会返回该会话密钥给客户端，并且双方将使用该会话密钥进行通信。如果服务器的 Session 缓存中没有该会话密钥，则服务器会生成一个新的会话密钥发给客户端，以建立一个新的会话。

④ 随机数。这个字段与客户端的随机数字段结构相同，但它是服务器自己产生的随机数，与客户端产生的随机数没有任何关系，它将和客户端随机数一起产生连接使用的主密钥。

接通阶段完成后，客户端和服务器都获得了对方的随机数，同时也确定了在接下来通信时使用的密码算法。

下面是一个 SSL 握手过程(仅包括客户端认证服务器的单向认证)的描述，C 表示客户端，S 表示服务器。接通阶段的通信过程可描述如下：

C：我想和你安全地通话。我的对称加密算法有 DES、RC4，密钥交换算法有 RSA 和 DH，摘要算法有 MD5 和 SHA。我的随机数是 ClientHello.random(64 位)。

S：我们用 DES、RSA、SHA 这个算法组合好了。我的随机数是 ServerHello.random。

2. 服务器鉴别与密钥交换阶段

服务器启动 SSL 握手的第二阶段。服务器是本阶段所有消息的发送方，而客户端是本阶段所有消息的接收方。这个阶段分为 4 步，分别是发送证书、服务器密钥交换、证书请求和服务器握手完成。

(1) Certificate。服务器将它的数字证书(还可以包括证书到根 CA 的整个证书链)发送给客户端，使客户端能用服务器的证书鉴别服务器。

客户端鉴别服务器的以下几点：颁发服务器证书的 CA 是否可以信任，发行者 CA 证书的公钥能否正确解开服务器证书中的签名，服务器证书上的域名是否和服务器的实际域名相匹配，证书是否过期，证书是否作废。这样就验证了服务器的证书是否真实有效，但还没有验证服务器是否是这个证书的拥有者。

(2) Server Key Exchange。如果服务器没有数字证书或者只有用于签名的数字证书(客户端需要的是一个用于加密的证书)，则服务器可以直接向客户端发送一个包含其临时公钥的 Server Key Exchange 消息。该临时公钥一般采用 Diffie-Hellman 算法生成并分配给客户端，因此这一步是可选的。

(3) Certificate Request。服务器如果想鉴别客户端，则它向客户端发出请求客户端数字证书的消息。客户端鉴别在 SSL 协议中是可选的，服务器不一定要鉴别客户端，因此这一步也是可选的。

(4) Server Hello Done。服务器发出服务器握手完成消息，通知客户端可以执行第三阶段的任务了。这个消息没有任何参数。发送这个消息后，服务器等待客户端响应。

该阶段的通信过程可描述如下：

S：这是我的证书，里面有我的名字和公钥，你可以用来验证我的身份(把证书发给 C)。

C：(查看证书上 S 的名字，通过已有的 CA 证书验证 S 的证书的真实性。如果有误，发出警告并断开连接。)

3. 客户端鉴别与密钥交换阶段

该阶段的步骤如下：

(1) Certificate。客户端将它的证书发送给服务器。这一步是可选的，只有服务器请求客户端证书时才进行。如果服务器请求客户端的数字证书，而客户端没有，则客户端发送一个 no_certificate 的警告消息给服务器，由服务器决定是否继续。

(2) Client Key Exchange。客户端随机生成一个 48B 的预主密钥，用服务器证书中的公钥加密它，然后发送给服务器。之所以用服务器的公钥加密，是为了检验服务器是否拥有其证书对应的私钥，同时服务器解密后就可得到预主密钥，因此这一步就完成了密钥交换。以后服务器可以用该预主密钥独立计算出主密钥。

(3) Certificate Verify。证书验证。只有服务器要求验证客户端证书时才需要执行这一步，因此这一步也是可选的。在这一阶段第一步中客户端已经将它的证书发送给服务器，但客户端还需要向服务器证明它是该证书的拥有者。为此，客户端用它的私钥签名一些信息，表明它是该证书对应私钥的拥有者。客户端首先把它产生的预主密钥与在第一阶段里客户端产生的随机数和服务器产生的随机数三者连接起来，然后用 MD5 或 SHA-1 算法求散列值，最后把该散列值用其私钥签名后，将结果发送给服务器。

该阶段的通信过程可描述如下：

C：(随机生成一个预主密钥，将预主密钥用 S 的公钥加密、封装。由于使用了 S 的公钥，保证了第三方无法窃听。)我已生成了一个预主密钥，并用你的公钥加密了，给你(发给 S)。

4. 完成阶段

客户端启动 SSL 握手的第四阶段，使服务器结束握手。这个阶段共 4 步，前两个消息来自客户端，后两个消息来自服务器。

(1) Change Cipher Spec。客户端向服务器发送更改密码规范消息，通知服务器，以后客户端发送的消息都将用协商好的会话密钥进行加密。

(2) Finished。客户端发送使用协商好的加密算法和会话密钥加密的 Finished(完成)报文。在这一步，服务器校验哪个客户端发送了这条报文，以判断是哪个客户端发起了这次会话，它是记录层用写密钥和写 MAC 密钥进行加密和散列运算得到的第一条报文。

(3) Change Cipher Spec。服务器也向客户端发送更改密码规范消息，通知客户端，以后服务器发送的消息都将用协商好的会话密钥进行加密。

(4) Finished。服务器发送使用协商好的加密算法和会话密钥加密的 Finished 报文，其中包括主密钥和会话 ID。客户端将服务器发送来的主密钥和它计算得到的主密钥进行比较，如果相同，则说明服务器用私钥成功解密了加密的预主密钥，服务器通过验证。

该阶段的通信过程可描述如下：

C：（对预主密钥进行处理，生成主密钥、加密初始化向量和 HMAC 的密钥。）

S：（用自己的私钥将收到秘密消息解密，得到预主密钥，进行处理，生成主密钥、加密初始化向量和 HMAC 的密钥。至此，双方已安全协商出加密办法。）

C：注意，下面我就要用加密的办法给你发消息了！

C：（向服务器发送 Finished 消息，该消息用客户端写密钥加密。）

S：注意，我也要开始用加密的办法给你发消息了！

S：（向客户端发送主密钥和会话 ID，该消息用服务器写密钥加密。）

5. SSL 握手协议使用的密钥的生成过程

客户端和服务器都独自采用预主密钥创建共享的主密钥。这是通过把预主密钥和客户端随机数、服务器随机数一起进行散列运算完成的。主密钥用于创建客户端和服务器共享的 4 个密钥，如图 7.3 所示。

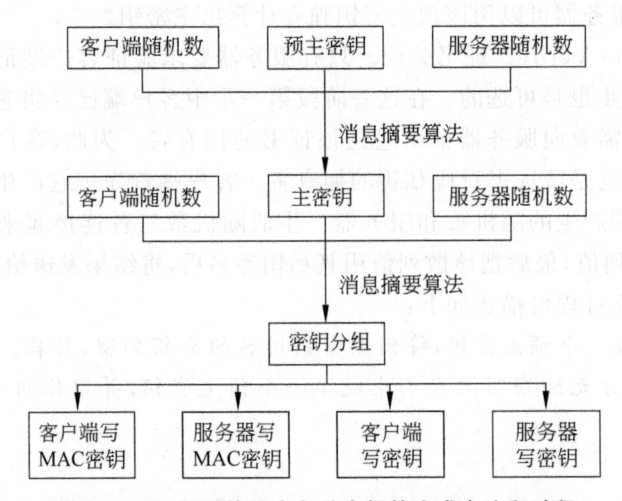

图 7.3 SSL 握手协议中各种密钥的生成方法和过程

这 4 个密钥说明如下：

- 客户端写 MAC 密钥。这个密钥将添加到客户端消息中再求散列值，客户端使用它创建初始散列值，服务器用它验证客户端消息的来源。
- 服务器写 MAC 密钥。这个密钥将添加到服务器消息中再求散列值，服务器使用它创建初始散列值，客户端用它验证服务器消息的来源。
- 客户端写密钥。客户端使用这个密钥加密消息，服务器使用它解密客户端发来的消息，相当于会话密钥。

- 服务器写密钥。服务器使用这个密钥加密消息，客户端使用它解密服务器发来的消息，相当于会话密钥。

之所以客户端和服务器发送消息分别使用不同的密钥，是为了增强会话的安全性。

6. SSL 握手过程的一个例子

客户端浏览器连接到 Web 服务器，发出建立安全连接通道的请求。服务器接收客户端的请求，发送服务器证书作为响应。客户端验证服务器证书的有效性，如果验证通过，则用服务器证书中包含的服务器公钥加密一个会话密钥，并将加密后的数据和客户端证书一起发送给服务器。服务器收到客户端发来的加密数据后，先验证客户端证书的有效性，如果验证通过，则用其的私钥解开加密数据，获得会话密钥。然后服务器用客户端证书中包含的公钥加密该会话密钥，并将加密后的数据发送给客户端浏览器。客户端在收到服务器发来的加密数据后，用其专用的私有密钥解开加密数据，把得到的会话密钥与原来发出去的会话密钥进行对比，如果两个密钥一致，说明服务器身份已经通过认证，双方将使用这个会话密钥建立安全连接通道。

7.1.3 SSL 记录协议

SSL 记录协议将报文数据分成一系列片段并将这些片段加密传输，接收方对每条记录单独进行解密和验证。这种方案使得数据一准备好就可以从连接的一端传输到另一端，并在接收到时即刻加以处理。

SSL 记录协议说明了所有发送和接收数据的封装方法。SSL 记录协议的完整操作过程如图 7.4 所示。

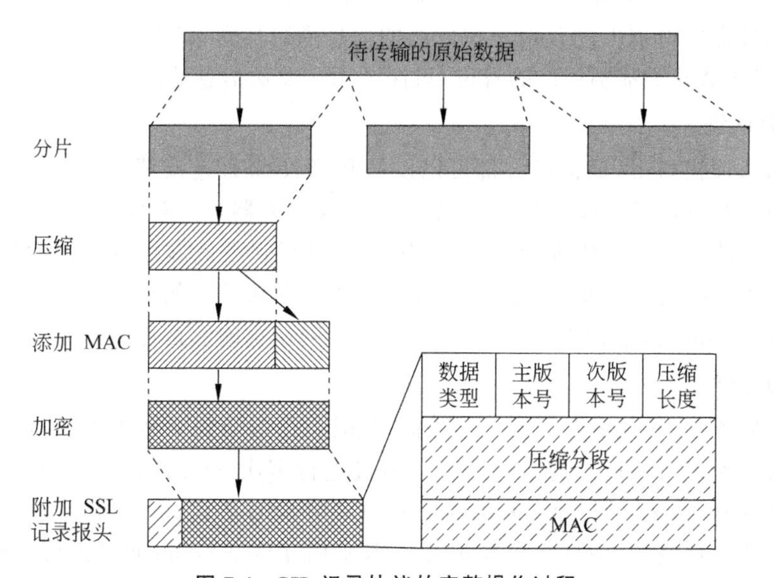

图 7.4 SSL 记录协议的完整操作过程

SSL 记录协议接收传输的报文，将报文数据分片处理成可以管理的数据块，然后无损压缩数据(可选)，添加 MAC，加密，添加 SSL 记录报头，形成 SSL 记录，在 TCP 报文段中传输。接收方对数据进行解密、验证、解压和重新装配，然后交付给更高级的用户。具体步骤如下：

(1) 数据分片。每个上层报文被分成2^{14}B(16KB)或更小的数据块。

(2) 根据需要进行数据压缩。压缩必须是无损的，因此压缩后的密文未必比输入数据短，这时要求增加的内容长度不能超过1024B。在SSL 3.0(以及TLS的当前版本)中没有说明采用何种压缩算法，因此默认不进行压缩。

(3) 对压缩数据计算MAC，这需要使用双方在握手阶段共享的密钥。

(4) 使用同步加密算法对加上MAC的压缩报文进行加密，加密增加的内容长度不能超过1024B，因此总长度不能超过18KB。

(5) 在加密后的报文信息上添加一个SSL记录报头，使报文信息形成一个完整的SSL记录。SSL记录报头包含的字段有数据类型(用来处理这个分块的上层协议，如change-cipher-spec、alert、handshake和application-data)、版本号、压缩后的数据长度。

7.1.4 SSL协议的应用模式

SSL协议主要应用在加密、认证等场合。根据应用场合的不同，SSL协议的应用模式有以下几种。

1. 单向认证

单向认证是SSL安全连接最基本的模式，浏览器一般都支持这种模式。在这种模式下，客户端没有数字证书，只有服务器端才有证书。例如，用户在使用TOM邮箱(mail.tom.com)时，为防止用户输入的邮箱名和邮箱密码被泄露，可以在网页上选择"增强安全"选项，此时将采用SSL协议对用户发送的信息进行加密，以防止用户的邮箱被盗。这种情况下，服务器并不鉴别用户的身份，只保证用户发送信息的保密性。

2. 双向认证

在双向认证模式下，通信双方都可以发送和接收SSL连接请求，双方都需要安装数字证书。通信双方可以是应用程序、安全协议代理服务器等。双向认证模式可以用于两个局域网之间的安全网关代理，在两个局域网之间起到类似虚拟专用网的作用。另外，在电子支付等一些对安全要求较高的场合也需要双向认证。例如，用户登录支付宝网站(www.alipay.com)时，通常需要安装数字证书，使网站也能够认证用户的身份。

3. 电子商务

在电子商务中，往往需要三方(客户、商家和银行)参与到交易活动中，而SSL协议只能对两方的身份进行认证。这个问题可以通过进行多次SSL连接来解决。最常见的方案是：客户与银行(支付网关)之间的通信必须采用SSL协议，因为客户发往银行的支付信息是需要绝对保密的，而且客户和银行也需要相互认证身份；如果需要保护客户的购物隐私，则客户与商家的通信也可以采用SSL连接，以保证客户的订单信息不被泄露。

图7.5是一个基于SSL协议的银行卡支付模式。

对图7.5中的①和②说明如下：

① 商户服务器的支付接口可以直接连接到银行的支付网关，这称为直联模式；也可

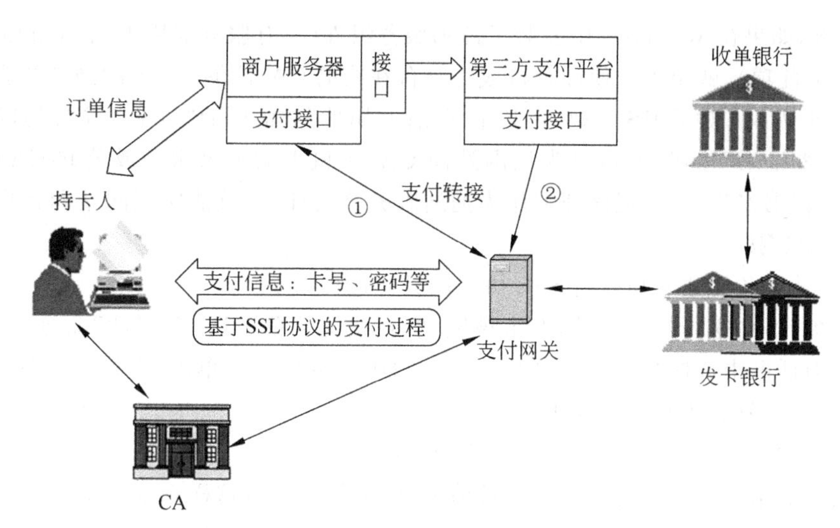

图 7.5 基于 SSL 协议的银行卡支付模式

通过第三方支付平台连接到支付网关，这称为间联模式。通常情况下都采用第三方支付平台的间联模式，这样商家就不再需要与每家银行的支付网关建立连接了。

② 支付网关在持卡人支付完毕后会反链到商户服务器，并发送一个消息通知商家，用户已经支付成功。

基于 SSL 协议的银行卡支付模式的优点如下：

(1) 支付指令不通过商家中转。在 SSL 协议的支持下，由持卡人与银行之间的安全 SSL 通道传递支付指令。而 SET 协议需要通过商家中转支付指令。

(2) 使用成本较低。商家和持卡人不需要任何硬件或特殊的软件，商家只需要第三方支付平台提供的支付接口。

(3) 处理效率高、廉价。只对交易过程中的支付信息进行加密，第三方支付平台集中了各银行的支付接口。

(4) 应用广泛。国内大多数银行的网上银行业务均采用基于 SSL 协议的模式。

(5) 订单信息可选择通过 SSL 协议传递。如果需要保护客户的购物隐私，则订单信息也可通过安全 SSL 通道传递。

7.1.5 为 IIS 网站启用 SSL 协议

IIS 是 Windows 系统自带的一个 Web 服务器，默认情况下在 IIS 下架设的网站提供的是 HTTP 服务，这意味着浏览器和 Web 服务器(IIS)之间传输的信息都是明文的形式，攻击者通过安装监听程序可以很容易地获得信息的内容。实际上，IIS 提供了对 SSL 协议的支持，只要启用 SSL 协议，浏览器和 Web 服务器之间传输的所有数据都会被加密，对于邮箱登录、网上银行等安全性要求较高的应用来说，这是很有必要的。

如果要为网站启用 SSL 协议(访问该网站需要以 https://开头的地址)，前提是必须在服务器端安装支持 SSL 协议的服务器证书并在客户端安装支持 SSL 协议的客户端证书(可选)。很多 Web 服务器(如 IIS、Tomcat、Apache 等)都提供了对 SSL 协议的支持。

以IIS为例，如果在Windows中安装了证书服务组件（只有服务器版本的Windows系统才能够安装此项），就相当于使计算机成为一台在线的CA，能够为IIS的网站和客户端浏览器颁发证书了。对于IIS来说，在某个网站的“属性”对话框的“目录安全性”选项卡中，单击“服务器证书”按钮，就可以为该网站向CA（本机上的证书服务或公共CA）申请证书，然后将证书安装好，并把该证书作为网站服务器的证书，就能实现网站和客户端之间的SSL安全连接。

IIS申请服务器证书和启用SSL协议的具体过程如下：

(1) 在IIS中选择某个网站，右击该网站，在快捷菜单中选择“属性”命令，在弹出的网站属性对话框中选择“目录安全性”选项卡，如图7.6所示。单击“服务器证书”按钮，就会弹出Web服务器证书向导对话框。

在向导的第一步中，选择“创建一个新证书”。

在向导的第二步中，选择“现在准备请求，但稍候发送”，这样系统会把证书请求保存为一个文件，可以在以后任何时候把该请求发送给CA申请证书；如果已经安装了证书服务组件，则可以选择立即发送请求。本例中没有安装证书服务组件，因此只能选择以后向公共CA发送申请证书的请求。

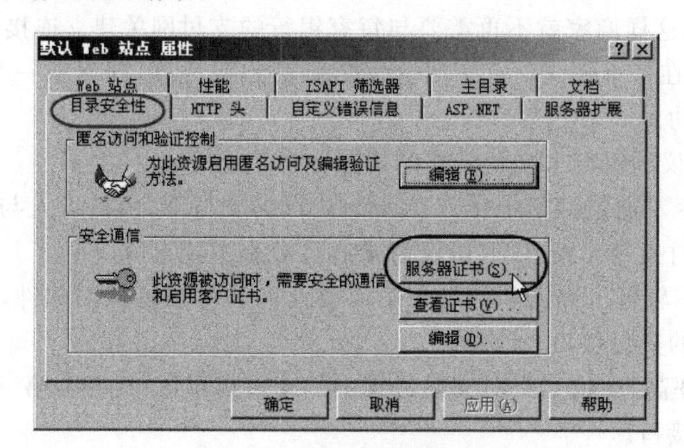

图7.6 “目录安全性”选项卡

在向导的第三步中，要求输入新证书的名称和密钥长度，建议密钥长度选择1024位以上。在向导的第四至六步中，要求输入Web站点的组织信息、公用名称和地理信息，其中公用名称必须是该网站在Internet上的域名。

在向导的第七步中，会提示用户将上述证书请求信息保存在一个文本文件中（默认是c:\certreq.txt）。

注意：申请证书时必须向CA提交用户身份信息和公钥。certreq.txt文件实际上包含了上述步骤中的用户信息以及IIS自己产生的公钥/私钥对等，并进行了加密处理。它将作为申请服务器证书时向CA提交的用户信息和公钥信息。

(2) 将生成的证书请求信息certreq.txt发送给某个公共CA，以申请证书。例如，访问中国数字认证网（http://www.ca365.com），在首页中，选择“测试证书”下的“用PKCS10文件申请证书”，将打开如图7.7所示的页面。

(3) 将向导的第七步中，生成的证书请求信息文件certreq.txt的内容复制到图7.7所示

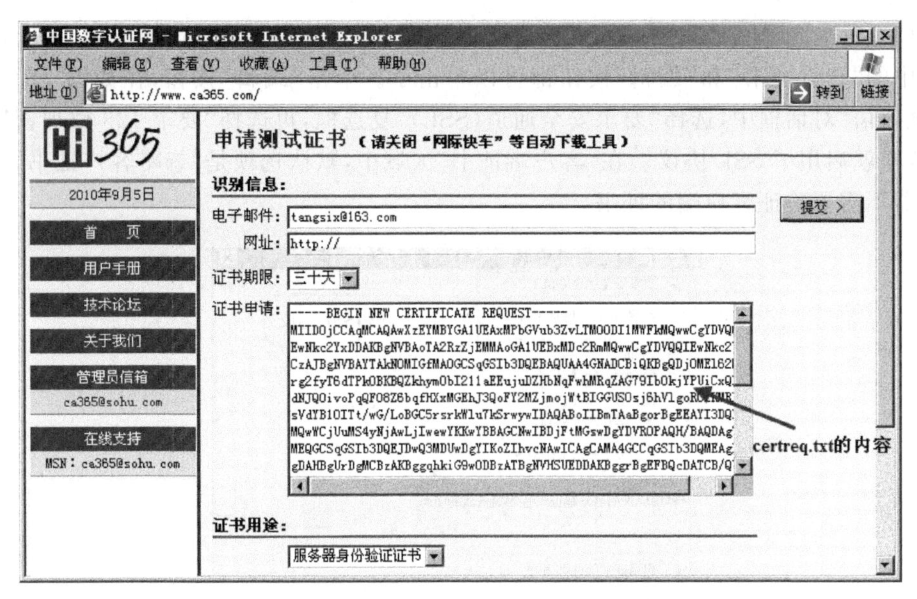

图 7.7 向公共 CA 申请 IIS 服务器证书

的页面中的"证书申请"文本框中，并在"证书用途"下拉列表框中选择"服务器身份验证证书"，单击"提交"按钮，就可以申请到一个服务器证书。在接下来的页面中单击"下载并安装证书"按钮，就可以将该证书下载。下载的证书默认的文件名是 NewCert.der。

(4) 为 IIS 服务器配置证书。在 IIS 的网站属性对话框中，单击"目录安全性"选项卡中的"服务器证书"按钮，这次弹出的 IIS 证书向导将和第(1)步中的向导不同。在向导的第一步(图 7.8)中选择"处理挂起的请求并安装证书"单选按钮，在第二步(图 7.9)中，选择刚才获得的证书文件 NewCert.der，单击"完成"按钮，就为 IIS 的网站安装好服务器证书了。

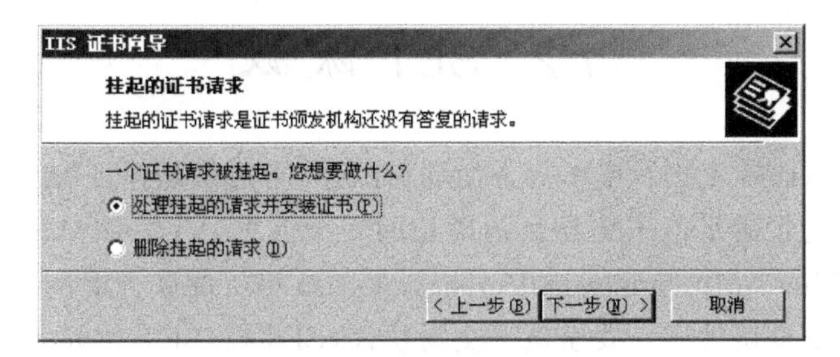

图 7.8 处理挂起的请求并安装证书

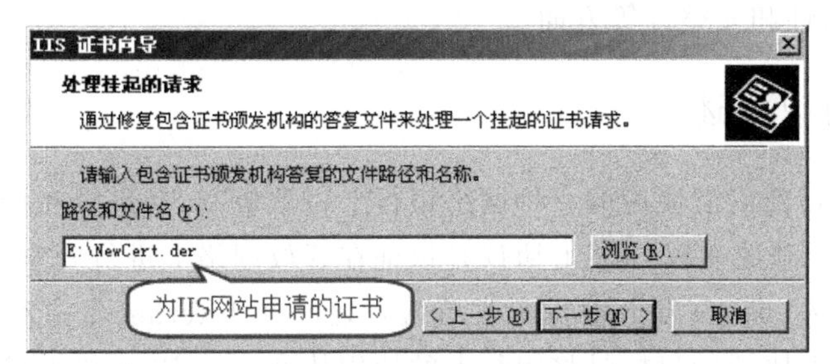

图 7.9 安装为 IIS 的网站申请的证书

(5) 为网站启用 SSL 协议。安装证书后,可发现"目录安全性"选项卡的"安全通信"区域中的"查看证书"和"编辑"按钮都可以单击了。单击"编辑"按钮,在如图 7.10 所示"安全通信"对话框中,选择"要求安全通道(SSL)"复选框,再选择"要求 128 位加密"复选框,这样就启用了 SSL 协议。在"客户端证书"区域中,默认选项是"忽略客户证书",表示服务器不需要验证客户端的证书。

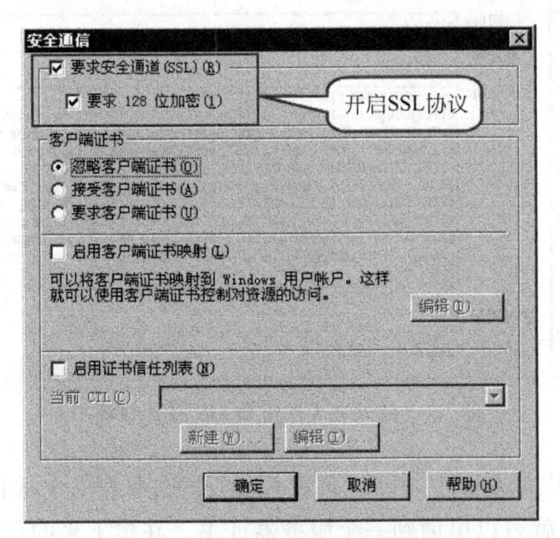

图 7.10 为 IIS 网站启用 SSL 协议

至此,其他用户就可以采用 SSL 安全方式访问配置好 SSL 服务器证书的 Web 网站了,即在浏览器地址栏中要输入 https://开头的 URL。这时,如果用 Sniffer 等抓包软件抓取客户端和服务器之间传送的数据,就会发现所有数据都已被加密了。

7.2 SET 协议

在开放的 Internet 上进行电子商务活动,首要的问题就是保证参与交易各方传输交易数据的安全。为了满足电子交易日益增长的安全需求,Visa 和 MasterCard 两大信用卡公司与 IBM、Microsoft、Netscape、Verisign、Terisa 等厂商联合推出了基于信用卡的在线支付电子商务安全协议——安全电子交易协议(SET)。SET 协议主要应用于 B2C 电子商务系统,它完全是针对信用卡制定的,其内容包含了信用卡在电子商务交易中的交易协定、信息保密性和完整性等方面。

7.2.1 SET 协议概述

SET 协议是目前广泛使用的一种网络银行卡付款机制,是进行在线交易时保证银行卡安全支付的一个开放协议。SET 协议是保证在开放网络上进行安全支付的技术标准,是专为保护持卡人、商家、发卡银行和收单银行之间在 Internet 上进行信用卡支付的安全交易协议。SET 协议的目标是将银行卡的使用从商店的 POS 机上扩展到消费者的个人计算机中。

目前,SET 协议已成为电子商务交易领域事实上的工业标准,并获得了 IETF 的认可。

SET 协议主要是通过使用密码技术和数字证书来保证信息的保密性和完整性。SET 协议是一个基于可信第三方认证中心的方案,它要达到的主要目标如下:

(1) 保证信息在 Internet 上安全传输。SET 协议能确保网络上传输的信息的保密性及完整性。

(2) 解决多方身份认证的问题。SET 协议提供对交易各方(包括客户、商家、收单银行)的身份认证。

(3) 保证电子商务各方参与者信息的隔离。客户的资料加密或打包后经过商家到达银行,但商家看不到客户的账号和口令信息,以保证客户账户的安全和个人隐私。

(4) 保证网上交易的实时性,使所有的支付过程都是在线的。

(5) 规范协议和消息格式,使不同厂商基于 SET 协议开发的软件具有兼容性和互操作性,允许在任何软硬件平台上运行,这些规范保证了 SET 协议能够被广泛应用。

(6) 实现可推广性。SET 协议是一个具备易用性和可实施性的标准。从银行的角度看,特约商店、持卡人在应用 SET 协议时不需要对自身系统做较大修改。允许在用户的应用软件中嵌入付款协定的执行,对收单银行与特约商店、持卡人与发卡银行间的关系以及信用卡组织的基础架构改动最少。

因此,SET 协议的主要目的是实现网上交易数据的保密性、完整性,保证交易的不可抵赖性和对交易各方的身份认证。

7.2.2 SET 系统的参与者

在基于 SET 协议的系统的交易过程中,需要有 6 个角色参与,即持卡人、商家、发卡银行、收单银行、支付网关和 CA,如图 7.11 所示。

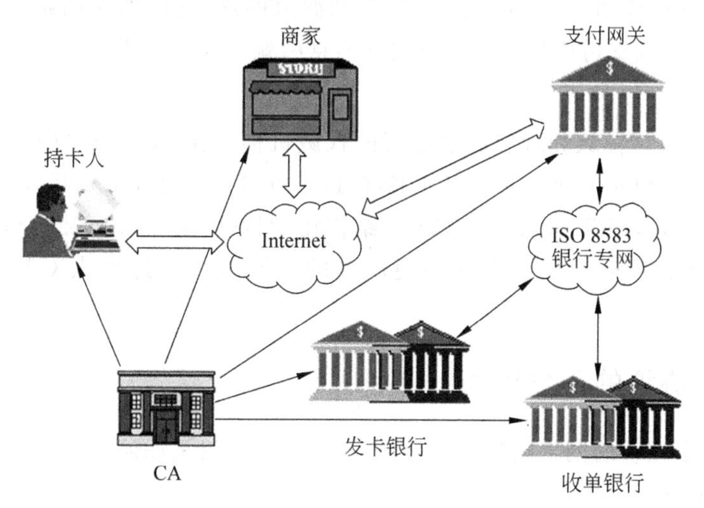

图 7.11 SET 系统的参与者

1. 持卡人

持卡人(card holder)是指使用信用卡进行电子商务交易的消费者。持卡人通过计算机网络与网上的商家进行交易，使用发卡行发行的支付卡进行结算，并从认证中心获取个人的数字证书。

2. 商家

商家(merchant)提供商品或服务。在SET系统中，商家为了与持卡者进行电子交易，必须与相关的收单银行建立某种关系，如在收单银行开设账户，才能收取持卡者支付的货款。

3. 发卡银行

发卡银行(issuer)是一个金融机构，为持卡者建立一个账户并发放支付卡。发卡银行保证只对经过授权的交易进行付款。

4. 收单银行

收单银行(acquirer)也是一个金融机构，为商家建立一个账户并处理支付卡授权和支付。一般情况下，商家可以接受多种支付卡，但不希望与多个银行卡组织打交道。收单银行就扮演了一个代理人的角色，它负责通过某种类型的支付网络(payment network)将支付款转到商家的账户中。

5. 支付网关

支付网关(payment gateway)是银行专网与Internet之间的接口，是由银行操作的将Internet上传输的数据转换为银行内部数据的一组服务器，这些数据是处理电子交易时的支付数据及持卡人的支付请求。实现支付信息从Internet到银行专网的转换的主要原理是将不安全的Internet交易信息进行ISO 8583银行数据格式转换，进行加密后传给安全的银行专网，起到隔离和保护银行专网的作用。支付网关还可对商家和持卡人进行认证。

当持卡人支付成功后，支付网关会反链到商家网站，并向商家网站发送一个加密消息，通知商家持卡人支付成功。商家收到该消息后就可安排发货。

6. CA

CA是一个负责发放和管理数字证书的权威机构。在SET协议中，CA负责发放或撤销持卡人、商家和支付网关的数字证书，让这三方可以通过证书相互认证。

需要注意的是，SET协议中的CA的结构比较特殊，第一层为根CA，第二层为品牌CA(如银行的CA)，第三层根据证书使用者的不同可分为持卡人CA、商家CA和策略CA。

7.2.3 SET协议的工作流程

下面以一个完整的网上购物流程为例介绍SET协议是如何工作的。

1. 初始请求

初始请求的具体步骤如下：

(1) 持卡人(客户)使用浏览器在商家的购物网站上查看在线商品目录,浏览商品信息,然后选择要购买的商品,放入购物车中。

(2) 填写相应的订货单(包括商品名称和数量、送货时间和地点等相关信息)。

(3) 选择 SET 协议作为其付款协议,然后执行付款操作。

(4) 此时浏览器会自动激活支付软件(如电子钱包),向商家发送初始请求。初始请求信息中包括持卡人使用的交易卡种类和数字证书以及持卡人的 ID 等,以便商家选择合适的支付网关。

2. 初始应答

初始应答的具体步骤如下:

(1) 商家收到持卡人的初始请求后,会产生初始应答信息。初始应答信息包括该笔交易标识号、商家标识和支付网关标识、购买项目和价钱等。

(2) 用单向散列函数对初始应答信息生成报文摘要,用商家的私钥对报文摘要进行数字签名。

(3) 将商家证书、支付网关证书、初始应答信息及其数字签名等发送给持卡人。因为初始应答信息不包含任何机密信息,所以初始应答信息未加密,但是初始应答信息的数字签名可以保证它不会被篡改。

3. 购物请求

购物请求的具体步骤如下:

(1) 持卡人接收初始应答,验证商家和支付网关的证书,以确认这些证书是有效的。

(2) 持卡人用商家证书中的公钥验证初始应答信息的数字签名,如果验证通过,一方面表明初始应答信息在传输途中未被篡改,另一方面表明商家拥有该证书的私钥,是该证书的持有者。

(3) 持卡人检查初始应答信息中的购买项目和价钱正确无误,向商家发出购物请求,它包含了真正的交易行为。

购物请求是 SET 协议中最复杂的信息,它主要包含订单信息(OI)和付款指示(PI)。通过双重签名技术使商家只可以看到订单信息,而收单银行只可以看到付款指示。这样商家不能看到持卡人的支付卡卡号,而收单银行也无法看到持卡人的订单详细信息,从而保护了持卡人的隐私。另外,持卡人对购物请求进行签名后,就表明他同意了这次购买,日后不能再否认,从而保证了交易信息的不可抵赖性。而且订单信息和付款指示必须捆绑在一起发送给商家。如果分别发送这两个信息给商家,而商家又能获得这个持卡人的其他订单信息,那么商家就可以声称其他某个订单信息是和这个付款指示一起来的,而不是原来那个订单信息。双重签名的过程如图 7.12 所示。

在图 7.12 中,持卡人使用 SHA-1 算法,取得订单信息和付款指示的散列码。接着将这两个散列码连接起来,再求一次散列码,并用自己的私钥 KR_C 加密,就产生了双重签名,这个过程可以用下面的式子表示:

$$\text{Sign}[H(\text{OP})]=E_{KR_C}[\,H(H(\text{OI})\parallel H(\text{PI}))\,]$$

为了让商家和收单银行验证双重签名,持卡人 C 将消息{OI,H(PI),Sign[H(OP)]}发给商家 M,将消息{ PI,H(OI),Sign[H(OP)] }发给收单银行 B,如图 7.13 所示。商

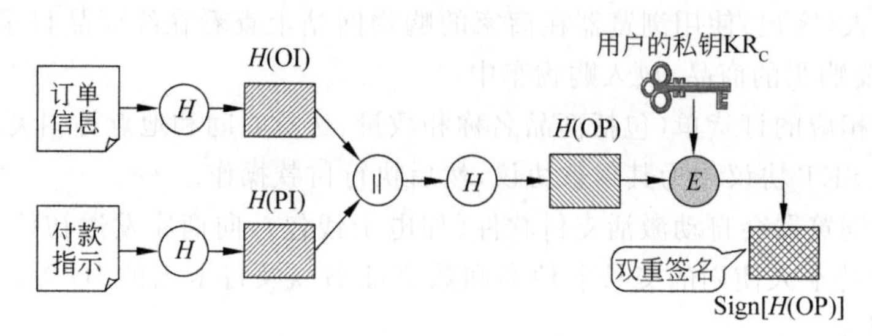

图 7.12 双重签名的过程

家 M 验证双重签名时，首先计算订单信息的消息摘要，得到 H(OI)，然后将 H(OI)与消息中的 H(PI)进行连接，再求散列值，就得到 H(OP)。最后用持卡人 C 的公钥解密 Sign[H(OP)]，得到另一个 H(OP)。如果这两个 H(OP)相同，就证明数据在传输途中未被篡改，而且持卡人有其证书对应的私钥。

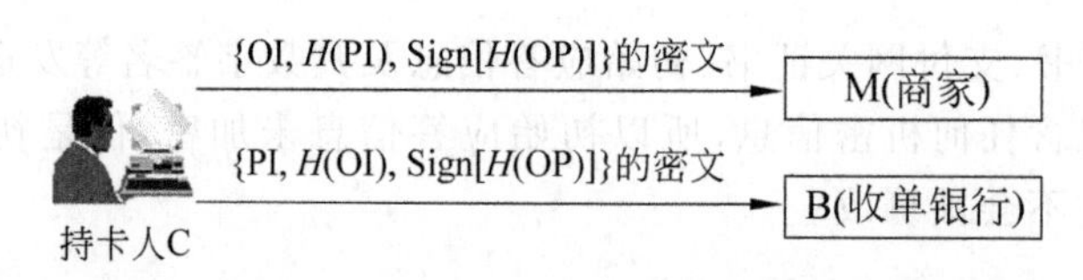

图 7.13 持卡人发送的含有双重签名的购物请求

但实际上，订单信息在传输途中不能被第三方看到，因此必须对持卡人 C 发给商家 M 的信息进行加密，通常采用数字信封的方式，持卡人 C 用商家 M 的公钥加密一个对称密钥，再用该对称密钥加密消息{OI,H(PI),Sign[H(OP)]}，发送给商家。

实际上，持卡人是不能直接给收单银行（支付网关）发送付款指示消息的，他只能将消息发给商家，再由商家转发给收单银行。因此，他必须将发给收单银行的消息{PI,H(OI),Sign[H(OP)]}用支付网关的公钥加密，与发给商家的消息一起发给商家。这样，商家收到后只能解密自己的信息，而不能解密需转发给支付网关的信息，因为它没有支付网关的私钥。因此，购物请求包括 3 方面的内容：

(1) 与订购相关的信息，此信息是商家需要的，其组成如下：

订单信息，付款摘要 H(PI)，双重签名

(2) 与付款相关的信息，此信息将由商家转发给支付网关，其组成如下：

付款指示，订单摘要 H(OI)，双重签名

然后将这些信息用支付网关的公钥采用数字信封的形式加密。

(3) 持卡人的数字证书。商家可以从数字证书中获得持卡人的公钥。

当商家接收到购物请求后，它将执行如图 7.14 所示的步骤验证购物请求。

4. 商家发出支付授权请求给支付网关

商家发出支付授权请求给支付网关的具体步骤如下：

(1) 商家收到持卡人的购物请求后，先验证持卡人的数字证书，如通过，则继续。

(2) 用商家的私钥解密订单信息，并提取持卡人 C 证书中的公钥，验证双重签名，检

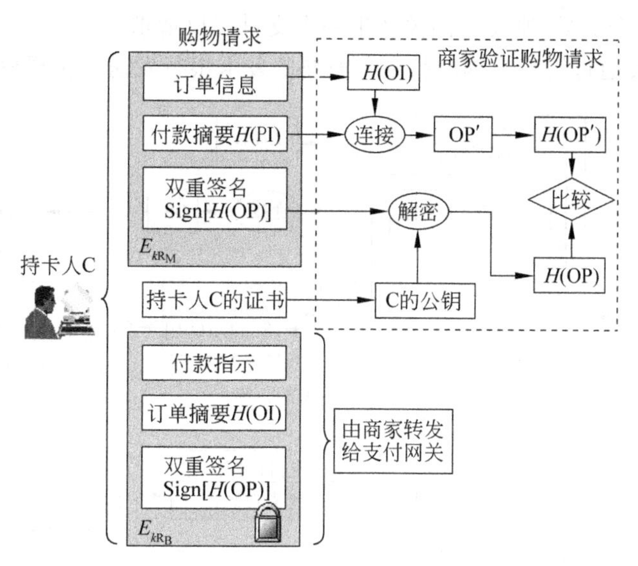

图 7.14　顾客提交的购物请求及商家验证购物请求的过程

查数据在传输过程中是否被篡改。如数据完整，则处理订单信息。商家验证购物请求的过程如图 7.14 所示。

(3) 商家产生支付授权请求(即商家同意交易的标识)。商家将支付授权请求用散列算法生成报文摘要，并对报文摘要进行签名，然后用支付网关的公钥加密支付授权请求(采用数字信封方式加密)。

(4) 商家将其证书、支付授权请求的密文、商家对支付请求的签名及持卡人通过商家转发的双重签名等信息发往支付网关。商家向支付网关发送的支付授权信息包括：

- 商家从持卡人发来的购物请求中获得的信息，即用支付网关公钥加密的{PI，H(OI)，Sign[H(OP)]}。
- 由商家生成的支付授权请求和商家的签名。
- 证书，包括顾客的数字证书(用于验证双重签名)、商家的数字证书(用于验证商家对支付授权请求的签名)以及商家的密钥交换证书(在支付网关的应答中用来加密会话密钥以形成数字信封)。

5. 支付网关验证支付授权请求并向发卡银行发送支付授权请求

支付网关验证支付授权请求并向发卡银行发送支付授权请求的具体步骤如下：

(1) 支付网关收到商家的支付授权请求信息后，验证过程如图 7.15 所示。它首先验证商家证书，再验证商家的签名，最后查看商家是否在黑名单内。具体方法是：支付网关用其私钥解密支付授权请求密文，并验证商家对支付授权请求的签名，如果能用支付请求的明文重新设计该签名，则表明支付授权请求未被篡改。

(2) 支付网关验证持卡人的证书。然后用其私钥解密{PI，H(OI)，Sign[H(OP)]}的密文，得到付款指示。接着用这些信息验证双重签名，此过程和商家验证双重签名类似。验证成功则证明付款指示未被篡改过。

(3) 验证来自商家的交易标识与来自持卡人的付款指示中的交易标识是否匹配。若匹配，说明是同一个交易，则支付网关产生一个支付授权请求。

（4）支付网关通过银行专网向持卡人所属的发卡银行发送支付授权请求。

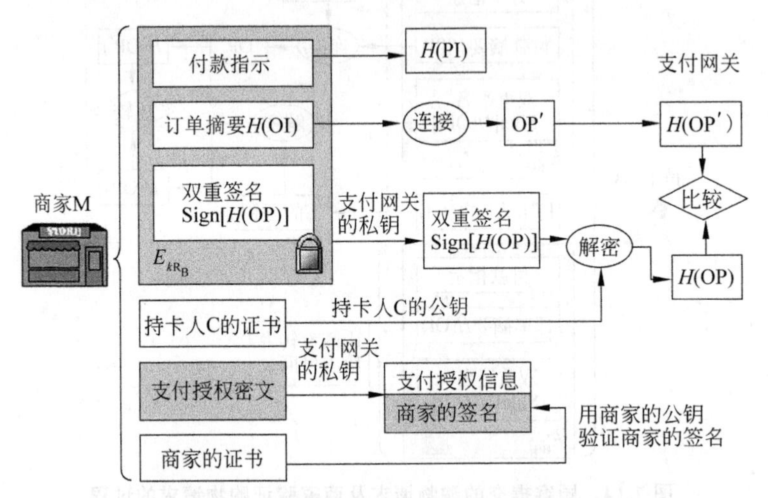

图 7.15 支付网关验证支付授权请求的过程

6. 发卡银行对支付授权请求应答

发卡银行在收到支付网关的支付授权请求后，检查持卡人的支付卡是否有效。若有效，则发卡银行批准交易，并向支付网关发出支付授权应答。

7. 支付网关向商家发送支付授权应答

支付网关产生支付授权应答信息，它包括发卡银行的响应信息和支付网关的证书等，并将其用商家密钥交换证书中的公钥加密，形成数字信封。将发卡银行的响应信息用其私钥加密，作为支付授权应答信息发给商家，以通知商家持卡人已经付款成功，商家以后可以使用支付授权应答信息要求支付网关将此笔交易款项从持卡人账户转到商家账户。

8. 商家向持卡人发送购物应答

商家向持卡人发送购物应答的具体步骤如下：

（1）商家验证支付网关的证书，并用证书中的公钥解密支付授权应答，再验证支付网关的数字签名，以确认支付授权应答报文未被篡改过。

（2）商家产生购物应答，对购物应答生成报文摘要并签名。

（3）将商家证书、购物应答、数字签名一起发给持卡人。

9. 持卡人接收并处理商家订单确认信息

持卡人接收并处理商家订单确认信息的具体步骤如下：

（1）持卡人收到购物应答后，验证商家证书。

（2）验证通过后，对购物应答产生报文摘要，用商家公钥解开数字签名，得到原始报文摘要，将其与新产生的报文摘要进行比较，若相同，则表示数据完整。

（3）SET 软件记录交易日志，以备将来查询。

（4）持卡人等待商家发货。若未收到货，则可凭交易日志向商家发出询问。

10. 商家发货并结算

商家委托物流公司发送货物给持卡人,并在适当的时候通知收单银行将钱从持卡人的账号转移到商家账号,或通知发卡银行请求支付,即完成货款结算。

基于SET协议的购物流程如图7.16所示,其中CA负责对SET系统各方身份的认证。

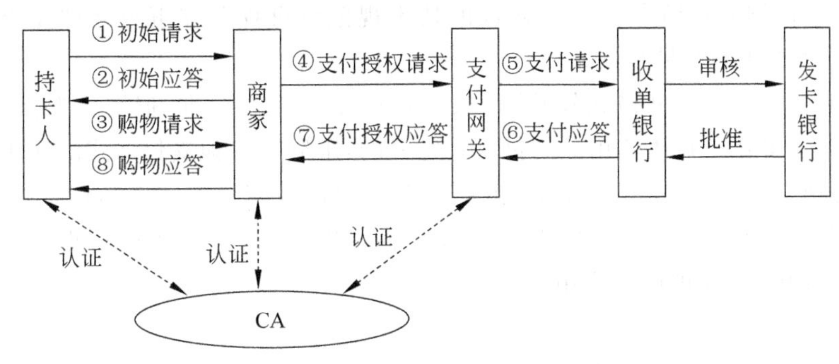

图7.16 基于SET协议的购物流程

7.2.4 对SET协议的分析

SET协议具有如下特点:

(1) 交易参与者的身份认证采用数字证书的方式完成,同时交易参与者用其私钥对有关信息进行签名,也验证了他是该证书的拥有者。

(2) 交易的不可抵赖性采用数字签名的方法实现。由于数字签名是由发送方的私钥产生的,而发送方私钥只有他本人知道,因此发送方不能对其发送过的交易信息进行抵赖。

(3) 用报文摘要算法(散列函数)保证数据的完整性,从而确保交易数据没有遭到篡改。

(4) 由于公钥加密算法的运算速度慢,SET协议中普遍使用数字信封技术,用对称加密算法加密交易数据,然后用接收方的公钥加密对称密钥,形成数字信封。

完成一个SET协议交易过程需传递数字证书7次,验证数字证书9次,进行5次数字签名,验证数字签名6次,进行4次对称加密和4次非对称加密,进行4次对称解密和4次非对称解密。具体统计如表7.1所示。

表7.1 SET协议交易过程中各种处理操作统计

参与方	传递数字证书	验证数字证书	数字签名	验证数字签名	对称加密	非对称加密	对称解密	非对称解密
持卡人	1次	3次	1次	2次	1次	1次		
商家	5次	3次	3次	2次	1次	1次	2次	2次
支付网关	1次	3次	1次	2次	2次	2次	2次	2次
合计	7次	9次	5次	6次	4次	4次	4次	4次

SET 协议的不足如下：

(1) SET 协议运行机制复杂，使用成本较高，从而给该协议的推广和普及带来了困难。有被 3D 安全协议取代的趋势。

(2) 参与交易的实体多，难以协调。SET 协议涉及了持卡人、商家、支付网关、银行等众多经济实体，协调难度大，互操作性差。

(3) 交易证据不可留存。SET 协议的技术规范没有提及在事务处理完成后如何安全地保存或销毁此类交易数据。

(4) SET 协议的证书格式较特殊，虽然也遵循 X.509 标准，但它主要是由 Visa 和 MasterCard 公司开发并按信用卡支付方式定义的，限制了其他支付方式的使用。

除此之外，SET 协议应用的范围也受到限制，目前只有 B2C 商务可以支撑 SET 协议模式，不能用于 B2B 商务。同时，当涉及 B2C 商务时，该协议只能在某些领域的卡支付业务中发挥作用，不能被广泛应用。

7.3 3D 安全协议及各种协议的比较

7.3.1 3D 安全协议

针对 SET 协议实施成本高、处理效率低的缺陷，2001 年，Visa 公司提出了新一代的全球通用支付标准——3D 安全协议。目前，基于 3D 安全协议的在线支付系统在国外已经普遍使用，全世界有 9000 家银行、2.9 亿张信用卡已经采用这种认证标准。在我国，3D 安全协议还处于起步阶段，只有民生银行开始了 3D 安全协议的试用。

1. 3D 安全信用卡交易架构的 3 个领域

3D 安全协议把现行信用卡交易架构分为 3 个领域(domain)：

(1) 发卡银行区域(issuer domain)。包括持卡人、持卡人浏览器、发卡银行和接入控制服务器(Access Control Server，ACS)，它主要定义持卡人与发卡银行之间如何联系。它的主要职责是：①持卡人在注册时认证其身份；②在线支付时认证持卡人的身份。

(2) 收单银行区域(acquirer domain)。包括商家、商家服务器的插件(Merchant Server Plug-in，MPI)、收单银行(支付网关)。它主要定义商家与收单银行之间的联系。它的主要职责是：①定义过程以确保参与 Internet 交易的商家的活动符合其与收单银行之间的协定；②为已认证的交易提供事务处理。

(3) 互操作区域(interoperability domain)。用来支持收单银行域与发卡银行域之间的联系。该域采用共有的协议及共享的服务，以简化收单银行域与发卡银行域之间的事务交易。它包括的实体有目录服务器(Directory Server，DS)、验证历史服务器(Authentication History Server，AHS)、授权系统(VisaNet)和商业证书颁发机构。

2. 3D 安全协议的工作机制

3D 安全协议主要包含两部分：①持卡人注册流程；②购买流程。

1）持卡人注册流程

持卡人注册流程包括以下步骤：

（1）持卡人访问发卡银行的注册网站的 Visa 验证服务注册网页（或者到发卡银行的柜台登记）。

（2）持卡人按指示输入 Visa 卡的资料（卡号、有效日期等），并设置密码和个人保障信息，作为对身份的确认。

（3）注册记录将传递到发卡行的访问控制服务器（Access Control Server，ACS），为以后验证作准备。

2）购物流程

购物流程包括以下步骤：

（1）持卡人浏览商家网站，选择商品，然后确认用信用卡购买并输入卡号，系统就会发送持卡人的卡号给商家。

（2）MPI（Major Payment Institution，大型支付机构）将卡号送到 Visa 目录服务器，以验证注册请求。

（3）如果卡号在 3D 安全协议参与者的卡号范围内，Visa 目录服务器根据卡号范围查询相应的 ACS，以确定该卡是否可以得到验证。

（4）ACS 将验证结果和自己的网址反馈给 Visa 目录服务器。

（5）Visa 目录服务器将反馈信息发送到 MPI。

（6）MPI 将付款人验证请求信息通过持卡人的设备提供给 ACS。

（7）ACS 收到付款人验证请求后，弹出验证窗口。

（8）ACS 验证付款人的请求（密码、个人保障信息）。

（9）ACS 验证购物者后，生成付款人验证反馈信息并进行数字签名，同时将有关信息发给 Visa 验证历史服务器。

（10）ACS 通过持卡人的设备将付款人验证反馈信息返回给商家。

（11）MPI 收到付款人验证反馈信息后，检验该消息中签名的合法性（验证签名）。

（12）商家继续处理，将授权信息发送给收单银行（请求授权）。

7.3.2 SSL 协议与 SET 协议的比较

SET 协议是应用于 Internet 上的以信用卡为基础的安全电子交易协议，是针对信用卡在 Internet 上如何安全付款而制订的交易应用协议；而 SSL 协议仅仅是一个数据传输的安全协议，它只是为了确保通信双方信息安全传输而制订的协议。也就是说，SET 协议是电子商务交易的专用协议，而 SSL 协议是保证 Web 安全的一个通用协议。本节从如下几方面对这两个协议进行比较。

1. 用户接口

SSL 协议已经被浏览器和 Web 服务器内置，因此无须安装专门的 SSL 软件；而 SET 协议中的客户端需要安装专门的电子钱包软件，在商家服务器和银行网络上也需安装相应的软件。

2. 处理速度

SET 协议非常复杂、庞大，处理速度慢。一个典型的 SET 交易过程需验证数字证书9次，验证数字签名6次，传递数字证书7次，进行5次数字签名、4次对称加密和4次非对称加密，整个交易过程可能需花费2min；而 SSL 协议则简单得多，处理速度比 SET 协议快。

3. 认证要求

SSL 3.0 可以通过数字证书和签名实现浏览器和服务器之间的相互身份认证，但不能实现多方认证，而且 SSL 协议中只有对服务器的认证是必须进行的，对客户端的认证是可选的。相比之下，SET 协议对身份认证的要求较高，所有参与 SET 交易的成员都必须申请数字证书。并且 SET 协议解决了客户与银行、客户与商家、商家与银行之间的多方认证问题。

4. 安全性

安全性是网上交易最关键的问题。SET 协议由于采用了公钥加密、消息摘要和数字签名，可以确保交易信息的完整性、机密性、可鉴别性和不可抵赖性。而且 SET 协议采用了双重签名以保证各参与方信息的相互隔离，使商家只能看到持卡人的订单信息，而银行只能看到持卡人的信用卡信息。SSL 协议虽然也采用了公钥加密、消息摘要和 MAC 检测，可以提供机密性、完整性和一定程度的身份鉴别功能，但缺乏一套完整的认证体系，不能提供抗抵赖功能。因此，SET 协议的安全性比 SSL 协议的安全性明显更高。

5. 协议层次和功能

SSL 协议属于传输层的安全技术规范，它不具备电子商务的商务性、协调性和集成性功能。而 SET 协议位于应用层，它不仅规范了整个电子商务活动的流程，而且制定了严格的加密和认证标准，具有商务性、协调性和集成性功能。

表 7.2 对 SSL 协议和 SET 协议进行了比较。

表 7.2 SSL 协议和 SET 协议的比较

比较内容	SSL 协议	SET 协议
应用方面	因为 SSL 协议并非应用层协议，所以无应用上的限制，目前多应用在以 Web 网站为基础的网上银行、网上证券、网上购物等领域	目前只能应用于银行的信用卡上
客户端证书需求	可有可无，因为对客户端的认证是可选的	可选择有或没有（决定于商家连接的支付网关），但目前通常都要求客户端有数字证书
PKI 规范	无特别的 PKI 规范，只要客户端可以确认服务器使用的证书真实有效，即可建立双方的安全通信	有明确的 PKI 规范，必须是专为某个 SET 协议应用建立的 PKI
身份认证	只能单向或双向认证	可多方认证
加密的信息	有，建立点对点的秘密信道，且对所有的信息加密	有，且可以针对某一特定交易信息进行加密，如只加密表单中的信息

续表

比 较 内 容	SSL 协议	SET 协议
完整性	信息均有 MAC 保护	利用 SHA-1 配合数字签名,以确保信息的完整性
交易信息来源识别	无,虽然可通过数字签名进行身份识别,但由于 SSL 协议并非应用层协议,无法针对某个应用层的交易信息进行数字签名	有,通过交易信息发送方的数字签名进行验证
不可否认性	无,因为所有要传输的信息均以对称密钥进行加密,无法实现不可抵赖性	有,通过数字签名验证
风险性责任归属	商家及持卡人	SET 相关银行组织

通过以上分析,可以看出,SET 协议从技术和流程上都优于 SSL 协议,在电子交易环节上提供了更大的可信任度、更完整的交易信息、更高的安全性和更少受欺诈的可能性。但是,SET 协议的实现成本也较高,互操作性差,且实现过程复杂,所以还有待完善。

7.3.3 SSL 协议在网上银行的应用案例

由于 SSL 协议具有成本低、速度快、使用简单的特点,对现有网络应用系统不需要进行大的修改,因此目前取得了广泛的应用。但随着电子商务规模的扩大,网络欺诈的风险性也在提高,在未来的电子商务中 SET 协议将逐步占据主导位置。

实际上,SSL 协议一开始并不是为支持电子商务而设计的。后来为了克服其应用局限性,在原来的基础上发展了 PKI,使其也能支持电子商务应用。SSL 协议的功能设计得比较好,目前,很多银行和电子商务解决方案提供商仍然考虑使用 SSL 协议构建更多的安全支付系统。但是,如果没有客户端软件的支持,基于 SSL 协议的系统不可能实现 SET 协议这种专用银行卡支付协议所能达到的安全性。

1. SSL 协议和 SET 协议的选择依据分析

SSL 协议主要和 Web 应用一起工作,对于一些简单的电子商务应用,SSL 协议也能实现,因此,如果电子商务应用只是利用 Web 或是电子邮件,则可以不要 SET 协议。SET 协议是为信用卡交易提供安全保障而设计的,如果电子商务应用是一个涉及多方交易的过程,则使用 SET 协议会更安全、更通用。

因此,如果存在如下两种情况,最好选择 SET 协议:

- 消费者要将信用卡账号信息传递给商家。
- 交易涉及多方参与,而不仅是消费者和商家双方。

SET 协议和 SSL 协议还可以结合起来使用。例如,有的商家考虑在与银行连接中使用 SET 协议,而与客户连接时仍然使用 SSL 协议。这种方案既避免了在客户端安装电子钱包软件的麻烦,同时又获得了 SET 协议提供的很多优点。

2. SSL 协议网上银行的案例

在我国,几乎每家银行都开通了网上银行。其中,中国建设银行、中国工商银行、中国农业银行和中信银行、招商银行的网上银行采用的是SSL协议；而中国银行的网上银行采用的是SET协议，这使得用户需要安装“中银电子钱包”软件才能在中国银行约定的网上商家处购物，而采用SSL协议的网上银行和其他支付网站(如支付宝)则无此要求。

以招商银行的网上银行“一网通”为例，招商银行CA系统用于Web服务器的SSL公开密钥证书，也可以为客户端的浏览器颁发证书，在SSL协议的对称密钥交换过程中加密密钥参数。招商银行今后会开发其他的密码服务，并在国家有关部门规定下开展公开密钥证书服务。CA处于非联机状态，运行CA的服务器在私有网上，用户不能通过Internet访问。CA会在Web服务器上提供查询和客户证书申请接口，用户可以通过该接口查询证书状态，提交证书请求。Web服务器运行CA数据库的一个独立副本，与CA并没有网络连接。这样就充分保证了CA的安全。

商家需要与银行的支付网关建立连接，开发流程如下：

(1) 与银行网关建立连接的商家需要在该银行开通网上银行，并申请支付网关证书和网银证书。网关证书用于商家向支付网关发送加密信息，网银证书用于商家发送签名消息。

(2) 由银行方提供接口，即订单的报文格式等。商家按照对应的接口开发调试网站程序，与银行网关直连。

(3) 银行与商家之间协商一种加密算法，对订单信息进行加密处理。

客户进行支付的业务流程如下：

(1) 客户在商家网站选购某种商品并选择一家银行实施网上支付。商家网站的支付网关接口会产生一个报文M(包括订单号、金额、商家号、商家返回地址、交易日期)，然后自动跳转到客户选择的银行网关，同时将这些信息加密后发送给银行网关。

(2) 支付网关会将报文M中的关键字段(如订单号、金额、商家名、交易日期等)回显在客户端。客户确认无误后，登录银行网站进行支付。

7.4 IPSec协议

由于目前的网络基础设施存在各种漏洞，为了在这种不可靠的网络环境下从事安全的电子商务，人们设计了SSL和SET等电子商务安全协议，这些协议通过加密、认证等措施保障电子交易的保密性、完整性、真实性和不可否认性。

如果换一种思路，假定电子交易活动所依托的网络环境本身就是安全的，能满足电子商务安全的各种基本需求，那么就不需要在交易的处理过程中考虑如此之多的安全问题了。IPSec安全体系正是从这一思路发展而来的，它的设计目的是对IP层本身的安全性进行提升。

7.4.1 IPSec协议概述

IPSec协议是伴随着IPv6方案逐渐开发和实施的Internet本体安全性解决方案，力图在网络层对Internet的安全问题做出圆满的解决，是IPv6安全性方案的重要协议体系，对 Internet 未来的安全性起着至关重要的作用。所以，对于以 Internet 为物理基础的电子商务应用来说，在 IPSec 协议出现后，电子商务的安全子系统可以直接构建在 IPSec 体系结构之上。

在传统的 TCP/IP 协议族中，并没有对 IP 包本身的安全性进行定义，导致攻击者很容易便可伪造 IP 包的源地址，修改 IP 包的内容，重放以前的包，以及在传输途中拦截并查看 IP 包的内容。因此，接收方很难确定收到的 IP 包来自真正的发送方，并且内容没有被修改或阅读过。

针对上述问题，IPSec 对 IP 的安全性作了改进，增加了如下安全措施：

- 数据来源地址验证。
- 无连接数据的完整性验证。
- 保证数据内容的机密性。
- 抗重放保护。
- 数据流机密性保证。

IPSec 可在以下 3 个不同的安全领域使用：虚拟专用网络(Virtual Private Network，VPN)、应用级安全以及路由安全。目前，IPSec 主要用于 VPN；而在应用级安全或路由安全中使用时，IPSec 还不是一个完全的解决方案，它必须与其他安全措施配合才能更具效率，从而妨碍了 IPSec 在这些领域的部署。

IPSec 通过使用加密技术、安全协议和动态密钥管理，可以实现以下 5 个安全目标：

(1) 认证 IP 报文的来源。基于 IP 地址的访问控制十分脆弱，因为攻击者可以很容易利用伪装的 IP 地址发送 IP 报文。IPSec 允许设备使用比源 IP 地址更安全的方式认证 IP 报文的来源。IPSec 的这一标准称为原始认证(origin authentication)。IPSec 可以使用对称密钥或公钥技术两种方式进行认证，即基于预共享密钥的认证和基于数字证书的公钥认证。

(2) 保证 IP 报文的无连接完整性。除了确认 IP 报文的来源，人们还希望能确保 IP 报文在网络中传输时没有发生变化。使用 IPSec，可以确保在 IP 报文上没有发生任何变化。IPSec 的这一特性称为无连接完整性。

(3) 确保 IP 报文的内容在传输过程中未被读取。除了认证与完整性之外，人们还期望当 IP 报文在网上传播时，未授权方不能读取 IP 报文的内容。这可以通过在传输前将 IP 报文加密来实现。通过加密 IP 报文，可以阻止攻击者破解 IP 报文的内容，即使他们可以用侦听程序截获 IP 报文。

(4) 确保认证报文没有重复。攻击者即使不能发送伪装的 IP 报文，不能改变 IP 报文，不能读取 IP 报文的内容，仍然可以通过重放截获的认证报文干扰正常的通信，从而导致事务多次被执行，或使被复制的认证报文的上层应用发生混乱。IPSec 能检测出重复认证报文并丢弃它们，这一特性被称为反重放(antireplay)。

(5) 实现不可抵赖性。发送方用私钥产生一个数字签名，随消息一起发送。接收方使用发送方的公钥验证数字签名。通过数字签名的方式实现不可抵赖性。

IPSec 建立在终端到终端的模式上，这意味着只有识别 IPSec 的计算机才能作为发送和接收计算机。IPSec 并不是一个单一的协议或算法，它是一系列在加密实现中使用的加密标准定义的集合。IPSec实现了IP层的安全，因而它与任何上层应用或传输层的协议无关。上层不需要知道在IP层实现的安全，所以上层不需要做任何修改。

7.4.2 IPSec的体系结构

IPSec由一系列协议组成。IPSec组件包括认证头协议和封装安全载荷协议、Internet密钥交换协议、安全关联（SA）及加密算法和认证算法等。图7.17描述了IPSec的体系结构、组件及各组件之间的相互关系。

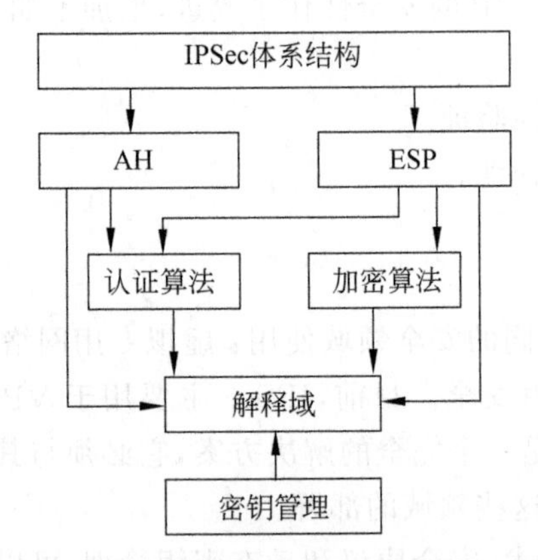

图7.17 IPSec协议的体系结构、组件及各组件之间的相互关系

（1）认证头（Authentication Header，AH）协议。提供数据源认证、数据完整性和重放保护。数据完整性由消息认证码生成校验码实现，数据源认证由被认证的数据中共享的密钥实现，重放保护由AH中的序列号实现。AH不提供加密服务。

（2）封装安全载荷（Encapsulation Security Payload，ESP）协议。该协议除了数据源认证验证、数据完整性和重放保护外，还提供加密服务。除非使用隧道，否则ESP通常只保护数据，而不保护IP报头。当ESP用于认证时，将使用AH算法，可见ESP和AH能够组合或嵌套。图7.18是ESP的报文封装方式。

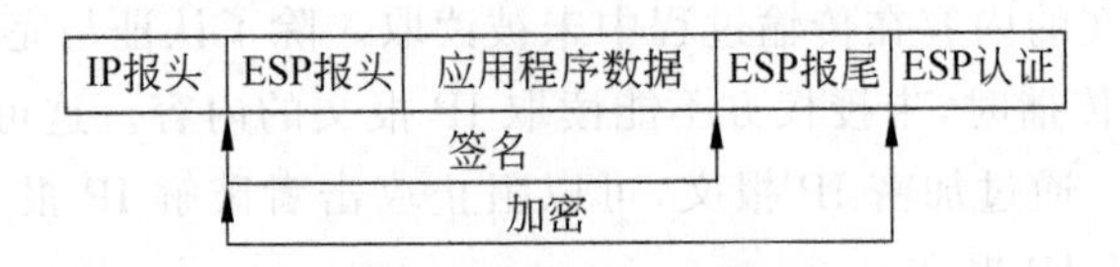

图7.18 ESP的报文封装方式

AH和ESP可以单独使用，也可以配合使用。应用组合方式，可以在两台主机、两个安全网关（防火墙和路由器）或者主机与安全网关之间配置多种灵活的安全机制。

（3）Internet密钥交换（Internet Key Exchange，IKE）协议。该协议协商通信双方使用的算法、密钥，协商在两个对等实体间建立一条隧道的参数，协商完成后再使用ESP或AH封装数据。IKE还将动态地、周期性地在两个对等网络之间更新密钥。

（4）解释域（Domain of Interpretation，DOI）。将所有的IPSec协议捆绑在一起，是IPSec协议安全参数的主要数据库。

(5) 密钥管理。由 IKE 和安全关联(Security Association,SA)实现。两台 IPSec 计算机在数据交换之前必须首先建立某种约定,这种约定就称为安全关联。安全关联对两台计算机之间的策略协议进行编码,指定它们使用的加密算法、密钥长度以及实际的密钥本身。IKE 的主要任务是生产和管理密钥,集中管理安全关联,减少连接时间。

7.4.3 IPSec 的工作模式

IPSec 的工作模式有传输模式和隧道模式两种,它们的工作原理如图 7.19 所示(设原始 IP 报文中是 TCP 数据)。

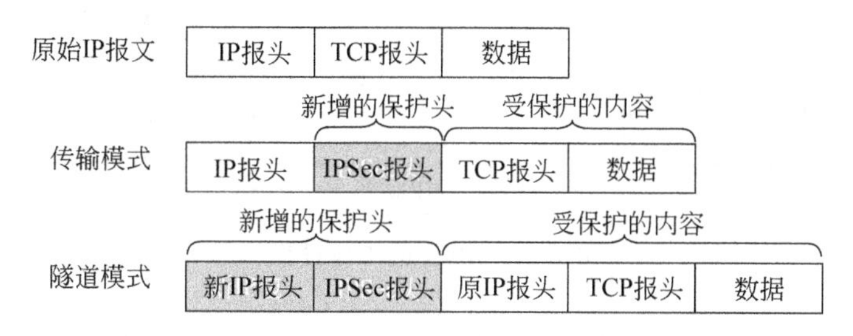

图 7.19 IPSec 的传输模式和隧道模式的工作原理

1. 传输模式

传输模式为上层协议(如 TCP)提供保护,保护的是 IP 报文的有效载荷(如 TCP、UDP 或 ICMP)。传输模式使用原始明文 IP 报头,并且只加密数据,通常用于两台主机之间的安全通信。当一台主机运行 AH 或者 ESP 时,IPv4 协议的有效载荷是 IP 报头后面的数据,IPv6 协议的有效载荷是 IP 基本报头和扩展报头的部分。

2. 隧道模式

隧道模式为整个 IP 报文提供安全保护。隧道模式首先为原始 IP 报文增加 AH 或 ESP 字段,然后再在外部增加一个新的 IP 报头。所有原始的或者内部报文通过这个隧道从 IP 层的一端传输到另一端,沿途的路由器只检查最外面的 IP 报头,不检查内部原来的 IP 报头。由于增加了一个新 IP 报头,因此新 IP 报文的目的地址可能与原来的不一样。

隧道模式通常用在至少一端是安全网关(如装有 IPSec 的防火墙或路由器)上,如图 7.20 所示。使用隧道模式,防火墙内的主机可以使用内部地址与另一端进行通信,而且不需要安装 IPSec,由装有 IPSec 的路由器或防火墙对数据进行加密和解密。

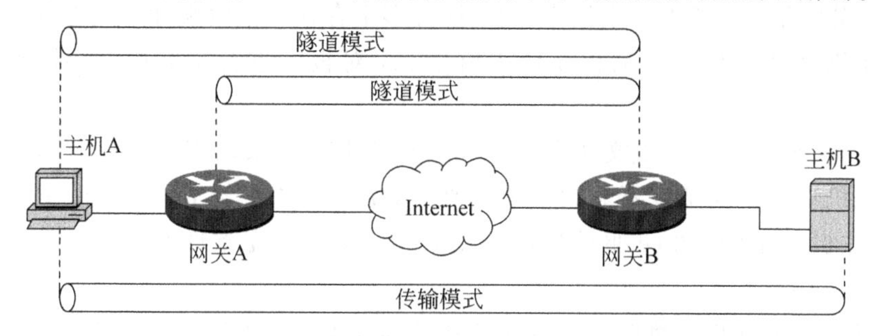

图 7.20 传输模式和隧道模式的应用比较

3. IPSec 的工作过程

IPSec 用于提供 IP 层的安全性。由于所有支持 TCP/IP 的主机进行通信时都要经过 IP 层的处理，所以提供了 IP 层的安全性就相当于为整个网络提供了安全通信的基础。IPSec 的工作过程如图 7.21 所示。

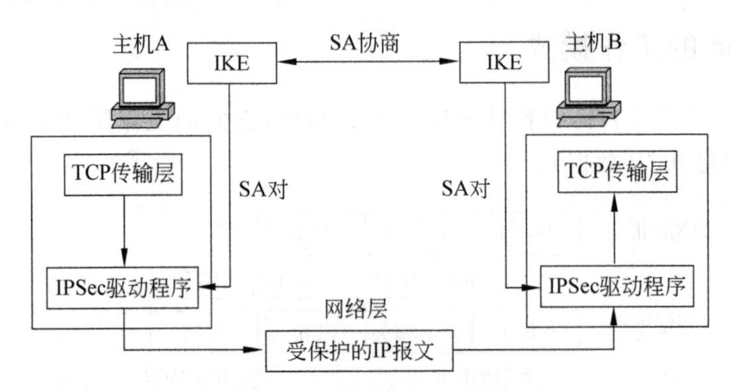

图 7.21 IPSec 的工作过程

两台主机首先从 IKE 处获得 SA 和会话密钥，在 IPSec 驱动程序数据库中查找匹配的出站 SA，在该 SA 的安全策略中查找对要发送的 IP 报文进行处理的方法，并将 SA 中的 SPI(Security Parameter Index，安全参数索引)插入 IPSec 报头，对报文进行签名和完整性检查。如果要求机密保护，则另外加密报文，将报文随同 SPI 发送至 IP 层，然后再转发至目的主机。

假设在一个内部网中，每台主机都有处于激活状态的 IPSec 策略，两台主机间进行通信的过程如下：

(1) 主机 A 向主机 B 发送一条消息。

(2) 主机 A 上的 IPSec 驱动程序检查 IP 筛选器，查看报文是否需要接受保护以及接受何种保护。

(3) IPSec 驱动程序通知 IKE 开始安全协商。

(4) 主机 B 上的 IKE 收到请求安全协商通知。

(5) 两台主机协商建立第一阶段 SA，各自生成共享主密钥(注：若两台主机在此前的通信中已经建立了第一阶段 SA，则可直接进行第二阶段 SA 协商)。

(6) 两台主机协商建立第二阶段 SA 对(入站 SA 和出站 SA)，SA 包括密钥和 SPI。SPI 是一个分配给每个 SA 的字符串，用于区分多个存在于接收端计算机上的 SA。

(7) 主机 A 上 IPSec 驱动程序使用出站 SA 对报文进行签名(完整性检查)与/或加密。

(8) IPSec 驱动程序将报文递交 IP 层，再由 IP 层将报文转发至主机 B

(9) 主机 B 的网络适配器驱动程序收到报文并将其提交给 IPSec 驱动程序。

(10) 主机 B 上的 IPSec 驱动程序使用入站 SA 检查完整性签名与/或对报文进行解密。

(11) IPSec 驱动程序将解密后的报文提交给上层 TCP/IP 驱动程序，再由 TCP/IP

驱动程序将报文提交给主机B的接收应用程序。

以上是IPSec的完整工作过程,虽然看起来很复杂,但所有操作对用户是完全透明的。中介路由器或转发器仅负责报文的转发。如果中途遇到防火墙、安全路由器或代理服务器,则要求它们具有IP报文转发功能,以确保IPSec和IKE数据流不会遭到拒绝。

习　题

1. SSL协议中的(　　)是可选的。
   A. 服务器鉴别　　B. 数据库鉴别
   C. 应用程序鉴别　　D. 客户端鉴别
2. SSL层位于(　　)之间。
   A. 传输层与网络层　　B. 应用层与传输层
   C. 数据链路层与物理层　　D. 网络层与数据链路层
3. 用于客户端和服务器之间相互认证的协议是(　　)。
   A. SSL警告协议　　B. SSL握手协议
   C. SSL更改密码规范协议　　D. SSL记录协议
4. SET协议提出的数字签名新应用是(　　)。
   A. 双重签名　　B. 盲签名　　C. 数字时间戳　　D. 门限签名
5. SSL协议提供的基本安全服务不包括(　　)。
   A. 加密服务　　B. 服务器证书
   C. 认证服务　　D. 保证数据完整
6. SET协议的主要设计目的与(　　)有关。
   A. 浏览器与服务器之间的安全通信　　B. 数字签名
   C. Internet上的安全信用卡付款　　D. 消息摘要
7. SET协议中的(　　)不知道付款信用卡的细节。
   A. 商家　　B. 客户　　C. 付款网关　　D. 签发人
8. 在基于SET协议的电子商务系统中对商家和持卡人进行认证的是(　　)。
   A. 收单银行　　B. 支付网关
   C. 认证中心　　D. 发卡银行
9. 以下关于SSL协议与SET协议的叙述中正确的是(　　)。
   A. SSL协议是基于应用层的协议,SET协议是基于传输层的协议
   B. SET协议和SSL协议均采用RSA算法实现相同的安全目标
   C. SSL协议在建立双方的安全通信信道后,所有传输的信息都被加密;而SET协议则有选择地加密一部分敏感信息
   D. SSL协议是一个多方报文协议,它定义了银行、商家、持卡人之间必要的报文规范;而SET协议只是简单地在通信双方之间建立安全连接

10. 以下关于 ESP 传输模式的叙述中不正确的是(　　)。

A. 该模式并没有暴露子网内部拓扑　　B. 该模式实现了主机到主机安全

C. IPSec 的处理负荷被主机分担　　D. 两端的主机需使用公网 IP 地址

11. IPSec 提供________层的安全性。

12. 在 SET 协议中使用随机产生的________加密数据,然后将此________用接收者的________加密,称为数字信封。(填对称密钥、公开密钥或私有密钥)

13. SET 协议是如何对商家隐藏付款信息的?

第8章 chapter 8

电子支付安全

电子支付是电子商务发展到一定时期的必然产物，它以虚拟的形态、网络化的运行方式适应了电子商务发展的需要。由于电子支付对安全性有很高的要求，因此电子支付技术的发展一直滞后于电子商务其他领域的发展。本章首先从整体上介绍电子支付面临的安全威胁和电子支付的安全需求，然后分别通过具体的支付系统介绍电子现金、电子支票和微支付中的安全需求和其他需求的实现方法。

8.1 电子支付安全概述

电子支付是电子商务发展的必然结果，是电子商务中最重要的组成部分，是电子商务的核心问题。因此，电子支付的安全性问题是电子商务安全问题中最重要的内容，它的安全程度的高低决定了电子商务安全程度的高低。对于支付型电子商务系统来说，只有提供安全可靠的电子支付手段，消费者、商家和银行才能信任电子商务，才能大胆地从事电子商务活动，从而使电子商务系统真正地得到应用，真正地获得成功，并进而促进电子商务的发展。可以说，电子支付的安全性问题是关系到电子商务特别是支付型电子商务能否健康、稳定、快速发展的决定性因素。

8.1.1 电子支付与传统支付的比较

电子支付是指从事电子商务交易的当事人(包括消费者、商家和银行)使用安全电子支付手段通过网络进行的货币支付或资金流转。从广义上说，电子支付就是资金或与资金有关的信息通过网络进行交换的行为。与传统的支付方式相比，电子支付具有以下特征：

(1) 电子支付采用先进的技术通过数字流转完成支付信息传输，其各种支付方式都是采用数字化的方式进行款项支付的。因而电子支付具有方便、快捷、高效、经济的优势。由于不需要印制、运输、保管钞票，也不需要当面支付，电子支付的成本仅为传统支付方式的几十分之一甚至几百分之一。

(2) 电子支付的工作环境基于一个开放的系统平台(即 Internet)，而传统支付则在较为封闭的系统中运作。由于 Internet 基本上仍然是一个无政府、无组织、无主管的网络，因而对电子支付的监管远比传统支付困难。

(3) 电子支付使用的是最先进的通信手段，如 Internet、移动网络；而传统支付使用的则是传统的通信媒介。

电子支付的发展要求的是开放的支付环境，这需要金融、通信、互联网等产业之间的融合。当前，众多的市场参与者，包括银行、非银行支付中介、电子商务企业以及消费者，纷纷介入电子支付这一新兴领域，构成了电子支付产业链。

最初的电子支付是指利用信用卡在 POS 机上进行刷卡支付；但目前电子支付主要指网上支付，即通过 Internet 直接进行转账付款。本章只讨论网上支付。

8.1.2 电子支付系统的分类

电子支付是传统支付的电子化。在传统支付过程中，人们主要使用现金、支票或信用卡进行支付；而电子支付同样有电子现金、电子支票和电子信用卡，与传统支付方式一一对应。传统支付与电子支付的比较如图 8.1 所示。

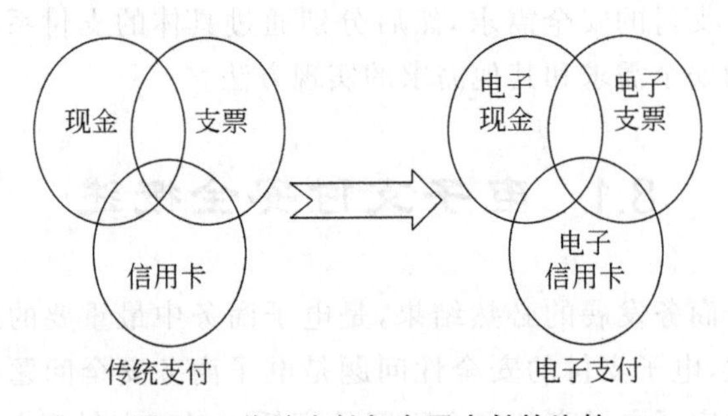

图 8.1 传统支付与电子支付的比较

电子信用卡支付方式主要是采用 SET 协议实现的，在第 7 章中已经讨论过。本章只讨论电子现金和电子支票这两种电子支付方式。电子现金和电子支票的区别在于：电子现金具有匿名性；而电子支票记录了持有者的个人信息，不具有匿名性。除了将电子支付分为以上 3 种类型外，电子支付还可以依据不同的分类标准进行分类，如表 8.1 所示。

表 8.1 电子支付的各种分类

分类标准	类型
支付者和接受付款者是否需与银行在线连接	在线支付(online payment)
	离线支付(offline payment)
支付者和接受付款者是否有直接通信	直接支付(direct payment)
	间接支付(indirect payment)
支付者实际付款的时间	预先支付(pre-paid payment)
	即时支付(pay-now payment)
	延后支付(pay-later payment)

续表

分类标准	类　型
用户在银行中是否有账号	基于账号(account-based)的支付，包括电子支票和电子信用卡(电子钱包)
	基于代币(token-based)的支付，指电子现金
每次交易金额的大小	宏支付(macro payment)
	小额支付(mini payment)
	微支付(micro payment)
支付者的隐私是否受到保护	无匿名性的支付(如电子支票)
	完全匿名的支付
	条件匿名的支付

8.1.3 电子支付的安全性需求

1. 电子支付面临的安全威胁

电子支付直接与金钱挂钩，因此电子支付的安全需求在电子商务活动中是最高的，也是最容易遭受攻击的敏感区域。一旦出现问题，会带来较大的经济损失，并会在电子支付链中扩散风险。因此，必须收集、分析、鉴别电子支付产业链中的各种交易信息，对其进行安全性分析。电子支付系统面临的安全威胁主要有以下4个：

(1) 以非法手段窃取信息，使机密的交易或支付内容泄露给未被授权者。

(2) 篡改数据或数据传输中出现错误、丢失、乱序，都可能导致数据的完整性被破坏。

(3) 伪造信息或假冒合法用户的身份进行欺骗。

(4) 系统安全漏洞、网络故障、病毒等导致系统程序或数据被破坏。

2. 电子支付的安全需求

为了抵抗各种威胁，确保电子支付安全进行，必须建立完善的安全电子支付协议体系。不同电子支付系统的安全性需求由其自身的特点、应用环境和对其信用度的假设所决定。一般来说，电子支付的安全需求主要包括保密性、完整性、身份认证、不可抵赖性和容错性。

(1) 保密性。人们在进行电子支付时涉及很多敏感信息，如个人身份信息、银行卡号和密码等，这些信息不能泄露给其他人，否则就有可能出现个人隐私泄露、资金被盗等问题。

(2) 完整性。指交易信息或支付信息在存储或传输时不被修改、破坏和丢失，保证合法用户能接收和使用真实的支付信息。

(3) 身份认证。在交易信息的传输过程中，要为参与交易的各方提供可靠标识，使他们能正确识别对方并能互相证明身份，这可以有效防止网上交易的欺诈行为。只有交易各方能正确地识别对方，人们才能放心地进行支付。因此，方便而可靠地确认对方身份是支付的前提。

(4) 不可抵赖性。必须防止交易各方日后否认发出过或接收过某信息。

(5) 容错性。要求电子支付系统有较强的容错性,即使在发生系统故障、停电等特殊情况下,也能保证系统的稳定和可靠,同时保证交易双方的利益不受影响,例如不会发生一方已付款但另一方却没收到货款的情况。

在现实中,电子支付系统的安全需求是通过先进的信息安全技术和安全支付协议得到保证的,电子支付的安全性对支付模式的管理水平、信息传递技术等也提出了很高的要求。

8.2 电子现金

电子现金(E-cash)是一种以电子形式存在的现金货币,又称为电子货币或数字现金,是传统货币的数字模拟。它把现金数值转换为一系列加密的序列数,通过这些序列数表示现实中各种金额的币值。电子现金使用时与传统货币类似,多用于小额支付或微支付,是一种储值型支付工具,可以实现脱机处理。

客户在开展电子现金业务的电子银行设立账户并在账户内存钱,就可以用兑换的电子现金进行购物。电子现金作为以电子形式存在的现金货币,同样具有传统货币的价值度量、流通手段、储蓄手段和支付手段4种基本功能。

电子现金是以荷兰为发源地开发出来的,其创立者是被誉为电子现金之父的美籍荷兰人David Chaum。他于20世纪70年代末开始研究如何制作电子现金,并于1982年提出了世界上第一个电子现金方案。该方案是一个在线的、基于RSA盲签名的完全匿名电子现金方案,其安全性基于RSA、散列函数和随机性假设,提款和支付时采用分割选择技术。虽然该方案很不实用,但为以后电子现金的研究奠定了基础。

1993年,Franklin和Yung提出了第一个基于离散对数的离线电子现金方案,从而为电子现金的发展开辟了除RSA外的另一条道路。

1992年,Brands最早利用限制性盲签名提出了一个离线的、完全匿名的电子现金方案。该方案的安全性基于Schnorr签名和素数阶群上的表示问题(即Brands假设),是迄今为止效率最高的方案之一,已经成为一个经典的电子现金方案。

8.2.1 电子现金的基本特性

电子现金是传统货币的电子化,因此,电子现金应具有传统货币的一般特性;由于它以数字化形式存在,还必须具有一些额外特性以保证其安全性。总体来说,电子现金应具有的特性有以下几点。

(1) 独立性(independence)。电子现金的安全性不能只靠物理上的安全来保证,还必须通过电子现金自身使用的各种密码技术保证它的安全以及它在Internet上传输过程中的安全。

(2) 不可重用性(unreuseablility)。电子现金只能使用一次,重复使用应能很容易地被检测出来。这是电子现金的一个额外需求，因为普通现金不存在重复使用现象。

(3) 匿名性(anonymous)。银行和商家相互勾结也不能跟踪电子现金的使用，也就是说无法将电子现金和用户的购买行为联系到一起，从而隐藏电子现金用户的购买历史。

(4) 不可伪造性(unforgeability)。用户不能制作假币。这包括两种情况：一是用户不能凭空制造有效的电子现金；二是用户即使从银行提取 N 个有效的电子现金后，也不能根据提取和支付这 N 个电子现金的信息制造出有效的电子现金。

(5) 可传递性(transferability)。用户使用电子现金时可以像普通现金一样，不需要经过银行中介就能在用户之间任意转让、流通，且不能被跟踪。由于一个可传递的电子现金必须加入所有经手用户盲化的身份信息，以便可以跟踪是否有用户对这个电子现金进行了重复使用，因此电子现金在传递过程中其数据量必然会随着每一次转移而增加，导致目前电子现金还无法实现可传递性。

(6) 可分性(divisibility)。电子现金不仅能作为整体使用，还应能被分为更小的部分多次使用，只要各部分的面值之和与原电子现金面值相等，就可以进行任意金额的支付。

在这 6 个特性中，独立性、不可伪造性、可传递性和可分性是对普通现金和电子现金都要求具有的特性，而不可重用性和匿名性则是对电子现金的特有要求。

另外，电子现金还应能够安全地存储在硬盘、IC 卡、电子钱包等特殊用途的设备或电子现金专用软件中，并对电子现金的存储、转让有严格的身份认证等安全措施。

仅从技术上讲，各个银行都可以发行电子现金，如果不加以控制，电子商务将不可能正常发展，甚至由此带来相当严重的经济金融问题。电子现金的安全使用也是一个重要的问题，包括限于合法人使用、避免重复使用等。对于无国界的电子商务应用来说，电子现金还在税收、法律、外汇汇率、货币供应和金融危机等方面存在大量的潜在问题。因此，有必要制定严格的经济金融管理制度，保证电子现金的正常运作。

8.2.2 电子现金系统中使用的密码技术

为了实现电子现金应具有的各种特性，就必须采取各种技术手段。电子现金中常用的密码技术手段有以下 5 种。

1. 盲签名

用户将待签名的消息(电子现金)经盲变换后发送给银行进行盲签名，银行并不知道其签发的消息(电子现金)的具体内容。该技术用于实现电子现金的匿名性。

2. 分割选择技术

在盲签名中，银行并不知道电子现金的内容怎么敢随便签名呢？因此，必须让银行大致知道其签名的电子现金的内容，这是通过分割选择技术实现的。

分割选择技术是一种涉及两方的协议，协议中的一方试图说服另一方相信他发送的数据是根据他们先前达成的协议诚实地构造出来的。

用户在提取电子现金时，不能让银行知道电子现金中用户的身份信息，但银行需要确认提取的电子现金是正确构造的(是该面值的)。分割选择技术的具体步骤是：用户正

确构造 N 个电子现金传给银行，银行随机抽取其中的 $N-1$ 个，让用户给出它们的构造，如果构造是正确的，银行就认为剩下的一个电子现金的构造也是正确的，并对它进行签名。用户如果想伪造一张大额电子现金欺骗银行，则只有 $1/N$ 的概率能成功（该伪造的电子现金恰好没被银行抽中）。

分割选择技术是验证货币正确性的零知识证明的一个工具，同时又保持了用户的匿名性。但分割选择技术使通信、计算和存储的开销加大，导致电子现金系统效率低下。随后出现的部分盲签名技术对其做了一定的改进。

3. 零知识证明

用户向验证者（银行）证明并使其相信自己知道或拥有某一消息，但证明过程不需向验证者泄露任何关于被证明消息的信息。零知识证明由于不需要向银行透露用户的信息，因此也能实现电子现金的匿名性，而且可实现条件匿名。

4. 认证

认证一方面是鉴别通信中信息发送者是真实的而不是假冒的；另一方面是验证被传送的信息是正确的和完整的，没有被篡改、重放或延迟。电子现金在花费或传递之前必须先进行认证。

5. 离线鉴别技术

离线鉴别技术的核心是在没有银行等第三方参与的条件下完成对电子现金真实性的鉴别。目前，离线鉴别技术主要是通过数字签名实现的。新的非数字签名方案有基于散列链的 Payword 系统以及基于信息隐藏的数字水印技术。

8.2.3 电子现金支付

1. 电子现金的支付模型和支付协议

电子现金在其生命周期中一般要经历 4 个阶段：初始化、提款、支付和存款，涉及客户、商家和银行（或可信第三方、经纪人）三方。电子现金的基本流通模式（在线支付类型）如图 8.2 所示。客户与银行执行取款协议，从银行提取电子现金；客户与商家执行支付协议，支付电子现金；商家与银行执行存款协议，将交易所得的电子现金存入银行。电子现金支付模型如图 8.3 所示。

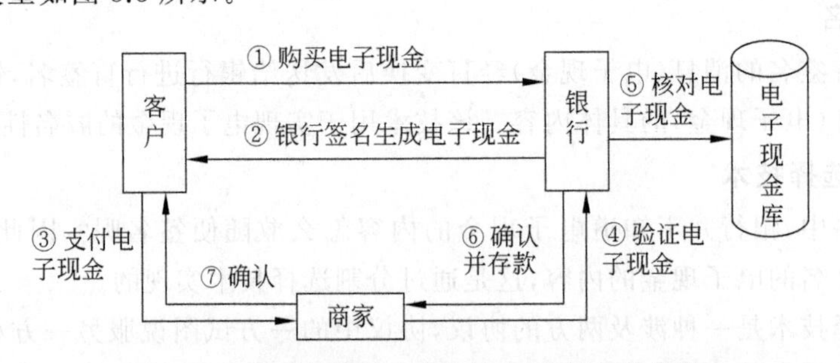

图 8.2　电子现金的基本流通模式（在线支付类型）

提示：在电子现金支付模型中，为了简便，规定客户不能向银行存款，商家也不能从

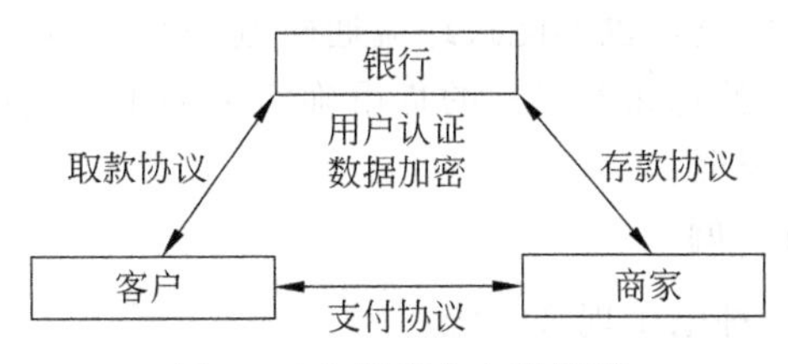

图 8.3 电子现金支付模型

银行取款。如果既想向银行存款又想从银行取款，可以同时注册一个商家 ID 和一个客户 ID。

具体来说，客户要提取电子现金，必须首先在银行开设一个账户(需要提供表明身份的证件)。当客户想提取电子现金进行消费时，可以访问银行并提供身份证明(通常利用数字证书)。银行在确认了客户的身份后，可以向客户提供一定数量的电子现金，并从客户账户上减去相应的金额。然后，客户可以将电子现金保存到他的电子钱包或智能卡中。

客户使用电子现金向商家支付商品或服务费用时，商家需要验证电子现金。根据商家验证电子现金时是否需要银行在线参与，电子现金系统可分为离线电子现金系统和在线电子现金系统。

(1) 在每次支付时，如果商家可以自行验证电子现金的真伪及是否被重复使用，则称为离线电子现金系统。

(2) 如果商家每次都需要与银行联机验证电子现金的真伪及是否重复使用，则称为在线电子现金系统。

如果电子现金不是伪造的，则商家通知客户付款成功。最后银行才将电子现金的数额存储到商家的账户上。

电子现金系统要求客户预先购买电子现金，然后才可以购买商品或服务，所以它属于预支付系统。电子现金协议应包括以下 4 个基本协议：

(1) 取款协议。它是从客户账户中提取电子现金的协议。它要求客户和银行之间的通道必须通过身份认证。因此客户只有在向银行证明了自己是相应账户的所有者后，银行才允许客户从其账户中提取电子现金。

(2) 支付协议。它是客户向商家支付电子现金的协议。当客户选择电子现金作为支付工具时，客户将电子现金传送给商家，然后商家检验电子现金的有效性并将商品提供给客户。

(3) 存款协议。商家利用该协议存储电子现金。当商家将电子现金存入自己的银行账户时，银行将检查存入的电子现金是否有效。如果发现是重复使用，则银行可以使用重用检测协议跟踪重复使用者的身份，以便对其进行惩罚。

(4) 重用检查协议。银行或商家可用该协议检查电子现金是否为重复使用。

电子现金的传输和存储环节应该充分考虑安全性。在公共网络中，必须保证电子现金在传送过程中不会被窃取、篡改，也不会丢失或重复接收，即电子现金独立性的需求。这需要通过加密技术、签名技术等来实现。电子现金的存储也是十分重要的问题，因为没有专门的银行账户与之对应，也不能跟踪流通轨迹，所以一旦电子现金丢出（如存储卡丢失、毁坏、硬盘故障等），就意味着客户的货币确实丢失了。因此，需要有完善的备份机制，以帮助客户备份电子现金。

2. 电子现金系统的实例

目前已经使用的有3种电子现金系统：

（1）E-Cash。是DigiCash公司开发的在互联网上使用的完全匿名的安全的电子现金。由于E-Cash采用了公钥密码体制，银行虽然完成了E-Cash的存取，但不能跟踪E-Cash的具体交易。E-Cash可以实时转账，商家和银行不需要第三方服务中介介入。

（2）NetCash。可记录的匿名电子现金系统。其主要特点是设置分级货币服务器来验证和管理电子现金，使电子交易的安全性得到保证。

（3）Mondex。欧洲使用的以智能卡为电子钱包的电子现金系统，可以应用于多种用途，具有信息存储、电子钱包、安全密码锁等功能，可保证安全可靠。

以E-Cash为例，它采用公钥加密和数字签名技术，以保证电子现金在传递过程中的安全性与购物时的匿名性。其支付过程如下：

（1）客户使用现金或存款兑换E-Cash现金。银行对其要使用的电子现金进行盲签名，以实现该电子现金的完全匿名。

（2）客户使用授权的E-Cash现金进行支付，电子现金便通过网络转移到商家。商家联机向E-Cash银行验证真伪以及是否重复使用。如果验证通过，即可发货。

（3）商家将收到的E-Cash现金向银行申请兑付。银行收回E-Cash现金，保留其序列号备查（以防用户重用现金），再将等值的现金存入商家的银行账户。

从上面的分析可知，E-Cash电子现金具有如下特点：

（1）银行和商家之间应该有协议和授权关系，用于接收和清算电子现金。

（2）E-Cash系统采用联机处理方式，而且客户、商家和电子现金银行都需要使用E-Cash软件。

（3）由E-Cash银行负责客户和商家之间资金的转移。

（4）E-Cash电子现金的验证由银行E-Cash系统完成，商家无法验证，因此E-Cash是一种在线电子现金。

（5）E-Cash具有现金的特点，可以存、取、转让，适用于小额交易。

3. 电子现金支付方式存在的问题

虽然电子现金使用起来方便、快捷，但也存在一些问题，主要问题如下：

（1）电子现金没有统一的国际标准，目前接受电子现金的商家和银行太少，不利于电子现金的流通。

（2）应用电子现金对客户、商家和银行的软硬件要求都较高，成本较高，因此，需开发硬软件成本低的电子现金。

（3）风险较大。由于电子现金是一串序列数，易于复制，可能出现重复使用的情况。而且如果客户的硬盘（或电子钱包）损坏，电子现金就会丢失，无法恢复，使客户受到严重损失。

尽管存在各种问题，但电子现金的使用仍呈现增长势头。电子现金有可能成为未来网上贸易中主要的交易手段。

除了上述技术和管理问题外，电子现金还存在经济和法律方面的问题，如税收、外汇汇率等，因此有必要制定严格的经济和金融管理制度，保证电子现金的正常发展。

8.3 电子现金安全需求的实现

8.3.1 不可伪造性和独立性

电子现金的不可伪造性可以通过银行对电子现金进行签名来实现。银行一旦签名，就表示认可该电子现金，这和实现文件的不可伪造性一样。同时，由于任何人截获某个没有使用的电子现金都可以使用它，因此银行将电子现金发送给客户时，必须用客户的公钥对电子现金进行加密，以防止它被截获。这样，电子现金的安全就不依赖于通信线路的安全，实现了电子现金的独立性。客户收到电子现金后，先用自己的私钥解密，再用银行的公钥验证签名，从而判断电子现金是否是真实有效的。电子现金不可伪造性和独立性的实现如图 8.4 所示。

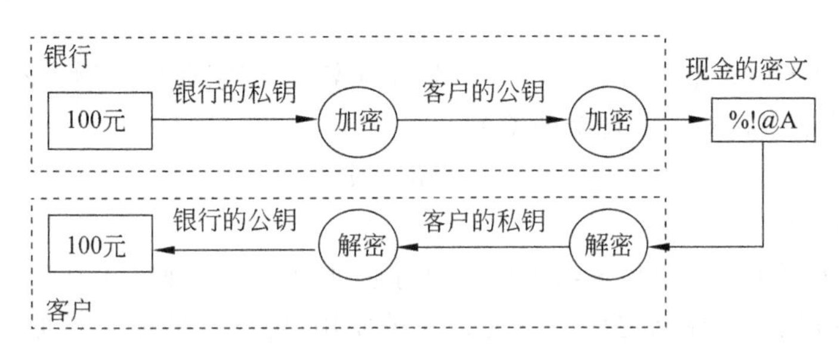

图 8.4 电子现金不可伪造性和独立性的实现

8.3.2 匿名性

Chaum 在 1982 年提出的第一个电子现金方案采用了盲签名技术。盲签名不仅可以保护用户的匿名性和交易的不可跟踪性，防止将电子现金和支付电子现金的客户联系起来，而且还具有普通数字签名的特点，可以保证电子现金的不可伪造性，以防止用户篡改电子现金。这种完全匿名的电子现金可以模仿传统货币，实现隐蔽电子现金的流通历史、保护使用者的隐私的效果。

1. 完全匿名的电子现金方案

Chaum 提出的盲签名方案包括两个实体：发送者和签名者。在该方案中，签名者只知道被签消息的类型，而不知道类型的具体实例，因此签名者并不知道消息的内容。该方案提供了完美的不可关联性，即除了发送者以外，其他人无法将消息-签名对和签名者提供的盲签名联系起来。

下面以基于 RSA 的盲签名实现方案 E-Cash 为例，介绍完全匿名的电子现金的实现模型。

在该模型中,设(d,n)和(e,n)分别是电子现金发行银行发行的针对每一个货币的私钥和公钥。r为发送者提供的盲因子。

(1) 初始化协议如下:

① 银行选择大素数p、q,计算$n=pq$,计算欧拉函数$\phi(n)=(p-1)(q-1)$。

② 银行选择一个与$\phi(n)$互素的整数e作为公钥,并且$1<e<\phi(n)$。

③ 使用扩展的欧几里得算法计算私钥d,即$ed=1 \bmod \phi(n)$。

(2) 取款协议如下:

① 盲化。用户随机选择m作为电子现金的序列号,并选择一个随机产出的盲化因子r,计算$x=mr^e \bmod n$,然后发送盲化消息x给银行。这样就实现了对消息m的盲化,使银行不能从x识别出m或r。

② 签名。银行用自己的私钥d对x签名,即计算$y=x^d \bmod n$,并发送y给用户,同时银行从用户账户上减去相应金额的钱。

③ 脱盲运算。用户收到y后,用r除y就得到银行对m的数字签名z,这是因为

$$z \equiv y/r \equiv x^d/r \equiv [m(r^e)]^d/r \equiv (m^d r^{ed})/r \equiv (m^d r)/r \equiv m^d \pmod n$$

说明:因为$ed=k\phi(n)+1$,由于$\gcd(r,n)=1$,根据欧拉定理可得$r^{ed} \equiv r \pmod n$。

(3) 执行支付协议。

现在用户就可以将电子现金(m,z)发送给商家,从商家那里购物。商家用相应的公钥(e,n)可以验证银行对电子现金的签名z:

$$z^e = m^{de} \bmod n = m$$

(4) 执行存款协议。

商家将电子现金(m,z)传送给银行。银行通过验证签名确定电子现金的有效性。

银行通过查询数据库确定该电子现金未被使用,将商家的账号增加相应的金额,同时在已使用的电子现金数据库中存入该电子现金的序列号等信息。

在上述模型中,很好地解决了电子现金匿名性的问题。但是,客户如果向银行提交一个面值是10元的电子现金,却向银行声称该现金的面值是100元,要求银行签名。银行因无法识别盲消息的内容,也会签名,从而被客户欺骗。为此,必须利用分割选择协议使银行大体知道它要签名的盲消息是什么。改进后的模型如下:

(1) 如果发送者需要一个电子现金,则他需要准备k个相同面额的电子现金M_1,$M_2,\cdots,M_k$,其内容包括银行名、面值和随机序列号。为防止重复,k的序列号空间要足够大。

(2) 发送者选择k个盲因子$r_i(0<i<k)$,并为每个盲因子r_i计算$x_i=mr_i^e \bmod n$,从而得到k个x_i,然后将它们发送给签名者进行签名。

(3) 由于签名者需要检查电子现金的真实性,因此签名者从k个电子现金中随机选择其中$k-1$个,要求发送者发送这$k-1$个电子现金的盲因子,以便签名者检查这$k-1$个电子现金内容的真实性。显然,只要k值足够大,银行被发送者欺骗的可能性就极小。

(4) 如果检查正确,签名者用自己的私钥对剩余的电子现金计算盲签名$y=x^d \bmod n$,从而承认电子现金的有效性,并将其发回发送者。

(5) 发送者除去盲因子,获得最终的电子现金。由于电子现金的序列号被盲因子保

护，因此签名者无法知道发送者手中电子现金的序列号。

(6) 电子现金的接收者可随时使用签名者的公钥验证电子现金上的签名。

发送者由于无法得到签名者的私钥，因此不能根据已经得到的信息伪造出合法的电子现金。

上述模型中采用了分割选择协议，但它的缺点是浪费了系统开销。目前常使用零知识证明技术解决这个问题。

构造电子现金是盲签名技术最典型的应用，并且许多盲签名方案(例如基于 RSA 的盲签名、Schnorr 盲签名等)均可以应用到电子现金系统中。

完全匿名的电子现金方案的缺点在于没有离线的重用检测技术，银行必须在线检测电子现金是否已经使用过。为此，需要通过条件匿名的机制实现离线的重用检测技术。

2. 条件匿名的电子现金方案

电子现金的完全匿名性也会带来问题。例如，这种特性可能被一些犯罪分子用于洗钱，也可能用于敲诈勒索、非法购买等。所以有时候希望电子现金的匿名性在特定情况下是可以撤销的。

为此，人们提出了可撤销匿名(即条件匿名)的电子现金系统。该类电子现金系统引入了一个可信第三方。它可以在银行或法律部门提供跟踪要求并提供必要的信息以后，对电子现金或电子现金的持有者进行跟踪。除可信第三方外，任何人或组织都无法实现对用户的跟踪。

条件匿名的电子现金方案又称为公平电子现金(fair electronic cash)方案。它可以通过公平盲签名(fair blind signature)方案实现。所谓公平盲签名是指可信第三方和签名者联合起来可以对签名进行追踪。也就是说，如果没有可信第三方的介入，它就相当于盲签名；如果可信第三方介入，它就相当于一般的签名。这样可防止犯罪分子利用电子现金的完全匿名性进行非法活动。

Stadler 于 1995 年提出的公平盲签名模型主要包括若干发送者、签名者、可信第三方(如鉴定人或托管者)、签名协议和连接恢复协议，如图 8.5 所示。签名协议应用在发送者和签名者之间，是一个盲签名协议，即，发送者可以通过签名协议获得消息的有效签名，但是签名者不能根据他知道的信息 Sign′推断出发送者最终获得的消息-签名对。

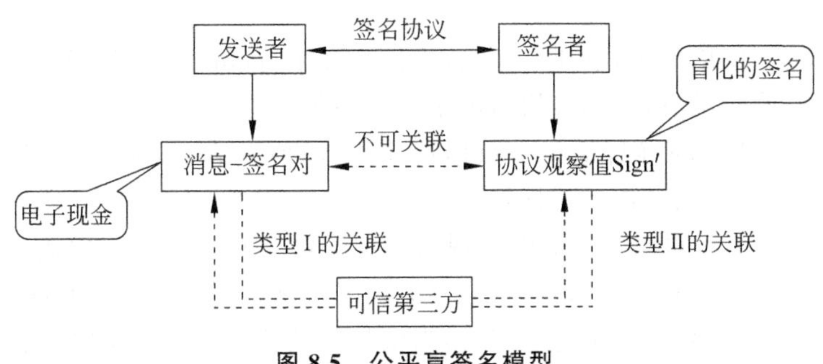

图 8.5 公平盲签名模型

连接恢复协议是签名者和可信第三方之间的一个协议，通过该协议可以识别由签名者签名的消息或消息的发送者。

根据可信第三方接收的信息类型,公平盲签名方案可分为两类:

- 类型Ⅰ。给定签名者的协议观察值,可信第三方可以发出信息使得签名者或其他人认出相应的消息-签名对,即可信第三方可从盲化的签名中提取出签名;
- 类型Ⅱ。给定消息-签名对后,可信方可发出信息使签名者能确定相应的用户身份或找到相应的签名协议观察值。

上述两类公平盲签名方案可用于构建不同类型的支付系统。在基于类型Ⅰ的支付系统中,权威机构能够发现可疑电子现金的目的地,这称为货币追踪(coin tracing),这样可防止犯罪分子用以敲诈勒索等方式得到的钱进行消费。在基于类型Ⅱ的支付系统中,权威机构可以确定可疑电子现金的来源,这称为用户追踪(consumer tracing),可用来防止洗钱。因此,基于公平盲签名方案的支付系统可以有效地阻止利用电子现金的匿名性进行犯罪活动。

实现公平盲签名有很多种方法,一种比较简单的方法是用户在可信第三方注册。

其主要思想是:用户在可信第三方注册两个假名,其中一个假名用在签名协议中,另一个假名则作为签名的一部分。这样,由于可信第三方知道两个假名的直接联系,就可以将签名协议的观察值和相应的签名联系起来了。

如果用户使用同一假名两次以上,那么签名者就可以将两次签名协议的观察值关联起来,而且其他任何人也很容易把相应的两个签名关联起来。这样该体制就不满足匿名性中的不可关联性要求。如果要满足此要求,则要求用户每次签名前都在可信第三方注册。然而,这样相当于需要可信第三方在线,效率会降低。一种折中的方法是用户每次多注册几对假名,这样既提高了效率,又增强了用户的匿名性。

8.3.3 多银行性

大多数电子现金方案都是基于单个银行发行电子现金的模型,用户和商家必须在同一家银行开户。但在现实生活中,多个电子银行共同发行可通用的电子现金是比较合理的。而且,为了避免电子现金引起宏观经济的不稳定,电子现金的发行也需要在中央银行的监控下由一群银行发行。因此,一个可行的电子现金系统应该具有多银行性的特点。

Lysyanskaya 和 Ramzan 在 1998 年首次提出多银行(multiple banks)的概念,并提出用群盲签名设计在线的、匿名的多银行电子现金系统。这个多银行的电子现金方案是完全匿名的,但在其使用的群盲签名中数据传输量大,签名太长,影响了实用性。一般认为,多银行电子现金要具备以下特性:

(1) 银行不能追踪自己发行的电子现金。如果银行对一个用户发送了电子现金,当银行以后看到这个电子现金的时候,它也不能确定是哪个用户进行了消费。

另外,如果用户消费了若干电子现金,当银行看到这些电子现金时,它也不能够确定这些电子现金对应的消费者为同一个用户。这样,就像真实的现金一样,用户可以以完全匿名的方式进行消费。

(2) 商家仅需要调用一个验证过程,利用发行银行群的群公钥验证接收到的电子现金的合法性，这个过程不考虑电子现金的具体发行银行，这就使得商家在接收现金的时候更加便利。但也应注意到，即使对一个电子现金的签名是合法的，这个电子现金也不一定能够使用，例如重复使用问题。

(3) 整个发行银行群只有一个公钥。公钥的长度应该独立于银行的个数。另外，在新的银行加入时，群公钥应该保持不变。这样，即使在大量的银行加入群时，方案仍然是非常实用的。

(4) 给定一个电子现金，只有中央银行可以确定电子现金的发行银行。商家即使在接收电子现金时可以轻易地验证电子现金的合法性，也不能够确定电子现金的发行银行。这种限制使得消费者的身份及其使用的银行身份都是秘密的。

(5) 没有一个银行的子集(即使包括中央银行)合谋可以冒充某个不知情的银行发行电子现金，也就是没有任何实体可以伪造其他银行发行电子现金。

(6) 任何由合谋群成员构成的成员子集都无法伪造一个合法的群签名，并逃脱中央银行的身份追踪。

8.3.4 不可重用性

重复花费的问题主要发生在离线的电子现金系统中，这是因为在线电子现金系统中，商家在交易过程中会和银行在线验证电子现金的合法性(有无重复使用)。目前，在离线的电子现金系统中，防止重复使用有两种方法：一种是使用防篡改的设备(如防篡改的信用卡)存储电子现金，它可以使某个电子现金在使用完之后自动被删除，从而让非法用户无机可乘；另一种是事后追查机制，即对于重复使用的电子现金，银行或者可信第三方可以通过公平盲签名方案追踪重复使用者的身份，从而对其进行处罚。

由 Chaum 提出的第一个电子现金系统为在线电子现金系统。为了防止电子现金的重用，它需要银行在数据库中记录所有已使用的电子现金的序列号。每当客户要使用电子现金时，均要查询一次数据库，以在线检测它是否为重复使用，因此这种模型只适用于在线支付系统。在线电子现金系统实现起来比较简单；但缺点是银行容易成为整个系统的通信瓶颈，而且交易成本也比较高。

在离线电子现金系统中，客户和商家在进行交易时不必实时地与银行进行联机，商家可在事后与银行联系，将对应的金额转入自己的账户，从而避免由于重用检查而带来的通信负担。然而离线电子现金系统实现起来比较复杂，如何防止重复使用是离线电子现金系统必须解决的问题。

为了保证电子现金的匿名性，同时又可以防止重用，人们提出了条件匿名机制。这个条件就是：如果客户是诚实的，而且仅一次性使用电子现金，那么他的身份就不会被识别出来；而他一旦进行了重复使用，他的身份就会被识别出来，这是一种事后检测的方法。所以，条件匿名机制只对不诚实的客户生效，可以揭露那些试图重用电子现金的客户身份。一个合理的电子现金系统应该是不完全匿名或条件匿名的。目前对于电子现金主要有两种重用检测机制：

(1) 通过秘密分割技术实现条件匿名性。该方法通过分割选择技术实现对重复使用者的检测。但这种方法由于计算复杂性高而影响了支付的效率。

（2）观察器。该方法利用一个防篡改的硬件装置阻止电子现金的重复使用。

基于条件匿名的电子现金重用检测机制虽然能检测出电子现金被重用，但由于是事后检测，因此仍存在很大的风险和不便。如果等到客户已经重复使用了电子现金后才被发现，往往是不安全的，应该采取阻止客户重复使用电子现金的方法。防窜改卡就是通过去掉已经使用的电子现金或者通过使已经使用的电子现金无效来防止重复使用。其基本原理是在用户的电子钱包中装入观察器。

可见，条件匿名机制既可实现匿名性，又可通过事后检测实现不可重用性。

8.3.5 可转移性

如果要使一个电子现金方案可以被方便、高效地应用，它必须具有可转移性或可分性。这是因为通常一个电子货币只能表示一种币值。如果币值过高，则小于该币值的交易无法进行；如果币值过低，则在消费时必须执行许多次电子货币的支付协议，使得存储量、通信量与计算量会很大。例如，用户有一个电子货币的币值为5元，如果一件商品的价格为3.99元，则用户不能进行消费（当然他也可以消费，但他会损失1.01元，这对他显然是不合理的）。当然用户也可以在提取电子货币时提取多个币值最小的电子货币，如0.01元，但这时他如果购买价格为3.99元的商品时，就必须执行399次消费协议，这样的方案效率会很低。

有鉴于此，人们提出了电子现金的可转移性与可分性两个属性，只要具有这两个属性之一就可解决上述问题。假设电子现金具有可转移性，则商家可以将1.01元不经过银行直接传递给用户；假设电子现金具有可分性，则用户可以将5元面值的货币任意分为多个其他面值的货币。

电子现金的可转移性是指在一次支付中的收款者可以在以后的另一次支付中不用银行的参与将收到的电子现金支付给其他人，可转移性也称为可传递性。一个电子货币的可转移性可以由图8.6表示。

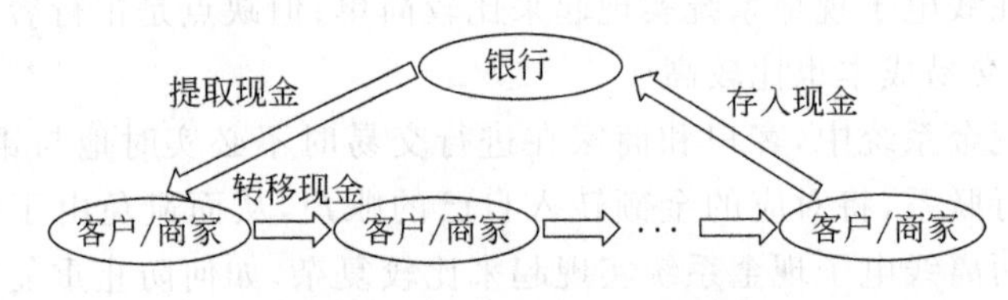

图 8.6 电子现金的可转移性

Chaum与Pedersen用信息论的方法证明了无论是无条件匿名还是条件匿名，电子现金在转移过程中其信息量的大小必然会随着每一次转移而增加，即一个电子货币的信息量的大小与其被转移的次数成正比。这一点可从直观理解：一个可传递的电子现金必须嵌入所有经手者的身份信息，以便可以揭示到底是哪个用户对这个电子货币进行了重复使用。

基于这个原因，人们对于电子现金可转移性的研究兴趣基本上消失了，而更多地关注电子现金的可分性的实现上。

8.3.6 可分性

在实际交易中经常需要支付任意金额的现金，这通常是通过找零实现的。电子现金在使用时最好也要能够找零，即能够将电子现金分解成多个任意面值的零钱，这称为电子现金的可分性。可分电子现金系统能够让用户进行多次合法的精确支付。

电子现金的可分性在实现起来与传统现金的可分性有明显区别。传统现金的找零是由商家一方完成的，但电子现金的找零必须由客户完成。这是因为，在电子现金系统中，商家一般只接收客户的现金，如果由客户付款给商家，再由商家找零(付款)给客户，则增加了网络传输的次数，增大了电子现金系统的复杂性，并且还要解决电子现金可传递性的问题(不具有可传递性是指商家不能在没有银行参与的情况下付款给用户)。

可分电子现金的好处在于：减少提款次数，降低网络通信量，提高系统效率。

实现可分电子现金系统的两种途径如下：

(1) 基于二叉树的可分电子现金系统。Okamoto 和 Ohta 在 1991 年提出了基于二叉树的可分电子现金系统。它的基本思想是将电子现金的面值用一个二叉树递归地表示，如图 8.7 所示，即每一个节点表示一定的面值，其中二叉树的根节点代表电子现金的整个面值，它的子节点表示一半面值，而孙节点表示四分之一面值，依此类推。它允许用户将处于二叉树根节点的原始电子现金分解成没有直系亲属关系的子节点进行支付，即允许用户将电子现金分成任意金额进行多次支付，直到总数达到该电子现金的总额为止。为了防止重复支付，每个节点最多只能使用一次，并且一旦某个节点被使用了，则它所有的后代节点都不能再被使用。

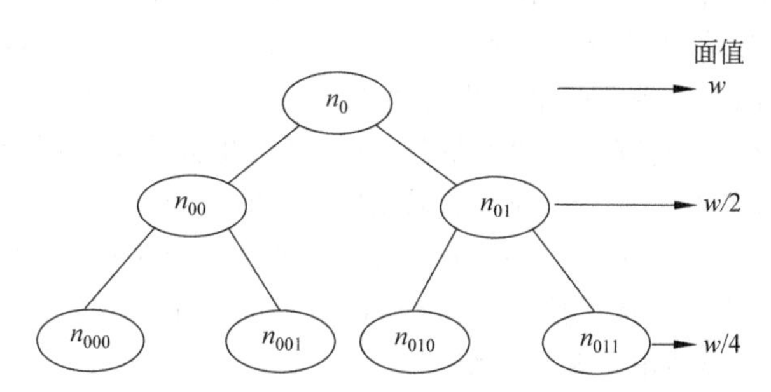

图 8.7 用二叉树方法实现的可分电子现金方案

(2) 引入可信第三方，负责防止超额支付。该可信第三方在用户每次支付后检查用户剩余的款项，这样电子现金的支付协议就不需要检查是否超额支付了。

电子现金的可分性同电子现金的可转移性、多银行性一样，到目前为止还没有很好的解决方法。

8.3.7 电子现金的发展趋势

自从 1982 年 Chaum 使用群盲签名设计出了第一个电子现金系统的模型以来，各种不同的电子现金系统方案相继被提出来。该领域的发展体现了如下 4 个趋势。

1. 从完全匿名到条件匿名

1988年，Chaum首先利用盲签名协议实现了完全匿名的电子现金系统。该系统由于采用了分割选择协议，因而效率不高，而且没有严格的安全性论证，然而它开创了进一步研究电子现金的道路，为以后的研究打下了基础。

1992年，Chaum和Pedersen提出了用“带观察者的电子钱包”实现完全匿名的离线电子现金系统。Cramer和Pedersen给出了改进方案，没有再使用分割选择技术，且系统的安全性基于离散对数和随机性假设，效率得到很大提高。1993年，Brands基于Schnorr数字签名和素数阶群上的表示问题给出了一个单一符号的完全匿名的电子现金方案，是目前为止最有效的电子现金方案。目前的电子支付系统大多基于这些单一符号电子现金协议。

后来人们开始研究条件匿名的电子现金系统。1998年，Deng提出了基于证明离散对数相等和Schnorr盲签名的条件匿名的电子现金方案，其特点是可信第三方完全脱线，每个用户对应一个大素数，公共模是这些大素数的乘积加1，数学结构十分完美。但是，由于该方案表示电子现金的数据太长，目前还很难实用。1999年，Juels提出了基于信任标志的可信方追踪机制，并以此给出了一种简单、高效、安全的可控制匿名性的电子现金方案。它建立在目前已广泛使用的匿名电子现金系统的顶部，只需对其做很小的改动就可以构成可控制匿名的电子现金系统，是目前比较有效的条件匿名的电子现金方案。

2. 从在线电子现金到离线电子现金

Chaum提出的利用盲签名技术实现完全匿名的电子现金是在线的，主要是因为当时电子商务发展还不普及，网上交易不频繁，不会造成网上银行的阻塞，而在线的电子现金系统还可以实时检测电子现金的重复使用问题。但是随着网上交易的频繁进行，这种在线的系统会造成银行的通信阻塞，使得服务失败，易发生大量交易纠纷等，因此为了解决效率问题，越来越多的电子现金系统开始采用银行离线的方式。

Chan、Frankel和Tsiouni于1995年给出了安全性基于RSA的可证明安全性的电子现金系统，该系统使用分割选择技术，其贡献在于阐明在不使用密码协议的情况下可以构造可证明安全性的离线电子现金系统。

3. 从银行完全参与到只在需要撤销匿名性时才参与

在早期的实现条件匿名的电子现金系统中，银行（可信第三方）在客户建立账户及提款的时候都要参与进来，这样会造成大量的网络通信，有可能会造成通信失败或者延迟等情况，带来不必要的纠纷和损失，如1995年Brickell提出的条件匿名的电子现金系统。后来的电子现金系统开始尽量减少银行在系统中的参与程度，尽量使银行只在需要撤销匿名性的环节才参与到系统中来，其他环节都不参与，如Camenisch等于1996年提出的公平离线电子现金的概念（可信第三方除用户登记和跟踪以外均离线）。

4. 从单银行电子现金系统到多银行电子现金系统

为了使电子现金系统更接近现实中的现金模型，1998年，Lysyanskaya扩展了Stadler的群签名方案，提出了群盲签名方案（群盲签名的定义类似于群签名，它满足的安全性质也类似于群签名，只是同时具有盲签名的性质)，即签名者不能识别其签名的信息，并指出如何利用群盲签名方案构造一个多银行参与发行电子现金的、匿名的电子现金系统，为电子现金系统的研究开辟了新的方向。

8.4 电子支票

电子支票(electronic Check，eCheck)是客户向收款人签发的无条件的数字化支付指令。电子支票是网络银行常用的一种电子支付工具。它对应于传统支票，是一个包含了传统支票全部信息的电子文档，是传统支票的替代者。在电子支票支付模型中，电子支票利用各种安全技术实现账户之间的资金转移，以完成传统支票的所有功能。它模拟传统支票，用基于公钥的数字签名替代手写签名，使支票的支付业务和支付过程电子化，从而最大限度地挖掘现有银行系统的潜力。

电子支票的运作类似于传统支票，客户从他的开户行收到电子支票，并为每一个付款交易输入付款数目、货币类型以及收款人的姓名。为了兑换电子支票，付款人和收款人都必须对支票进行签名。收款人将支票拿到银行进行兑现，银行验证无误后即向收款人兑付或转账，然后银行又将支票送回给付款人。由于电子支票在形式上是数字化信息，因此处理极为方便，处理的成本也比较低。电子支票通过网络传输，速度极其迅速，大大缩减了支票的在途时间，使客户在途资金损失减为零。

电子支票采用公钥基础设施保证安全，可以实现支付过程的机密性、真实性、完整性和不可抵赖性，从而在很大程度上解决传统支票支付存在的伪造问题。

8.4.1 电子支票的支付过程

电子支票支付系统在计算机网络上模拟了现实生活中纸质支票的支付过程。它主要包括 4 个实体：客户(即支付方)、商家(即接收方)、发行银行和收单银行。

电子支票的支付过程如图 8.8 所示，它包括生成、支付和清算 3 个过程。

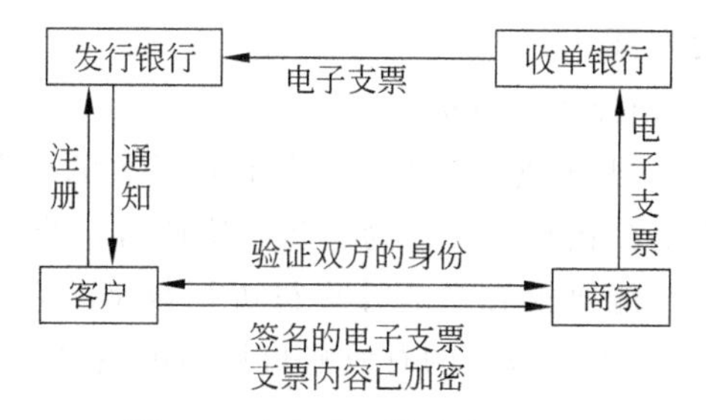

图 8.8 电子支票的支付过程

1. 生成过程

客户必须在提供电子支票业务的银行注册，开具电子支票。注册时需要输入信用卡或银行账户信息。银行将具有银行数字签名的支票发送给客户。

2. 支付过程

当客户决定用电子支票作为支付方式时，支付系统首先要验证交易双方的身份(如通过 CA)，然后可以通过以下步骤实现支付过程：

(1) 客户可以使用发卡银行发放的授权证明文件签发电子支票，然后将签名的支票发送给商家。在签发支票时，客户利用自己的私有密钥在电子支票上进行数字签名，以保证电子支票内容的真实性，这和签发普通支票是很相似的。电子支票的内容包含客户名、金额、日期、收款人和账号等信息，它向商家提供了完整的支付信息。

(2) 为了提供电子支票的安全性，客户可以用商家的公钥或双方共享的对称密钥对电子支票内容或部分内容进行加密，然后通过网络将加过密的电子支票传送给商家，以保证只有商家才是该支票的唯一合法接收者。

(3) 商家用自己的私钥解密电子支票，然后采用客户公钥验证客户对电子支票的签名。

(4) 如果电子支票是有效的，则商家将发货给客户或向客户提供相应的服务，因此电子支票支付系统也属于事后付费支付系统。同时，商家需要对电子支票进行电子背书，其中电子背书也是某种形式的电子签名。

3. 清算过程

商家可以自行决定何时将电子支票发送给接收银行以进行存款和结算处理。例如，他可以选择定期将背书(endorse)的电子支票发送给收单银行。在清算过程中，发行银行和收单银行会将支付资金从客户的账户中取出并转入商家的账户中。此外，为了防止重用，银行还需要对所有处理过的电子支票加标识。

8.4.2 电子支票的安全方案和特点

当商家通过网络接收到客户经过数字签名的电子支票后，它将像处理传统支票一样对电子支票进行数字签名，并通知银行将客户需支付的金额从客户的账户转入商家的账户中。基于公钥体制的数字签名是当前在电子支票中普遍采用的技术。

1. 电子支票的安全方案

电子支票的安全方案由以下 3 部分组成：

(1) 电子支票的认证。电子支票是客户用其私钥签署的一个文件，接收方(商家或商家的开户行)使用支付方的公钥解密客户的签名。这使得接收方相信客户的确签署过该支票。此外，电子支票还可能要求客户的开户行进行数字签名，这将使得接收方相信其接收的电子支票是根据发送方在银行的有效账目填写的，接收方使用开户行的公钥可以对发送方的签名加以验证。

(2) 公钥的发送。发送方机器开户行必须向接收方提供自己的公钥，提供方法是将发送方的数字证书附加在电子支票上。

(3) 银行本票。银行本票由银行按以下方式发行：发行银行首先产生电子支票，用其私钥对其签名，并将其数字证书附在电子支票上。接收银行使用发行银行的公钥解密签名，通过这种方式使接收银行相信，它接收的支票的确是由支票上描述的银行发出的。

2. 电子支票的优点和缺点

电子支票除了具有传统支票转账支付的优点外，还可以加快交易处理速度，减少交易处理的费用。特别是在安全方面，电子支票的即时认证在一定程度上保障了交易安全性，对电子支票的挂失处理也比传统支票方便、有效得多。电子支票的优点如下：

(1) 与传统支票类似，对电子支票比较熟悉，易于被接受，可广泛应用于B2B结算。

(2) 电子支票具有可追踪性，所以，当支票遗失或被冒用时，可以停止付款并取消交易，风险较低。

(3) 通过应用数字证书、数字签名及各种加密/解密技术，提供比传统支票中使用印章和手写签名更加安全可靠的防欺诈手段。加密的电子支票比电子现金更易于流通，买卖双方的银行只要用公开密钥确认电子支票即可，数字签名也可以被自动验证。

这一系列特点成功地推动了电子支票的发展，使其成为最具发展潜力的电子支付手段之一。但是电子支票的整个交易处理过程都要经过银行系统，而银行系统又有义务证明每一笔经它处理的业务细节，因此电子支票最大的问题就是隐私问题。电子支票的缺点如下：

(1) 需要申请证书，安装证书和专用软件，使用较为复杂。

(2) 不适合小额支付及微支付。

(3) 电子支票通常需要使用专用网络进行传输。

8.4.3 NetBill

目前电子支票协议还没有国际标准，但基于电子支票的支付系统有很多，如NetBill、NetCheque和金融服务技术联盟(Financial Services Technology Consortium，FSTC)实施的电子支票项目。

NetBill是一种基于公钥和对称密钥的价格协商、信息商品订购和支付的完整微支付机制，是美国卡内基梅隆大学开发的。系统参与者包括客户、商家以及为他们存储账户数据的NetBill服务器。这些账户可以与金融机构传统的账户相连。客户、商家的NetBill账户可以与他们在银行的账户相互转账。NetBill主要用于信息产品的网上销售。

NetBill通过向商家和客户提供配套使用的工具软件提供对整个系统的支持，其中包括一系列安全措施，客户端软件称为支票簿，商家端软件称为收款机，负责客户应用和商户应用之间的通信。两者之间的所有通信均经过加密处理，以防范攻击者窃取信息。

NetBill电子支票的网上支付过程如下：

(1) 客户向商家请求查询某商品的价格，从而交易开始。

(2) 商家调用算法向获得确认的用户提供经过数字签名的产品价格。

(3) 客户向商家发送自己所能接受的经过数字签名的价格。

(4) 商家向客户发送用一次性密钥(K)加密的信息商品并且在加密信息商品上计算散列值。

(5) 当客户收到上述信息后把它保存下来。在传输成功后，客户就会在加密信息商品上计算散列值，然后返回商家一个电子采购订单(Electronic Purchase Order，EPO)，即所谓的三元组(包括价格、加密信息商品的密码单据和超时值)数字签名值。在此要注意一点，就是此时客户还不能对信息商品进行解密，而且他账号上的钱也不会转入商家账户。

(6) 在收到电子采购订单后，商家将自己计算的散列值与客户计算的散列值进行比较。若不一致，商家就不会发送，此时交易也将取消。该步为信息商品准确无误的传送提供了安全保证；若一致，商家就会自动生成一张电子发货单(包括信息商品价格、加密信息商品的密码单据和信息商品解密密钥)，商家将 EPO 和电子发货单传送给 NetBill 服务器。

(7) NetBill 服务器验证 EPO 签名和会签，然后检查客户的账号，确认其有足够的资金，以便批准该交易，同时检查 EPO 上的超时值是否过期。确认没有问题时，NetBill 服务器即从客户的账号上将等于商品价格的资金转入商家的账号，并存储密钥 K 和加密信息商品的密码单据。然后准备一份包含值为 K 的签名的收据，将该收据发送给商家。

(8) 商家将该收据发送给客户，客户将第(4)步收到的加密信息商品解密。NetBill 协议就这样传送信息商品的加密副本，并在 NetBill 服务器的收据中记下解密密钥。

8.5 微 支 付

微支付(MicroPayment)是伴随着 Internet 的发展而提出的。在 Internet 应用中，经常需要发生一些微小金额的支付，如网站为用户提供搜索服务、下载一段音乐、下载一篇文章、下载试用版软件等，其中涉及的支付费用非常小，如查看一条新闻收费一分等。目前对这种支付还没有较好的解决办法。传统的网上支付方式因为支付本身要涉及的费用和延迟而无法用于这种情况。很多网站只能采用广告、发展付费会员等方式维持其生存，迫切需要有效的微支付方式，这将有助于 Internet 更好的发展。

微支付的特征是能够处理任意小数额的钱，适用于 Internet 上不可触摸(non-tangible)商品(如信息商品)的销售。一方面，微支付要求商品的发送和支付几乎同时发生；另一方面，支付的安全性检查往往给支付的实时性造成了障碍。因此，微支付的设计目标是保证支付的实时性和可以接受的安全性。目前很多厂商正在致力于发展新的微支付协议，以支持 SET 协议和 SSL 协议不能支持的微支付方式，其中之一是微支付传输协议(MicroPayment Transport Protocol，MPTP)，该协议是由 IETF 制定的工作草案。

微支付与传统电子支付相比具有以下特点：

(1) 交易额小，交易频率高。微支付的首要特征是能够处理任意小的交易额，一般交易中的商品价格通常在几分到几元之间，不像传统支付通常一次交易的金额比较大。也可能正因为交易额小，其交易频率要比传统的电子商务要高。

(2) 可以接受的安全性。微支付本身的交易额一般都很小。在这种情况下，即使交易过程中有关的支付金额被非法窃取，对交易双方的损失也不大。因此，微支付对安全性的需求不如其他电子支付那么严格。

(3) 交易效率高。由于微支付交易量很大，要求微支付系统有较高的交易效率和可以忽略的交易延迟，使得消费者的交易请求得到即时满足。

(4) 交易成本低。由于小额交易的利润很低，如果还要减去较高的交易成本，那么商家难以承受，因此要求微支付的交易成本非常低。

(5) 操作简便，实现“单击即可支付”，不需要额外窗口。

8.5.1 微支付模型

典型的微支付模型涉及三类参与者：客户、商家和经纪人，如图 8.9 所示。

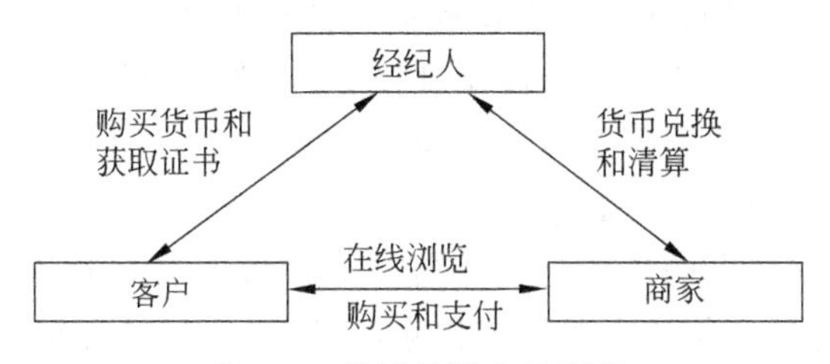

图 8.9 典型的微支付模型

客户通过微支付的方式购买商家的商品或服务，它是微支付的发起者。商家向客户提供商品并接收电子货币。另外，要在客户与商家之间进行电子支付，就必须有一个可信实体——经纪人，它负责发行电子货币，同时它还必须负责双方身份认证以及交易后的转账支付，并可以解决该交易中引发的纠纷。经纪人可以是一些中介机构，也可以是银行等。

在进行交易和支付之前，客户为了获得电子货币，首先要通过某种手段在经纪人处建立账号。然后，客户可以通过宏支付(如信用卡支付)方式在经纪人处一次性购买一定数额的电子货币；也可以根据经纪人的授权，通过数字证书自己生产电子货币。交易过程中，客户通过在线方式同商家进行联系，浏览、选择商品并进行支付。商家一般可以在本地验证电子货币的真伪，但一般不能判断客户是否进行了重复使用(除非对特定商家使用的电子货币)。每隔一段时间，如一天或者一周，商家会把客户支付的电子货币提交给经纪人进行兑现。此时，经纪人可以对电子货币的真伪进行验证，以防止商家的欺骗和客户的重复使用。

典型的微支付系统有基于票据的微支付系统、基于散列链的微支付系统和基于概率的微支付系统(如微电子彩票)，这些系统在安全性、效率以及多方交易等方面各有特色。下面仅介绍前两种微支付系统。

8.5.2 基于票据的微支付系统

票据(scrip)是微支付系统中常见的支付工具之一。它是一种面值很小的电子货币，一般由商家或经纪人产生，也可以由经纪人独立产生。在不需要第三方参与的情况下，可以由商家在线验证电子货币的真伪。常见的基于票据的微支付系统有 Millicent 和 MicroMint。

1. Millicent 微支付系统

Millicent 是 1995 年由 Compaq 公司与 Digital 公司联合开发的微支付系统。它是一个效率相当高的微支付系统,完全没有采用公钥密码算法,只是采用单向散列函数进行快速的计算,而且利用离线方式进行验证,整个系统的运算成本和通信成本都比较低,非常适合处理网络上的小额付款。

1) Millicent 票据概述

Millicent 使用的电子货币——票据是由商家利用单向散列函数制造的,不同的商家有不同的票据,而这些票据的真伪只有这些商家能够利用离线的方式进行验证,这种票据称为商家票据。客户如果要与某个商家进行交易,则必须使用该商家的商家票据才能付款。一个商家票据代表了商家为客户建立的一个账号,在任何给定的有效期内,客户都可以利用该商家票据购买对应商家的服务。

账号的平衡由商家票据的值指定。当客户利用商家票据在网上购买了商家的服务或商品以后,购买值将自动从商家票据中扣除,并返回一个具有新的面值的商家票据(即找零)。当客户完成了一系列交易或支付以后,还可以把商家票据中剩余的值兑换成现金(同时账号关闭)。

Millicent 微支付机制主要包含 3 个交易实体:经纪人(B)、商家(V)和客户(C)。下面详细阐述三者之间的关系。

经纪人买卖商家票据,以服务客户与商家。经纪人也拥有票据,它是作为客户购买商家票据或商家用于兑现客户未使用完的商家票据的公共货币而存在的。经纪人票据对客户来说是一种购买商家票据的通用货币,而对于商家来说则是返回的未使用的票据。

在中间服务器模式中,经纪人角色往往是通信瓶颈。但在 Millicent 中,可以有多个经纪人机构,在客户和商家的交易中,只在部分交易中会涉及经纪人,在交易过程中涉及经纪人的交易量是很小的。以经纪人的方式处理账单和支票,降低了账单费用。C-V 账户变成了 C-B 账户和 V-B 账户,减少了账户数量。

在 Millicent 中,票据产生的方式有两种:一种是由商家自己制造,然后交由经纪人委托出售;另一种是商家和经纪人签定相关协定,授权给经纪人制造和出售票据。

对于第一种方式来说,经纪人只负责收购各商家制造的商家票据,客户需要哪个商家的票据,经纪人就出售该商家的票据。

对于第二种方式来说,商家授权经纪人制造和出售票据,则商家必须将制造票据要用到的参数(master_customer_secret、master_ scrip_secret 和票据的识别号码等)传送给经纪人。当客户购买商家票据时,经纪人只须按照客户的需要制造票据就可以了。这种方式可以节省经纪人和商家之间的通信成本和经纪人的存储空间等。

2) Millicent 票据的组成

Millicent 票据的数据结构如图 8.10 所示。其中,灰色部分表示票据中的元素。

一个 Millicent 票据由下列域组成:

(1) Vendor:商家的名称。

(2) Value:票据的金额。

(3) ID:票据的序列号。为了防止票据重复使用,其序列号是唯一的。

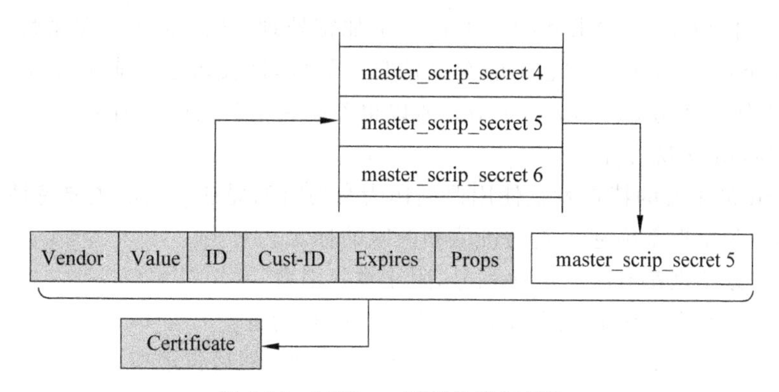

图 8.10 Millicent 票据的数据结构

(4) Cust-ID：客户代号。

(5) Expires：票据的有效期。

(6) Props：对客户信息(如住址)的记录。

(7) Certificate：票据的鉴别码。

Millicent 采用一个密钥控制的单向散列函数实现加密(即 MAC)，从票据中选取一些域，如 ID、Cust-ID，进行散列运算，从而产生 Certificate，以鉴别票据的真伪。当银行发行票据时，会将进行散列运算的密码传送给商家，这样商家自己就可以对票据进行鉴别。由于采用散列函数加密的方法，其运算速度要比公钥加密快很多，但安全性会有所降低。

Millicent 票据的产生和使用涉及 3 种密钥，客户密钥 customer_secret(证明其对票据的拥有权)、主客户密钥 master_customer_secret(商家利用该密钥从票据中提取信息，产生客户密钥)和主票据密钥 master_scrip_secret(该密钥只能被票据发行单位拥有，用于验证票据的合法性)。

由于 Millicent 并没有使用公钥加密手段，为了保障密钥传输的保密性，需要一个映射机制将票据上面的公开信息映射到需要保密的密钥中，然后利用取出的密钥验证签名。3 个密钥和票据之间存在着两个重要的映射关系。

一个是 ID→master_scrip_secret。这样，票据发行者就可以通过票据上面的公有信息(ID)得到其他人不知道的信息(master_scrip_secret)，然后验证票据的真伪。图 8.10 实际上说明了签名(即 Certificate)是如何产生的，从它的产生机制不难推出它的验证机制。

另一个是 Cust_ID→master_customer_secret，从而得到 customer_secret，以验证客户对票据的拥有权。由于客户密钥是由票据上的公开的 Cust_ID 和秘密的 master_customer_secret 生成的，如果票据发行单位能够获得 master_customer_secret，就能够验证客户利用 customer_secret 进行的签名。

同时，为了防止一张票据的多次使用，在每次交易完成以后，商家会发布新的票据。新的票据中的 Cust_ID 保持不变，从而使客户的 customer_secret 能够继续有效。但是，ID 和 Certificate 会改变，同时，本地数据库中标记票据编码为 ID 的票据无效。这样，即使某个客户试图利用原有的票据进行消费，也会被校验出来。

在这种通信协议中，请求和响应都进行了加密处理，从而保证了保密性。除非攻击者知道 customer_secret，否则它不能解密消息。另外，即使攻击者截获了请求信息的加密密钥，因为他不知道 customer_secret，所以也不能利用票据进行消费。

3）Millicent 交易流程

Millicent 最主要的特点就是使用票据作为交易时的凭证。它的主要特性如下：

（1）每一张票据都描述了它的价值和商家的标志。

（2）每一张票据都有唯一的序列号，阻止重复消费。

（3）每一张票据都附有数字签名，以阻止篡改和伪造。

（4）票据用密钥 customer-secret 签署每一张票据，然后再消费。

签名（实际上是求散列值）采用高效的散列函数 MD5 或者 SHA。

在票据产生、验证和消费的过程中伴有 3 个密钥，客户获得 customer_secret，以证明该票据的所有权。商家使用 master_customer_secret 从票据中含有的客户信息中推导出 customer_secret。master_scrip_secret 则是验证票据真伪的凭证。

Millicent 交易流程如下。

（1）购买商家票据。

客户必须用商家票据才能在特定的商家进行消费。Millicent 借助某些宏支付系统（例如 SET 协议系统）进行客户向经纪人购买票据的交易过程。客户在经纪人处购买到的经纪人票据是由经纪人制造的。如果客户想向某个商家购买商品，则必须利用购买到的经纪人票据购买该商家的商家票据，然后再利用商家票据和商家进行交易。客户购买商家票据的流程如下：

① 客户向经纪人购买经纪人票据，经纪人返回初始经纪人票据和相关密钥。

② 当客户需要在某个商家进行消费时，用经纪人票据向经纪人换购特定的商家票据。

③ 如果经纪人已经没有客户要求的商家票据，那么经纪人需要向商家要求商家票据，商家返回商家票据和相关密钥。

④ 经纪人向客户返回他求购的商家票据和 customer-secret，并且返回购买商家票据后剩余的经纪人票据（即对客户支付的经纪人票据找零）。

（2）用商家票据支付。

当客户有了商家票据和相关密钥后，就可以和商家进行交易了。步骤如下：

① 客户选择想要购买的商品，向商家发出购物信息（Request），其中包括商品名称、商品价格等相关信息。

② 客户对 customer_secret、Request 和商家票据等信息进行散列函数运算，得到的散列值称作 Request-Signature。

③ 客户将 Request、Request-Signature、商家票据和 Certificate（消费者在购买票据时经纪人附带的票据凭证）4 个信息发送给商家，要求进行交易。

（3）验证商家票据。

商家收到消费者传送来的信息之后，必须对这些信息进行验证，步骤如下：

① 商家利用商家票据中的 ID 字段，以查表的方式找出对应的 master_scrip_secret。

② 商家对商家票据和刚刚查表得知的 master_scrip_secret 一起进行散列函数运算，可以得到该商家票据的 Certificate。然后将此结果与从客户那里收到的 Certificate 相比较。如果两者相同，表示客户发送的商家票据和 Certificate 是正确的，则可进行下一步的验证；如果两者不同，则可能商家票据有问题，则不与客户进行交易，同时进行必要的处理。

③ 商家利用商家票据中的 Cust-ID 字段找出相对应的 master_customer_secret，然后将此信息和 Cust-ID 进行散列函数运算，得到 customer_secret。

④ 商家对计算得到的 customer_secret、商家票据及 Request 再进行散列函数运算，可以得到 Request-Signature。然后将 Request-Signature 和从客户那里发送过来的 Request-Signature 进行比较。如果两者相等，则表示客户发送的信息都是正确的，可以与此客户进行交易；否则放弃交易。

最后，商家将客户购买的商品、购买商品后所剩余的票据和 Certificate 等信息回传给客户，整个交易过程就完成了。

在 Millcent 中，商家并不需要做交易后的清算，因为商家出售商家票据给经纪人时，经纪人就已经支付了款项。

4）Millicent 的安全性分析

Millicent 有以下优点：

(1) 防止票据的伪造。MAC 中使用的密钥 master_scrip_secret 只有票据发行者和要验证并最终接收此票据的商家才知道，客户不知道，因此可防止票据的伪造。

(2) 防止票据重用。票据中包含了唯一的序列号(ID)，对于特定商家，可杜绝同一票据的重用。

(3) 商家独立完成验证。采用分散式验证，不需要在线或离线的经纪人验证票据的合法性，这些都由商家独立完成。

但 Millicent 也存在以下不足：

(1) 由于票据是针对特定商家的，且最终由商家制造和验证(也可由经纪人代为制造)，所以客户不能验证票据的真伪。

(2) 因为针对每个新的商家，客户都要请求一个新的票据，Millicent 对经常需要更换商家的客户来说效率不高。

2. MicroMint 微支付系统

MicroMint 是基于唯一标识的离线电子现金微支付系统，它涉及交易的三方：客户、商家和经纪人。MicroMint 的每个货币都是独立存在的，因此是同现实生活中的货币最为接近的微支付体制。

在 MicroMint 中，由经纪人制造硬币(coin)，然后卖给消费者进行消费。MicroMint 的硬币是由单向散列函数的碰撞产生的。

1）单向散列函数的碰撞

单向散列函数可以将任意长度的输入转换成固定长度的输出，而且一般输出信息的长度比输入信息的长度要短得多，因此单向散列函数的输入与输出是多对一的关系，只要输入的信息足够多，就会产生两个不同的输入值(如 x_1 和 x_2)被单向散列函数 h 映射

到同一个值 y 的情况，即 $h(x_1)=h(x_2)=Y$，此时称出现了 h 的一个 2 值碰撞。

在更一般情况下，当 k 个不同的输入值 $x_1,x_2,\cdots,x_k$ 都被 h 映射到同一个值 y 时，即 $h(x_1)=h(x_2)=\cdots=h(x_k)=Y$ 时，则称出现了 h 的 k 值碰撞。

要找到两个不同的输入值（如 x_1 和 x_2），使它们有相同的散列值，即 $H(x_1)=H(x_2)$，是非常困难的（也是在一般的单向散列函数应用中不希望看到的情况）。那么，要找到一个单向散列函数的 k 值碰撞显然更加困难了。根据理论分析，要产生第一次 k 值碰撞，大约需要 $2^{n(k-1)/k}$（其中 n 为散列码的长度）个输入值经过单向散列运算，才可以得到。但是，如果检验输入值的数目是得到第一次 k 值碰撞的输入值的 C 倍（也就是第一次出现 k 值碰撞需要检验 W 个输入值，现在检验 CW 个值），那么应该可以得到大约 C^k 个 k 值碰撞。因此，如果将 k 值提高，会产生两方面影响：

（1）要得到第一次 k 值碰撞，必须检验更多的输入值才能得到，难度更大。

（2）如果已经得到第一次 k 值碰撞，那么以后得到 k 值碰撞的速度将会加快，也就是以后得到 k 值碰撞的可能性会快速提高，越来越容易。

MicroMint 就是利用上述原理制造出 k 值碰撞当作付款的硬币。由上述分析可知，这种硬币的制造是非常困难的（必须突破得到第一次 k 值碰撞的高门槛），也就是说要伪造这种硬币是非常难的。但是，要验证这种硬币的正确性却非常简单，只要检验下列公式：

$$H(x_1)=H(x_2)=\cdots=H(x_k)=Y$$

就可以知道硬币的真实性了。

在 MicroMint 中，一个硬币由 k 向散列函数（k-way hush function）碰撞来代表，k 一般取 4。所以，一个 MicroMint 硬币由一个 4 向散列函数碰撞来代表，即由 4 个具有相同散列值 y 的输入值 x_1,x_2,x_3,x_4 组成：

$$C=\{x_1,x_2,x_3,x_4\}$$

它代表一个小额现金，如一角等。

2）硬币的制造和出售

在 MicroMint 中，有 3 种硬币，即通用硬币、特定用户硬币（user-specific coin）和特定商家硬币（vendor-specific coin）。

制造硬币的概念可以想象成把球（输入 x）随机投入 2^n 个箱子中的一个（n 表示输出散列码的长度），有球投进的箱子用 Y（输出）表示，即 $H(x)=Y$，那么硬币就表示有 k 个球碰巧都投进了同一个箱子。由于球是随机投出的，而且箱子的数量极其多，因此要将 k 个球都投进同一个箱子，需要投非常多的球才有可能办到。同理，要制造硬币的经纪人必须有大约 2^n 个箱子，投大约 $k\times 2^n$ 个球，然后从至少有 k 个球的箱子里拿出 k 个球，当作一枚硬币，记为 $C=(x_1,x_2,\cdots,x_k)$。如果同一个箱子里面有超过 k 个球，经纪人也只能制造出一枚硬币。

当经纪人利用制造出硬币后，如何存储是一个问题。由于制造出来的硬币数目相当庞大，而且可能很大部分用不到，因此没有必要存储那么多的硬币。为了便于验证和防伪，将 k 个值碰撞得到的散列值 Y（长度为 n）分成两部分（高位部分 t 和低位部分 u），即 $Y=t\parallel u$。将 Y 的高位部分 t 作为月的标识，如果 t 等于某个值 Z（该值由经纪人指定），就认为这个硬币在该月是有效的，将此硬币存储起来。所以，通过适当地选择 t，可以既减少存储硬币的空间又不降低系统的安全性。如果是指定使用者身份的硬币，则再将低位部分 u 分成两部分：前一部分 $u-v$ 为 y'，用来对应用户的身份；后一部分 v 为 y''，作为唯一的货币 ID。

最后，经纪人将上述 t 值公布，让其他人可以对硬币的真伪进行验证，而且将出售给客户的硬币值存储起来，以便商家拿硬币向他赎回（兑现）时可以进行比对。到了月底，经纪人则允许客户将未使用完的硬币退回或兑换成下个月可用的硬币。

3）硬币的购买和赎回

当客户向经纪人购买硬币后，就可以使用这些硬币去商家那里消费。商家对硬币值进行散列运算后，就可以对硬币进行验证。例如，k 取 4 时，商家验证每个 x_i（i 取 1，2，3，4）是否各不相同，以及 $H(x_1)$、$H(x_2)$、$H(x_3)$、$H(x_4)$ 是否都相等。同时将散列值的高位部分 t 计算出来并和经纪人公布的 t 值相比较，若相等，那就表示硬币是真实的。但是，商家不能发现硬币重复使用，因此，商家必须保持每一个已使用过的硬币的副本，或者将硬币 ID（即 y''）记录下来，以便进行核查。

商家在每天固定的时间将收到的客户支付的硬币传送给经纪人进行赎回。经纪人收到后，检查记录以确定这些硬币是否已被赎回。若硬币还没有被赎回，即将款项付给商家；若硬币以前已经被赎回了，则将不让商家赎回，损失由商家承担。

4）对 MicroMint 的分析

从效率上看，MicroMint 采用单向散列函数的碰撞得到硬币，因此整个系统完全没有使用公钥加密算法和对称加密算法。与 Payword 不同，MicroMint 并不是针对某一商家的，所以可允许客户高效地和多个商家进行交易。客户在经纪人处购买硬币后，自己就可以离线验证硬币的真伪，而客户利用硬币和商家进行交易的过程也是离线的方式（不需要和经纪人打交道）。商家也可以自行验证硬币的真伪。经纪人不会也不必介入整个交易过程，可以大幅提高交易的效率。

从安全性上看，MicroMint 硬币采用了 4 向散列函数碰撞，而且还要求前面 t 个值正好等于月的标识，一般人想伪造硬币是很难的。然而，如果是专业人士或经纪人处制造硬币的内部人员伪造硬币，并拥有比经纪人更快的计算机进行运算，那么 MicroMint 似乎没有很好的办法抵抗这类攻击。

在防重用性方面，由于每个商家会将已花费过的硬币序列号记录下来，因此客户是不可能将硬币在单个商家处重用的。但是，如果客户将硬币拿到几个商家处重用，则在 MicroMint 的 3 种硬币中，通用货币是无法防止客户重用的，因为它不包含对客户的认证，所以很容易被盗用或重用；特定用户货币因为包含了客户的信息，如果客户在多个商家重用硬币，那么事后可以查出来。特定商家硬币因为只能在特定的商家使用，因此客户不可能拿硬币到别的商家使用。

8.5.3 基于散列链的微支付系统

为了保证支付的有效性和不可抵赖性，有些电子支付系统采用了公钥签名技术。但过多的采用公钥签名技术会严重影响微支付系统的效率，所以很多微支付系统采用效率更高的散列函数代替签名，或者是两者的结合。散列链就是这样一种方式，它的思想最初由美国密码学家 Lamport 提出，用于一次性口令机制，后来被应用到微支付系统中。

1. 散列链的原理

散列链的具体方法是：由用户选择一个随机数，然后对其进行多次散列运算，把每次散列运算的结果组成一个序列，序列中的每一个值代表一个支付单元，因此散列链一般由客户产生。客户一般通过如下过程产生一个新的散列链：

(1) 客户决定散列链的长度 N。如果散列链上每个值代表的金额为 1 分，则一个长度为 20 的散列链将代表 20 分。散列链代表的金额要比它在商家处购买的商品或服务价值高一些，未花费的散列值将会被安全地丢弃。

(2) 客户选择一个随机数 W_N，作为散列链的锚，散列链上的其他值都可以由锚来生成。

(3) 对 W_N 进行 N 次散列计算(如使用 SHA-1 散列算法)，每个散列值形成一个支付单元。

(4) 最后生成的散列链就是$\{W_0, W_1, W_2, \cdots, W_N\}$。

散列链的生成过程如图 8.11 所示。

$$W_0 \xleftarrow{H(W_1)} W_1 \xleftarrow{H(W_2)} \cdots \xleftarrow{H(W_{N-1})} W_{N-1} \xleftarrow{H(W_N)} W_N$$

图 8.11　散列链的生成过程

2. 基于散列链的微支付过程

基于散列链的微支付过程包括以下 4 个步骤。

(1) 客户获得付款凭证。

当客户初次在经纪人处注册时，由经纪人颁发一个付款凭证给客户，其格式为

$$\text{PayCert}_C = \text{Sign}_{SK_B}(\text{B}, \text{ID}_C, \text{PK}_C, \text{Expire}, \text{Add})$$

其中，B 为经纪人标识，SK_B 为经纪人的私钥，ID_C 为客户标识，PK_C 为客户的公钥，Expire 为付款凭证的有效期，Add 为附加信息(如用户的地址等)。付款凭证利用经纪人的私钥进行签名，任何人都可以使用经纪人的公钥验证该凭证的正确性。

(2) 客户发送支付承诺给商家。

支付前，客户把散列链的最后结果(根)签名后发送给商家，该签名结果称为支付承诺，其格式如下：

$$\text{PayCommitment} = \text{Sign}_{SK_C}(\text{ID}_M, \text{PayCert}_C, W_0, \text{Expire}, \text{Add})$$

其中，SK_C 为客户的签名私钥，ID_M 为商家标识，$PayCert_C$ 为用户的支付证书，W_0 为散列链的根，Expire 为支付承诺的有效期，Add 为附加信息。客户在每次支付时都按照与计算散列链时相反的顺序向商家递交散列序列中的值。

商家首先用客户的公钥解密客户发来的支付承诺。如果解密成功，表示支付承诺有效，客户愿意支付，并且以后不能抵赖。然后商家再提取其中的 W_0，以后客户每次向商家支付时，商家就可以对 W_i 求散列值并与 W_0 比较以验证客户发来的 W_i 是否有效。

(3) 支付。

第一次支付时，客户将第一个散列值 W_1 及其索引值组成的支付对(W_1,1)发送给商家。商家对 W_1 进行一次散列运算，再与 W_0 比较，以验证其是否合法。

当第一个散列值被商家接受后，客户即可重复进行多次支付，即把第 i 个支付对(W_i,i)发送给商家以进行第 i 次支付。商家对 W_i 进行散列运算，并与客户在上一次支付时提交的 W_{i-1} 进行比较，若两个值相同，则第 i 个散列值合法。

在这个过程中，即使支付承诺被攻击者截获，攻击者取得 W_0，由于散列函数的单向性，他也无法用 W_0 求得 $W_1,W_2,\cdots,W_L$，因此无法伪造 $W_1,W_2,\cdots,W_L$ 进行支付。

基于散列链的微支付的支付承诺和多次支付流程如图 8.12 所示。

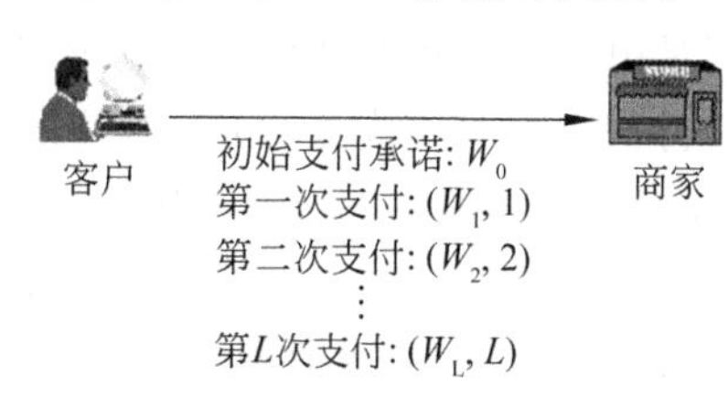

图 8.12 基于散列链的微支付的支付承诺和多次支付流程

基于散列链的微支付方案也可支持可变面值的支付。在上述支付过程中，假设每个散列值代表的面值为 1 角，那么客户通过发送特定支付对的方法可以实现可变面值的支付。假设客户在发送完 W_5 后要进行一次 4 角的支付，他可以将第 9 个支付对(W_9,9)发送给商家，商家通过支付对信息中的索引值 9 就可以知道需要对 W_9 进行 4 次散列运算，再与 W_5 比较，以验证该散列值是否有效。

客户在完成支付或支付承诺过期前，需要维护一个未使用的散列值的列表，该列表实际上只需保存散列链的锚 W_N 即可，因为其他的散列值都可以由它推算出来。商家应当保存客户的支付承诺和最后一个有效的散列值 W_i。即使经纪人已经兑现了商家提交的散列链和支付承诺，商家仍然需要在支付承诺过期前对其进行维护，以防止攻击者进行重放攻击。

由于商家只有接收到未使用过的散列值才能成功地进行散列运算，因此基于散列链的微支付能很好地防止客户重用已使用过的现金，也能够防止攻击者重放已使用过的现金。

(4) 商家清算。

一段时间后，商家会集中把散列链和支付承诺提交给经纪人进行兑现。商家只需将已经收到的最后一个有效的散列值 W_i 和其索引(i)以及客户已经签名的付款承诺一起传送给经纪人。经纪人会将 W_i 做 i 次散列运算，将运算结果和付款承诺中的 W_0 比较，如果相同，经纪人就会把款项存入商家的账号，至此完成整个微支付协议。

由于采用了支付承诺的方式，散列链一般都针对特定商家。

基于散列链的典型微支付系统比较多，如 Payword、Pedersen 提出的小额支付、NetCard 和 Paytree 等。

3. Payword 微支付系统

Payword 是由 RSA 算法的发明人 Rivest 和 Shmari 于 1996 年提出的一种微支付系统。其设计目的是减少在付款过程中公钥的运算次数，从而满足微支付对于成本和效率的需求。

1）Payword 的支付原理和过程

Payword 是基于信用的微支付系统，它采用 Payword 值表示客户的信用。Payword 也采用如图 8.12 所示的流程。在支付过程中，经纪人利用 Payword 凭证授权客户生成一个由 Payword 值组成的 Payword 链，然后客户可以将 Payword 值作为货币提交给商家，从而使得商家可以通过经纪人兑换货币。

Payword 的支付过程如下。

（1）生成付款串列。

在 Payword 中，客户利用付款串列（payword）作为和商家交易时付款的货币。付款串列是由客户在将要和商家进行交易时自己生成的。

付款串列的生成方法是：客户随机选择一个数字 W_N，把它当作产生付款串列的种子（seed），然后利用下面的规则产生付款串列：

$$W_{i-1}=H(W_i)\quad i=n,n-1,\cdots,1$$

对 W_N 进行 N 次散列计算（如使用 SHA-1 散列算法），每个散列值都形成一个支付单元，是用来付款的货币。每一个散列值都有固定的单位，如 1 角。而计算出来的最后一个值 W_0 并不是整个付款串列的一部分，它是整个串列的根，是不能用来付款的，它在验证此付款串列的正确性时可以作为验证的依据。

提示：如果在这一步中客户对 W_N 进行非常多次散列计算（如 10 000 次），则他生成的货币会非常多，但在下一步经纪人发给客户的付款凭证中对能够用于支付的总金额进行了限制，而且付款凭证会定期更新（付款凭证更新后需重新产生散列链），从而保证客户的账户不会出现过多的透支。

（2）获得付款凭证。

Payword 规定，客户在进行消费前，必须向经纪人申请开户。经纪人审核通过后，客户便会得到一个由经纪人发给的付款凭证（certificate），它的格式如下：

$$\mathrm{PayCert_C}=\mathrm{Sign_{SK_B}}(\mathrm{B},\mathrm{ID_C},\mathrm{PK_C},\mathrm{Expire},\mathrm{Add})$$

其中 B 为经纪人标识，$\mathrm{SK_B}$ 为经纪人的私钥，$\mathrm{ID_C}$ 为客户标识，$\mathrm{PK_C}$ 为客户的公钥，Expire 为付款凭证的有效期，Add 为附加信息。

（3）产生付款承诺。

付款承诺（commitment）是由客户产生的，是客户用自己的私钥对以下信息进行签名得到的：

$$\mathrm{PayCommit}=\mathrm{Sign_{SK_C}}(\mathrm{ID_M},\mathrm{PayCert_C},\mathrm{W_0},\mathrm{Expire},\mathrm{Add})$$

其中，$\mathrm{SK_C}$ 为客户的私钥，$\mathrm{ID_M}$ 为商家标识，$\mathrm{PayCert_C}$ 为客户的付款凭证，W_0 为散列链的根，Expire 为付款承诺的有效期，Add 为附加信息。

客户和商家进行首次交易时，在进行付款前，必须先将付款承诺发送给商家。这样做不仅能让商家得到 W_0，可以对客户以后支付的散列值 W_i 进行验证，而且能证明客户确实承诺付款，因为该信息有客户的签名，防止客户抵赖行为的发生。

（4）付款。

在客户购买商家的商品前，必须先送出付款承诺给商家。商家收到付款承诺后，用客户的公钥将其解密，然后验证 $\mathrm{ID_M}$、Expire 及客户付款凭证 $\mathrm{PayCert_C}$ 的正确性。若验证它们都正确，则商家将此付款承诺存储起来，直到有效期结束。

假设客户想购买的商品价格是 1 角，则他必须把 W_1 传送给商家。商家收到后，将 W_1 经过一次散列运算，将得到的值和付款承诺中的 W_0 比较。若相同，那么商家可以确信其收到的 W_1 是属于付款串列中的一个支付单元。

如果此后客户又要购买一个 4 角的商品，则客户将 W_5 传送给商家。商家根据索引值对 W_5 做 4 次散列运算，将结果和刚才的 W_1 做比较，若结果相同，则可以确信 W_5 是正确的支付单元。这样，经过多次交易后，商家只要存储最后收到的 W_5 和其索引(5)以及先前收到的付款承诺即可。

(5) 清算。

清算是指商家将和客户交易收到的散列值(付款串列)传送给经纪人，向经纪人要求转换成传统货币的行为。如前所述，商家只要在每天固定时间将已收到的最后一个散列值 W_t 和其索引 t 以及客户签名的付款承诺一起传送给经纪人，就能完成清算了。

2) 对 Payword 支付系统的分析

Payword 的安全性体现在以下几方面：

(1) 防止伪造。由于采用了强散列函数的特性，已知已使用的散列值，导出未使用的散列值，等价于从散列函数的输出求散列函数的输入，在计算上是很困难的，这样可以有效防止伪造付款串列。

(2) 防止重用。由于客户在支付时需要提交付款承诺和相应的付款串列的根，并且商家和经纪人也保留了客户最后一次消费的付款串列值，因此系统可以通过客户的付款承诺以及已使用的付款串列值有效地防止客户提交用过的付款串列值，这样就能防止客户的重复使用和商家的重复兑换。但 Payword 只能用于单个商家。

Payword 也有缺陷。它可能导致客户的隐私暴露。如果其他人(客户、经纪人和商家除外)获取了经纪人的公钥，则他可以解密付款凭证，从而了解客户的详细信息(如地址)等，这样就破坏了电子现金的匿名性。此外，由于客户要对他需要支付的商家签署付款承诺，所以，如果客户频繁更换商家，则付款承诺的签署将导致很大的计算消耗。

Payword 满足了微支付系统要求的高效性、安全性的需求。它的高效性体现在以下几方面：

(1) 在支付交易中不需要保留过多的信息，如订购的商品与信息等，从而减少了内存的占用。

(2) 系统的许多耗时操作是离线完成的，如证书签署和货币兑换。这样可以提高效率，便于客户对某一商家的经常性访问。

(3) Payword 支持可变大小的支付。

(4) 采用散列函数减少了支付过程中公钥操作的次数，从而减少了公钥加密的计算成本，提高了系统的性能。

8.5.4 3 种微支付系统的比较

从以上几种微支付协议可以看出，目前的微支付技术还处于发展过程中。一旦微支付技术完全成熟，则可能会使 Internet 上的所有信息均转换为商品进行交易，由此将带来巨大的经济效益。表8.2对本章介绍的3种微支付系统进行了比较。

表8.2　3种微支付系统的比较

微支付系统	交易凭据	交易凭据产生主体	认证或兑换方式	采用的技术	特殊性	信用/借记
Millicent	商家签名的票据	商家或经纪人	离线	对称密码，散列函数	根据安全性和效率有3种协议形式	借记
MicroMint	满足散列碰撞的硬币	经纪人	离线	散列函数	货币只能由经纪人产生	借记
Payword	付款串列支付单元	客户	离线	公钥密码，散列函数	同一支付链只能用于单个商家	信用

习　题

1. 下列电子现金协议中（　　）完全没有使用公钥技术。（多选）
   A. E-Cash　　B. Payword　　C. MicroMint　　D. Millicent
2. 盲签名和分割选择协议主要用来实现电子现金的（　　）。
   A. 不可重用性　　B. 可分性　　C. 独立性　　D. 匿名性
3. 条件匿名的电子现金方案需要使用的盲签名技术是（　　）。
   A. 部分盲签名　　B. 完全盲签名　　C. 公平盲签名　　D. 限制性盲签名
4. 电子现金的不可伪造性是通过________对电子现金的数字签名实现的。
5. 电子现金必须具有的基本特性包括________、________、________、________、________。
6. 电子支付包括哪几种支付方式？
7. 简述微支付协议必须具有的特点。
8. 电子现金的多银行性是指什么？它可以怎样实现？
9. Millicent和MicroMint分别是如何防止用户伪造货币的？Payword是如何防止用户重复使用的？

第 9 章 chapter 9

云计算与移动电子商务安全

大型电子商务网站时刻都在产生大量的交易数据和客户浏览数据，同时电子商务网站需要同时处理成千上万用户的并发实时请求，这对电子商务网站服务器的计算性能、存储性能和数据处理性能都有很高的要求。如果单台服务器满足不了这样的性能要求，则可借助于云计算与大数据技术。具体来说，可以借助于云计算对电子商务产生的信息进行大批量处理。对大量数据借助 MapReduce 进行并行化处理。可以说，云计算已成为电子商务的关键技术之一。

9.1 云计算的安全

云计算(cloud computing)是以网络技术、虚拟化技术、分布式计算技术为基础，以按需分配为业务模式，具备动态扩展、资源共享、宽带接入等特点的新一代网络化商业计算模式。开放的网络环境为云计算用户提供了强大的计算和存储能力，现已逐渐在电子商务中得到广泛的应用。然而，伴随云计算技术的飞速发展，它所面临的安全问题也日益凸显。

9.1.1 云计算的概念和特点

云计算是一种商业计算模型，它将计算任务分布在大量计算机构成的资源池上，使用户能够按需获取计算能力、存储空间和信息服务。简言之，云计算是通过网络提供可伸缩的廉价的分布式计算能力。之所以称之为云，是因为它在某些方面具有现实中云的特征：云一般都较大；云的大小可以动态伸缩，它的边界是模糊的；云在空中飘忽不定，无法也无须确定它的具体位置，但它确实存在于某处。

1. 云计算的核心要点

目前，大多数大型电子商务网站均部署在云计算环境中，如京东云、阿里云、腾讯云。虽然各个企业的云计算环境和提供的服务不尽相同，但云计算一般都具有如下共同的核心要点：

(1) 云计算一定要有资源池。把分散的计算资源集中到大的资源池里，以方便统一管理和分配，实现按需分配、自助服务。一个应用系统实际需要多少资源，就被分配多少资源;应用系统对自己得到的资源能够自助管理。

(2) 弹性可伸缩的资源变化。任意撤掉云计算环境中的一台物理服务器,其上面的信息和活动会自动转移到别处;任意增加一台服务器,其资源会自动添加到云计算的资源池中。所有这些增减,用户根本意识不到。

2. 云的分类

按照服务的对象和范围,云可以分为3类:

(1) 私有云。建一个云,如果只是为了本单位(企业或机构)自己使用,就是私有云。

(2) 公众云。如果云的服务对象是社会上的客户,就是公众云。公众云的客户可以是社会上的任何企业、单位或个人。Amazon公司的AWS是现在世界上最大的公众云。主要的公众云还有微软公司的Azure、阿里云、Google Cloud、Salesforce云、苹果公司的iCloud等。

(3) 混合云。如果一个云既能为本单位使用,也对外开放资源服务,就是混合云。有时,把两个或多个私有云的联合也叫混合云。

3. 云计算的特点

云计算有以下五大特点。

1) 虚拟化

例如,在过去,一个电子商务系统通常是部署在一台真实的物理服务器上的。到了云计算时代,则可以将一台物理服务器通过软件(如VMware)虚拟成很多台虚拟服务器,在每台虚拟服务器上都可以部署一个应用,并可根据该应用的实际需要设置虚拟服务器占用的CPU、内存和网络等物理服务器上的计算资源。这称为资源切分型云计算。

如果一个电子商务系统对计算和存储的要求比较高,超出了一台物理服务器的计算能力,则可以通过软件(如Hadoop)将多台真实的物理服务器虚拟成一台超级服务器,这台超级服务器可以统一管理和使用很多台物理服务器的资源,因此其计算和存储能力很强,这称为资源整合型云计算。

2) 分布式计算

随着电子商务的发展,有些大型电子商务系统需要同时处理成千上万个用户的并发服务请求,这需要非常巨大的计算能力才能完成,如果采用集中式计算,则需要耗费相当长的时间。而分布式计算可将该应用分解成许多小的部分,分配给很多台计算机同时进行处理。这样可以节约整体计算时间,提高响应速度。通俗地说,分布式计算就是借助集体的力量进行计算。

3) 数据存储在云端

云计算可将许多台通过网络连接的服务器虚拟成一个云,云从表面上看就是数据中心或服务器机房(但数据中心并不一定就是云,只有使用了云计算的几种关键技术时才是云)。对于用户而言,可以将云作为一个整体使用,而不需要关心云内部的实现细节。云计算的数据存储技术必须具有分布式、高吞吐率和高传输率的特点。具体而言,用户将数据上传到云端,云计算会自动将数据分片存储在很多台物理服务器上,在需要读取数据时,就能同时从很多台物理服务器读取不同的分片,大大提高了读取速度。

4）动态可伸缩

云计算的核心理念是资源池，这种资源池称为云。云是一些可以自我维护和管理的虚拟计算资源，通常是一些大型服务器集群，包括计算服务器、存储服务器和宽带资源等。云计算将计算资源集中起来，并通过专门软件实现自动管理，无须人工参与。用户可以动态申请部分资源，支持各种应用程序的运转，无须为烦琐的细节而烦恼，能够更加专注于自己的业务，有利于提高效率、降低成本和技术创新。资源池的规模可以动态扩展，分配给用户的处理能力可以动态回收重用。这种模式能够大大提高资源的利用率，提升平台的服务质量。

5）高可用性和扩展性

云计算的文件系统（如 Hadoop 的 HDFS）一般都会采用数据多副本容错、计算节点同构可互换等措施保障服务的高可靠性。例如，HDFS 将文件分块存储，每个文件块默认都保存 3 个副本，存放在不同的物理服务器上。基于云服务的应用可以持续对外提供服务（7×24 小时）。另外，云的规模可以动态伸缩，以满足应用和用户规模增长的需要，按需服务，更加经济。用户可以根据自己的需要购买服务，甚至可以按使用量进行精确计费。这能大大节省 IT 成本，而资源的整体利用率也将得到明显的改善。

云计算具有以下优点：

- 不再需要巨大的一次性 IT 投资。如果计算资源不够，只需向资源池中添加服务器即可。
- 通过应用的自动化管理降低运营成本。
- 通过资源的共享和弹性分配，在不影响业务的高可用性前提下，提升资源的利用率。
- 通过硬件的集中部署降低 PUE（Power Usage Effectiveness，电源使用效率）值，节约电力成本。

9.1.2 云计算环境下的网络安全架构

云计算环境是指将分布在互联网上的计算机等终端设备相互整合，借助某种网络计算方式实现软硬件资源共享和协调调度的一种虚拟计算系统，它具有快速部署、易于度量、终端开销低等特征。其基本组成部分包括应用层、平台层、资源层、用户访问层以及管理层，并以各类云计算服务作为技术核心。

在云计算环境中，一切硬件和软件资源均以服务的形式提供。云计算具有 3 种服务模式，从底层到上层依次是基础设施即服务（Infrastructure as a Service，IaaS）、平台即服务（Platform as a Service，PaaS）、软件即服务（Software as a Service，SaaS）。

对于一个部署在云计算环境下的网络应用系统来说，硬件设备、操作系统将以基础设施即服务的形式提供，基础设施层包括虚拟服务器、虚拟网络、虚拟操作系统等。CA 认证中心、各种认证协议、电子支付协议等将以平台即服务的形式提供。电子商务网站、CRM、支付系统等应用系统将以软件即服务的形式提供。云计算环境下网络安全的体系结构如图 9.1 所示。

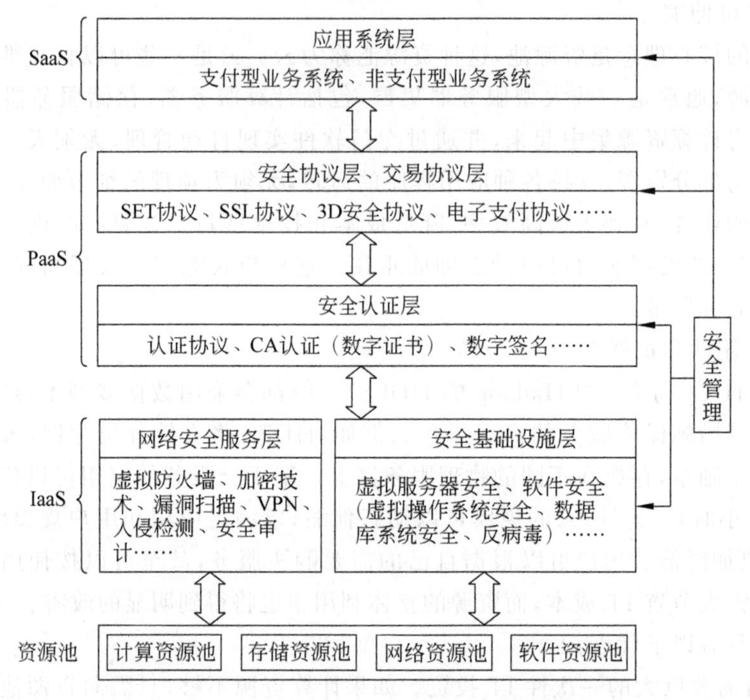

图 9.1　云计算环境下网络安全的体系结构

9.2　云计算安全的内涵

在云计算环境中，云计算用户的数据和资源完全依赖于不可靠的网络通信和半可信的云存储服务器，使得用户对云计算环境的安全性普遍存在质疑。

一般认为，云计算环境自身的结构特点是造成安全问题的主要原因。首先，参与计算的节点种类多样、位置分布稀疏且通常无法有效控制。其次，云计算服务提供商(Cloud Service Provider，CSP)在传输、处理和存储的过程中均存在泄露隐私的风险。最后，由于云计算本质上是在现有技术的基础上建立的，所以已有技术的安全漏洞会直接转移到云计算平台上，甚至存在更大的安全威胁。

可见，在云计算环境中，用户基本丧失了对私有信息和数据的控制能力，从而触发了一系列重要的安全挑战，例如云端数据的存放位置、数据加密机制、数据恢复机制、完整性保护、第三方监管和审计、虚拟机安全、内存安全等。

云计算安全可划分为 3 部分，分别是云虚拟化安全、云数据安全以及云应用安全。其中，云虚拟化安全主要研究对虚拟机、数据中心和云基础设施的非法入侵；云数据安全主要保护云存储数据的机密性、完整性与可搜索性；云应用安全主要包括外包计算、网络和终端设备的安全。本节主要介绍云数据安全。

9.2.1　云数据安全

不同于传统的计算模式;云计算在很大程度上使得用户对隐私数据的所有权与控制权相分离。云存储作为云计算提供的核心服务,是不同终端设备之间共享数据的一种解决方案,其中的数据安全已成为云计算安全的关键挑战之一。

到目前为止,保护云数据安全的常规做法是:预先对存储到云服务器的数据进行加密处理,并在需要时由数据使用者解密。在此过程中,代理重加密算法与属性加密算法用于解决数据拥有者与使用者之间的身份差异,访问控制技术用于管理资源的授权访问范围,可搜索加密技术用来实现对密文数据的检索。为防备因CSP系统故障导致用户数据丢失,还需给出关于数据完整性以及所有权的证明。

1. 代理重加密算法

代理重加密是一种密文间的密钥转换机制,用来将使用用户A的公钥加密的密文转换为使用用户B的公钥加密的密文。它可以减小用户在数据共享方面的不便,在云端进行的数据密文转换,可以有效地减轻用户端频繁释放和获取密码的负担,并强化了云端数据的可靠性和机密性。

在云计算中,CSP作为代理,用户A不能完全相信CSP,因此将自己需要存储的数据在本地用自己的公钥PK_A加密后再传送至云端存储,这样,CSP就无法解密用户A的数据,得到其明文信息,因为该数据只有用户A使用自己的私钥SK_A才能解密。

当用户A需要把该数据与用户B共享时,他可以根据自己的一些信息(如私钥SK_A)及用户B的公钥PK_B计算生成一个转换密钥$RK_{A\to B}$并发送给CSP,由CSP使用该转换密钥将用户A的密文进行重加密转换,得到针对用户B的密文,这样,用户B可以很容易地从云中下载该密文数据,使用他自己的私钥SK_B即可解密,整个过程如图9.2所示。

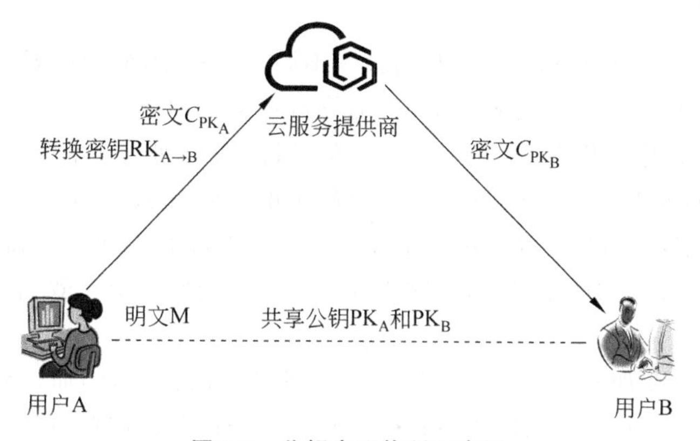

图9.2　公钥密码体制示意图

具体步骤如下:

(1) 用户A将明文M用自己的公钥PK_A加密得到密文$C_{PK_A}=E(PK_A,M)$,其中M就是A想要共享给B的内容。

(2) 用户A把密文C_{PK_A}发送给云计算服务商,再使用PK_A、PK_B、SK_A生成一个转换

密钥 $RK_{A\to B}$,把 $RK_{A\to B}$ 也发送给 CSP。CSP 没有 A 的私钥,无法解密密文。

(3) CSP 利用转换密钥 $RK_{A\to B}$ 将密文 C_{PK_A} 转换为密文 C_{PK_B}。

(4) 用户 B 从 CSP 处下载转换后的密文 C_{PK_B},用自己的私钥 SK_B 解密,即得到明文信息。

目前,代理重加密算法一般采用修改的 ElGamal 算法实现。

根据密文转换方向,代理重加密可以分为双向代理重加密和单向代理重加密。双向代理重加密是指代理(即 CSP)既可以将用户 A 的密文转换成用户 B 的密文,也可以将用户 B 的密文转换成用户 A 的密文。单向代理重加密是指代理只能将 A 的密文转换成 B 的密文。当然,任何单向代理重加密方案都可以很容易地变成双向代理重加密方案。代理重加密还可以分为单跳代理重加密和多跳代理重加密,单跳代理重加密只允许密文被转换一次,多跳代理重加密则允许密文被转换多次。

一个健壮的代理重加密算法应该具有如下几个特征:

(1) 透明性。代理对于授权人 A 或被授权人 B 来说都是透明的。

(2) 单向性。一个从用户 A 到用户 B 的授权不能用于构造一个从用户 B 到用户 A 的授权。

(3) 非交互性。授权人 A 生成从 A 到 B 的转换函数 $RK_{A\to B}$,不需要被授权人 B 的参与。

(4) 安全性。该代理方案应该是 CCA(Chosen-Ciphertext Attack,选择明文攻击)安全的,并能够抵抗合谋攻击,即,用户 A 与代理合谋不能得到用户 B 的私钥,用户 B 与代理合谋也不能得到 A 的私钥。

(5) 非传递性。通过用户 A 对 B 的授权和 B 对 C 的授权,代理不能产生 A 对 C 的授权。

2. 同态加密

同态加密也称秘密同态,与传统加密技术不同之处在于同态加密不需要数据解密就能对数据进行操作。与对明文进行同样的运算再将结果加密一样,同态加密对密文进行特定的代数运算得到的仍是加密的结果。也就是说,同态加密技术的全过程不需要对数据进行解密,人们可以在加密的情况下进行简单的比较和检索,从而得出正确的结论。因此,云计算运用同态加密技术,不仅可以很好地解决目前云计算面临的大部分安全问题,扩展和增强云计算的应用模式,同时也为在云计算的服务上有效、合法地利用海量云数据提供了可能。

同态加密技术在加密情况下就可以进行各种性质的操作,因而得到广泛的应用,前景十分广阔。但是,由于这种技术的特殊性,在很长一段时间内没有实质性进展,这无疑对同态加密技术在信息系统中的应用有十分大的阻碍。

9.2.2 云授权管理和访问控制

1. 授权管理

当云计算的用户需要为其他用户授权时,需要取得对方的公钥,针对每个用户生成对应的转换密钥，并通过安全的信道传递给云端。这样，云端对于每一个被授权的用户都生成一份重加密密文，对于未被授权的用户没有对应的重加密密文。即使未被授权的用户得到针对其他用户的重加密密文，也无法解密出明文。也可以将基于属性的加密(Attribute-Based Encryption，ABE)理念应用于代理重加密，使用这样的代理重加密算法可以一次为多个具有同样一组属性的用户授权。

2. 访问控制

用户请求访问数据文件时，云端通过对该用户的身份认证及权限认证判断用户是否可以读取该数据文件。如果用户拥有这一权限，云端将根据用户公钥向其返回数据密文和对应的密钥密文，用户可以通过依次解密这两个密文文件得到数据的明文。如果云端没有对应于用户公钥的密钥密文，则说明用户没有被文件所有者授予访问这一数据文件的权限。

3. 多租户共享

云计算环境中，大量用户会共享使用云端的服务器等硬件设备存储各自的数据或安装自己的应用软件等，由此产生的安全问题称为多租户问题。在这种环境中，必须考虑如何避免不同用户之间的相互影响，并防止用户之间的数据泄露。

多租户安全的实现重点，在于不同租户间应用程序环境的隔离(application context isolation)以及数据的隔离(data isolation)，以维持不同租户间应用程序不会相互干扰，同时数据的机密性也足够强。在应用程序部分，通过进程或支持多应用程序同时运行的装载环境(例如 Apache 或 IIS 等 Web 服务器)实现程序间的隔离，或在同一个服务程序进程内以运行态的方式隔离。在数据部分，通过不同的机制将不同租户的数据隔离。例如，Force 采用元数据(metadata)技术切割，微软 Azure 则使用结构描述的方式隔离。

9.3 移动电子商务安全技术

移动电子商务是以 WAP(Wireless Application Protocol，无线应用协议)为基础平台的，在 WAP 平台上的安全技术主要有无线公钥基础设施和 WTLS(Wireless Transport Layer Security，无线传输层安全)协议。除此之外，无线局域网的安全技术也是移动电子商务安全技术的一部分。

9.3.1 移动电子商务的安全需求

通过分析移动电子商务各方面存在的安全威胁，便可看出安全需求对于移动商务的重要性。基于移动电子商务自身的特点，移动电子商务主要考虑以下安全需求。

1. 双向身份认证

双向身份认证指移动终端与移动通信网络之间相互认证身份，这是在移动通信中被普遍认同的一个安全需求。但是在第二代移动通信系统中却存在很多安全问题，其中之一就是缺少用户对移动网络的身份认证，导致中间人攻击等威胁的存在。

2. 密钥协商与双向密钥控制

密钥协商与双向密钥控制指移动用户与移动网络之间通过安全参数协商确定会话密钥，而不能由一方单独确定会话密钥，并保证一次一密。这一方面是为了防止由于一个旧的会话密钥泄露而导致的重放攻击，另一方面也是为了防止由一方指定一个特定的会话密钥而带来的安全隐患(例如假冒者自己产生会话密钥就可进行中间人攻击)。

3. 双向密钥确认

移动用户与移动网络系统要进行相互确认，确保对方和自己拥有相同的会话密钥，以保证接下来的会话中经过自己加密的信息在被对方接收后能够正确进行解密。

4. 抗重放攻击和抗 DoS 攻击

应保证信息的接收方能识别信息的发送状态，确定是否是信息重放，并判断出信息重放是否由于人为的恶意攻击造成的，以及判断出是否存在拒服务攻击，并进行抵御。

5. 安全机制的容错能力和资源消耗

当无线网络中的通信线路、网关和服务器出现故障时，安全机制不会因此而失效，即系统安全性不依赖于网络的可靠性。同时，系统的资源消耗不会因为系统安全性的增强而大大增加，应尽量减少安全机制带来的系统资源开销。

6. 系统的容错能力

信息在网络中传输，设备和线路经常会发生故障。要保证在故障产生时，系统不会长时间处于停滞状态，要有备用方案，还要保证更新系统时对于原有软硬件的兼容能力。

7. 经济性

移动电子商务系统对于安全的经济性也要适当考虑，希望在增强系统安全性的同时，能够尽量降低所花费用。合理的加密技术是增强安全最有力的措施，目前已有不少加密算法可以实现经济的安全方案。

综上，移动电子商务由于通过无线网络接入 Internet，与传统电子商务通过有线网络传输相比，安全性降低。移动商务系统的安全解决方案应从终端设备、无线网络以及服务器系统 3 方面共同实现。无线网络是信息传输的通路，需要保证传输安全；终端设备和服务器系统要有较强的业务处理和纠错兼容能力。

9.3.2 无线公钥基础设施

无线公钥基础设施(Wireless Public Key Infrastructure，WPKI)是将 Internet 中的公钥基础设施(PKI)安全机制引入无线网络环境中的一套遵循既定标准的密钥及证书管理平台体系，用来管理在移动网络环境中使用的公开密钥和数字证书。WPKI 能有效建立安全和值得信赖的无线网络环境，其主要功能是为基于移动网络的各类移动终端用户以及移动数据服务提供商的业务系统提供基于 WPKI 体系的各种安全服务，如认证、加密、完整性保证等。

WPKI 并不是一个全新的 PKI 标准，而是传统的 PKI 技术应用于无线网络环境的优化扩展。WPKI 的主要特点有：①引入新的压缩证书格式(WTLS 证书)，减少证书数据量；②引入椭圆曲线密码算法，减少密钥长度；③引入证书 URL，移动终端可只存储证书的 URL，而非证书本身，减少了对存储量的需求。WPKI 同样采用证书管理公钥，通过可信第三方——CA 验证用户的身份，从而实现认证和信息的安全传输。

1. WPKI 的体系结构

WPKI 在体系结构上和 PKI 有明显区别，表现在：用 PKI 门户（PKI Portal）代替 RA，来完成类似的功能，即 PKI 门户可看成 WPKI 的 RA。终端实体是 WAP 手机等移动设备，而 WAP 网关则是新增的用于连接无线网络和有线网络的接口。WPKI 的体系结构如图 9.3 所示。

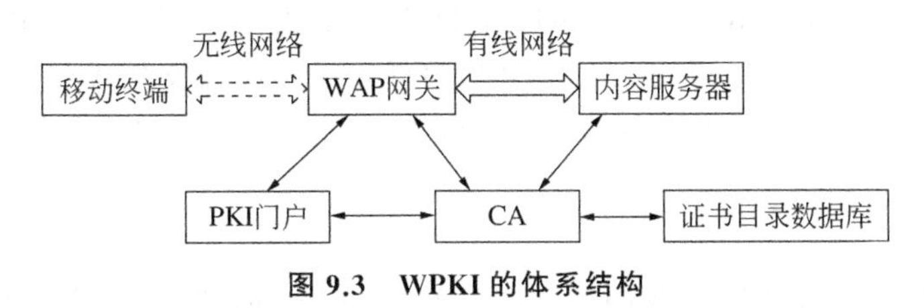

图 9.3 WPKI 的体系结构

与 PKI 的组成方式类似，WPKI 由 CA、PKI 门户（即 PKI 中的 RA）、证书目录数据库、密钥管理中心、WAP 网关、移动终端、移动终端应用程序和内容服务器等部分组成。在 WPKI 中，RA 的建立及其在客户端和服务器端实现的具体应用与传统 PKI 不太相同，需要一个全新的组件，即 PKI 门户。

1）CA

WPKI 的 CA 与传统的 CA 功能相似，主要负责生成签名、颁发证书、更新证书、密钥恢复、注销证书、随时更新证书撤销列表的内容并及时向外发布等，是 WPKI 体系中最基础的组成部分。在构建 WPKI 体系时，其 CA 需要根据无线应用环境做出适当的调整，具体表现在以下几点：

（1）无线网络的带宽较低，移动终端的处理能力也较弱，这就意味着 WPKI 的 CA 证书不能太长、不能太复杂，所以 WPKI 的证书一般使用 WTLS 格式。同时，还必须可以签发 X.509 v3 格式的证书，以便对有线网络中的服务器等实体进行认证。

（2）鉴于无线网络和移动终端的局限性，用户在查询证书状态时，需要一种更简洁、有效的查询方式，而不能像传统 PKI 一样，需要下载整个证书撤销列表。

2）PKI 门户

与传统 PKI 不同，WPKI 的 RA 需要使用 PKI 门户实现。PKI 门户可以为 WAP 客户端发送证书申请等请求给 PKI 中的 CA，也可以为移动终端访问有线网络资源提供途径。可见 PKI 门户融合了 RA 和 WAP 网关的功能，可以看作移动终端和现有 PKI 之间的桥梁，它是运行在有线网络上的服务器，实现了对用户注册信息的管理。

3）证书目录数据库

证书目录数据库主要用来提供下载证书、查询证书、存储证书等功能，并提供证书查询、证书下载的对外接口。证书目录服务器采用主从结构，主目录服务器和证书发布服务器放在一起，从目录服务器和证书发布系统一起向外发布。证书发布系统可以提供证书的查询、下载功能，还可提供 CRL 的访问和下载功能。

4）密钥管理中心

密钥管理中心(Key Management Center,KMC)主要提供密钥对的生成、备份和司法恢复。在PKI体系中,对于服务器的WTLS格式的证书,其密钥对可以由KMC生成。KMC负责对应用服务器和WAP网关的公钥的存储,以便其后进行公钥的恢复。但是对于签名私钥,KMC必须销毁,用以保证用户签名的唯一性。

5）WAP网关

WAP网关主要实现无线接入的功能。它一方面要实现WAP堆栈到WWW协议堆栈的转换,即把数据流由WAP格式转换成HTTP格式;另一方面还要能实现传输内容格式上的转换(例如,WML到HTML),然后将转换的数据流交给WAP服务器,或者把WAP服务器应答的信息编码成WAP手机可以识别的紧凑的二进制格式,然后再传递给WAP手机。

6）移动终端

移动终端是指可以访问无线网络的手持移动设备(如PDA、智能手机等)。它包含WIM卡。WIM卡具有自己的处理器,可以在卡上的芯片中实现加解密算法和散列功能,目的是将安全功能从手机转移到防篡改的设备中,这种设备可以是智能卡或者SIM卡。移动终端除了具有传统PKI的功能外,还依赖WMLSCrypt提供的密钥服务和加密操作。在进行WPKI应用时,CA根证书、个人数字证书(证书URL)等重要信息都是存放在SIM卡或WIM卡中的,移动终端需要根据这些信息完成数字签名服务。另外,移动终端还要能运行必要的应用程序并且能进行简单的加解密等运算。

提示:在传统的PKI中,CA签发的数字证书存放在硬盘或智能卡中。另外,智能卡还可自己产生密钥对,提交给CA签发对应的数字证书;并且可以很好地保证私钥的安全,在私钥不出卡的情况下完成解密和签名服务。智能卡还可实现证书与用户的绑定,而不是证书和应用终端的绑定。

在WPKI中也需要这样一种设备以实现上述功能。WIM(Wireless Identify Module,无线识别模块)卡是无线应用协议中一个独立的安全应用模块。它可以同时应用于应用层和安全层,主要用于增强应用层和安全层的某些安全特性。WIM用于存储用户身份识别和认证的信息。WIM卡在移动终端中常以SIM卡的形式出现。WIM卡可实现以下功能:

(1) 保证私钥的安全和唯一性。移动终端使用WIM卡产生公私密钥对,将公钥发送给CA签发证书,私钥由自身安全保存,这就避免了多个私钥的备份,保证私钥的唯一性。

(2) 保证证书和证书用户的对应性,实现证书与用户的绑定,而不是与移动设备的绑定。

7）移动终端应用程序

移动终端应用程序是为适应无线网络环境而特别优化的应用程序,主要用来运行WPKI提供的各种功能,如生成并提交申请证书请求、生成更新证书请求、生成撤销证书请求、生成签名、验证签名、简单的加解密运算等。

8）内容服务器

内容服务器向用户提供内容服务,如CA的网站服务器。它可用来提供移动终端需要下载的终端应用程序、CA 根证书并公布 WPKI 体系的相关政策和法规。移动终端下载移动终端程序可以有两种方式：①移动终端通过 WAP 网关直接无线下载；②通过本地有线网络将移动终端应用程序下载到 PC，再通过数据线导入移动终端设备。

2. WPKI 的工作过程

WPKI 的工作过程如图 9.4 所示，它又可分为注册过程和安全通信（交易）过程两个阶段。

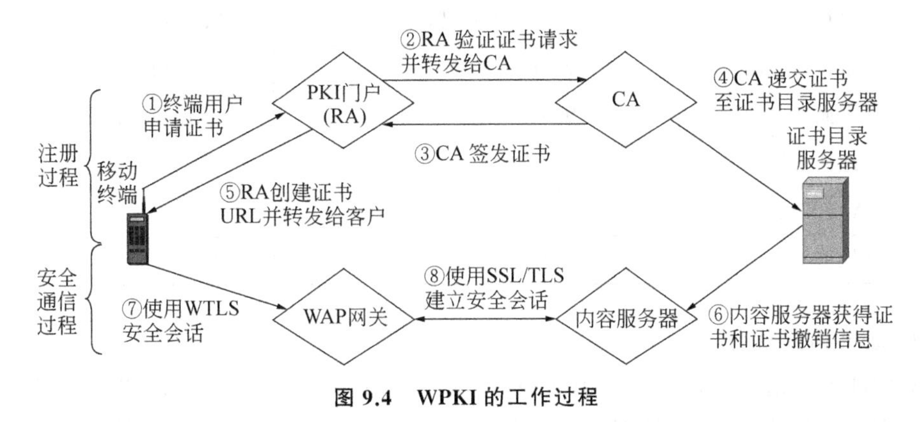

图 9.4 WPKI 的工作过程

WPKI 的注册过程的主要步骤如下：

① 终端用户通过移动终端向 PKI 门户递交证书申请请求。

② PKI 门户对用户的申请进行审查，审查合格则将申请转发给 CA。

③ CA 为用户生成一对公私钥并制作证书，将证书交给 PKI 门户。

④ CA 同时将证书存储到证书目录服务器中，供有线网络服务器查询证书。

⑤ PKI 门户保存用户的证书，针对每一份证书产生一个证书 URL，将该 URL 发送给移动终端。这个证书 URL 就是证书在证书目录服务器中的地址。

接下来，移动终端就可与内容服务器进行安全通信（交易）了。WPKI 的安全通信过程步骤如下：

⑥ 内容服务器（例如移动电子商务服务器）从证书目录服务器中下载证书及证书撤销信息备用。

⑦ 移动终端和 WAP 网关利用 CA 颁发的证书建立安全 WTLS 连接。

⑧ WAP 网关与内容服务器进行安全的 SSL/TLS 连接。

至此，移动终端和内容服务器就实现了安全连接。如果内容服务器需要用用户的证书验证用户签名，那么用户将证书 URL 告诉内容服务器，内容服务器根据这个 URL，自己到网络上下载用户证书。如果用户需要用内容服务器的证书验证内容服务器的签名，那么内容服务器将证书通过无线网络发送到用户的移动终端中。

9.3.3 WPKI 与 PKI 的技术对比

WPKI 是为了适应无线环境而对传统 PKI 技术的优化，两者的实现原理和业务流程基本一致。它们的区别来源于 WAP 终端处理能力弱以及无线网络传输带宽有限等问题，为此 WPKI 必须采用更简洁、高效的协议和技术。表 9.1 将 WPKI 与 PKI 进行了比较。

表 9.1　WPKI 与 PKI 的比较

比较项目	WPKI	PKI
应用环境	无线网络	有线网络
证书标准	WTLS 证书/X.509 证书	X.509 证书
密码算法	椭圆曲线密码算法	RSA 算法
安全连接协议	WTLS	SSL/TLS
证书撤销	短时证书	CRL、OCSP 等协议
本地证书保存	证书 URL	证书
CA 交叉认证	不支持	支持
弹性 CA	不支持	支持

1. 证书格式优化

WPKI 证书格式就是要使公钥证书尽量少地占用存储空间。传统 PKI 采用的证书标准是 X.509 格式，这样的证书代码最大可能多达 10KB，在移动设备的有限空间中难以存放。如何安全、便捷地交换用户数字证书，是 WPKI 必须解决的问题，在 WPKI 机制下使用 WTLS 证书，它的功能与 X.509 证书相同，但更小、更简化，以利于在资源受限的移动终端中处理，而且 WTLS 证书格式是 X.509 证书格式的子集，所以可以在标准 PKI 中保持互操作性。表 9.2 对比了两种证书。

表 9.2　X.509 证书与 WTLS 证书的格式比较

域	X.509	WTLS
版本(version)	有	有
序列号(serial number)	有	无
算法标识(algorithm identifier)	有	有
签发者名称(name of issuer)	有	有
有效期(period of validity)	有	有
证书所有者(subject)	有	有
证书所有者的公钥(subject's public key)	有	有
签发者 ID(issuer ID)	有	无
证书所有者 ID(subject ID)	有	无
签发者的签名(issuer's signature)	有	有
签名算法(signature algorithm)	有	无
扩展(extensions)	有	无

可见,WTLS舍弃了X.509证书中的序列号、签发者ID、证书所有者ID、签名算法和扩展5个域,大大减少了存储证书所需的空间。除此之外,WPKI还限制了IETF PKIX证书格式中某些数据域的大小,使得证书的存储空间进一步减少。

2. 本地证书保存方式优化

证书URL方法是指WPKI规定本地存储的可以只是证书的URL。这是因为对证书的下载、存储都需要花费移动终端本身十分有限的资源,因此可采用存储证书URL的形式,证书保存在证书目录服务器中。WAP网关需要与移动终端建立安全连接时,移动终端将证书的URL发送给WAP网关,WAP网关可根据证书的URL,自行到证书目录服务器取出用户的证书并进行验证。证书的URL有两种格式:LDAP URL格式和HTTP URL格式。由于移动终端并不需要解析证书的URL,因此这两种格式的选择和使用只影响PKI选择的服务器类型。

在WPKI中建议采用的证书模式如下:

(1) 存储在移动终端中的WTLS服务器证书和根CA证书使用WTLS格式。

(2) 存储在服务器中的客户端证书(包括WTLS层和应用层证书)、CA证书采用X.509格式。

(3) 需经无线传输或存储在WAP终端的客户证书(包括WTLS层和应用层证书)、CA证书采用X.509格式。

(4) X.509客户端证书一般不存储在终端设备中,除非客户端提供这个功能,如采用WIM卡。

(5) 推荐客户端使用证书URL方式。

3. 证书撤销方式优化

在使用PKI系统时,客户端最大的负荷在于验证对方的证书,而验证中最关键的问题是验证证书的有效期。在PKI中这项任务可由两种方式完成。一种是证书撤销列表(CRL)。CRL可由LDAP目录服务器发布,用户将CRL下载到本地后进行验证,开销远大于其他CA操作。另一种是在线证书状态协议(Online Certificate Status Protocol, OCSP)方式。OSCP服务器对外公开证书状态查询端口,收到查询请求包后,在系统证书状态表中检查证书是否作废,将查询结果按OCSP的规定生成响应包后回送给客户端。

因定期下载CRL需要的时间和费用以及无线带宽限制等原因,上述两种方法不适合WPKI。目前一种解决办法是在WPKI中采用短时证书(Short-Lived Certificate, SLC)。WAP网关生成密钥对,产生一个PKCS标准的证书请求,发给CA(要求CA支持WTLS格式证书),CA验证有效后颁发WTLS证书给WAP网关。这个证书使用有效期很短,例如一天。当CA想撤回该服务器证书或者网关证书时,只要简单地不再继续发放短时证书就可以了,客户端将再也无法得到有效的证书,因此也会认为这个服务器或网关的证书不再是有效的,这样就使移动终端能方便地识别那些证书已经失效的服务器或网关,其效果就相当于CA维护了一个每天更新一次的CRL。

注意:

(1) CA只需要给WAP网关和应用服务器颁发短时证书,而不必给移动终端颁发短时证书,因为移动终端的证书存放在证书目录服务器中(移动终端内只保存证书 URL),而 WAP 网关、应用服务器、证书目录服务器之间是通过有线网络连接的,因此,WAP 网关和应用服务器可以采用传统的方式从证书目录服务器中下载 CRL 以判断移动终端的证书是否被撤销。另外,移动终端的数量往往非常多,如果 CA 要每天给这么多移动终端颁发短时证书,CA 的负担也是非常重的,因此这种做法不可行。

(2) 短时证书方式的缺点是:CA 每天要对所有用户颁发新的证书,增加了很多负担。

(3) 采用短时证书方式时,一个新的短时证书和一个旧的短时证书的有效期必须有一定的重叠期,即在此期间这两个短时证书都是有效的。否则,客户端在两个短时证书的有效期之间找不到证书,会认为证书已经被撤销。

(4) 由于不需要进行证书撤销,因此 WTLS 证书可以不需要序列号字段。

4. 公钥加密算法优化

加密算法越复杂,加密密钥越长,则安全性越高,但执行运算所需的时间也越长(或需要计算能力更强的芯片),所以,支持 RSA 算法的智能卡通常需要高性能的具有协处理器的芯片。而椭圆曲线加密体制使用较短的密钥就可以达到与 RSA 算法相同的加密强度。因为在当今的公钥密码体制中,椭圆曲线加密体制具有每比特最高的安全强度,所以 WPKI 采用椭圆曲线加密体制。在同等安全程度的情况下,相比 RSA 算法,椭圆曲线加密体制使用的密钥长度要短得多,这可以让证书存储公钥所用的空间减少 100B 左右。

5. WPKI 协议优化

处理 PKI 服务请求的传统方法依赖于 ASN.1 标准的 BER(Basic Encoding Rules,基本编码规则)和 DER(Distinguished Encoding Rules,特异编码规则),但 BER 和 DER 都要占用很多的资源,并不适用于 WAP 终端。而 WPKI 协议是通过 WML 和 WMLSCrypt(WML 脚本加密接口和脚本加密库)实现的。WML 和 WMLSCrypt 的 signText 功能在编码和提交 PKI 设备请求时能节约大量的资源。

6. 证书管理

PKI 中的证书可选择多种方式存储,如本机硬盘、USB Key、智能卡等。而 WPKI 中的移动终端证书一般存储在证书目录服务器中,仅将证书的 URL 存储在移动终端中。

WPKI 技术虽然有着广泛的应用前景,但在技术实现和应用方面仍面临着一些问题:

(1) 相对于有线终端,无线终端的资源有限,它处理能力低,存储能力小,需要尽量减小证书的数据长度和处理难度。

(2) 无线网络和有线网络的通信模式不同,由于 WPKI 证书是 IETF PKIX 证书的一个分支,还需要考虑 WPKI 与标准 PKI 之间的互通性。

(3) 无线信道资源短缺,带宽成本高,时延长,连接可靠性较低,因而在技术实现上需要保证各项安全操作的速度,这是 WPKI 技术成功的关键之一。

(4) 为了能够吸引更多的人利用 WPKI 技术从事移动商务等活动,必须提供方便可靠和具备多种功能的移动设备，因此，必须改进移动终端的设计，以满足 WPKI 技术和应用的需要。

9.3.4 WTLS 协议

WTLS 是根据工业标准 TLS 协议制定的安全协议。WTLS 协议使用在传输层(transport layer)之上的安全层(security layer)中，并针对较小频宽的通信环境作了修正。WTLS 协议的功能类似于 Internet 使用的 SSL 协议，WTLS 协议将 Internet 的安全扩展到无线环境，从而带来了移动电子商务的繁荣。WTLS 协议为了适应无线网络较低的数据传输率，对 SSL 协议进行了一定程度的改进，同样可实现数据完整性、数据加密、身份认证三大功能。

1. WTLS 协议安全认证级别

WTLS 协议是在 SSL 协议基础上针对无线网络的特点改进而成，改进时主要考虑的因素如下：

(1) 底层协议不同。TLS 协议工作在 TCP 之上；WTLS 协议工作在 WDP 之上，需要处理丢包、重复和乱序等问题。

(2) 无线承载延迟较大。WTLS 协议需要在保证安全的情况下尽可能地减小通信双方的协议交互。

(3) 无线承载带宽较低，协议开销必须最小化。

(4) 终端能力受限。在保证可靠性的同时，应尽可能选择计算量和内存需求量小的算法。

根据服务器和客户端相互认证的情况，可以把 WTLS 协议的应用分为 3 个认证级别：

(1) Class1。服务器和客户端不需要相互认证。这称为匿名加密模式，这种方式可以建立安全通信的通道，但不对通信双方的身份进行认证。

(2) Class2。服务器被客户端认证，但客户端不被服务器端认证。Class2 支持服务器证书，也就是客户端可通过服务器证书验证服务器的身份。

(3) Class3。服务器和客户端相互认证。Class3 支持服务器证书和客户端证书，也就是客户端和服务器可通过对方的证书相互进行身份认证。

可见，Class1(即匿名加密模式)是 WTLS 协议独有的，SSL 协议没有这种模式。

2. WTLS 协议流程

在 WTLS 协议中，当客户端和服务器建立通信后，双方就协议版本达成一致，选择加密算法，利用证书进行身份认证，并且使用公钥加密技术分配双方共享的会话密钥。图 9.5 描述了 WTLS 协议流程。其中，标有 * 的消息是可选的。

WTLS 协议流程的具体描述如下：

(1) 客户端向服务器发送 Client Hello 消息，服务器返回 Server Hello 消息。这两个 Hello 消息协商了如下信息：协议版本、密钥交换算法、加密算法、压缩算法、密钥更新频率、序列号模式及一对随机数 ClientHello.random 和 ServerHello.random。

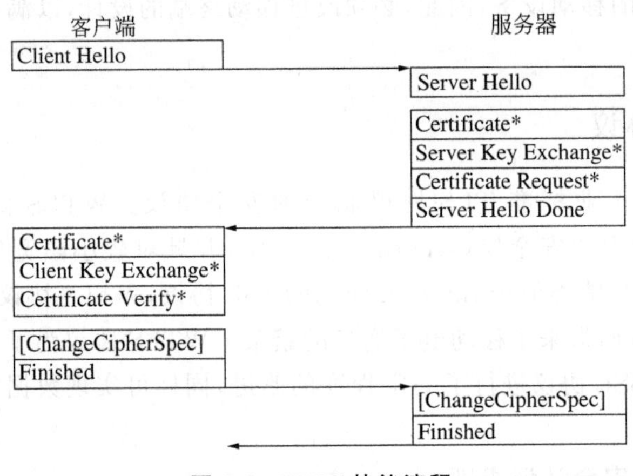

图 9.5　WTLS 协议流程

(2) 在 Server Hello 消息之后。服务器可能会发送自己的证书(Certificate 消息)给客户端，让客户端认证自己。如果服务器没有证书或者证书只能用于签名，则服务器就会发送 Server Key Exchange 消息，其中包含其公钥信息。如果服务器发送了证书，它就可能发送 Certificate Request 消息请求客户端证书，然后服务器发送 Server Hello Done 消息。如果服务器发送了 Certificate Request 消息，则客户端必须发送自己的证书(Certificate 消息)给服务器。

(3) 客户端对服务器的证书进行验证(如果服务器发来证书的话)。如果验证通过，客户端向服务器发送以下报文。如果服务器请求客户端的证书，则客户端发送自己的证书；若没有合适的证书，则发送 no_alert 报警代替。然后客户端产生一个随机数作为预主密钥，再用服务器证书中的公钥加密该预主密钥后发给服务器(Client Key Exchange 消息)。根据需要，客户端可能会用它的私钥签名一些信息发送给服务器(Certificate Verify 消息)，表明它是该证书的拥有者。

(4) 服务器对客户端的证书进行验证，用自己的签名私钥解密消息，得到预主密钥，采用与客户端同样的方法生成消息的加密密钥。

(5) 完成以上客户端和服务器双方的认证和密钥交换过程后，客户端发送 ChangeCipherSpec 消息，且马上把这些预生效的加密算法参数设置为当前加密算法参数，然后发送一个基于新算法、新密钥和本次 WTLS 消息序列的 MAC 值的 Finished 消息。服务器收到 ChangeCipherSpec 消息后的响应是返回 ChangeCipherSpec 消息，并同客户端一样设置新的密码规范，然后同样发送 Finished 消息。至此整个握手过程完成，双方可以开始应用层数据的交换。

经过上述过程，客户端和服务器确认了对方的身份，确定了建立安全通信所需的数据处理方法、消息的加密密钥及加解密算法，一个安全的通信信道就建立了。

3. WTLS 协议的一个实例

下面以一次安全连接为例来描述 WTLS 协议安全认证的流程。假设参与交易的各方都已获得相应的 WPKI 证书，并且该连接要求 Class3 认证级别。

(1) 客户端发起连接请求，提供加密算法、认证算法以及压缩算法候选列表，并提供安全性需求、客户端随机数等数字化信息，发送给服务器。

(2) 服务器选择适合自己的算法信息并发送服务器随机数，接着发送服务器证书到客户端。此时，WPKI 证书以证书链的形式存在。

(3) 服务器发送获取客户端证书的请求。

(4) 客户端利用存储在 WIM 卡中的 CA 公钥验证证书链，以检验服务器证书的有效性。

(5) 客户端发送自己的证书 URL 到服务器。服务器向 CA 申请对客户端证书进行验证。

(6) 客户端生成预主密钥并用服务器端公钥加密后传送到服务器。通知服务器应该采用协商好的会话密钥，并发送结束握手报文以结束整个流程。

4. WTLS 协议与 SSL 协议的主要区别

WTLS 协议与 SSL 协议的主要区别在于 SSL 协议无法在 UDP 上工作，它需要一个可靠的传输层——TCP 层。由于 WAP 协议栈没有提供可靠的传输层，在分组网络上优先选择了 UDP，它只在协议栈的上层通过 WTP 和 WSP 实现可靠性，WTLS 协议工作在 WDP 和 UDP 之上。WTLS 协议帧中定义了序号，该序号确保 WTLS 协议可以工作在不可靠的传输层上，而这在 SSL 协议中是不存在的。

提示：SSL 协议中的序号只在记录层计算 MAC 值时作为输入的一部分，以防止重放攻击；WTLS 协议中的序号除了 SSL 中的序号的作用外，还用来监测记录的丢失、重复和乱序。

WTLS 协议有 3 种序号模式：

(1) 隐式模式。序号的作用和 SSL 协议中相同，仅作为 MAC 计算的输入。

(2) 显式序号模式。除了作为 MAC 计算的输入外，还以明文形式随记录层消息发送。当 WTLS 协议工作在 UDP 之上时，必须使用这种序号模式，此时只能保证序号是单向增加的，但不能保证序号是连续的。

(3) 关闭模式。不使用序号。任何时候都不推荐这种模式，它无法抵御重放攻击。

可见，WTLS 协议实现了对不可靠的、非连接的数据报的支持，连接状态序号是实现对数据报的支持的重要因素。

WTLS 协议不支持数据的分组和重装，它将这个工作交给下层协议处理。与此不同的是，SSL 协议可以对上层协议的数据进行分组。表 9.3 对 WTLS 协议和 SSL 协议进行了比较。

表 9.3 WTLS 协议和 SSL 协议的比较

比 较 项	SSL 协议	WTLS 协议
支持数字证书类型	X.509 格式证书	X.509 格式证书、证书 URL、WTLS 格式证书、X.968(draft)格式证书
是否必须进行身份认证	是，至少进行单向身份认证	否，支持匿名模式

续表

比　较　项	SSL 协议	WTLS 协议
握手协议	DH-DSS、DH-RSA、RSA	DH anon、RSA anon、ECDH anon、RSA、ECDH-ECDSA
是否要求证书包含序号	是	否
对称加密算法	RC4、DES、3DES、IDEA	RC5、DES、3DES、IDEA
报警信息校验和	无	有
是否支持 UDP 服务	否	是

相对于 SSL 协议，WTLS 协议在算法实现细节上做了许多优化，以下列举几点：

(1) 在 WTLS 记录协议规范中，多个记录可以被连接成一个传送业务数据单元，有利于手持设备的传送(如 GSM 短消息)。

(2) WTLS 协议连接状态的一些参数比较小，如主密钥、客户端和服务器随机数长度分别为 20B(目前无线环境中以 20B 长度为宜)、16B 和 16B；而 TLS 协议连接状态安全参数的对应值分别为 48B、32B 和 32B。

(3) WTLS 中记录层从上层非空块接收的消息为长度不大于 $2^{16}-1$B 的未解释数据，且不对消息块进行分块；SSL 中记录层则从上层接收任意长度的未解释数据，将信息分为小于或等于 2^{14}B 的块。

(4) 在 WTLS 协议中，安全对话协商的内容包括几个在 SSL 协议中没有的部分，如安全连接序号、密钥更新频率、是否可恢复等。

(5) WTLS 协议中许多并发的安全连接可以由同一个安全会话产生，允许基于同一会话的安全连接共享某些系统参数。

(6) WTLS 协议采用了优化和缩短了的握手过程。

(7) WTLS 告警消息中特别设计了一个 4B 的校验字段，用于防止攻击者通过发送虚假的告警消息对 WTLS 协议实体实施拒绝服务攻击。

WTLS 的上述优化及新功能(如动态密钥刷新、数据报支持、优化的握手协议等)都是为了适应无线网络环境的特点，以方便为两个通信对端间的应用提供鉴权、私有性、数据完整性，并能抵抗拒绝服务攻击。

5. WTLS 协议安全漏洞

WTLS 协议的思想是：通过 EC-DH 算法生成公共信道的密钥，并通过 ECDSA 算法验证客户端的身份。它存在以下安全漏洞：

(1) 缺乏前向机密性和用户匿名保护。在 WTLS 协议消息流中，发送给服务器的用户证书没有经过任何加密处理，容易造成信息的内部泄露问题，同时也不满足用户匿名性要求。另外，缺少这些安全属性而只有用户签名的握手协议是不能提供互认证服务的。

(2) WTLS 协议以无连接的 UDP 代替了 TCP，容易遭受拒绝服务攻击。

(3) 密钥生成速度慢。椭圆曲线加密体制的效率和加密签名结果长度虽然远小于

RSA 算法，但是密钥生成速度却比 RSA 算法慢几个数量级，对证书的生成和管理有一定影响。在确定椭圆曲线方程时，稍有不慎就会导致整个系统的安全性降低，例如超奇异和不规则椭圆曲线就不符合安全性要求。

9.3.5 无线网络的物理安全技术

1. 跳频扩展技术

在蓝牙技术中，保证物理层数据安全的主要手段是跳频扩展技术，这使得窃听变得极为困难。蓝牙设备工作在 2.402～2.480GHz 的频带，整个频带被分为 79 个 1MHz 带宽的子频带，如果射频单元在某个子频带遇到干扰，则会在下一步自动跳到另一子频带重新传输受到干扰的信号，因此抗干扰能力很强。

为了保证数据传输的完整性，蓝牙技术使用了以下 3 种纠错方案：①1/3 比例前向纠错码；②2/3 比例前向纠错码；③数据的自动重发请求方案。

蓝牙产品的认证和加密服务一般由数据链路层提供，认证采用挑战-应答方式进行。在连接过程中往往需要 1～2 次认证。为了确保通信安全，对蓝牙产品进行认证是十分必要的。通过认证以后，用户可以自行添加可信任的蓝牙设备。例如，用户的笔记本计算机通过认证后，能够确保只有用户的这台计算机才可以借助用户的手机进行通信。

2. SSID 访问控制

SSID 是 Service Set Identifier(服务集标识符)的缩写。SSID 技术可以将一个无线局域网分为几个需要不同身份认证的子网络，每一个子网络都需要独立的身份认证，只有通过身份认证的用户才可以进入相应的子网络，以防止未被授权的用户进入子网络，同时对资源的访问权限进行限制。

SSID 是相邻的无线接入点(Access Point，AP)区分的标志，无线接入用户必须设定 SSID 才能和 AP 通信。通常 SSID 应事先设置于所有用户的无线网卡及 AP 中。尝试连接到无线网络的主机在被允许进入之前必须提供 SSID，这是唯一标识网络的字符串。

通俗地说，SSID 便是用户给自己的无线网络取的名字。需要注意的是，同一生产商推出的无线路由器或 AP 都使用了相同的 SSID，一旦企图建立非法连接的攻击者利用通用的初始化字符串连接无线网络，就极易建立一条非法的连接，从而给用户的无线网络带来威胁。因此，建议最好能够将 SSID 命名为个性化的名字。

但是 SSID 对于网络中的所有用户都使用相同的字符串，其安全性较低，攻击者可以轻易地从每个数据包的明文里窃取到它。

提示：无线路由器一般都会提供允许 SSID 广播功能。如果不想让自己的无线网络被别人通过 SSID 名称搜索到，那么最好禁止 SSID 广播功能。此时，用户的无线网络仍然可以使用，只是不会出现在其他人可搜索到的可用网络列表中。禁止 SSID 广播功能后，无线网络的传输效率会受到一定的影响，但以此换取安全性的提高还是值得的。

3. WEP 与 WPA

在无线局域网(Wireless Local Area Network，WLAN)安全标准定义领域，IEEE 802.11b 标准中首先定义了有线等效保密协议(Wired Equivalent Privacy，WEP)，WEP

基于流密码算法RC4和预共享密钥机制实现对实体的认证和数据保密通信，但后来研究人员发现WEP存在诸多安全缺陷。

WiFi组织针对WEP存在的安全性问题提出了WEP的改进协议——WiFi保护访问协议(Wi-Fi Protected Access，WPA)。WPA引入了IEEE 802.1x访问控制协议、扩展认证协议(Extensible Authentication Protocol，EAP)，临时密钥完整性协议(Temporal Key Integrity Protocol，TKIP)，并增加了RC4算法密钥长度及初始向量长度，改进了密钥混合方式，采用了消息完整性认证码(Message Integrity Code，MIC)等安全机制。

因此可以说：WPA＝IEEE 802.1x＋EAP＋TKIP＋MIC。

习　题

1. 在移动互联网中，(　　)的证书不需要使用短时证书形式。

   A. Web服务器　　B. WAP网关　　C. 移动终端　　D. CA

2. 云计算安全包括云虚拟化安全、________以及云应用安全。
3. 在WPKI模型中，PKI门户具有________和________功能。
4. 云数据安全主要依靠________实现。
5. 简述PKI与WPKI的区别。
6. 简述SSL协议与WTLS协议的区别。
7. 简述云计算的核心特点。
8. 云计算环境下网络安全的体系结构与传统的网络安全体系结构有何区别？

第 10 章 chapter 10

物联网安全

1999 年，美国麻省理工学院的自动标识中心提出了物联网(Internet of Things，IoT)的概念。物联网，即物物互联的互联网，是指通过装在物品上的各种信息传感设备，如射频识别(Radio-Frequency Identification，RFID)装置、红外感应器、全球定位系统、激光扫描器等，按照约定的协议，并通过相应的接口，把物品接入互联网，进行信息交换和通信，从而实现智能化识别、定位跟踪、监控和管理的一种巨大的网络。

10.1 物联网的组成和工作原理

物联网实质是 RFID 技术与无线传感器网络的结合应用。简单地说，物联网建立在物品编码标签、RFID 技术和无线互联网基础上，把所有物品通过相应的信息传感设备与互联网连接起来，实现智能化识别、监控与管理。例如，现在电视机、空调等都可使用微信进行远程操控，这就是物联网在人们生活中的应用。国际电信联盟(ITU)预测，未来世界将是无处不在的物联网世界。物联网将成为下一个万亿级的通信业务。

从技术层面理解，物联网是指物品通过智能感应装置采集信息，经过传输网络到达指定的信息处理中心，最终实现人与物、物与物之间的自动化信息交互与处理的智能网络。

从应用层面理解，物联网是指把世界上所有的物品都连接到一个网络中，然后又与现有的互联网结合，实现人类社会与物理系统的整合，以更加精细和动态的方式管理生产和生活。

10.1.1 物联网的组成

根据物联网的本质属性和应用特征，物联网的体系结构可分为 3 层：感知层、网络层和应用层，如图 10.1 所示。

各层的作用如下：

(1) 感知层是物联网的“皮肤和五官”，主要功能是信息感知和采集，包括传感器等数据采集设备以及数据接入网关之前的传感器网络。感知层是物联网发展和应用的基础，RFID 技术、传感和控制技术、短距离无线通信技术是感知层涉及的主要技术。

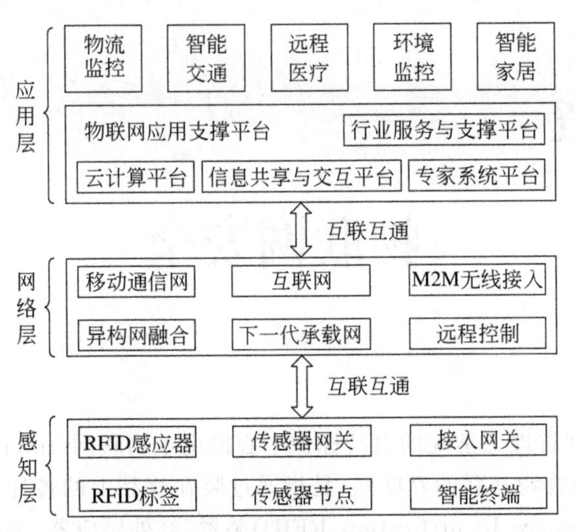

图 10.1 物联网的体系结构

(2) 网络层是物联网的"神经中枢和大脑"，主要用于传递信息和处理信息。物联网的网络层建立在现有的移动通信网和互联网基础上。网络层中的感知数据管理与处理技术是实现以数据为中心的物联网的核心技术，其中包括传感网数据的存储、查询、分析、挖掘、理解及基于感知数据决策和行为的理论和技术。

(3) 应用层是物联网的"社会分工"，是物联网与行业专业技术的深度融合，结合行业需求实现行业智能化。物联网的应用层利用经过分析处理的感知数据为用户提供丰富的特定服务。应用层是物联网发展的目的。

物联网技术是一个综合性技术，是一个系统工程。一个物联网项目的实施步骤通常如下：

(1) 对物品属性进行标识。物品属性包括静态属性和动态属性。

(2) 识别设备完成对物品属性的读取，并将信息转换为适合网络传输的数据格式。

(3) 将物品的信息通过网络传输到信息处理中心。

物联网有两大特征：其一是泛在化，即物联网无处不在；其二是智能化，即对物品按照实际需求赋予智能。

物联网具有以下 3 个基本要素：

(1) 信息感知。全面的信息采集是实现物联网的基础。这是感知层需要提供的要素。

(2) 传送网。泛在的无线通信网络是实现物联网的重要设施。

(3) 信息处理。最重要的就是如何低成本地处理海量信息，因此云计算常常被用在物联网信息处理领域。

10.1.2 RFID 系统的组成

作为物联网感知层的关键技术，RFID 发展相当迅速，由于其非接触性、防污染、灵活性高、数据储存量大、识别速度快和使用寿命长等优点，已被广泛应用于智能交通、环境保护、政府工作、公共安全、智能消防、工业检测、农业管理和数字家庭等众多领域的数据收集和处理。然而，RFID系统的广泛应用使其隐私安全面临巨大挑战，源于当初“系统开放”的设计理念，攻击者也可以通过电子标签与移动读写器之间的不安全信道截获、干扰和篡改RFID标签中的用户信息，甚至是军事机密或商业机密。因此，一个完善的RFID系统解决方案应当充分考虑如何实现数据的机密性、完整性、真实性和用户隐私性等安全要素，而由于RFID标签自身的处理能力、存储空间和电源供给都十分有限，使得设计RFID安全协议的基本要求是同时具有高安全和低成本特性。

在物联网的构想中，RFID标签中存储着规范且具有互用性的信息，通过无线通信网络把它们自动采集到中央信息系统，实现物品的自动识别，进而通过开放性的计算机网络实现信息交换和共享，实现对物品的透明管理。

典型的RFID系统由电子标签(electronic tag)、阅读器(reader)和数据处理子系统(应用系统)3部分组成，如图10.2所示。对于无源系统，阅读器通过耦合元件发送一定频率的射频信号，当电子标签进入该区域时，通过耦合元件从中获得能量，以驱动后级芯片与阅读器进行通信，阅读器读取电子标签的自身编码等信息并解码后送至数据处理子系统；而对于有源系统，电子标签进入阅读器的工作区域后，由内嵌的电池为后级芯片供电，以完成与阅读器间的相应通信过程。

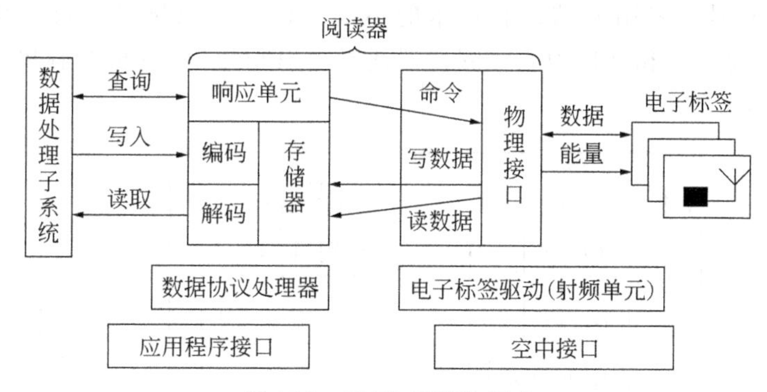

图10.2 RFID系统的组成

1. 电子标签

电子标签也称为智能标签(smart tag)，是由IC芯片和无线通信天线组成的超微型标签，其内置的射频天线用于和阅读器进行通信。电子标签是RFID系统中真正的数据载体，系统工作时，阅读器发出查询(能量)信号，电子标签(无源)在接收到查询(能量)信号后，将其一部分整流为直流电供电子标签内的电路工作，另一部分被电子标签内保存的数据信息调制后反射回阅读器。

电子标签的结构如图10.3所示。其内部各模块的功能如下：

(1) 天线用来接收由阅读器发送的信号，并把要求的数据传送回阅读器。

(2) 电压调节器把由阅读器发送的射频信号转换为直流电，并由大电容存储能量，再通过稳压电路提供稳定的电源。

(3) 调制器将逻辑控制单元送出的数据调制后加载到天线，返回给阅读器。

(4) 解调器的功能是去除载波信号并取出调制信号。

(5) 逻辑控制单元对阅读器送来的信号进行译码，并依据要求返回数据给阅读器。

(6) 存储单元包括 EEPROM 和 ROM，供系统运行及存放识别数据使用。

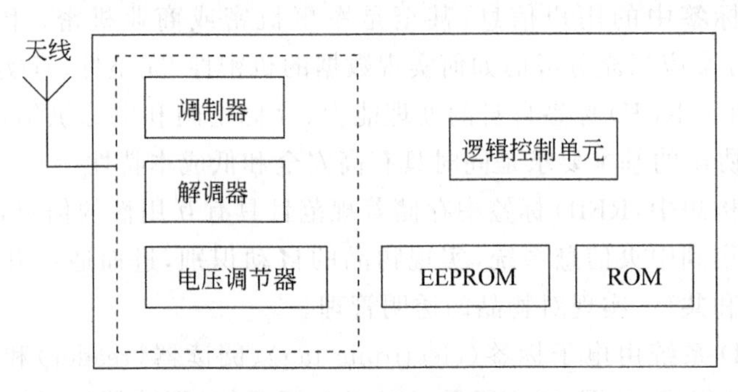

图 10.3 RFID 电子标签的结构

2. 阅读器

阅读器又称为读写器，主要负责与电子标签的双向通信，同时接收来自主机系统的控制指令。阅读器的频率决定了 RFID 系统工作的频段，其功率决定了射频识别的有效距离。阅读器根据其采用的结构和技术的不同可以分为只读型或读写型两种。它是 RFID 系统的信息控制和处理中心。阅读器通常由射频接口、逻辑控制单元和天线 3 部分组成，如图 10.4 所示。

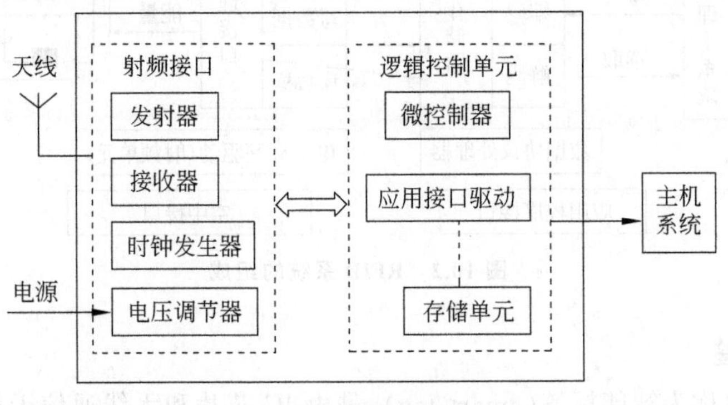

图 10.4 阅读器的结构

阅读器各模块的功能如下。

(1) 射频接口的主要任务和功能如下：

- 产生高频发射能量，激活电子标签并为其提供能量。
- 对发射信号进行调制，将数据传输给电子标签。
- 接收并调制来自电子标签的射频信号。

在射频接口中有两个分隔开的信号通道，分别承担电子标签和阅读器之间两个方向的数据传输。

(2) 逻辑控制单元也称读写模块,主要任务和功能如下:

- 与应用系统软件进行通信,并执行从应用系统软件发送来的指令。
- 控制阅读器与电子标签的通信过程。
- 信号编码与解码。
- 对阅读器和电子标签之间传输的数据进行加密和解密。
- 执行防碰撞算法。
- 对阅读器和电子标签的身份进行验证。

(3) 天线是一种能将接收到的电磁波转换为电流信号或者将电流信号转换为电磁波发射出去的装置。在 RFID 系统中,阅读器必须通过天线发射能量,以形成电磁场,通过电磁场对电子标签进行识别。因此,阅读器天线形成的电磁场范围即为阅读器的可读区域。

3. 数据处理子系统

数据处理子系统包括中间件、信息处理系统和数据库。在 RFID 系统的应用支撑软件中,除了运行在电子标签和阅读器上的部分软件外,介于阅读器与企业应用之间的中间件(middleware)是其重要组成部分。RFID 系统中间件的作用是将底层 RFID 硬件和上层企业应用结合在一起。中间件的主要任务是对阅读器发送的与电子标签相关的事件、数据进行过滤、汇集和计算,减少从阅读器传往企业应用的原始数据量,增加抽象出的有意义的信息量。除通常的功能外,中间件还具有以下特定功能:

(1) 使读写更加可靠。

(2) 把数据通过阅读器网络推(push)或者拉(pull)到正确位置(这个功能类似于路由器)。

(3) 监测和控制阅读器,提供安全的读写操作。

(4) 降低射频干扰。

(5) 处理标签型和阅读器型事件。

(6) 处理应用通知。

(7) 接收并且转发来自应用的中断指令。

(8) 向用户发出异常告警。

从体系结构上讲,RFID 系统中间件还可以分为多个子层,包括边缘层和集成层。边缘层与集成层的分离可以提高 RFID 系统的可伸缩性并降低客户成本,因为边缘层既是轻量级的,又是低成本的。

4. RFID 系统的关键技术

RFID 系统的关键技术是低功耗技术和封装技术。

1) 低功耗技术

无论是有源工作还是无源工作的 RFID 模块,其最基本的要求都是应具备低功耗特点,以提高标签的寿命、扩大应用场合和提高电子标签的识别距离。在实际应用中,降低功耗和保证一定的有效通信距离是同等重要的,因此电子标签内的芯片一般都采用低功耗工艺和高效节能技术,例如,在电路设计中采用休眠模式的设计技术,在硬件电路中采用 SMIC 0.18μm 标准 CMOS 工艺设计实现存储器和全 CMOS 结构的电流受限型环形振荡器，等等。

2）封装技术

由于RFID系统的电子标签中需要安装天线、芯片和其他特殊部件，为确保电子标签的大小、厚度、柔韧性和高温高压工艺中芯片电路的安全性，需要特殊的封装技术和专门设备。电子标签的封装不但不受标准形状和尺寸的限制，而且其构成也是千差万别的，甚至需要根据各种不同需求进行特殊设计。

10.1.3 RFID系统的防碰撞算法

如果在RFID系统中有多个阅读器和多个电子标签，就可能会发生碰撞。碰撞可分为两种形式：一种是同一电子标签同时收到来自不同阅读器发出的命令，这种碰撞称为阅读器碰撞，相应的防碰撞算法称为阅读器防碰撞算法；另一种是同一阅读器同时收到不同电子标签发出的响应，这种碰撞称为电子标签碰撞，相应的防碰撞算法称为电子标签防碰撞算法。由于阅读器碰撞发生的概率较小且阅读器本身的处理能力较强，因此阅读器碰撞问题较容易解决。RFID系统需要防范的主要是电子标签碰撞。

当阅读器识别范围内有多个待识别的电子标签时，针对阅读器发出的查询指令，每个电子标签都会作出响应。电子标签的响应信息在阅读器的接收端会产生混叠现象，从而使阅读器无法正确识别任意一个电子标签的信息。RFID系统必须采用一定的策略或算法来避免电子标签碰撞现象的发生，常用的策略是控制电子标签的响应信息逐个通过射频信道与阅读器通信。电子标签防碰撞算法主要解决如何快速、准确地从多个电子标签中选出一个与阅读器进行数据通信，并在一定时间内完成对所有电子标签的识别。

为了解决无线通信系统中多信道存取的问题，常用的方法有空分多路法（Space Division Multiplexing，SDM）、频分多路法（Frequency Division Multiplexing，FDM）、时分多路法（Time Division Multiplexing，TDM）和码分多路法（Code Division Multiplexing，CDM）4种，RFID系统的电子标签防碰撞算法也可相应地分为4种。但由于受技术和成本的限制，尤其是电子标签生产成本的限制，一般以时分多路法最为常用。RFID系统的电子标签防碰撞算法主要分为基于ALOHA的防碰撞算法、基于树的防碰撞算法以及基于树和ALOHA的混合防碰撞算法3类。

基于ALOHA的防碰撞算法是一种随机接入方法，属于时分多路法。其基本思想是：采取电子标签先发言的方式，当电子标签进入阅读器的识别区域时自动向读写器发送其自身的ID。在电子标签发送数据的过程中，若有其他电子标签也在发送数据，就会发生信号重叠，导致完全碰撞或部分碰撞。阅读器检测接收到的信号是否存在碰撞，一旦发生碰撞，阅读器就发送命令让电子标签停止发送，随机等待一段时间后再重新发送，以减少碰撞。

基于树的防碰撞算法又称为阅读器控制法，其前提是要辨认出阅读器中数据碰撞的准确位置，因此选用合适的位编码方法很重要。曼彻斯特编码的位窗值由于上升/下降沿叠加抵消，阅读器只收到载波信号，这样就能准确地找到碰撞位，所以为二进制树搜索算法所采用。其算法要点如下：

(1) 阅读器发送作为查询标（REQUEST）的参考ID（序列号），电子标签将自己的ID

与之相比较，若小于或等于就回送自己的ID。

(2) 阅读器从最高位开始按位判断是否发生碰撞，将标准ID的碰撞位清零。重复若干次之后就可以找到一个确定的ID。

(3) 将确定的ID用SELECT发送给所有的电子标签，只有选中的电子标签回应READ_DATA，将数据发送给阅读器。阅读器读完数据后，执行UNSELECT，不再响应任何命令。这样就完成了一次防碰撞，重复几次就能将所有的电子标签识别出来。

10.2 RFID系统的安全

由于RFID系统特殊的非接触性，使得电子标签和阅读器之间的通信信道存在着很大的安全隐患，数据的真实性、完整性和用户隐私性等都得不到保障。而受RFID系统硬件条件与成本限制，RFID安全认证机制不能简单借鉴一般计算机网络的安全认证协议。

10.2.1 RFID系统的安全性隐患

RFID系统存在的主要安全隐患如下：

(1) 电子标签信息被未经授权的用户访问，使电子标签数据的机密性丧失，导致用户的隐私泄露。

(2) 通过重写电子标签以篡改物品的信息。

(3) 使用特制设备伪造电子标签应答，以欺骗阅读器，从而制造物品存在的假象。

(4) 根据RFID系统前后向信道的不对称性远距离窃听电子标签信息。

(5) 通过干扰RFID系统的工作频率实施拒绝服务攻击，破坏系统的可用性。

(6) 通过发射特定电磁波破坏电子标签。

(7) 由于RFID系统的读取速度快，使得攻击者可以迅速对商场中的所有商品进行扫描并跟踪其变化，从而窃取用户的商业机密。

10.2.2 RFID系统安全需求

RFID系统中的电子标签与阅读器之间的通信可能会受到很多因素的干扰。RFID系统面临的安全问题主要包括如下几方面：

(1) 数据机密性需求。电子标签不应当向未经授权的非法阅读器泄露任何机密信息，完善的RFID系统安全认证协议最基本的功能就是保障电子标签中包含的敏感信息仅能被系统合法的阅读器读取并进行相应处理操作。而目前除ISO 14443标准的高端系统外，普通的阅读器和电子标签之间的无线通信都是没有安全保护的，这些电子标签会很轻易地向通信范围内的阅读器泄露其内容和机密数据。

(2) 数据完整性问题。RFID系统安全认证协议必须保证数据在传输过程中不会被攻击者偶然或蓄意地篡改、删除、插入和替换等。该特性用于保障在电子标签和阅读器的通信过程中信息的内在关联一致性。在RFID系统中，通常使用带有共享密钥的散列算法，使得对原有明文数据的任何细微篡改或更换都会得到一个完全不同的结果，从而不能通过协议的安全认证。

(3) 数据真实性问题。要求阅读器在安全认证协议的框架下获得的电子标签信息是真实的，可以保证该电子标签有合法的授权，获得的信息也是真实可靠的。攻击者可以从截获的电子标签和阅读器间的通信信息中获取机密数据，从而重构电子标签，进行非法操作，例如，利用带有伪造电子标签的物品替代实际物品，或通过重写原电子标签的数据把低价商品标签的信息替换成高价商品标签的信息，以获取非法利益。同时，攻击者也可以通过某些方式隐藏电子标签，使阅读器无法正常接入电子标签，从而成功地进行物品转移。阅读器只有通过身份认证才能确保数据是从授权的电子标签发过来的；反之，电子标签也必须对阅读器进行身份认证。

(4) 用户隐私性问题。攻击者可以通过非法阅读器监听携带私密数据的电子标签，将这些信息截获后进行分析，以获取当前电子标签用户的隐私数据。安全的 RFID 系统应该能够保障用户的隐私信息不被泄露，或者相关经济实体的实际商业利益不被破坏。

(5) 前向与后向安全性问题。由于低成本电子标签无法抵御攻击者的强力破解，因此攻击者可能获得电子标签的内部信息，但强力破解必然付出高昂的时间代价。即使攻击者侥幸获取了当前隐私，若对此前或此后的信息加以保护，攻击者也得不到完整的信息链，以较大代价却只能得到过期、一次性、无用的信息，这种攻击显然得不偿失，因此前向与后向安全性极其重要。前向与后向安全性分别指攻击者即使掌握了电子标签当前的内部信息，也不能够解析出该电子标签以前或以后的信息，从而无法通过对比电子标签的当前数据和历史数据分析使用者的隐私。

10.2.3 针对 RFID 系统的攻击类型

RFID 系统面临的主要攻击模式分为主动攻击和被动攻击两大类。

1. 主动攻击

主动攻击是使 RFID 系统处于非正常使用状态的攻击手段，主要包括以下几种：

(1) 版图重构攻击。通过分析 RFID 芯片上的连接模式和跟踪金属连线，穿过可见模块的边界，攻击者可快速识别 RFID 芯片的基本结构。

(2) 探测攻击。攻击者利用微探针跟踪总线上的信号，从而截获有用信息。

(3) 故障攻击。通过瞬态时钟、瞬态电源盒以及瞬态外部电场等技术使一个或多个触发器处于病态，进一步破坏传输到寄存器和存储器中的数据。

(4) 拒绝服务攻击。使用某种手段使电子标签和后台数据库(或两者之一)处于忙状态，从而阻断正常的数据通信。

2. 被动攻击

被动攻击是指通过非法手段获取电子标签中的隐私信息或物品信息，但并不影响 RFID 系统自身的正常运行的攻击手段，主要包括以下几种：

(1) 重放攻击。攻击者伪装成阅读器，重放阅读器对电子标签的认证请求，或伪装成电子标签，重放电子标签对阅读器的认证响应。

(2) 跟踪攻击。攻击者伪装成阅读器发送虚假认证请求，诱骗电子标签发送相应的认证响应,并根据各次响应的内容跟踪电子标签的行为。基于密钥阵列的安全认证协议可以有效地抵御跟踪攻击。

(3) 篡改攻击。攻击者部分或全部篡改了通信内容。但是,攻击者由于不知道认证密钥,无法将原通信信息修改成加密后的另一条合法信息,所以篡改攻击一般只会造成认证响应失败,而不会引起认证结果错误。

(4) 系统内攻击。RFID 系统内合法授权的电子标签或阅读器之间的假冒、伪造和篡改操作被称为系统内攻击。

10.2.4 RFID 系统的安全机制

1. EPC Global Glass-1 Gen-2 协议

RFID 系统,特别是低成本被动标签(如 EPCglobal Class1 Gen2 标签),因工作在开放的无线网络环境中,容易受到两类隐私侵犯:位置隐私侵犯和信息隐私侵犯。位置隐私侵犯是阅读器未经电子标签客体授权,非法跟踪、分析电子标签客体行为的侵犯行为;信息隐私侵犯是指阅读器未经电子标签客体授权,非法获取标签数据的侵犯行为。EPCglobal Class1 Gen2 协议中规定了标签和阅读器之间的通信过程。阅读器采用选择、存盘、访问 3 个操作管理电子标签群,而电子标签对应阅读器的操作有就绪、仲裁、应答、确认、开放、保护、销毁 7 种状态。

上电后电子标签处于就绪状态。阅读器发出请求时通过防碰撞算法选择对应的唯一的电子标签进行访问,电子标签进入仲裁状态。如果阅读器继续发出有效的命令请求,电子标签就进入应答状态,并返回一个随机数。阅读器将会发送包含所有随机数的命令,电子标签比较接收到的随机数与自身的随机数,如果相等则反向散射其存储的 PC(协议-控制字)、EPC(产品电子编码)等信息,进入确认状态。阅读器可以继续向电子标签发送请求,使之进入开放状态,通过 Read、Write 等命令对电子标签进行读写。如果阅读器持有者拥有访问密码,还可以使电子标签进入保护状态,或者通过销毁命令使电子标签进入永久失效的状态。

EPC 协议对电子标签数据的读取操作都是以明文方式传送的,因此很容易将其中保存的信息泄露给攻击者。虽然阅读器在对电子标签进行写操作时传送的是句柄(随机数)与待写入信息的异或数据,但攻击者很容易截获该句柄信息以计算出实际的写入信息,甚至可以冒充合法阅读器对电子标签进行非法操作。所以,EPC 协议并不能满足 RFID 系统各项安全需求,仅能满足阅读器和电子标签之间安全性不高的简易认证需求。

2. 物理安全机制

物理安全机制是利用 RFID 系统中各硬件的物理特性保证系统安全的一种安全方法,主要保护系统中最薄弱的电子标签的安全性。

比较典型的采用物理安全机制的方法有静电屏蔽、主动干扰、Kill 命令机制、裁剪电子标签法、休眠与激活、距离检测手段、删除电子标签和阻塞电子标签等。基于物理安全机制也存在很多问题,例如,主动干扰方法可能在无意间破坏其他正常合法的报警和阅读器之间的通信。通过 Kill 命令机制对电子标签的销毁操作是不可逆的,因此电子标签不能继续使用。超出阻塞电子标签隐私保护范围的标签通信也是得不到安全保障的。

3. 基于密码技术的安全机制

在RFID系统的应用中，信息的机密性、完整性以及前向安全性等都涉及密码技术。密码技术主要可实现信息的传输保护、认证、数字签名以及访问控制等。其中，信息的传输保护主要存在于RFID基本系统中，可保护阅读器和电子标签之间传输的命令和数据；而信息的认证及访问控制则侧重保护与电子标签相关的应用。RFID系统主要使用了以下几种方式实现信息的传输保护：

(1) 认证方式。为阅读器和电子标签之间传输的信息加上相应的消息认证码。传输的信息是明文，不具有机密性，但是附加的消息认证码具有信息认证和检错、纠错等功能。

(2) 加密方式。使用一定的算法对信息加密后再进行传输。这种方式具有机密性，但不具备检错、纠错等功能。

(3) 混合方式。一般采用先认证后加密的方式进行。

根据不同的安全性要求和复杂性以及实现的成本，可以将应用于RFID系统的安全认证协议分为轻量级、中量级和重量级3种。

(1) 轻量级协议。

有代表性的轻量级协议是SASI(Strong Authentication and Strong Integrity，强认证和强完整性)协议和T2MAP(Two-Message Mutual Authentication Protocol，两消息互认证协议)。轻量级认证协议因为主要考虑系统的成本，所以安全性较低，主要应用在商品零售和物流领域。

(2) 中量级认证协议。

中量级认证协议主要包括hash-lock协议、随机hash-lock协议、散列链协议、基于散列函数的ID变化协议、LCAP、分布式RFID询问-应答协议、数字图书馆安全协议等。其中，前3种协议易受攻击，无法满足较高的安全需求；中间两种协议虽能满足基本的安全要求，但是应用场合有限，例如不适合分布式应用环境；后两种协议也能满足安全需求，并适用于分布式应用环境，但是成本较高。

在hash-lock协议中，通过使用元标识(meta ID)代替真实的电子标签ID以避免信息泄露，每个电子标签都拥有一个自己的访问密钥key和一个单向散列函数H，其中meta ID=H(key)。当阅读器询问电子标签时，电子标签发送meta ID作为响应。然后阅读器通过查询后台数据库找到与meta ID匹配的(meta ID,ID,key)记录，再将key发送至电子标签。电子标签在验证key之后再将自己的真实ID发送给阅读器。该方法的缺陷在于key、ID均以明文形式发送，因此容易被窃听。

在随机hash-lock协议中，当阅读器询问标签时，电子标签发送一个随机数以及标签ID与该随机数的散列值给阅读器。然后阅读器通过后端数据库获得所有的标签ID并通过计算这些标签ID与该随机数的散列值获知对应的标签ID，最后将计算得到的标签ID发送给电子标签进行验证。若验证通过，则标签将自己的真实ID发送给阅读器。该方法的缺陷是最后的真实ID也是以明文的形式发送的，容易被窃听者获取。

在散列协议中，需要标签与后台数据库共享一个初始的秘密值$S_{t,1}$。当阅读器第j

次询问标签时，标签使用当前秘密值 $S_{t,j}$ 计算 $a_{t,j}=G(S_{t,j})$ 并更新其秘密值为 $S_{t,j+1}=H(S_{t,j})$，其中 G 和 H 是单向散列函数，然后将 $a_{t,j}$ 发送给阅读器。阅读器转发 $a_{t,j}$ 给后端数据库，再由后端数据库计算是否存在一个 j 与标签 ID_t 满足 $a_{t,j}=G(H^{j-1}(S_{t,1}))$。若存在这样的 j 与标签 ID_t，则通过验证并将 ID_t 发送给阅读器。该方法的优点是电子标签具有自主更新能力，避免了隐私信息的泄露。其缺陷是只要攻击者截获了 $a_{t,j}$ 就可伪装电子标签通过验证，因此易受重放和假冒攻击。

(3) 重量级认证协议。

最具代表性的重量级认证协议是基于 DES 等对称加密算法的三通互相鉴别协议和基于 RSA 算法的认证协议。其中，三通互相鉴别协议虽可有效抵抗来自系统外部的伪造和攻击，但是读写器之间的伪造和篡改等系统内部的问题还是没有得到解决；而基于 RSA 算法的认证协议虽有较高的安全强度，但是采用这种协议的 RFID 系统的电子标签电路需要 10 000 个以上的逻辑门，成本过高。另外，国外文献中提出了基于椭圆曲线离散对数难题的 Schnorr 协议、Okamoto 协议以及 EC-RAC 协议。其中，Schnorr 协议和 Okamoto 协议均属于离线验证协议，都被证明存在着无法抵御跟踪攻击的问题。只要攻击者截获了基点，就可以通过计算得到公钥，从而对标签进行跟踪。EC-RAC 协议是在 Schnorr 协议和 Okamoto 协议的基础上提出的，本是为了解决跟踪问题，但随后仍被证明可以通过连续两次向电子标签发送认证请求的方式求出能够唯一确定电子标签身份的关键值，故跟踪风险依然存在。

表 10.1 对各种 RFID 安全认证协议的安全性进行了比较。

表 10.1 各种 RFID 安全认证协议的安全性比较

协议名称	重放攻击	跟踪攻击	篡改攻击	内部攻击	认证方向
SASI 协议	×	×	×	×	单向
hash-lock 协议	×	×	×	×	单向
随机 hash-lock 协议	×	√	×	×	单向
散列链协议	×	√	×	×	单向
分布式 RFID 询问-应答协议	√	√	√	×	双向
LCAP	√	√	√	×	双向
Schnorr 协议、Okamoto 协议	√	×	√	×	单向
三通互相鉴别协议	√	√	√	×	双向
基于 RSA 算法的认证协议	√	√	√	√	双向

由表 10.1 中各协议的对比可知，SASI 协议和 hash-lock 协议无法应对各类攻击；随机 hash-lock 协议和散列链协议只消除了跟踪攻击的威胁；分布式 RFID 询问-应答协议、LCAP 和三通互相鉴别协议虽可满足基本的安全需求，但面对内部攻击却无能为力；Schnorr 协议和 Okamoto 协议均无法抵御跟踪攻击；而具有高安全性的基于 RSA 算法的认证协议则在加解密速度和存储开销上存在严重不足。

10.3 无线传感器网络的安全

国际电信联盟在其发布的物联网报告中指出，无线传感器网络(Wireless Sensor Network，WSN)是物联网的第二个关键技术。RFID 的主要功能是对物品进行识别，而无线传感器网络的主要功能则是感知物品的状态变化。通俗地说，传感器是可以感知外部环境参数的小型计算节点，是一种能把物理量或化学量转变成便于利用的电信号的器件；传感器网络是大量传感器节点构成的网络，用于不同地点、不同种类参数的感知或数据的采集；而无线传感器网络则是利用无线通信技术传递感知数据的网络，它可实现大范围、多位置的感知。

无线传感器网络是一种分布式传感器网络，它的末梢是可以感知和检查外部世界的传感器。无线传感器网络中的传感器通过无线方式通信，因此网络设置灵活，设备位置可以随时更改，还可以与互联网进行有线或无线方式的连接。

10.3.1 无线传感器网络概述

无线传感器网络是集成了传感器技术、微电机系统(Micro-Electro-Mechanical System，MEMS)技术、无线通信技术以及分布式信息处理技术于一体的新型网络。随着科技的发展，信息的获取变得更加纷繁复杂。所有保存事物状态、过程和结果的物理量都可以用信息来描述。传感器的发明和应用极大地提高了人类获取信息的能力。传感器的信息获取方式从单一化到集成化、微型化，进而实现智能化、网络化，成为获取信息的一个重要手段。无线传感器网络在很多场合(如军事感知战场、环境监控、道路交通监控、勘探、医疗等)都具有重要的作用。

无线传感器网络一般由部署在监测区域内的大量廉价的微型传感器节点组成，通过无线通信方式形成一个多跳的自组织网络系统，其目的是协作地感知、采集和处理网络覆盖区域中被感知对象的信息，并发送给观察者。传感器、感知对象和观察者构成了无线传感器网络的3个要素。

无线传感器网络一般具有类型众多的传感器，它们可探测包括地震、电磁场、温度、湿度、噪声、光强度、压力、土壤成分以及移动物体的大小、速度和方向等周边环境中各种各样的现象。基于 MEMS 的微传感技术和无线互联网技术为无线传感器网络赋予了广阔的应用前景。这些潜在的应用领域可以归纳为：军事、航空、反恐、防爆、救灾、环境、医疗、保健、家居、工业、商业等各个领域。

1. 传感器节点的物理结构

在不同的应用场景中，传感器节点的组成不尽相同，但是从结构上来说一般都包括4部分：数据采集、数据处理、数据传输和电源。感知信号的形式通常决定了传感器的类型。现有的传感器节点的处理器通常包括嵌入式 CPU，如 ARM 公司的 ARM 系列、Motorola 公司的 68HC16 和 Intel 公司的 8086 等。数据传输单元主要由低功耗、短距离的无线模块组成，如 RFM 公司的 TR1000 等。另外，运行于无线传感器网络上的微型化操作系统主要负责复杂任务的系统调度与管理，比较常见的有UC Berkeley开发的TinyOS以及μCOS-Ⅱ嵌入式Linux。

图10.5是典型的传感器节点体系结构。传感器模块负责数据的感知、产生和数模转换，信息处理模块负责进行信号处理，最后经由无线通信模块发射出去。

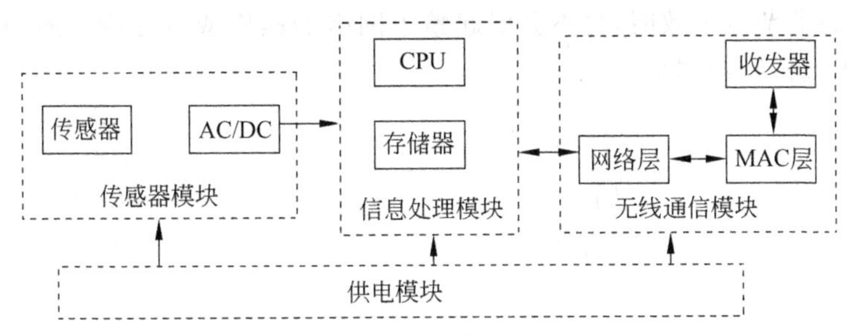

图10.5 典型的传感器节点体系结构

传感器节点的技术参数包括如下几项：

(1) 电池能量。传感器节点的能量一般由电池提供，一次性电池原则上可工作几年时间。

(2) 传输范围。由于传感器节点的能量有限，其传输范围很小(通常是100m以内，一般为1～10m)，否则会造成传感器节点的能量枯竭。一些技术(例如数据聚集传输技术)通过先将数据进行聚集，然后传输聚集的结果(而不是每个数据)来减少能量的消耗。

(3) 网络带宽。无线传感器网络的带宽通常只有几十千位每秒(kb/s)，例如，使用蓝牙协议时小于723kb/s，使用IEEE 802.15.4标准的ZigBee协议时为250kb/s。

(4) 内存大小。传感器节点的内存大小一般只有100MB，而且大部分内存被传感器网络的操作系统(例如TinyOS)所占据。内存大小通常会影响密钥管理方案的可行性，即密钥管理方案必须能够有效地利用剩余的存储空间完成密钥的存储、缓存消息等。

(5) 预先部署的内容。通常，传感器网络具有随机性和动态性，因此不可能获取应用环境的所有情况。预先在传感器节点上配置的信息通常是密钥类的信息。例如，通过预先在传感器节点中存储一些秘密共享密钥，使得网络在部署之后能够实现传感器节点间的安全通信。

2. 无线传感器网络的网络拓扑结构

无线传感器网络在不同的应用场景中的网络拓扑结构可能不同。比较典型的应用方式是：传感器节点被任意地散落在监测区域，传感器节点间以自组织的形式构建网络，对感知参数进行监测并生成感知数据，最后通过短距离无线通信网络(如ZigBee)经过多次转发将数据传送到网关(汇聚节点)，网关通过远距离无线通信网络(如3G、LTE)将数据发到控制中心。也有传感器节点直接将感知的数据发给控制中心的，这便是一种典型的M2M(Machine-to-Machine，机器到机器)通信场景。一般而言，无线传感器网络的结构可分为分布式网络结构和集中式网络结构两种。

1) 分布式无线传感器网络

分布式无线传感器网络因为没有固定的网络结构，网络在部署前无法获知其拓扑结构，只能在部署后采用邻居节点探测的方式互相建立拓扑关系。传感器节点通常随机部署在目标区域中。一旦节点被部署，它们就开始在自己的通信范围内寻找邻居节点，建立数据传输路径。因为每个传感器节点的通信范围有限，每个传感器节点只能发现传感器节点集合中的某个子集。这种方式建立的拓扑网络具有一定的鲁棒性，网络伸缩性好，当少量传感器节点失效时，将不会引起整个网络的瘫痪或者分割。图 10.6 为分布式网络结构的无线传感器网络。

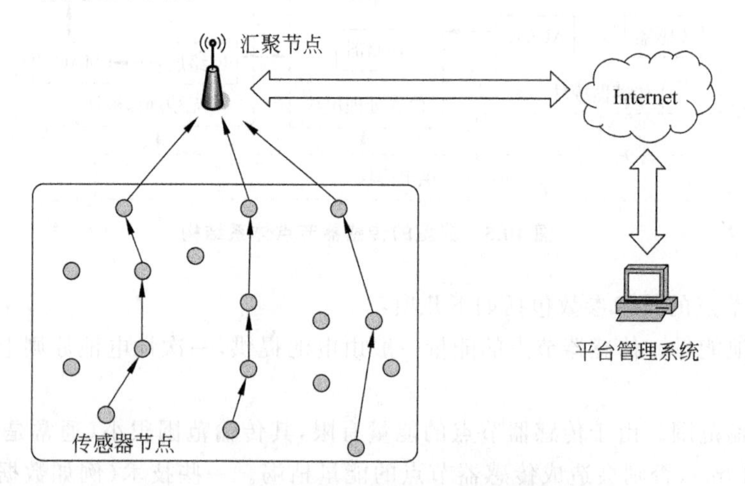

图 10.6　分布式网络结构的无线传感器网络

2）集中式无线传感器网络

在集中式无线传感器网络中，依据节点处理能力的不同可以分为基站、簇头（cluster head）节点和普通节点，如图 10.7 所示。基站是一个控制中心，它通常具有很高的计算和存储能力，可以实施多种控制命令。基站的功能包括以下几种：①典型的网络应用中的网关；②具有强大的数据存储/处理能力的节点；③用户的访问接口。基站通常被认为是抗攻击、可信赖的，因而基站可成为网络中的密钥分发中心。传感器节点通常部署在与基站一跳或多跳的范围内，多跳节点形成一个簇结构（即包含一个簇头节点和多个普

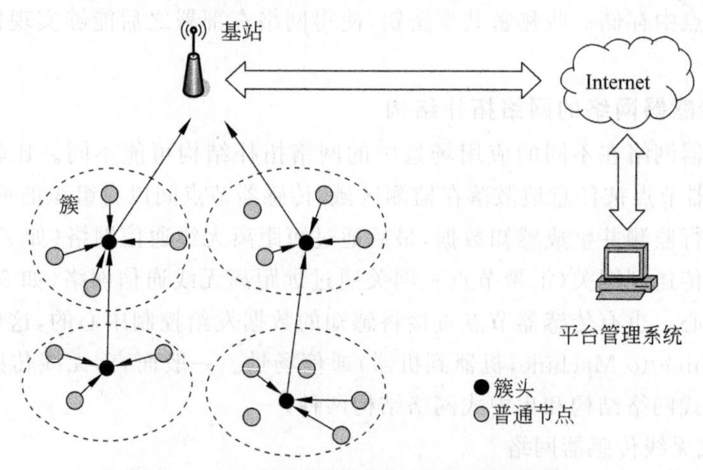

图 10.7　集中式网络结构的无线传感器网络

通节点的树状结构)。基站具有很强的传输能力,通常可以与任意一个网络内的传感器节点通信,而传感器节点的通信能力则取决于自身的能量水平和位置。依据通信方式的不同,网络内的数据流可以分为点对点通信、多播通信、基站到节点的广播通信。

无线传感器网络具有如下特点,在设计安全方案时需要考虑到这些特点。

(1) 传感器节点数量众多、密度大。

(2) 网络拓扑结构不稳定,随时可能发生变化。

(3) 传感器节点受到应用环境和自身成本的限制,计算和通信能力有限。

(4) 能量受限。无线传感器网络由于部署在特定环境中,通常没有持续工作的外接电源,多以电池作为能量源。

10.3.2 无线传感器网络的安全需求

通常无线传感器网络部署在不易控制、无人看守、边远、环境恶劣或者易于遭到人为破坏和攻击的环境当中,因而无线传感器网络的安全问题成为研究的热点。由于传感器节点本身计算能力和能量受限的特点,寻找轻量级(计算量小、能耗低)的适用于无线传感器网络特点的安全手段是安全应用的主要目标。

无线传感器网站的安全需求可归纳为以下几方面:

(1) 数据机密性需求。在无线传感器网络中,数据通信不应当向敌手泄露任何敏感信息。在许多应用中,传感器节点之间传递的是高度敏感的数据或者控制信息。传感器节点保存的感知数据、会话密钥及其他机密信息(如传感器的身份标识等),必须只有授权用户才能访问。同时,因密钥泄露造成的影响应当尽可能控制在一个小的范围内,这样一个密钥的泄露不致影响整个网络的安全。保证通信保密性主要依靠使用通信双方共享的会话密钥加密待传递的消息,保证存储保密性主要依靠加密数据的访问控制。

(2) 节点身份认证和消息认证。无线传感器网络中的传感器节点应能够相互进行身份认证,如接收传感器节点能够验证发送传感器节点的身份。传感器节点身份认证在无线传感器网络的许多应用中是非常重要的,因为攻击者很容易向网络注入信息,接收传感器节点只有通过身份认证才能确信消息是从正确的传感器节点传送过来的。而且传统的数字签名方法通常不适用于通信能力、计算速度和存储空间都相当有限的传感器节点。因此无线传感器网络通常使用基于对称密钥体制的认证方法,即判断对方是否拥有共享的对称密钥以完成身份的认证。

(3) 通信数据和存储数据的完整性。资源有限的传感器无法支持大计算量的数字签名算法,通常使用对称密钥体制和消息鉴别码进行数据完整性检验。

(4) 新鲜性。在无线传感器网络中,基站和簇头需要处理很多传感器节点发送过来的采集信息,为防止攻击者进行任何形式的重放攻击(将过去窃听的消息重复发送给接收传感器节点,耗费其资源,使其不能提供正常服务),必须保证每个消息的新鲜性。由于密钥可能需要进行更新,因而新鲜性还体现在密钥建立过程中,即通信双方共享的密钥是最新的。

(5) 可扩展性(scalability)。这是无线传感器网络的特色之一,由于传感器节点数量大、分布范围广，环境条件、恶意攻击或任务的变化可能会影响无线传感器网络的配置。同时，传感器节点的经常加入、物理破坏或电量耗尽等也会使得网络的拓扑结构不断发生变化。可扩展性是指无线传感器网络能够自适应这些情况的变化。

(6) 可用性(availability)。这一安全需求是指无线传感器网络的安全解决方案提供的各种服务能被授权用户使用，并能有效防止非法攻击者企图中断无线传感器网络服务的恶意攻击。

(7) 健壮性(robustness)。无线传感器网络一般配置在恶劣环境或无人区域，环境条件、现实威胁和当前任务具有很大的不确定性。无线传感器网络及其节点必须能抵御各种外部恶劣环境的影响。

(8) 自组织性(self-organization)。由于无线传感器网络是由一组传感器以自组织的(Ad Hoc)方式构成的无线网络，这就决定了相应的安全解决方案也应当是自组织的，即在无线传感器网络配置之前通常无法假定节点的任何位置信息和网络的拓扑结构，也无法确定某个节点的邻近节点集。

10.3.3 无线传感器网络的攻击与防御

由于无线传感器网络采用无线通信，开放的数据链路是不安全的，攻击者可以窃听通信的内容，实施干扰。而且传感器节点通常工作在无人区域，缺乏物理保护，容易损坏，攻击者很容易就可以获取传感器节点，读取存储内容甚至写入恶意代码。常见的攻击方法和防御手段如下：

(1) 拥塞(jamming)攻击。这是一种针对无线通信的DoS攻击。攻击方法是干扰正常节点通信使用的无线电波频率，达到干扰正常通信的目的。攻击者只需要在节点数为N的网络中随机布置$K(K<<N)$个攻击节点，使它们的干扰范围覆盖全网，就可以使整个网络瘫痪。

使用扩频通信可以有效地防止对于物理层的攻击(如拥塞攻击)。另一对策是：如果被攻击节点附近的节点觉察到拥塞攻击，就让它进入睡眠状态，保持低能耗；然后定期检查拥塞攻击是否已经消失，如果消失，则进入活动状态，向网络通报拥塞攻击的发生。

(2) 耗尽(exhaustion)攻击。攻击节点侦听附近节点的通信，当一帧快发送完时，攻击节点发送干扰信号，传统的MAC层协议中的控制算法往往会重传该帧，反复重传会造成被干扰节点电源很快被耗尽。自杀式的攻击节点甚至一直对被攻击节点发送请求信号，使得对方必须回答，这样两个节点都耗尽电源。这一攻击的原理可能与具体MAC层协议(如IEEE 802.15.4协议)有关。

(3) 非公平竞争攻击。无线信道是单一访问的共享信道，采取竞争方式进行信道的分配。非公平竞争攻击是指在网络中，攻击节点故意长时间占用信道，采用一些设置，如较短的等待时间进行重传重试、预留较长的信道占用时间等，达到不公平占用信道的目的。这一攻击的原理与MAC层协议有关。

(4) 汇聚节点(homing)攻击。无线传感器网络中有些节点执行路由转发功能，汇聚节点攻击针对的正是这一类节点。攻击者只需要监听网络通信，就可以知道簇头的位置，然后对其发动攻击。簇头瘫痪后，在一段时间内整个簇都不能工作。它也属于DoS

攻击的一种。

(5) 怠慢和贪婪(neglect and greed)攻击。其含义是少转发(甚至不转发)或多转发收到的数据包。攻击者处于路由转发路径上,但是随机地对收到的数据包不予转发处理。例如,向消息源发送收包确认,但是把数据包丢弃,该攻击称为怠慢攻击;如果被攻击者控制的节点对自己产生的数据包设定很高的优先级,使得这些恶意信息在网络中被优先转发,则这样的攻击称为贪婪攻击。

对于怠慢和贪婪攻击,可用身份认证机制确认路由节点的合法性,或者使用多路径路由传输数据包,使得数据包在某条路径被丢弃后仍可以被传送到目的节点。

(6) 方向误导(misdirection)攻击。这里的方向是指数据包转发的方向。如果被攻击者控制的路由节点将收到的数据包发给错误的目标,则数据源节点受到攻击;如果将所有数据包都转发给同一个正常节点,则该节点很快因接收大量的数据包而耗尽电源。方向误导攻击的一个变种是 Smurf 攻击。

(7) 黑洞(black hole)攻击,又称为排水洞(sinkhole)攻击。攻击节点(用 A 表示)声称自己具有一条高质量的路由到基站,例如广播"我到基站的距离为 0"。如果 A 能发送到很远的无线通信距离,则收到该信息的大量节点会向 A 发送数据。大量数据到达 A 的邻居节点后,它们都要给 A 发送数据,造成信道的竞争。由于竞争,邻居节点的电源很快被耗尽,这一区域就成了黑洞,通信无法传递过去。对于收到的数据,A 可能会不予处理。黑洞攻击破坏性很强,基于距离向量(distance vector)的路由算法容易受到黑洞攻击,因为这些路由算法将距离较短的路径作为优先传递数据包的路径。

抵抗黑洞攻击可采用基于地理位置的路由协议。因为网络拓扑结构建立在局部信息和通信上,通信时通过接收节点的实际位置自然地寻址,所以在别的位置成为黑洞就变得很困难了。

(8) 虫洞(wormhole)攻击。这种攻击通常由两个移动主机攻击者合作进行。主机 A 在网络的一边收到一条消息,例如基站的查询请求,A 通过低延迟链路传给距离很远的主机 B,B 就可以将该消息直接广播出去。这样,收到 B 的广播的节点就会把数据发给 B,因为收到 B 的广播的节点认为这是一条到达 A 的捷径。

(9) Hello 泛洪(Hello flooding)攻击。在许多协议中,节点通过发送一条 Hello 消息表明自己的身份,而收到该消息的节点认为发送者是自己的邻居(因为数据包可以到达)。但移动主机攻击者可以将 Hello 消息传播得很远,远处的正常节点收到消息之后就把攻击者当成自己的邻居。这些节点会与"邻居"(攻击者)通信,导致网络流量的混乱。传感器网络中的几个路由协议,如 LEACH 和 TEEN,易受这类攻击,特别是当 Hello 包中含有路由信息或定位信息时。

(10) 女巫(sybil)攻击。这种攻击是指利用单个攻击节点伪造并冒充多个合法节点,或者偷窃网络中合法节点的 ID,进而实现一个节点有多个身份(ID),形成多个虚假节点的恶意行为。而网络中的正常节点无法分辨这些虚假节点,当正常节点将虚假节点加入邻居节点列表中后,实际上是与恶意节点直接通信。这样,该恶意节点吸引了网络中的大部分数据流,从而独立完成了该区域内的路由。实质上,恶意节点及其产生的虚假节点在物理设备上共享同一节点的资源。这些并不存在的虚假节点被定义为女巫节点。

女巫攻击能破坏无线传感器网络的路由算法，还能降低数据汇聚算法的有效性。这种攻击是针对 WSN 认证机制不成熟的弱点进行的攻击。

对付女巫攻击有两种探测方法。一种是资源探测法，即检测每个节点是否都具有应该具有的硬件资源。女巫节点不具有任何硬件资源，所以容易被检测出来。但是当攻击者的计算和存储能力都比正常传感器节点大得多时，则攻击者可以利用丰富的资源伪装成多个女巫节点。另一种是无线电资源探测法，通过判断某个节点是否有某种无线电发射装置来判断其是否为女巫节点，但这种无线电探测非常耗电。

(11) 破坏同步(desynchronization)攻击。在两个节点正常通信时，攻击者监听并向双方发送带有错误序列号的包，使得双方误以为发生了丢失而要求对方重传。攻击者使正常通信双方不停地重传消息，从而耗尽节点电源。

(12) 泛洪(flooding)攻击。指攻击者不断地要求与邻居节点建立新的连接，从而耗尽邻居节点用来建立连接的资源，使得其他合法的对邻居节点的请求不得不被忽略。

对于传输层的攻击(如泛洪攻击)，一种对策是使用客户谜题(client puzzle)，即，如果客户要和服务器建立一个连接，必须首先证明自己已经为连接分配了一定的资源，然后服务器才为连接分配资源，这样就增大了攻击者发起攻击的代价。这一防御机制对于攻击者同样是传感器节点时很有效，但是合法节点在请求建立连接时也增大了开销。

(13) 应用层攻击。例如，对感知得到数据进行窃听、篡改、重放、伪造等；节点不合作行为；对应用层功能(如节点定位、节点数据收集和融合等)的攻击，使得这些功能出现错误。

对于其他形式的攻击，通常采用加密和认证机制提供解决方案。例如，对于分簇节点的数据层聚集，可使用同态加密、秘密共享的方法；对于节点定位安全，可采取门限密码学以及容错计算的方法等。然而在无线传感器网络中，传感器节点的计算资源非常有限，通常公钥加密和签名算法因计算量太大而不适用，所以对称密钥加密方案使用得较多。而为了应用对称密钥加密方法，首先需要解决会话密钥的密钥管理问题。

表 10.2 对无线传感器网络的攻击与防御进行了总结。

表 10.2 无线传感器网络的攻击与防御

所在层	攻击	防御
物理层	拥塞攻击	宽频或跳频、优先级消息、区域映射、模式转换
	物理破坏	破坏攻击者感知，节点的伪装和隐藏
链路层	碰撞攻击	纠错码
	耗尽攻击	设置竞争门限
	非公平竞争攻击	使用短帧策略、非优先级策略
网络层	怠慢和贪婪攻击	使用冗余途径、探测机制
	汇聚节点攻击	使用加密和逐跳认证机制
	方向误导攻击	出口过滤，认证、监视机制
	黑洞攻击	认证、监视、冗余机制

续表

所在层	攻击	防御
传输层	泛洪攻击	客户端谜题
	破坏同步攻击	认证

10.3.4 无线传感器网络的密钥管理

密钥管理是无线传感器网络需要首先解决的安全问题，因为密钥的建立与分发是保密通信的前提。同时，由于传感器节点具有数量庞大、随机布置（具有随机网络拓扑结构），和节点资源受限（计算、存储和能量有限）等特点，节点可能因断电、被损坏、被捕获而失效或泄露密钥，使得密钥管理问题变得更加棘手。因而，如何提高密钥管理的可扩展性、自组织性和鲁棒性等，成为无线传感器网络中一个独具特色的研究问题。

密钥分配协议可分为预先配置密钥协议、有仲裁的密钥协议、分组分簇密钥协议等。预先配置密钥协议即在传感器节点部署之前预先分配和安装将来要使用的密钥。这种方法简单，但是在动态无线传感器网络中增加或移除节点的时候就会不灵活。有仲裁的密钥协议需要一个密钥分配中心或可信第三方负责建立密钥，密钥分配中心或可信第三方可以是一个节点或者分散在一组可信任的节点中。分组分簇密钥协议中的节点被划分成多个簇，每个簇有一个或者多个能力较强（表现在剩余能量上）的簇头，协助密钥分配中心或者基站共同管理整个无线传感器网络。密钥的初始化分发和管理一般由簇头主持，协同簇内节点共同完成。

下面介绍几类无线传感器网络中常见的密钥分配方案。

1. 预先配置密钥方案

预先配置密钥方案可分为两种：

(1) 网络预分配密钥方法。整个无线传感器网络共享一个秘密密钥，所有节点在配置前都要装载同样的密钥。这种方法简单，但是若某个节点的密钥被攻击者知道，则整个网络中使用的密钥就暴露了，从而整个网络的通信都失去了机密性。

(2) 节点间预分配密钥方法。在这种方法中，网络中的每个节点需要知道与其通信的所有其他节点的ID，在每两个节点之间共享一个独立的秘密密钥。如果每个节点都可能与网络中的其他节点通信，则需分别建立一个共享的秘密密钥，假定节点数量为 n 个，则每个节点要存储 $n-1$ 个密钥，整个网络需要的密钥总量为 $n(n-1)/2$ 个。当节点数量达到几千个时，该方法需要管理的密钥数量就很大了。

2. 有仲裁的密钥协议

有仲裁的密钥协议假设存在建立密钥的可信第三方。根据密钥建立的类型，有仲裁的密钥协议可分为对称密钥分发协议和公钥分发协议。对称密钥分发通常由密钥分配中心负责，对公钥的分发通常比较容易。

密钥建立协议支持组节点的密钥建立，即建立一组节点之间通信需要使用的密钥。还有一种分等级的密钥建立协议叫作分层逻辑密钥建立协议，它在具有相同层次的节点之间建立密钥关系,例如 Blom 等人提出的基于矩阵的密钥分配方案。

3. Blundo 密钥分配方案

根据节点选取密钥的方法不同,无线传感器网络密钥管理方案又可分为随机性密钥管理方案和确定性密钥管理方案。在随机密钥管理方案中,节点从密钥池中随机选择若干密钥作为自己的密钥;而在确定性密钥管理方案中,节点通过计算确定概率获得自己的密钥。

随机密钥管理方案的优点是获取密钥的方法比较简单,部署灵活;缺点是经常出现存储信息的冗余,不能较好地保证连通性。确定密钥管理方案的优点是能保证连通性;缺点是节点部署的灵活性较差。

确定性密钥管理方案又可分为以下两种形式:

(1) 节点间共享密钥。该模型保证了每个节点之间存在一对共享密钥,节点间会话密钥的建立可以利用该密钥生成。其优点是:由于要求每个节点必须存储所有其他节点的共享密钥,因而任意两个节点间总可以建立共同的密钥;任何两个节点间的密钥对是独享的,其他节点不知道其密钥信息,任何一个节点被捕获时都不会泄露非直接连接的节点的密钥信息;模型简单,实现容易。其缺点是:扩展性不好,新节点的加入需要更新整个网络中所有节点存储的密钥信息;一旦某个节点被捕获,敌人可以从该节点存储的密钥信息获得该节点与网络中所有节点的密钥信息;由于节点需要存储所有其他节点的密钥信息,所以网络规模有限制。

(2) 节点与基站共享主密钥。网络中的每个节点与基站间共享一对主密钥,每个节点只需要很少的密钥存储空间,基站需要较高的计算和资源开销。其优点是:对节点的资源和计算能力要求较低,计算复杂度低;密钥建立的成功率高,只要能与基站通信的节点都可以进行安全通信;支持节点的动态更新。其缺点是:过分依赖基站的能力,基站是单一失效点,即一旦基站被捕获,整个网络即陷入瘫痪;网络的规模取决于基站的通信能力;基站会成为整个网络的通信瓶颈;多跳通信时,节点只负责透明地转发数据包,没有办法对信息报进行任何认证,恶意节点容易利用这一特点进行 DoS 攻击。

为减少节点间共享主密钥的存储空间,Blundo 在 1993 年提出了基于对称二元多项式的密钥分配方案,该方案可以便捷地建立网络中所有节点之间的密钥对。该方案的思想是在有限域 F_q 上构造一个 t 阶的对称多项式:

$$f(x,y)=\sum_{i,j=0}^{t} a_{ij}x^i y^j,\quad a_{ij}=a_{ji}$$

该多项式具有对称性,即 $f(x,y)=f(y,x)$,系数 $a_{ij}\in F_q$ 可以随机选择。节点部署前,基站为每个节点分配一个 ID,如节点 U 和节点 V 的 ID 分别为 $\mathrm{ID_U}$ 和 $\mathrm{ID_V}$。基站计算 $f(\mathrm{ID_U},y)$ 和 $f(x,\mathrm{ID_V})$,分别存入节点 U 和节点 V 中。节点部署后,节点 U 和节点 V 交换各自的 ID,即可利用对称多项式计算两个节点间的一对密钥:

$$f(\mathrm{ID_U},\mathrm{ID_V})=f(\mathrm{ID_V},\mathrm{ID_U})$$

Blundo 密钥管理方案具有 λ 安全性,即当被捕获节点的数量小于 λ 时,攻击者不能利用拉格朗日插值多项式计算出对称多项式。Blundo 密钥管理方案的缺点是:当 λ 增加时,网络中节点的存储代价、计算代价和通信代价将相应地快速增加。

Blundo方案的巧妙之处是利用了关于 x 和 y 的多项式的对称性：对于所有的 x、y，$f(x,y)=f(y,x)$，这一性质可被用来构造共享的密钥。

4. 密钥管理协议的评价指标

一种密钥管理协议的好坏不能仅从能否保障传输数据安全进行评价，它还必须满足如下准则：

(1) 抗攻击性(resistance)。主要指抗节点妥协的能力。在无线传感器网络中，攻击者可能捕获部分节点并复制这些节点发起新的攻击。针对这种情况，无线传感器网络必须能够抵抗一定数量的节点被捕获后攻击者发起的新的攻击。

(2) 密钥可回收性(revocation)。如果一个节点被敌人控制，对网络产生破坏行为时，密钥管理协议应能采取有效的方式从网络中撤销(revoke)该节点。撤销机制必须是轻量级的，即不会消耗太多的网络通信资源和节点能量。

(3) 容侵性(resilience)。如果节点被捕获，密钥管理机制应能够保证其他节点的密钥信息不会被泄露，即可以容忍网络中被捕获的节点数小于一定的阈值。同时，新节点能够方便地加入网络，参与安全通信。

10.3.5 无线传感器网络安全协议SPINS

SPINS协议是无线传感器网络安全框架之一，由Adrian Perrig等人提出。该协议利用sink作为网络的可信密钥分发中心，为网络节点建立会话密钥并实现对广播数据包的认证。

SPINS包含两个子协议：SNEP(Security Network Encryption Protocol，安全网络加密协议)和 μTESLA(micro Timed Efficient Stream Loss-tolerant Authentication，微时间高效允许流损失认证)。SNEP可用来实现保密性、完整性、新鲜性和点到点的认证，而 μTESLA则用于实现点到多点的认证广播。SPINS的通信开销很小，而且能够高效实现无线传感器网络的安全需求，是应用最广的无线传感器网络安全协议。

1. SNEP实现机密性

SNEP主要通过使用计数器、消息认证码等机制实现数据的保密性及数据认证。通信双方的密钥可通过使用从sink获取的主密钥及伪随机函数生成。

SNEP实现的保密性不仅具有加密功能，还具有语义安全性。语义安全性是指即使经过相同的密钥和加密算法，相同的数据信息在不同的时间、不同的上下文中产生的密文也是不同的。语义安全性可以有效抑制已知明密文对攻击。密码分组链(Cipher Block Chaining，CBC)加密模式具有先天的语义安全性，因为CBC模式下，每个数据的密文都是将自身与前一段密文迭代异或产生的；计数器(CounTeR，CTR)模式是实现语义安全性的另一种方式，因为每个数据的密文都与其加密时的计数器值相关。在CTR模式下，通信双方共享一个计数器，计数器值作为每次通信加密的初始化向量(Initial Vector，IV)，因为每次通信时的计数器值不同，相同的明文产生的密文必定也不同。SNEP是采取CTR模式的加密方法实现语义安全机制的，其加密公式如下：

$$E=K_e(M\parallel C)$$

其中，E 是加密后的密文，M 是明文，K_e 为加密密钥，C 是计数器值。

2. SNEP 实现数据完整性和点到点认证

SNEP 通过消息鉴别码(MAC)实现数据完整性，其公式如下：

$$MAC=K_{MAC}(C\parallel E)$$

其中，C 是计数器值，E 是密文，K_{MAC}是数据完整性密钥。SNEP 采用密文认证模式。因为如果采用明文认证，接收节点必须先对报文内容进行解密，而后再认证，只有解密才能知道数据包是否错误和是否需要丢弃，这样浪费节点计算资源，同时对 DoS 攻击也更敏感。反之，密文认证方式可以在节点收到数据包后立刻对密文进行认证，发现问题就直接丢弃，无须对数据包进行解密，从而节省节点计算资源。

加密密钥 K_e 和数据完整密钥 K_{MAC} 都是从主密钥 K_{master} 生成的，生成的方式可以依据具体情况而定，只要通信双方均可实现该生成算法即可。例如，可利用 μTESLA 中定义的单向密钥生成函数 F 生成这两个密钥：

$$K_e=F^{(1)}(K_{master}),\quad K_{MAC}=F^{(2)}(K_{master})$$

节点 A 到节点 B 之间完整的 SNEP 交换过程如下：

$$A\rightarrow B: K_e(M\parallel C),\quad MAC=K_{MAC}(C\parallel K_e(M\parallel C))$$

3. SNEP 实现消息新鲜性

为了防御重放攻击，SNEP 采用了强新鲜性认证，该认证使用随机数(Nonce)机制，Nonce 是一个只使用一次且无法预测的随机值，通常由伪随机数生成器产生。在节点 A 发送给节点 B 的消息中包含了 Nonce 的值 N_A，在 B 对该消息的应答中需要包含该值。节点 A 与 B 之间的通信过程如下：

$$A\rightarrow B: N_A,\{RQST\}(K_e,C),\{C\parallel\{RQST\}(K_e,C)\}K_{MAC}$$

$$B\rightarrow A: \{RPLY\}(K_e,C'),\{N_A\parallel C'\parallel\{RPLY\}(K_e,C')\}K_{MAC}$$

其中，RQST 是请求包，RPLY 是应答包。节点 A 在发送给节点 B 的消息中增加了 Nonce 字段值 N_A，节点 B 在应答该消息时将 N_A 加入应答包的消息认证运算，并将其结果返回给节点 A。这样，消息发回节点 A 时，节点 A 就可以通过应答包中的 N_A 知道这个应答是针对 N_A 标识的请求消息的应答。

4. 用 SNEP 完成节点间通信

SPINS 中每个节点与基站(或者是汇聚节点、网关等)之间共享一个主密钥，对于节点上传数据到基站的应用，可用该密钥生成的加密密钥加密信息。但在有些应用中，节点之间或者簇内也需要通信，如果都经过基站转发则效率很低。解决的办法是通过基站建立节点间的临时通信密钥，这样基站就起到了密钥分配中心的作用。例如，节点 A 和 B 之间需要通信，因为最初 A 和 B 之间没有共享密钥，所以选择通过通信双方都信任的基站 S 建立安全通道。假设节点 A 和节点 B 都与基站 S 存在共享密钥 K_{AS}和 K_{BS}。那么安全通道的建立过程如下：

(1) 节点 A 向节点 B 发送请求：

$A\rightarrow B: N_A, A$

(2) 节点 B 收到请求包后向基站 S 发送数据包：

B→S：N_A，N_B，A，B，MAC(K_{BS}，$N_A \| N_B \| A \| B$)

(3) 基站S验证收到的数据包，验证通过后生成SK_{AB}，并分别向节点A、B发送数据包：

S→A：$K_{AS}\{SK_{AB}\}$，MAC(K_{AS}，$N_A \| B \| K_{AS}\{SK_{AB}\}$)

S→B：$K_{BS}\{SK_{AB}\}$，MAC(K_{BS}，$N_B \| A \| K_{BS}\{SK_{AB}\}$)

其中，SK_{AB}是基站S为节点A和节点B设定的临时通信密钥，N_A和N_B是强新鲜性认证的随机数。节点A和B之间的通信完成后，通信双方可以直接丢弃SK_{AB}。需要再次通信时，按照上述步骤重新协商密钥即可。

提示：SNEP的密钥协商过程过分依赖于基站。一旦基站被俘获，整个网络就被攻破了；即使基站不被俘，也会成为通信的瓶颈。而且无线传感器网络是一种多跳网络，SNEP这样的协议对于DoS攻击没有任何防御能力。因为在节点与基站的通信过程中，中间转发节点无法对数据包进行任何认证判断，只能透明转发。攻击节点可以利用这一点伪造错误的数据包发送给基站，数据包经中间节点透明转发后，在到达基站时才能被识别出来。在这种情况下，基站会因为过多的错误包而不能提供正常的服务。

5. μTESLA协议实现广播认证

在无线传感器网络中，基站要向网络中所有的WSN节点发送查询命令。节点收到广播包后，需要对广播包的来源进行认证，如果通过认证再进行回复。若采取对称密钥进行认证，则单播认证和广播认证的区别在于：单播包的认证依赖于收、发节点之间共享一个密钥；而广播认证需要全网络共享一个公共密钥。这导致安全性较差，即任何一个节点被俘虏将会泄露整个网络的广播认证密钥。

如果采取密钥更新的方法更新广播认证密钥，则会增加通信开销。因此，传统的广播认证通常采用公钥认证，即发送者对广播包进行签名，所有接收者用公钥进行验证。但是公钥运算对于无线传感器网络而言开销太大，签名和验证签名的计算量较大，签名的传递也导致额外的通信负担。针对无线传感器网络的广播认证问题，Adrian Perrig等人对流媒体广播认证协议TESLA进行修改，设计了μTESLA协议。该协议使用对称密钥机制实现了一个轻量级的广播认证。

μTESLA协议的主要思想是：先广播一个通过密钥K_{MAC}认证的数据包，即基站用K_{MAC}计算该包的MAC值，然后将该认证包广播给所有节点。当一个节点收到该广播认证包时，它还并没有收到验证该包的K_{MAC}密钥。这样就保证了在基站公布K_{MAC}前任何人都不能得到认证密钥的信息，阻止了攻击者在正确认证广播数据包之前伪造出正确的广播数据包。最后节点将该数据包放在缓存中，等待基站透露验证MAC的密钥K_{MAC}。基站于是广播K_{MAC}密钥给所有的接收者。节点接收到该密钥后，便可以验证缓存中的广播包的MAC的正确性。

MAC密钥K_{MAC}是单向散列链中的一个密钥，单向散列链是通过单向散列函数F生成的。基站预先生成这样一个密钥链，方法是：使用单向散列函数F计算$K_i = F(K_i + 1)$。当基站周期性公布密钥时，可以从散列链中的最后一个密钥开始公布，即先公布K_i。这样，即使每个节点都存放了$H(M)$，它也只能计算出K_{i+1}，不能计算出K_i以前的密钥，而K_{i+1}不在基站的密钥池中，所以节点无法知道下一个将要公布的密钥，保证了密钥的安全性。

密钥链中的每个密钥都对应一个时间段，所有在同一时间段内的广播包都使用同一个密钥进行认证。在间隔两个时间段后，相应的密钥才透露。密钥透露是一个独立的广播数据包。

假设接收节点大体上与基站时间同步，并知道初始密钥 K_0，数据包 P_1、P_2 中的 MAC 由密钥 K_1 生成，在时间段 1 内发送。数据包 P_3 中的 MAC 由 K_2 生成，在时间段 2 内发送。此时接收者不能认证任何数据包，因为 K_1 要到时间段 3 才透露。类似地，数据包 P_4 和 P_5 的 MAC 由 K_3 生成，在时间段 3 内发送。假设数据包 P_4 和 P_5 丢失了，同时透露密钥 K_1 的数据包也丢失了，则接收者仍然不能验证 P_1 和 P_2 的完整性（因为没有 K_1）。在时间段 4，基站广播了密钥 K_2，节点可验证 $K_0=F(F(K_2))$，并得到 $K_1=F(K_2)$，这时可用 K_1 验证 P_1 和 P_2 的完整性，利用 K_2 验证 P_3 的完整性。

习题

1. (　　)不是物联网的组成之一。

   A. 感知层　　B. 网络层　　C. 传输层　　D. 应用层

2. 在无线传感器网络中，女巫攻击是针对(　　)的攻击。

   A. 物理层　　B. 链路层　　C. 应用层　　D. 网络层

3. 在 SPINS 协议中，(　　)协议用来提供广播认证。

   A. SNEP　　B. μTESLA　　C. hash-lock　　D. SASI

4. 如何通过物理途径保护 RFID 标签的安全性？
5. 如何采用密码机制解决 RFID 的安全问题？举两三个例子对 RFID 安全协议进行说明。
6. 针对 RFID 系统的攻击模式有哪几种？
7. 针对 RFID 系统的具体攻击手段有哪些？
8. 针对无线传感器网络的攻击手段有哪些？

第11章 chapter 11

信息安全管理

信息安全必须从管理和技术两方面着手。技术层面和管理层面的良好配合才是企业实现信息安全的有效途径。其中,安全技术通过建立安全的主机系统和安全的网络系统并配备适当的安全产品实现,安全管理则通过构建信息安全管理体系实现。

据安永会计事务所分析,在整个系统安全工作中,管理(包括法律法规方面)所占的比重应达到70%,而技术(包括实体)应占30%。信息管理相对于信息安全技术来说是“软技术”(如果说信息安全技术是“硬技术”的话)。但实际上,在信息安全领域,人们的注意力往往集中在技术和设备方面,而忽视了人的因素。例如,安全风险较高的社交工程就经常被人们忽略,社交工程利用诱导、欺骗、伪装等非技术的、传统的犯罪方式使人们实施各种不安全的行为。对社交工程的防范只能由安全管理措施应对。

目前管理和技术脱节仍然是信息安全的通病。信息安全绝不仅仅是技术问题,在很大程度上已经表现为管理问题,但是长久以来,信息安全却一直被人们视为单纯的技术问题,归信息技术部门独立处理。由此将产生3方面的问题:首先,信息安全策略与管理战略脱节;其次,在业务持续性计划与信息技术灾难恢复计划之间画等号;最后,各类机构忽视信息安全意识培训和教育。

由此可见信息安全管理对于保证信息安全的重要性。要全面实现信息安全,应该从可能出现风险的各个层面考虑问题,依据“三分技术、七分管理”的安全原则,建立正规的信息安全管理体系,以实现系统的、全面的安全。

11.1 信息安全管理体系

安全管理是组织在既定的目标驱动下开展风险管理活动,力求实现组织的4类目标:①战略目标,它是组织最高层次的目标,与使命相关联并支撑使命;②业务目标,高效利用组织资源以达到好的效果;③保护资产目标,保证组织资产的安全可靠;④合规性目标,遵守适用的法律和法规。

战略目标源于企业的使命,是最高层次的目标;业务目标、保护资产目标、合规性目标与战略目标协调一致,为战略目标服务。

安全管理的一个重要目标是降低风险,风险就是有害事件发生的可能性。一个有害事件由3部分组成：威胁、脆弱性和影响。脆弱性是指资产的脆弱性并可被威胁利用的资产性质。如果不存在威胁和脆弱性，则不存在有害事件，也就不存在风险。风险管理是调查和量化风险的过程，并建立组织对风险的承受级别。它是安全管理的一个重要部分。

11.1.1 信息安全管理的内容

信息安全管理就是跟踪、评估、监测和管理整个商务过程中面临的信息风险，尽力避免信息风险给企业带来经济损失、商业干扰和商业信誉损失等，以确保企业电子商务的顺利进行。企业要做好信息安全管理，应注意以下两点：首先，要提高企业内部对信息风险的管理意识，掌握信息风险管理知识；其次，电子商务是商务过程的信息技术实现，因此应将企业商务战略与信息技术战略整合在一起，形成企业的整体战略。

信息安全管理的主要内容包括以下3方面。

1. 信息系统安全漏洞的识别与评估

这里的安全漏洞既包括信息系统中硬件与软件方面的安全漏洞，也包括公司组织制度方面的安全漏洞，例如，对离职员工的用户名和口令没有及时撤销，某些员工的访问权限未设置成最小，等等。为了识别与评估信息系统安全漏洞，一般要聘请专门的评估机构对系统进行全面检查。

2. 对人的因素的控制

在安全管理中，最活跃的因素是人。对人的管理包括法律法规与政策的约束、安全指南的帮助、安全意识的提高、安全技能的培训、人力资源管理措施以及企业文化的熏陶等。

信息安全管理应遵循以下4条原则：

(1) 多人负责的原则。在人员条件许可的情况下，由领导指派两名或者多名可靠的而且能够胜任工作的专业人员共同参与每一项与安全相关的活动，并且通过签字、记录和注册等方式证明。

(2) 任期有限的原则。这是指任何人都不能在一个与安全有关的岗位上工作太长时间，工作人员应该经常轮换工作，这种轮换依赖于全体人员的诚实度。

(3) 职责有限、责任分离原则。这是指在工作人员能力和数量有限的情况下，不能让一个人行使全部与安全有关的职能，而应由不同的人或小组分头负责。

(4) 最小权限原则。这是指在企业网络安全管理中，为员工仅仅提供完成其本职工作所需要的最小权限，而不提供其他额外的权限。在实际工作中，有不少管理者为了方便管理而忽视这个原则。例如，张三的本职工作是网络管理员，不应该有发布网站信息的权限，但领导有时为了工作方便而给予其访问敏感信息系统的权限，这是应该避免的。

3. 运行控制

运行控制是对日常的操作步骤和流程进行定义，以防止、纠正操作中的不规范行为。运行控制既包括对普通用户的使用规范，也包括对相关安全人员的操作进行定义。因此，在监视安全策略实施、保证企业防入侵和攻击策略能够合理地执行和贯彻等方面，运行控制扮演了重要的角色。

运行控制要结合具体情况，根据已采用的技术控制手段，清晰地定义、规范执行的步骤和方法。具体如下：

(1) 计算机使用规定。例如，对普通用户规定不能将自带的外来软件引入内部系统，不能随意卸载软件，规定安全维护人员对用户的技术支持、日志的维护和定期查看，等等。

(2) 网络访问规定。是指使用内部网连接 Internet 或者远程访问企业内部网(如利用 VPN)时应遵守的规范。例如，不得在未授权的情况下安装调制解调器或无线网卡连接外部网；如需在家通过 VPN 访问企业网络时，必须在家里的 PC 上安装防病毒软件并实施相应的扫描策略。

(3) 用户口令规则。这是身份认证及应对各种安全威胁很重要的一方面，通过强制实施相关规则确保用户使用强度高的口令。例如，规定口令的最小长度，禁止使用用户名、某些特定词作为口令。

(4) 安全设备使用规则。是指为了使各种安全设备发挥最大的效用而必须遵守的规定。安全设备包括防病毒软件、防火墙、IDS 等。例如，规定打开实时病毒监视器，定时进行特征码升级，定期检查日志，对防火墙和 IDS 的配置是否最合理定期进行评估。

11.1.2 信息安全管理策略

制订信息安全管理策略的目的有以下几个：保证信息系统安全、完整、正常地运行而不受破坏和干扰；能够有序地、客观地鉴别和测试信息系统的安全状态；能够对可能存在的风险有基本的评估；当信息系统遭受破坏后，能够采取及时、有效的恢复措施和手段，并且对其所需的代价有一定的估计。

信息安全管理策略就是针对信息系统要保护的信息、被攻击的可能性、投入的资金状况等，在安全管理的整个过程中，根据实际情况对各种信息安全措施进行选择。有效的信息安全管理策略可以说是在一定条件下成本和效率的平衡。虽然具体的信息系统可能不同，但制订安全管理策略时应遵循如下原则：

(1) 需求、风险、代价平衡的原则。绝对安全的信息系统是不可能达到的。因此，在对信息系统面临的威胁和可能产生的风险进行充分研究后，结合目前的技术和资金条件制订相应的安全措施，以达到安全与价值的平衡，即保护成本与被保护信息的价值平衡。

(2) 综合性、整体性原则。必须运用系统工程的观点、方法，从整体的角度看待和分析安全问题，综合各方面情况后制订相应的具体可行的安全措施。

(3) 易操作性原则。安全措施要由人落实。如果安全措施过于复杂，对人的要求过高，本身就降低了安全性。另外，采取的安全措施不能影响系统的正常运行。

(4) 适应性、灵活性原则。安全措施必须能随着网络性能及安全需求的变化而变化，要容易适应、容易修改。

(5) 多重保护的原则。任何安全措施都不是绝对安全的，都可能被攻破。因此，建立一个多层保护系统，各层相互补充，当一层被攻破时，其他层仍可保护信息的安全。

好的安全策略必须包括操作人员行为规则和用户安全意识培训这两方面的管理措施。当然，在强调安全管理重要性的同时也不能忽视安全技术的作用，安全管理各项措施的执行要以安全技术为基础。

11.1.3 信息安全管理的PDCA模型

PDCA循环的概念最早由美国质量管理学家戴明提出，在质量管理中应用广泛。PDCA这4个英文字母的含义如下：

- P(Plan)——计划，确定方针、目标和活动计划。
- D(Do)——实施，实际去做，实现计划中的内容。
- C(Check)——检查，总结执行计划的结果，注意效果，找出问题。
- A(Action)——行动，对总结检查的结果进行处理。对成功的经验加以肯定并适当推广、标准化；对失败的教训加以总结，杜绝再次重现。将未解决的问题放到下一轮PDCA循环中。

信息安全管理的PDCA模型如图11.1所示。

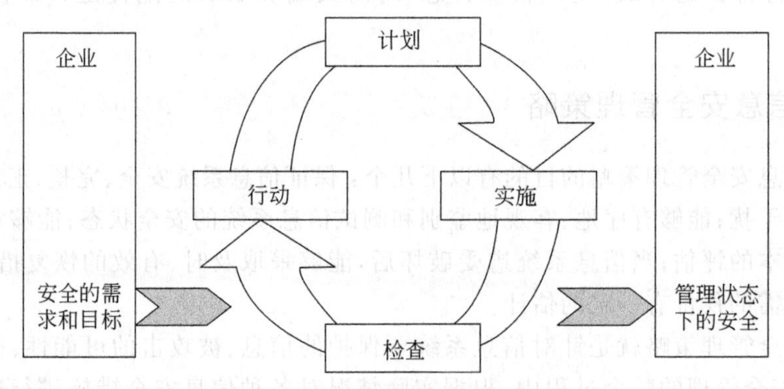

图 11.1 信息安全管理的PDCA模型

按照PDCA模型，信息安全管理分为以下4个阶段：

(1) 计划阶段。制订具体的工作计划，提出总的目标。具体又分为4个步骤：首先，分析信息安全的现状，找出存在的问题；其次，分析产生问题的各种原因及影响因素；再次，分析并找出管理中的主要问题；最后，根据找到的主要原因制订管理计划，确定管理要点。也就是说，本阶段要根据信息安全管理中出现的主要问题，制订管理的措施、方案，明确管理的重点。制订方案时要注意整体的详细性、全面性、多选性。

(2) 实施阶段。按照制订的方案执行。全面执行制订的方案。方案在管理工作中的落实情况直接影响管理全过程，所以在实施阶段要坚决按照制订的方案执行。

(3) 检查阶段。检查实施方案的结果。这是比较重要的一个阶段，是对实施方案是否合理、是否可行、有何不妥的检查，能够为下一阶段改进工作创造条件。

(4) 处理阶段。根据检查结果进行处理。在处理阶段，对已解决的问题加以标准化，即把已成功的可行的条文标准化，将其纳入制度中，防止以后再发生类似的问题。另外，找出尚未解决的问题，转入下一轮 PDCA 循环中，以便以后解决。

11.2 信息安全评估

信息安全评估在信息安全体系建设中具有重要的意义。它是了解信息系统安全现状、提出安全解决方案、加强安全监督管理的有效手段。本节介绍各国开发的信息安全评估准则与标准。

11.2.1 信息安全评估的内容

信息安全评估是运用系统的方法对信息系统、各种信息安全保护措施、管理机制及其产生的客观效果作出是否安全的结论。信息系统的安全有时并不是所有者自己可以进行判断的，所以经常需要请专业的评估机构或专家对本单位的信息安全进行评估，从而有利于把未来可能的风险降到最低。

信息安全评估的主要内容包括以下几方面：

(1) 环境安全。包括实体安全(如机房温度控制)、操作系统安全及管理安全。

(2) 应用安全。包括输入输出控制、系统内部控制、责任划分、输出的用途、程序的敏感性和脆弱性、用户满意度等。

(3) 管理机制。包括规章制度、紧急恢复措施、人事制度(如防止因工作人员调入、调离对安全的影响)等。

(4) 通信安全。包括加密、数字签名等措施。

(5) 审计机制，即系统审计跟踪的功能和成效。

11.2.2 信息安全评估标准

标准是技术性法规，作为一种依据和尺度。建立信息安全评估标准的目的是建立一个业界能广泛接受的通用的信息产品和系统的安全性评价原则。对信息安全评估标准的要求是具有良好的可操作性、要求明确。

目前信息安全领域比较流行的评估标准是美国国防部开发的计算机安全标准——《可信计算机标准评价准则》(Trusted Computer Standards Evaluation Criteria，TCSEC)，也称为网络安全橙皮书。

TCSEC 中定义的准则主要涉及商用可信计算机及数据处理系统。准则中描述了不同安全级别的最低要求、特点和可信措施。其目的有 3 个：一是为生产厂家提供一种安全标准；二是为美国国防部评估信息产品可信度提供一种安全量度；三是为产品规格中规定的安全要求提供基准。TCSEC 将安全等级分为 A、B、C、D 4 级。其中 A 为最高级，D 为最低级。每级的具体定义按安全策略、可计算性、可信赖性和文件编制 4 方面进行。表 11.1 给出了 TCSEC 的安全等级。

表 11.1 TCSEC 的安全等级

安全等级	子级	名称	主要特征
D	D	低级保护	没有安全保护
C	C1	自主安全保护	自主存储控制
	C2	受控存储控制	单独的可查性，安全标识
B	B1	标记安全保护	强制存取控制，安全标识
	B2	结构化保护	面向安全的体系结构，较好的抗渗透能力
	B3	安全区域	存取监控、高抗渗透能力
A	A	验证设计	形式化的最高级描述和验证

各安全等级及其子级由低到高说明如下：

(1) D 级是最低的安全等级，经评估后所有达不到 C1 级的系统都属于这个等级。拥有这个等级的操作系统几乎没有任何安全保护措施，就像一个门户大开的房子，任何人都可以自由进出，是完全不可信任的。这种系统没有身份认证和访问控制机制，任何人都不需要任何口令就可以进入系统，并不受任何限制地访问他人的数据文件。属于这个等级的操作系统是早期的 MS-DOS。

(2) C1 级是 C 类的一个安全子级。C1 级又称自主安全保护（discretionary security protection）级，它能实现粗粒度的自主访问控制，并能通过账户、口令对用户进行身份认证。系统能把用户与数据隔离，通过数据拥有者的定义和控制，防止自己的数据被别的用户破坏。属于这个等级的操作系统是 Windows 9x 系列。

(3) C2 级实现更细粒度的可控自主访问控制。首先，C2 级的保护粒度要求达到单个主体和客体，也就是可以针对每个主体或客体设置单独的访问控制策略，这可防止自主访问权失控扩散。其次，C2 级要求消除残留信息（内存、外存、寄存器中的信息）以防泄露。最后，C2 级要求具有审计功能，这是 C2 级与 C1 级的主要区别，审计粒度要能够跟踪每个主体对每个客体的每一次访问。对审计记录应该提供保护，防止非法修改。能够达到 C2 级标准的典型操作系统有 Windows 2000/XP/2003 及 UNIX。

(4) B1 级称为带标记的访问控制保护级。B1 级采用强制访问控制 MAC，它规定主客体都必须带有标记（如秘密、绝密），并准确体现其安全等级，保护机制根据标记对主体和客体实施强制访问控制及审计等安全机制。B1 级能够较好地满足大型企业或一般政府部门对于数据的安全需求，从 B1 级开始的安全产品是真正意义上的安全产品。

(5) B2 级称为结构化保护级。它为系统建立形式化的安全策略模型，并要求把系统内部结构化地划分成独立的模块。B2 级不仅要求对所有主体和客体加标记，而且要求给设备（磁盘、磁带或终端）分配一个或多个安全等级（实现设备标记）。必须对所有的主体与客体（包括设备）实施强制性访问控制保护，必须有专职人员负责实施访问控制策略，其他用户无权管理。

(6) B3 级又称为安全域（security domain）级，使用安装硬件的方式加强域的安全。该等级要求用户通过一条可信任途径连接到系统上。

(7) A级又称验证设计(verified design)级,它包含了一个严格的设计、控制和验证过程,要求建立系统的安全模型,且可形式化验证的系统设计。设计必须从数学角度进行验证,而且必须进行秘密通道和可信任分布分析。可信任分布分析的含义是:硬件和软件在物理传输过程中已经受到保护,以防止破坏安全系统。A级系统的要求极高,达到这种要求的系统很少。我国的标准中A级。

提示:TCSEC的安全等级中最常见的是C1、C2和B1级。如果一个系统具备身份认证和粗粒度的自主访问控制机制,那么它能达到C1级;如果系统不具备审计功能,则肯定不能达到C2级;如果系统不具备强制访问控制机制,则肯定不能达到B1级。

11.2.3 信息管理评估标准

在信息管理领域的评估标准有3种,分别如下:

(1) CC(Common Criteria,通用标准)。它是ISO/IEC 15408(关于信息技术、安全技术、信息技术安全性的评价准则)的简称。它是第一个国际信息技术安全评估标准。美国于1985年首先发布了TCSEC标准,随后欧洲各国也相继发布了自己的安全评估标准,从而出现标准不统一、各自为政的现象。为了改变这种状况,1993年,英国、法国、德国、荷兰、加拿大等国的相关机构和美国的标准技术研究所(NIST)、国家安全局(NSA)在TCSEC等评估标准基础上指定了国际通用的安全技术评估标准,即CC。

(2) BS7799。它以安全管理为基础,提供一个完整的切入、实施和维护的文档化组织内部的信息安全的框架。BS7799充分反映了PDCA循环的思想,具体体现在:确定信息安全管理的方针和范围,在风险评估的基础上选择适宜的控制目标与控制方式并进行控制,制定商务持续性计划,建立并实施信息安全管理体系。

(3) SSE-CMM(System Security Engineering Capability Maturity Model,系统安全工程能力成熟度模型),它描述了一个组织的系统安全工程过程必须包含的本质特征,这些特征是完善的系统安全工程的保证。SSE-CMM尽管没有规定一个特定的过程和步骤,但是汇集了工业界常见的实施方法。

CMM最初是软件工程中的概念,是对于软件组织在定义、实施、度量、控制和改善其软件过程的实践中各个发展阶段的描述。后来经过美国安全工程领域专家的深入研究、多方验证,CMM可用于安全工程,并于1996年推出了SSE-CMM的第一个版本。2002年,SSE-CMM被ISO接纳为国际标准ISO/IEC 21872。

近年来,我国电子政务、信息网站迅速崛起,然而大多数网站规划建设主要从硬件和应用平台考虑系统的安全,缺乏统一的安全规划,缺乏对网站整个生命周期的安全性的全面考虑,导致系统的建设过程和投入运行存在许多安全隐患。

信息网站的安全工程要求建设人员和管理部门用系统工程的概念、理论和方法进行研究,从全局出发对网站的信息安全进行全面规划,组织实施各种安全技术保护,构建合理的安全保障体系。

信息网站安全体系建设的效果主要体现在它具备什么样的安全能力。安全能力的高低等同于安全工程过程的成熟度水平。网站的安全过程是针对网站信息工程的安全生命周期而设计的,它通过对各系统的安全任务抽象、划分为过程后进行管理的途径,将系统安全工程过程转变为定义完备的、成熟的、可测量的工作。

按照统计过程控制理论，所有成功管理的共同特点是都具有一组定义严格、管理完善、可测可控、高度有效的工作过程。网站安全工程必须采用过程性控制方法保证工程的质量以及可信度。SSE-CMM 就是这样一种能够满足需求的面向安全工程过程的管理模型，它从安全工程中抽取出一组关键的工作过程并定义了过程的能力，一个过程的能力是通过执行这一过程可能得到的结果的质量变化范围。其变化范围越小，过程的能力越成熟；反之则越不成熟。

11.3 信息安全风险管理

风险管理是降低各种风险的发生概率或当某种风险降临时减少损失程度的管理过程。

11.3.1 风险管理概述

1. 什么是风险

安全威胁是指某个人、物、事件或概念对某一资源的保密性、完整性、真实性、可用性等造成的危险。安全威胁是由系统中固有的脆弱性造成的。脆弱性是指在执行防护措施或缺少防护措施时系统具有的弱点。

系统存在许多弱点，不同的弱点在引发攻击时造成的损失是不同的。人们常用风险衡量脆弱性导致的安全威胁的大小。风险是关于某个已知的、可能引发某种攻击的脆弱性的代价的测度。

当某个脆弱的资源的价值较高，且引发成功攻击的概率较高时，风险也就高；当某个脆弱的资源的价值较低，且引发成功攻击的概率较低时，风险也就低。

企业在生产经营的各方面都存在着风险，例如，由于市场竞争导致的各类竞争风险，由于社会发展与技术创新而产生的变革风险，与各类合作伙伴之间存在的各类风险，金融与财务风险，等等。

信息的出现使企业不仅面临着上述各种传统风险，同时还带来了一些新的风险。信息活动依赖于网络和信息系统环境的支持，而开放的网络环境和复杂的企业商务活动会产生更多的风险。因此，在考察电子商务运行环境、提供信息安全解决方案的同时，有必要重点评估电子商务系统面临的风险问题以及对风险有效的管理和控制方法。

2. 风险的特征

风险是由于人们没有能力预见未来而产生的。风险具有如下特征：

(1) 风险的客观性。这一特征首先表现为它的存在不以人的意志为转移；其次表现为它是无时不有、无处不在的，存在于人类任何时候从事的任何活动之中。

(2) 风险的不确定性。风险的发生是不确定的，即风险的程度有多大、风险何时何地由可能转变为现实均是不确定的。这是由于人们对客观世界的认识受到各种条件的限制，不可能准确预测风险的发生。

(3) 风险的不利性。风险一旦转变为现实,就会对风险承担者带来不利影响和损失,这对风险主体是极为不利的。风险的不利性要求人们在承认风险、认识风险的基础上做好决策,尽可能避免风险,将风险的不利性降到最低。

(4) 风险的可变性。风险在一定条件下可以转化。风险的可变性包括:风险性质的变化,风险大小的变化,某些风险在一定时间和空间范围内的消除,新的风险的产生。

(5) 风险的相对性。对于风险主体来说,即使风险是相同的,不同风险主体对风险的承受能力也是不同的,这主要与收益的大小、投入的大小和风险主体拥有的资源量和地位有关。

3. 风险管理的内容和过程

风险管理由3部分组成:风险评估、风险处理以及基于风险的决策。

风险评估将全面评估企业的资产、威胁、脆弱性以及现有的安全措施,分析安全事件发生的可能性以及可能的损失,从而确定企业的风险,并判断风险的优先级,提出处理风险的措施的建议。

基于风险评估的结果,风险处理过程将考察企业安全措施的成本,选择合适的方法处理风险,将风险控制在可接受的程度。

基于风险的决策旨在由企业的管理者判断剩余风险是否处在可接受的水平以下,基于这一判断,管理者将作出决策,决定是否进行某项电子商务活动。

11.3.2 风险评估

风险评估是确定一个信息系统面临的风险级别的过程,是风险管理的基础。通过风险评估确定系统中的剩余风险,并判断该风险级别是否可以接受或者是否需要实施附加措施以进一步降低风险。风险取决于威胁发生的概率和相应的影响。风险评估的实施流程如图11.2所示。

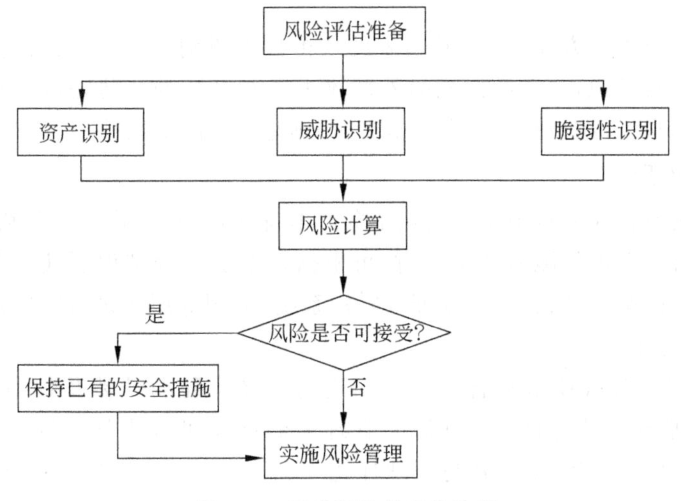

图 11.2 风险评估的实施流程

风险评估过程分为以下 5 个阶段。

1. 风险评估准备

风险评估的准备是整个风险评估过程有效性的保证。风险评估准备包括以下步骤：

(1) 确定目标。明确风险评估的目标,为风险评估的过程提供导向。

(2) 确定范围。基于风险评估目标确定风险评估范围是完成风险评估的前提。

(3) 选择方法。应考虑评估的目的、范围、时间、效果、人员素质等因素选择具体的风险判断方法,并组建风险评估管理的实施团队。

2. 资产识别

企业信息资产是企业直接赋予了价值而需要保护的东西,分为有形资产和无形资产两大类。在企业风险评估的资产识别阶段,首先要对信息资产进行恰当的分类,例如：

- 硬件。包括服务器、PC、路由器、交换机、硬件防火墙、入侵检测系统、安全网关、备份存储设备、硬件垃圾邮件过滤系统、硬件网络安全审计系统。
- 软件。包括系统软件、中间件、数据库软件、网站信息发布系统、网站邮件系统、网站监控与恢复系统和其他应用软件等。
- 数据。包括软硬件运行中的中间数据、备份资料、系统状态、审计日志、数据库资料等。
- 文档。包括系统文档、运行管理规程、计划和报告等。
- 人员。包括网络管理员、应用维护人员、一般用户等。
- 无形资产。包括企业形象、客户资源等。

3. 威胁识别

威胁是一种对组织及其资产构成潜在破坏的可能性因素,是客观存在的。造成威胁的因素可分为人为因素和环境因素。根据威胁的动机,人为因素又可分为恶意和无意两种。

威胁强度取决于两方面：一是攻击者的攻击技术级别;二是攻击者对企业内部知识的了解程度。也就是说,一个低技能的外部攻击者对系统的威胁是低级别的威胁,而一个高技能的内部员工(在被视为潜在攻击者时)则是最危险的威胁。

4. 脆弱性识别

脆弱性识别也称为弱点识别。弱点是资产本身存在的,威胁总是要利用资产的弱点才可能造成危害。在进行脆弱性识别时,可根据每个资产分别识别其存在的弱点,然后综合评价该资产的脆弱性;也可分物理、网络、系统、应用等层次进行脆弱性识别,然后与资产、威胁结合起来。

脆弱性识别主要从技术和管理两方面进行。技术脆弱性涉及物理层、网络层、系统层和应用层等各个层面的安全问题。管理脆弱性又可分为技术管理和组织管理两方面,前者与技术活动有关,后者与管理环境相关。表 11.2 提供了一个脆弱性识别内容示例。

表 11.2 脆弱性识别内容示例

类型	识别对象	识别内容
技术脆弱性	物理环境	机房场地、机房防火、防雷、防静电、防鼠害、电磁防护、通信线路的保护、机房设备管理
	服务器	用户账号和口令保护、资源共享、事件审计、访问控制、系统配置、注册表、网络安全、系统管理等
	网络结构	网络结构设计、边界保护、外部访问控制策略、内部访问控制策略、网络设备安全配置等
	数据库	认证机制、口令、访问控制、网络和服务设置、备份恢复机制、审计机制
	应用系统	认证机制、访问控制策略、审计机制、数据完整性
管理脆弱性	技术管理	环境安全、通信与操作管理、访问控制、系统开发与维护、业务连续性
	组织管理	安全策略、组织安全、资产分类与控制、人员安全、符合性

5. 风险计算

在完成了资产识别、威胁识别和脆弱性识别后，将采用风险计算公式计算威胁利用脆弱性导致安全事件发生的可能性，以及一旦发生安全事故对组织造成损失的程度。风险计算公式如下：

$$风险值=R(A,T,V)=R(L(T,V),F(I_a,V_a))$$

其中，R 表示风险计算函数，A、T、V 分别表示资产、威胁和脆弱性，L 表示安全事件发生的可能性，F 表示安全事件发生后造成的损失，I_a 表示资产重要程度，V_a 表示脆弱性的严重程度。

根据风险计算的结果对风险等级进行判定。风险可划分为 5 个等级，等级越高，风险越高。风险评估完成后，应将评估过程记录成相关文件。

习 题

1. (　　)不是风险管理的 4 个阶段之一。

A. 计划　　B. 开发　　C. 评估　　D. 执行

2. 风险评估不包含(　　)的内容。

A. 风险识别　　B. 脆弱性识别　　C. 威胁识别　　D. 人员识别

3. (　　)属于电子商务的信用风险。

A. 信息传输　　B. 交易抵赖　　C. 交易流程　　D. 系统安全

4. 什么是风险管理？它对保障信息系统安全有何作用？

5. 简述制订信息安全策略的原则和步骤。

6. 请你为某大学的信息管理部门制定一套信息安全管理评估标准，主要评估内容包括人员配置、操作规程、环境建设等。要求具有良好的可操作性和明确的等级标准。

参考文献

[1] 李浪,邹祎,郭迎.密码工程学[M].北京:清华大学出版社,2014.

[2] 唐四薪.电子商务安全[M].2版.北京:清华大学出版社,2020.

[3] KAHATE A.密码学与网络安全[M].邱仲潘,译.北京:清华大学出版社,2005.

[4] 张爱菊.电子商务安全技术[M].北京:清华大学出版社,2006.

[5] 杨波.现代密码学[M].北京:清华大学出版社,2003.

[6] 王丽芳.电子商务安全[M].北京:电子工业出版社,2010.

[7] 刘嘉勇.应用密码学[M].北京:清华大学出版社,2008.

[8] 管有庆,王晓军,董小燕,等.电子商务安全技术[M].2版.北京:北京邮电大学出版社,2009.

[9] 卢开澄.计算机密码学[M].2版.北京:清华大学出版社,1998.

[10] 肖德琴,周权.电子商务安全[M].北京:高等教育出版社,2009.

[11] 张先红.数字签名原理与技术[M].北京:机械工业出版社,2004.

[12] 王忠诚.电子商务安全[M].北京:机械工业出版社,2006.

[13] 刘军,马敏书.电子商务系统分析与设计[M].2版.北京:高等教育出版社,2008.

[14] 王昭,袁春.信息安全原理与应用[M].北京:电子工业出版社,2010.

[15] 周学广.信息安全学[M].2版.北京:机械工业出版社,2008.

[16] 胡伟雄.电子商务安全与认证[M].北京:高等教育出版社,2011.

[17] 张仕斌,万武南,张金全,等.应用密码学[M].西安:西安电子科技大学出版社,2009.

[18] STALLINGS W.密码编码学与网络安全——原理与实践[M].刘玉珍,王丽娜,傅建明,等译.2版.北京:电子工业出版社,2004.

[19] 杨义先,钮心忻.网络安全理论与技术[M].北京:人民邮电出版社,2003.

[20] 李浪,李秋萍.轻量级分组密码[M].武汉:华中科技大学出版社,2020.

[21] 吕敏芳.电子支付与电子现金安全技术研究[D].上海:上海交通大学,2007.

[22] 黄大足.量子安全通信理论及方案研究[D].长沙:中南大学,2010.

[23] 缪琳.无线传感网中SPINS协议的研究与改进[D].南京:南京邮电大学,2012.

[24] 胡晓飞.电子商务下微支付模式研究[D].西安:西安电子科技大学,2006.

[25] 张鹏.ECC椭圆曲线加密算法在软件认证中的应用[D].太原:太原理工大学,2010.

[26] 张学军.RFID系统防碰撞与安全技术研究[D].南京:南京邮电大学,2011.

[27] 陈小云.统一身份认证系统的研究与实现[D].成都:西南交通大学,2007.

[28] 艾华.电子支付中电子货币及其关键技术研究[D].北京:北京邮电大学,2006.

[29] 唐四薪,邹赛,谢新华.基于AJAX和SAML技术的互联网单点登录系统[J].计算机系统应用,2008,6(1):118-121.

图书资源支持

感谢您一直以来对清华版图书的支持和爱护。为了配合本书的使用，本书提供配套的资源，有需求的读者请扫描下方的“书圈”微信公众号二维码，在图书专区下载，也可以拨打电话或发送电子邮件咨询。

如果您在使用本书的过程中遇到了什么问题，或者有相关图书出版计划，也请您发邮件告诉我们，以便我们更好地为您服务。

我们的联系方式：

地　　址：北京市海淀区双清路学研大厦 A 座 714

邮　　编：100084

电　　话：010-83470236　010-83470237

客服邮箱：2301891038@qq.com

QQ：2301891038（请写明您的单位和姓名）

资源下载：关注公众号“书圈”下载配套资源。

资源下载、样书申请

书圈

图书案例

清华计算机学堂

观看课程直播